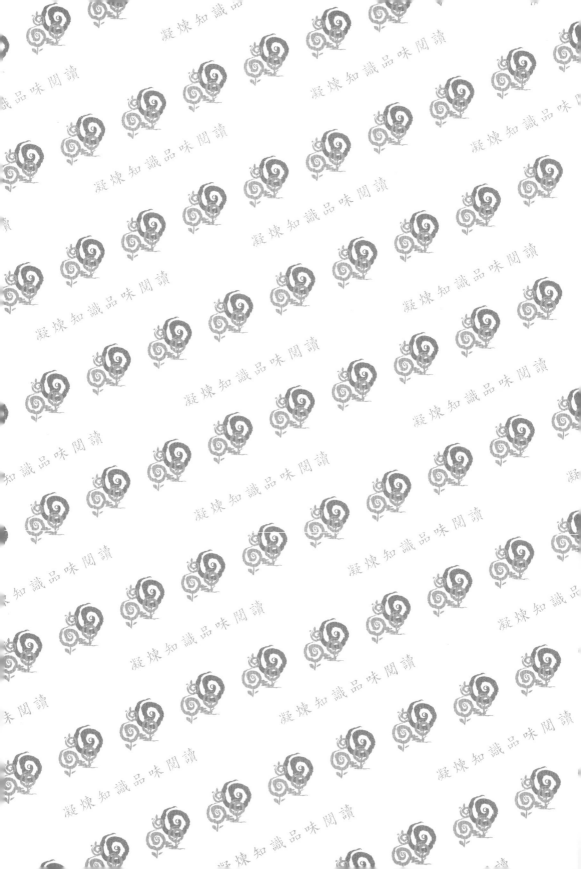

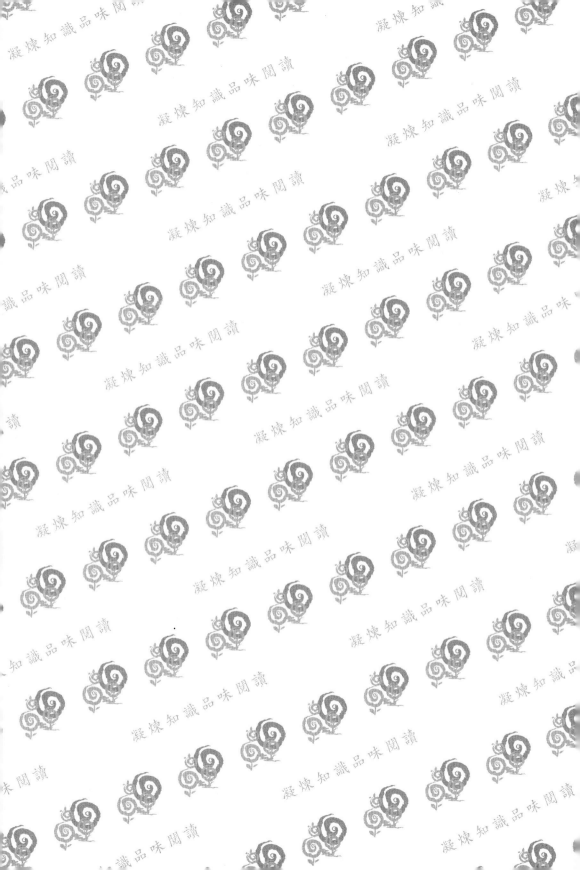

Psychology and work today:
An introduction to industrial and organizational psychology

工商心理學導論

五南圖書出版公司 印行

作者序

　　大部分選修 I/O 心理學導論的學生，都可能在未來會為某類組織工作；很多人則是在進入學院之前，就已經受僱上班了。透過這本書，我們希望向這些學生清楚地呈現，I/O 心理學如何直接地影響了他們的生活，不論他們是申請職位的求職者、受訓的學員、受僱的員工，是管理階層，或者是消費者。簡而言之，我們將告訴學生們，在現代社會中與工作本質有關的種種事物。

　　我們聚焦在實務的、應用的層面，過於科學的、理念的層面。舉例而言，我們相信學生們應該了解訓練需求分析之類的課題，但是他們也應該知道在實際的職場上，公司往往不願意在這方面花錢，因而訓練需求的分析，其實很少真正地有所落實。

　　讓學生們了解 I/O 心理學主要的理論、模式、研究方法、科學發現等，是相當重要的，這樣他們對這個領域的目的與目標才能有一個通盤的了解。然而，學生們也必須敏感地覺察到，在組織實務中的 I/O 心理學其實受到了各種組織生活的條件與要求所影響。也是因為這樣，我們選擇了在務實的工作情境和與工作有關的問題的框架之下，來討論理論、方法，以及研究結果，更甚於把這些東西當成學術習題而已。

　　我們引用的所有研究，都是工作職場中的實際員工，而不是在心理學系實驗室裡，以校園裡面的學生為樣本、在模擬情境下的表現。我們描述 I/O 心理學課程的行動面，從全世界的許多國家、使用各種不同的工作者團體，來呈現它們在各種組織情境之下，是怎樣發展並且執行的。

　　就此而言，《工商心理學導論》（第十版）〔譯按：係指原文書〕仍一本初衷，繼續呈現在職場實際脈絡下的 I/O 心理學。我們注意到勞動市

場中漸漸凸顯的種族多樣性、經濟情況改變所帶來的衝擊，以及現代資訊科技所帶來的各種作用。

我們寫這本教科書，主要是為了那些非主修心理學、或是在心理學的基礎與背景較為薄弱的學生們。他們可能來自社區學院、學院，或者大學層級的心理系或管理學院，在這些地方選修 I/O 心理學、商業心理學、人事心理學，和應用心理學的學生，才是我們真正的目標。

本版的種種改變，也反映了這個領域的各種動態特性。每個章節都經過重新的改寫和組織，總共納入超過 350 篇新近的研究成果，以反映 I/O 心理學新近的發現和趨勢。本版也增加了一些新的主題，包括 911 之後機場安檢人員的甄選計畫、因為 911 而與工作相關的效應、與性取向有關的歧視、求職面談中求職者特徵的效應、網路問卷技術、職場暴力的預測指標、組織公民行為、在領導課題上性格的角色、工程心理學在日常生活中的應用、線上購物與消費者行為，以及集體性的工作滿意等。另外有一些先前就有的主題，在本版則予以擴充，包括了虛擬實驗室與網路研究、線上招募與測驗、生涯發展與訓練、藥物濫用、管理階層的工作時數、性格因素與績效表現，以及電腦在工作溝通與協商中的作用。

每一章都提供了大綱、摘要、關鍵字，以及問題回顧〔譯按：原書本來還有提供關鍵字定義的邊欄、附於書底的關鍵字彙編，以及延伸閱讀的參考書目；本譯本為求簡潔與避免浪費，將這些篇幅省去，惟參考書目仍可於出版公司的網站查閱，以利深入閱讀與研究。另外，內文原有「頭條新聞（Breaking News）」的短篇專欄，提供許多務實的非正式討論，例如怎樣避免面談、短期僱用、資格太好怎麼辦、學習新技能以管理個人生涯等議題，頗受美國讀者的歡迎；惟該專欄短文在舉例與引用上，大多涉及美國人的日常生活、文化習性、企業與職場的常識等，為了避免徒增學生在閱讀與討論上的困擾，亦予省略。部分與本譯本主要目標較無關聯的圖表，略有酌刪；偶爾附有的相關網站或網頁，則評估其維護的穩定性以及與內文之關聯性，略予酌刪。〕其中，問題回顧可以用來挑戰學生們，使

用章節內文中的材料來進行分析，或者用來做為課堂討論或書寫的作業。

教師手冊和測驗題庫，由 Virginia Military Institute 的 Thomas Meriwether 所編寫（譯按：請參考原書出版商 Pearson Prentice Hall 的網站）。我們在此，向許多對於本書提供寶貴建議的學生們和同事們致謝。

幾位審閱者對本版的初稿提供了相當珍貴的意見，非常感謝他們的努力與貢獻，包括 University of North Carolina-Charlotte 的 Anita Blanchard、Penn State Erie-The Behrend College 的 Robert A. Howells、Ithaca 的 Ann Lynn，以及 University of South Dakota 的 Douglas Peterson。之前版本的審閱者，在此一併致謝，包括 Baldwin Wallace College 的 Nancy Gussett、Earlham College 的 Diana Punzo、Emerson College 的 Lori Rosenthal、Owens Community College 的 Keith Syria、State University of New York-Albany 的 Jessica M. Sterling，以及 University of Rochester 的 Ladd Wheeler。

Duane P. Schultz
Sydney Ellen Schultz

目　錄

英文書幾乎都附有厚厚的參考書目，這些參考書目少則 10 頁以上，多則數十頁；中文翻譯本過去忠實的將這些參考書目附在中文課本上。以每本中文書 20 頁的基礎計算，印製 1 千本書，就會產生 2 萬頁的參考書目。

在地球日益暖化的現今與未來，為了少砍些樹，我們應該可以有些改變——亦即將英文原文書的參考書目只放在網頁上提供需要者自行下載。

我們不是認為這些參考書目不重要，所以不需要放在書上，而是認為在網路時代我們可以有更環保的作法，滿足需要查索參考書目的讀者。

我們將本書【參考書目】放在五南文化事業機構（www.wunan.com.tw）網頁，該書的「教學資源」部分。

對於此種嘗試有任何不便利或是指教，請洽本書主編。

第一篇

I/O 心理學實務

工業與組織（Industrial and Organizational, I/O）心理學影響著你在行為跟情緒上的安適與幸福（well-being），不論在你是在職的、失業的、謀職的、規劃生涯的，甚至在你的退休規劃方面，它也能給予幫助。第一章，我們將描述整個 I/O 心理學的完整視野；第二章，則將回顧 I/O 心理學家用來蒐集資料、導出結論、提供建議的方法，以利我們將研究結果應用在組織生活的各個層面之中。

第一章 原則、實務與問題

本章摘要

第一節 「工作」只是一個詞嗎？

如果你中了一億美金的樂透彩，你還會繼續每個禮拜上班五天，而且長時間的投入工作嗎？很多人都說，他們會。親愛的，我們並不是在說那些電影明星、職業運動員或是超級歌手，而是那些在傳統職場上、各行各業的人們，他們都說：即使已經擁有了優渥的財富，我們還是會繼續努力地工作。為什麼呢？

想像一下很多大公司裡的 CEO，很多人的週薪都已經高達了 100 萬美金的水準，然而，他們仍然繼續地工作。再想像一下華爾街裡那些幾乎不休假、全部時間都投入工作的股市買家，在他們成功之前與之後，驅使他們努力工作的動機，在強度上並沒有減弱。另外還有一些對常人的調查，尤其是那些不那麼亮眼的工作，像是老師、程式設計師、實驗室技工，或自動工程師等。結果顯示，仍然有超過四分之三的人們回答說，即使他們突然變得富有，而且完全不需要賺錢，他們還是很願意地繼續工作。

我們應該猜得到：人們從工作中所獲得的，顯然比薪水要多得多！那些幸運地找到了一個跟自己能力相匹配的工作的人，會感受到工作上的滿足感、實現感，並且自豪於自己的成就。這樣，工作就不僅跟金錢上的幸福有關，也跟情緒上的安全感、自尊及滿足感有關。對他們而言，工作絕對不只是工作兩個字；對你而言，工作也可以是這樣的。你期待嗎？如果你的工作可以提供一種身分感跟地位感，讓你向別人說自己到底是誰、是什麼；如果你的工作可以提供學習新技能和面對新挑戰的機會，還可以帶給你正面的社會經驗，滿足你對團體的歸屬需求，並且提供某種被團體成員接納、珍視的安全感；如果你的工作讓你有機會遇見來自各種不同背景的人們，而且跟他們做朋友。你覺得自己會喜歡這樣的工作嗎？

反過來說，假如你不夠幸運、不能熱愛你自己的工作，那麼，工作就可能變得令人生厭、單調乏味，甚至危害你的幸福。有些工作環境存在著危險性，有些則可能會帶來壓力、焦慮和不滿。假如你感覺自己的工作很無聊、受挫折，或者是對主管生氣了，你很可能也會在下班之後把這些不滿帶回家，並且把這些負面情緒拋給了家人和朋友。現在，你還會覺得工

作就僅僅是工作而已嗎？

　　有些長期研究已經證實，那些跟工作相關的壓力因素，會影響我們身體和心理的健康。你知道嗎？對於壽命最爲穩定的預測指標，就是對於工作的滿意與否。對工作感到滿意的人比起那些對工作不滿的人，活得要更久。或許你想要選擇一份跟自己的興趣、技能和個性相容的工作，這可是你人生中最重要的決策之一；這樣，I/O 心理學可能是你大學裡跟你個人關係最爲緊密的一門課。I/O 心理學家的研究和實務將會決定你的職位、你被期待工作的方式、你的薪資水準、你全部的工作責任，以及你從工作當中所獲得的個人幸福。你將從這本書裡發現，從你開始想要求職，一直到你宣布退休的那一刻，I/O 心理學從未把你放下，它緊緊地與你聯繫，就像手牽手一樣。

　　關於 I/O 心理學的探索，我們就從這本書開始吧！

第二節　職場上的 I/O 心理學

　　哪裡是你第一個正式接觸 I/O 心理學的地方呢？很可能是求職網站、入學申請、工作申請、面談，或者是心理測驗。你看吧，這個領域眞的跟你很有關係！I/O 心理學家使用甄選工具來幫助雇主決定你是否適合他們所提供的工作，當然，也幫助你了解這些工作是否適合你。

　　在你順利地獲得職位之後，也許需要一些工作內容的訓練，讓你能及早地適應這個組織和工作的要求。I/O 心理學家不僅提供適當的訓練規劃，也使用評鑑中心法來評估你在訓練中、在工作上的表現，而這正影響著你是否可能獲得升遷的機會。

　　基於學院的背景，在經過幾年的歷練之後，相信你已有足夠的能力去領導一個團體。在擔任一個領導者角色的過程中，也許你漸漸察覺到自己需要了解一些與員工的動機和興趣有關的議題，並且努力地學習領導、激勵你的員工，使他們能發揮個人最大的效能；這樣，你就更會注意到，I/O 心理學能帶給你多大的幫助！

　　即使你沒有直屬部屬，例如是個技師、會計師或是自營商，你也需要了解某些人際技巧、溝通等的知識和技術，才更能知道如何與他人相處得

更為順利。沒錯！I/O 心理學在這方面也能給你不小的幫忙！

　　概念上，雇用你的組織需要感覺到你對工作的承諾與成功的可信度，才會持續提供給你晉升的機會。假設你的工作在生產線，那麼，你應該注意生產的效率與品質、機械設備的完善、工作條件的改良，好提升生產的效能。有沒有什麼學科，能幫助你設計一個更好的生產流程，並且增加產能呢？你猜得沒有錯，就是 I/O 心理學。

　　你發現了嗎？在組織中，I/O 心理學家不僅幫助你，亦幫助你的公司，因為只要滿足了一方的需求，另外一方的需求也會自然的滿足。

　　我們該注意到，I/O 心理學對工作而言，是一個影響力相當大的工具。假若它不被珍惜、沒有被正確地使用，或者是被誤解了，很可能會造成非常大的危害。因此，即使你只是為了自我保護，認識 I/O 心理學也是相當重要的。

第三節　生活中的 I/O 心理學

　　I/O 心理學應用在生活中的部分，比在工作中要更大更多！這個學科研究你的態度與行為。想想：你的一天是怎麼開始的呢？什麼影響你選擇的牙膏，或者沐浴乳？為什麼你早上會特別選擇某個種早餐呢？你想過嗎，這些抉擇大多是由心理印象所創造出的產物，藉由對某個品牌或是商標的知覺，使你感到受吸引或滿足。廣告和標語都在暗示著你，當你穿上他們的牛仔褲或是駕駛他們的車，你將會更受歡迎、更為成功。透過廣告學、行銷學的手法，I/O 心理學創造、建立和感應起了這些需求。這樣看來，這個學科是不是跟你的生活大有關係呢？

　　心理學的某些技術被候選人用來推銷自己或是政黨。他們可能使用了民意調查或焦點團體技術，來塑造政黨候選人的形象，或者決定候選人應該公開發表什麼議題，這些都與心理學的調查技術有關。而有些離你更近，例如電視節目的收視率調查。

　　I/O 心理學家也協助工程師，來面對產品的規劃、製造，以及視覺展呈現的議題。像是你車上的儀表板、消費者的需求，還有大家都熟悉的交通號誌、顏色等等，都是心理學研究的題材。另外，心理學家也幫助設計

航空的駕駛艙、手機、微波爐，以及電腦螢幕和鍵盤等等，使它們用起來更順手、更有效率。

第四節　I/O 心理學對雇主的助益

I/O 心理學家幫助不同型態的組織來關注員工曠職、促進組織效率，發展和應用技術、改善團體的士氣，並且提升效益。藉由 I/O 心理學家的幫助，雇主常常能省下不小的成本。加拿大某家擁有 3 萬名員工的銀行，就聽了心理學家的意見，建立一套電子出勤系統，每年可以省下 700 萬美金。

組織中另一個昂貴的成本問題，是離職問題。當員工離職時，公司必須增加招募、甄選以及訓練的成本，另外還得雇用以及訓練替代他們的人員。在紐約的金融交易公司，若是有一位員工離職，就得增加超過 1 萬美元的成本；某位 I/O 心理學家研究了這個情況並且提供了一些建議，讓這些組織在第一年的成本支出就減少了 10 萬，之後更減少總支出的 10%。另外，也發現定期調查員工的態度、經理與員工之間的意見交流、使用職業測驗等等，能使公司增加 20% 的利潤[1]。

在今天而言，提高員工的工作滿意度是一個重要的課題。經營階層拜訪 I/O 心理學家，想要知道如何改善員工對工作、對組織的態度，以提高工作的滿意度、減少抱怨，以及降低曠職率、工作倦怠、產品不良率，或是意外事故等等。

適當的員工甄選，正如 I/O 心理學家所設計的心理測驗一樣，能夠知道組織到底需要什麼樣特質的人。例如：聯邦政府用來甄選的智力測驗，能選到有良好的基礎教育及工作經驗的員工。這些測驗對於甄選出更好、更高產出的員工，可是很有用的呢！

這些例子都顯示，I/O 心理學家在任何型態的組織都能有所貢獻。他們幫助組織有更好的效率，進而改善公司的財務結果。

---

[1]　Rynes, Brown, & Colbert (2002)

第五節　I/O 心理學的歷史發展

你知道 I/O 心理學究竟是什麼樣的學科嗎？它是探究一門如何管理的認知與行為科學。既然是科學，就必須奠基於可被檢驗的觀察、能重複經驗，並且以實驗法則為基礎，而不是建立在輿論、預感、突發奇想或是私人偏見上，在方法取向和結果上，都必須是客觀的。

I/O 心理學家企圖讓研究的方法和步驟，就像科學、醫學或是化學一樣；當心理學家觀察人在工作中的種種行為時，他必須客觀、公平，並且以有系統的方式實施。

I/O 心理學的題材，也是客觀的。心理學家觀察和分析人類的外顯行為，像是我們的行動、說話、書寫，以及其他的個人行為等等，然後去分析和理解它們。這些外顯的行為是可以客觀的看見、聽見、測量和記錄的，其中有些包含了某些不可見的性質，像是動機、情緒、需求、知覺、想法和感覺等，這些都是內在而無法被直接觀察的，因而，心理學是一門認知歷程的科學。

我們看不見動機的樣子，因為它是一個內在驅力，很難去觀察。然而，我們可以看見動機在人身上的作用，例如某位拳擊手在被成就動機或需求所驅使之後，可能表現出比平常更為泛紅的臉、更旺盛的體力、打不倒的意志力，以及更為緊握的拳頭。這些展現出來的行為，使我們推論其背後有某種動機正驅使著他。

我們也沒有辦法看見智力到底長成什麼樣子，但是可以辨認智力的不同程度。藉由觀察某人的外顯行為、記錄他的測驗表現，我們可以推論某個人的智力水準。值得注意的是，這些推論並不是隨意進行的！這些推論必須建立在客觀的行為上，好讓我們可以準確的描繪與個人有關的因素、情況與結果。

那麼，我們應該如何進行觀察呢？I/O 心理學家堅持科學方法的守則，客觀且公正的看見、聽見、測量並且記錄被觀察者在工作上的行為反應、表現；像是生產線上每小時的產量、電腦記帳員每秒的按鍵數量，或是航空訂位的電話客服品質等。

• 員工甄選的拓荒者

I/O 心理學最早起源於二十世紀初期。Walter Dill Scott（1869-1955）原本是美國西北大學的足球選手，他從神學院畢業，本來計畫要到中國傳教；然而，正當他準備成為一位宣教士的時候，他聽說中國其實並不歡迎傳教士，於是他改了行，當起了心理學家。

Scott 是第一位將心理學用在廣告、員工篩選以及管理議題的人。大約在二十世紀初，他發表心理學應用在廣告上的可能性，並且得到商業上的支持。他撰寫了幾篇文章並且出版了一本專書，名為《廣告的理論與實務》（*The Theory and Practice of Advertising*, Scott, 1903）。這是商業界第一本用以解決問題的心理學專書。1919 年，Scott 成立了一家 I/O 心理學的顧問公司，主要服務於員工甄選的議題。

1913 年，一位在哈佛大學教書的德國心理學家 Hugo Münsterberg（1863-1916），撰寫了《工業心理學》（*The Psychology of Industrial Efficiency*）一書。他最早主張，使用心理測驗來測定員工能否勝任工作的需求以及技能的水準；他亦研究，如何在工作情境中改善員工的效率。他的著作、研究以及諮商幫助了 I/O 心理學的開展，並且使他成為美國著名的心理學家。Münsterberg 曾經協助過君王、總統以及電影明星，亦是兩位曾被控告為間諜的心理學家之一（後來罪名並未成立）。

• 第一次世界大戰與測驗的轉變

Scott 和 Münsterberg 的貢獻，讓 I/O 心理學有了一個不錯的起點。第一次世界大戰的時候（1914-1918），美軍注意到 I/O 心理學似乎是一個重要並且有用的學科。當時，由於軍隊必須將幾百萬的新兵分配到適合的軍種，於是委託心理學家設計了一系列的測驗，好辨認出個人的智能條件並且將他們從訓練計畫中淘汰。另外，也幫空軍發展了空軍 α、β 兩份測驗：空軍 α 測驗是設計給能夠看、寫的新兵，空軍 β 測驗則是使用迷宮、圖形以及符號，以利不會閱讀或是英語不流暢的新兵也能使用。

有些測驗被設計用來甄選軍官或是飛行官訓練的候選人，抑或是其他特殊才能的軍種；另外，同一時間也使用了一些人格測驗，一次給一大群

人施測，以檢測出他們是否具有神經質的傾向。

在早期，心理測驗是因為戰爭的緣故而被接受，現在，則有很多的商業、工廠、學校以及其他的組織都已經知道，一旦要篩選、分類大量的人力，就實在需要測驗技術的協助。心理測驗的熱潮因而傳遍了各州。顯然地，起初 I/O 心理學對人類的貢獻，主要是在人員的甄選、評估，以及將員工安置在適合的階級、工作，或是訓練計畫等等的議題上。

• 霍桑研究和動機議題

大戰之後，心理學研究慢慢地擔負起重要的角色，因此，許多人都投入了這個行列；這個學科漸漸擴大，I/O 心理學也發生了些轉變。1929～1932 年之間，哈佛第一位專攻 I/O 心理學的心理學家 Elton Mayo，帶給這個領域一些相當重要的轉變。你聽過霍桑研究（Hawthorne studies）嗎？

這個研究一開始，其實是調查工作環境究竟如何影響員工效率。Mayo 提出一個假設：假如增加工作空間的亮度，工作效率會如何呢？溫度跟溼度的變化會不會也可能影響工作效能呢？假如提供員工多一些的休息時間，又如何呢？

霍桑研究的結果，讓研究者和工廠的經理們感到驚訝！他們發現，社會性和心理性的因素比起工作空間的物理條件，要來得更重要，為什麼呢？讓我們來看看當時到底是怎樣的情況。Mayo 企圖改變工廠中的亮度，當工作場所中的光線增加，產量也就隨之提升；研究團隊非常開心，接著，便試著改變其他因素，看看是不是也跟產量有關，例如休息時段、豐盛的午餐、較短的工時，以及其他可能的改變。

他們在一個研究中將工廠的亮度由明亮轉變為了昏暗，然後，所面對另外一群員工的結果，卻完全不如事先的預期；他們竟然沒有因此而降低了效率或是產量。這令人百思不解！

更有趣的是，當研究團隊將所有的條件，都改回來跟當初一樣的時候，產量竟然還是繼續地增加。於是，Mayo 終於豁然開朗，他知道了工作空間的物理條件對員工來說，並沒有那麼重要。事實上，讓工人在昏暗中繼續維持高產量的原因，是人的因素。

霍桑研究開拓了一個全新的領域，例如領導特質、員工當中的非正式團體、員工態度、溝通方式、其他管理和組織方面的變革等，都被認為對於工作效率、動機、工作滿足，具有高度的影響力。

即使霍桑研究常常被批評，說它缺乏了科學的嚴謹性，但這卻完全無法否認它為 I/O 心理學帶來了重大的衝擊。

• 第二次世界大戰與人因工程心理學

在第二次世界大戰的時候，超過 2,000 名的心理學家直接為戰爭而努力。他們主要的貢獻在於測驗、分類、訓練那些將要去不同軍種服務的百萬新兵。新兵們需要習得新的技術，才能操作複雜的飛機、坦克與輪船等等的設備，完成他們的任務。

戰爭也使得武器日益的複雜，而這也刺激了 I/O 心理學的發展，例如人因工程心理學。心理學家提供人類在操作高速飛機、潛水艇和其他裝備的身體限制調查，使人們更輕易、更舒適、更安全地操作這些設備。

I/O 心理學在這次戰爭中的貢獻非常多。政府和工商業領導者意識到，心理學家能提供許多解決日常事務的方法。而這個過程亦向世人證明了，相較於孤立在大學實驗室中的心理學家，他們更能幫忙解決在真實世界中具挑戰性的問題。

• I/O 心理學在同時期的發展

在 1945 年，二次世界大戰的末期，美國在商業和工業上的積極發展使得組織的規模和複雜性愈來愈大，而這更是幫助了 I/O 心理學的發展。新的技術日益繁複，讓員工需要提升和再訓練。例如電腦的出現，形成了生產程序的設計及工業相關支援能力的需求，也帶來全新的工作流程與面貌。心理學家需要協助組織去判斷這些工作需要的能力是什麼、哪些人具有這些才能，並且進一步地確認、訓練這群人員。

隨著機械設備的更新，員工們需要額外的訓練才能有好的工作表現，就像超音速飛機、電導飛彈、先進的武器系統以及通訊科技等。人因工程心理學家亦需要參與工業機器、自動化、高技術設備的新穎設計，好

讓員工更適當的操作這些設備。

除了工業相關的議題之外，與組織相關的議題也非常的重要，例如領導方式、工作動機、工作滿意、組織結構、組織氣候的影響，以及決策歷程的分析等等。

第六節 當代 I/O 心理學的異議

如今，進入了二十一世紀，工作的本質正在迅速的改變之中，就連科技的發展與人口的流動性，也都更加的快速，而這也為 I/O 心理學帶來了新的需求與責任。

• 虛擬的職場

某位相當著名的 I/O 心理學家，如此描述工作的本質：

> 現在，新的工作模式乃是在任何時間、任何地點都能工作，且不論是在真實的或是虛擬的空間之中。對許多的員工而言，即使是在真實世界中的工作場所，他們的工作距離管理者或者其他人，都相當的遙遠，而所有的跡象顯示，這種情況在未來只會更普遍流行[2]。

在組織中，大量的員工不在崗位上，是很平常的事。你也許正聽說，哪個朋友竟然是在家工作的，而這些都是網路時代所帶給工作的戲劇性轉變。透過電子科技，你可以在任何地方完成你的工作；出差的時候，可以在車上、飛機上使用電話，或是在飯店以及旅遊景點的時候，你還是能參加視訊會議。這一切都歸功於科技，讓我們有了電子信箱、語音信箱、報紙、手機、筆記型電腦，以及個人資訊系統。

---

[2] Cascio(1998), p.32.

這些科技的使用讓實體的工作場所，必須具備三類的資訊設備：(1) 線上的材料需要下載和影印；(2) 顧客、產品的資料庫及文件檔，需要從遠端被存取；(3) 員工和他們的任務，需要隨時地追蹤與監控。

事實上，實體工作場所正逐漸被取代，因為組織希望能夠更充分地利用員工的時間，遠多於他們在組織中的正常工作時數。某些公司要求員工隨時攜帶手機以保持他們與辦公室之間的聯繫[3]。

‧虛擬的員工

現在，不只是愈來愈多的人不需要在辦公室也能完成工作，而且他們也不再只是單一雇主的員工。同時，以前的員工在心理上認為「假如我能做好我的工作，我的公司會留任我，直到我準備離職」，今日的員工則將無法安全地保有終身的僱用。

近十年來，組織忠誠與義務的觀念，漸漸的受到重視，在組織合併、收購、縮減開支的混亂情況下，只要有工廠結束，就會有百萬名的員工可能會失去工作。

現在的員工比較喜歡當有條件的聘任人員、自由工作者、獨立約聘者，以及臨時週期性的勞工。美國最大的獨立工作者，正是某個派遣臨時員工的人力資源機構。在專業的技能方面，美國勞工局評估約有 800 萬的專業技能者，屬於獨立約聘人員。

許多年輕的員工喜歡約聘性質的工作，因為它提供了獨立的挑戰，也能提供改善他們的工作經驗與技能的機會。許多企業也喜歡這類的安排，因為這能節省行政與稅務上的支出，而且可以規避保險、養老金等等的員工福利。

然而研究顯示，雇用臨時約聘的員工，會給專職員工帶來負向的作用。一個研究觀察 415 位在組織中的專職員工發現，使用臨時約聘的員工會減少專職人員對組織的忠誠；專職人員與管理者之間的關係也容易惡

---

[3]　Waclawski, Church, & Berr (2002)

13

化[4]。許多組織都期望，專職人員能有機會教育與管理臨時約聘的人員，以至於為這些臨時約聘員工的工作承擔某種責任。但是這對他們來說，只是增加工作的數量與責任，並沒有得到多少額外的報酬。

某研究觀察了 326 位員工（其中有 189 位專職人員）發現，專職人員相信他們的工作比臨時員工的更有吸引力，也更為有趣；這樣看待臨時人員其實並不公平，也很可能導致工作中的不愉快關係[5]。

・工作者的投入

今日的工作、員工之組成，都面臨了新的轉變。不論是藍領階級、白領階級，都面臨著革命性的挑戰，也需要新的管理方法。

過去那種只要員工完成簡單任務，以及員工不能有所質疑的工作方式，已經不存在了。眼前員工管理的關鍵不再是管理、控制，而是授權、協助與分享；員工們不僅需要從事單一工作的事務，也需要學習其他的工作技巧，使他們可以從一個單位轉到另外一個去。他們需要學習參與決策，以協助團隊有更好的運作；今日的員工必須為自己的產量與服務歷程負更大的責任，甚至包括甄選、僱用新的員工。

現在的員工管理或領導，不再只是要求他們服從命令、規則，或者告訴他們該做些什麼、什麼時候得完成。現代主管的功能不能再如同傳統的司令官那樣，而更像是一位嚮導和良師。對於這些改變，員工與主管都需要相當大的調整，也需要適應現代科技的種種改變。

・新科技要求新技能

我們已經知道了工作場所面臨的許多改變，其實，事務機器、設備也有了些改變呵！電腦、傳真、數據機、行動電話、電子筆記本、電子郵件、網際網路等等，真的改變了許多的工作功能，創造了以前從來不曾存在的工作方式。這些設備讓許多的員工透過電腦文書或者資訊處理的設

---

[4] Davis-Blake, Broschak, & George (2003)

[5] Chattopadhyay & George (2001)

備，省去了許多低技術性的書記工作。工廠也是一樣的，設備的精進化，使工人們必須學習更好的作業系統，來操作以前從未有過的機械設備；許多曾經藉由人類才能表現出來的功能，已經被精密的設備所接管了！有些公司正在以電子設備來增進工作的福祉。舉例而言，福特、三角洲等公司提供他們的職員無論在哪裡——辦公室、工廠的地板，或是飛機維修室中——都能夠自由的使用網際網路。

四十年以前，有些非常需要肌肉、更甚於頭腦的工作，例如港口工人、或者裝卸工人；一艘 900 英呎長的貨船，需要 500 位男人花掉三個月的時間，才能夠卸完所有的貨物。而在今天，使用自動化設備，10 個工人在二十四小時之內，就能夠卸完一整艘的貨櫃船。在 1969 年的時候，國際港口員工協會擁有 27,000 位成員，到 2000 年時，只剩下 2,700 位成員了；而且這個原本需要肌肉、力氣的工作，現在只需要能夠檢查電腦上的貨物清單就可以了。於是，對於電腦文盲或者受教育較少的男人和女人，倒是減少了不少的工作機會。

你知道嗎？在美國，十七歲以上的成年人當中，有多達 2,500 萬名是功能性的文盲，他們無法填寫工作申請表、沒有閱讀理解能力，也缺乏基本的數學技能。一項研究顯示，在一群二十一到二十五歲的人中，能夠正確進行餐廳帳單中的二位數計算的，只有不到 34% 的白人、20% 的西語裔，和 8% 的黑人而已。

從雇主的立場來看，招募一位擁有基本技能的基層工人，竟然這麼困難！每隔幾年而已，更新的技術和更新的製造程序就會出爐，如果作業員缺乏適當的閱讀、寫作和數學的能力，我們怎麼訓練這群人呢？你知道這個情況有多糟嗎？在美國東北方的某家電視傳播公司面試 9 萬名應徵者，且不要求高中學歷，然而，符合規定資格的人竟然只有 2,000 人。

• 全球化的工作

如果你需要到海外去工作，恭喜你！至少，你的能力足以讓一個組織需要你！全球化的工作是指，把工作移轉到工資較低、競爭較少的地方[6]。

---

[6] 例子請見 Herbert (2003)

這種現象讓數以千計的高度熟練的工人，失去了他們的工作。很多的美國公司將工作外包到其他的國家去，舉例來說，IBM 已經將數以千計、需要付費的資訊科技，轉移給在中國的勞工，而這個工作原本是由美國勞工來完成的。微軟公司也將工作輸出到印度，在那裡，一個印度籍電腦程式設計師的年薪是 4 萬美元，在美國，可就要付出 8 萬美元的代價了呢。

• 其他議題

另外一項重要的改變，是人口的流通。現在，非洲裔、亞洲裔、拉丁裔等等的少數民族，組成了至少 35% 的新勞動者。更進一步來看，有一半的全職工作，是女性員工。白人男性的勞工正在減少，而組織必然需要某些人力的補充，這樣一來，漸漸的，許多不同種族的人一定會一起工作。

每年有 80 萬位移民進入美國。他們大部分都需要工作，這使組織的人口發生改變，加入了不同種族的員工。他們大部分都缺乏語文的訓練和其他的讀寫能力，很可能對於企業的工作習慣感到陌生，而文化背景的差異也可能造成他們不同的工作態度等。對於 I/O 心理學家來說，這些使我們在甄選上、教育訓練上、工作再設計、管理實務的提升、提振士氣、提升工作幸福感、文化差異等等議題上，都必須做出轉變。怎麼樣？這些挑戰很令人興奮吧！

第七節　把 I/O 心理學當作工作：訓練和僱用

很少人在學會一、兩種方法之後，就覺得自己是個稱職的物理學家、化學家，或者是生物學家。一般的心理學訓練，除了大學裡的知識學習之外，還需要常花許多的時間來增進常識以及與他人互動。這樣看起來，好像成為一位心理學家相當的不易，但是老人家不是常這樣說？鐵杵磨成繡花針！

現代的 I/O 心理學家需要接受複雜的訓練，具備實務的經驗並且持續的研究，大致上，是一種要求比較多的職業。要擔任一位心理學工作者至

少需要碩士學位，這通常需要42個學期學分，以及兩到三年的實務經驗。

多數的 I/O 碩士畢業生，在工業、政府、顧問公司、研究組織的專業範圍內，都能找到薪水不錯的專業工作。他們的專業技能在於心理測驗、構念的建構和檢驗、人員甄選和安置、績效評估，以及員工訓練。因而，I/O 心理學的碩士課程提供了一個多產能的、有貢獻的，而且有價值的工作。然而，在商場上和大學裡要有一席之地，就需要博士學位，而這需要另外的三到五年的研究所訓練。

I/O 心理學的專業訓練總是需要相當長的時間，但是它的回饋可能是很棒的。I/O 心理學家比起其他的心理學家，有較高的薪水。2000 年，在美國，博士程度的 I/O 心理學家年收入是 9 萬美元，在頂尖的 10% 裡頭，則有超過 18 萬美元的年收入；相較起來，一般的專業收入主要約在 67,000 美元，而頂尖的 10% 的水準，則超過 185,000 美元[7]。

此外，I/O 心理學家的工作充滿了挑戰、成就感、責任，同時，相當重視智能的發展。過去曾任社會心理學會主席的 Ann Howard 在評論 I/O 心理學的時候，認為它是一個能使事物發生改變的領域；你可以提出一個計畫，然後，看見一些好的改變與成果；你可以甄選到比較好的人、使人們對工作感到滿足，或者可以降低交易成本；而最重要的是：能使某些好事發生，總是非常令人振奮的。

你知道 I/O 心理學家都在哪裡服務嗎？事實上，他們的足跡遍及商業、工業、政府機關、服務性組織、顧問諮商組織，以及大學。許多的 I/O 心理學家不只教授這個領域的大學課程，他們也從事研究和顧問諮詢的工作；儘管這未必是他們的全職工作，但是他們的確經常在組織中，提供顧問諮詢的服務。

現在正攻讀 I/O 心理學博士學位的，大多是女生。相較於其他的專業領域，在 I/O 領域裡女性的博士學位比率高出了許多。在 2002 年的心理學界，則有 67% 的博士畢業生都是女性；此外，也多了一些少數族群的人，7% 的新科博士屬拉丁裔，6% 屬於黑人，4% 則是亞洲人。

I/O 心理學者主要區分美國心理學會（APA）SIOP、軍事心理學、應

---

[7]　Katkowski & Medsker (2001)

用實驗心理學和工程心理學等四部分。許多 I/O 心理學家，都和美國的心理學會有密切關係。另外，有些關於探究該如何平安度過研究所，而且能找到工作的網站，你也可以看看心理學研究生推薦的網站 www.apa.org/apags（美國研究生心理學會）和 www.socialpsychology.org（社會心理學網絡）。

第八節　I/O 心理學家的問題

I/O 心理學的研究領域，不外乎組織的內部、外部的問題。但是要成為一個好的 I/O 心理學家需要面對幾個困難，注意一些重要的因素。我們一起來看看，將來你如果成為一位 I/O 心理學家，該注意些什麼呢？

• 欺騙的開業者

I/O 心理學常常受害於別人的欺騙行為，因為有許多只有一點點、甚或根本沒有專業訓練的人，常常經由違法和欺騙的方法，來利用 I/O 心理學。這個問題在臨床諮商方面需要特別的注意，有些未曾接受過訓練的人自稱為「顧問」，他們也因而對尋求幫助的人造成了巨大的傷害。

這些欺騙的行為，深深影響了 I/O 心理學。Mery Tenopyr，一位曾任 SIOP 主席的學者說：

> 在商業世界裡，心理學家最主要的困難，是由於訓練不好的人或者沒有道德的人曾經為公司提供類似心理學的服務而引起的。……在我過去的經驗當中，曾經應付過的一些非常艱難的情況，到最後我才知道，那都是因為這些高級主管的耳朵曾經被偽裝的心理學家所迷惑過[8]。

那麼，什麼樣的組織最容易受騙呢？你猜對了！從來沒有接受過顧問

---

[8] Tenopyr (1992), p.175.

協助的企業組織，最容易受騙了。不道德的顧問公司賣出了他們所謂的產品，便在牟利之後盡可能快速、甚至更快速的逃走—在公司發現他們受騙了之前。這樣不道德的行為不只對組織有危害，也對組織內部的成員不公平（例如適合而有能力的人未被錄用，因為假的測驗並不能為組織找到適合的人才），也對心理學造成了傷害。

公司因為受騙而受到傷害，而整個 I/O 心理學都很可能會因此受到責備；如果他們曾經受過欺騙，便很可能會厭惡那些真正合法而且有效的協助。這當然是一件天大的事情！

• 證明和證書

為了解決「假顧問」的問題，於是有心理學專業執照，以防範企業組織繼續受騙的情況。除非有執照，不然，任意的公開表示自己是一位心理學家，或者使用任何心理學的工具，都是違法的。要獲得心理學專業執照，通常必須要具有碩士學位，並且通過某種心理學知識的綜合測驗。但是，在核發 I/O 心理學專業執照的議題上，並不是完全沒有爭議；儘管許多 SIOP 的 I/O 心理學家都擁有專業執照，但是許多成員認為，並不是所有的職位或專業角色都需要執照。

於是，假如哪一家公司正在尋找心理學家的服務，就應該要小心！因為這並不是翻翻電話簿的目錄，或是在網路上打打關鍵字搜索「I/O 心理學」就夠了；我們必須仔細地審查這些專家們在教育和專業上的每一項資格。

• 與管理者的溝通

所有的科學都會有一套彼此溝通的專業術語。但是，這些詞彙有時候會讓不了解這個學科的人，完全無法了解你們正在說些什麼。由於 I/O 心理學家需要和經理、員工們密切的合作，而他們未必都學過 I/O 心理學，因而，必須清楚的與他們溝通各種想法、行動和研究的結果。如果這些溝通不順利，或者人家根本不了解我們的建議，那麼，這些結果和建議就一點價值都沒有，而你很可能會在廢字紙簍裡看見一大堆這類的報告！

• 抗拒新想法

你或許常常聽到人家說：「我本來就是這樣的，爲什麼要我改變？我不要！」你一定心有戚戚焉，對吧？事實上，I/O 心理學家經常在服務企業、產業的時候，遇到這類的問題：抗拒改變、不願意嘗試新事物，或者考慮新的想法。當 I/O 心理學家建議調整平常的工作方式以提高工作效率的時候，有時候員工們會認爲這是一種威脅，並且因而引發正面的抗拒。

有些人認爲，這只是公司不肯花更多的薪水，卻要逼他們更加的努力；有些人認爲，要求他們改變就是在批評他們過去的績效不好。對於變革的抗拒，是一個相當嚴肅的問題。

如果 I/O 心理學家的建議會遇到一些抗拒，他們就必須贏得一些經理和員工們的支持，才能夠順利推動他們的想法。因此，心理學家除了需要專業技術之外，還必須有好的人際關係技巧、耐心和口才。

• 研究與實務的對立

你是不是聽過人們說，「這些只是課本教的東西，實際做的並不是這樣！」是的，這就是研究與實務的問題。這個問題其實延續了 I/O 心理學家和管理者之間的關係的議題。一些管理者抱怨：「做研究跟我們每天眞正碰到的問題之間，關係眞的太小了，研究？都是給期刊用的吧！」他們或許還覺得它太專業、太難以了解、太不切實際、太與他們毫不相干了些，而這很可能就是爲什麼許多人力資源管理的工作者，根本不讀 I/O 心理學的出版刊物的原因。一項針對 959 名人力資源管理者的調查發現，只有低於 1% 的實務報告，能夠登上學術期刊。而更令人不安的是，高達 75% 的管理者說，他們從來沒讀過這類的研究[9]。對於這個問題，也許這些爲組織服務的心理學家能夠藉由清楚而正面的寫作，用人力資源管理者能懂的方式來解釋研究的結果，讓他們發現一些有用的、能用的研究，來幫助處理他們日常工作的問題。

其實，這些差異也會出現在學術工作、實務工作的兩群 I/O 心理學家

---

[9] Rynes, Brown, & Cogbert (2002)

之間。雖然他們都接受了同樣的訓練，但是在畢業之後，他們就開始了不同的方向、有不同的經驗。普遍常見的情況是，學術工作者只對理論和方法感到興趣，而不關心其他的東西；而實務工作者則被當作是缺乏理論依據的問題解決者[10]。然而，我們應該知道，學術和實務兩者之間，其實是相互依賴的，事實上：理論就是實務，而實務就是理論。沒有任何一個理論研究，能夠與實際的工作場域中無關；也沒有任何一個研究的結論，完全不適用於工作的場域！我們常常忽略了這一點。研究和應用之間的衝突，是因為組織對於問題常常需要立刻的答覆，因為生產計畫表和合約期限，並不容許他們等待一個漫長的研究過程。因而，當管理者面對這些所謂的「專家」的時候，也許會有一些不切實際的期望，也容易變得不耐煩。

我們當然不會建議 I/O 心理學家，只要人家一問了什麼問題，就跑到實驗室裡，開始進行長達一個月的實驗。心理學的發展歷史，已經提供了經驗研究的豐富資料，而一個訓練有素的心理學家，知道在面對各式各樣的人類行為的時候，可以引用過去哪些相關的研究結果。然而，這些研究的價值，乃是取決於資料中的研究設計，和現在所遇到的情況之間的相似性。

例如：曾有一個研究，探討了化工公司的員工的學習能力，儘管這些情況和鋼鐵公司中的員工很可能未必相同，但是，一個鋼鐵公司在進行一個實際工作設計時，很可能以這個化工公司的研究來做為參照或借鏡：即使這個研究其實更為適合另外一家化工公司來使用！

有時候，研究不允許有充足的時間或者資源，在這些時刻，SIOP 建議：

> 本來就沒有辦法研究每一個問題！當你發現自己明明缺少相關的資源，卻仍然必須給出建議的時候，你必須在你已經知道的研究當中，找些情況相似的研究，並且評估它們相似的程

---

[10] 請見 Brooks, Grauer, Thornbury,& High-house(2003)

度來進行決策[11]。

　　一個適當的研究構想，很可能對組織的生產效率具有極大的價值，但是這常常需要經理和心理學家互相的妥協、耐心和了解。事實上，根本的問題並不是研究和應用之間的對立，而是如何創造更好的條件，使兩者能夠互相幫助、成全。

第九節　I/O 心理學的領域

　　對於 I/O 心理學如何影響你和你的工作，我們已經說得很多了。但是這本書，將會更完整的描述 I/O 心理學家所感到興趣的各種人、事、物，並且按照以下的章節來鋪陳：

　　1. 科學的工具和技術（第二章）：心理學家用科學的工具和技術，來研究人類的行為。要了解他們的工作，就必須熟悉這些研究方式，看看他們是如何進行研究、分析資料並且得出結論的。

　　2. 員工的招募和甄選（第三、四章）：儘管有些老闆和人力資源管理者認為，他們只要透過握手、目光的接觸和個人的衣著，就能判斷、甄選和評估出哪些員工更能持續且有效的工作。事實上，甄選也會用來決定升遷、加薪的問題。你一定知道，甄選的過程和結果相當重要，這可是馬虎不得的，然而，到底哪些甄選的方式能幫助我們選出適合的人呢？

　　3. 評鑑員工績效（第五章）：績效的評估影響員工的升遷、加薪、調動和解僱等等的人事調整，因此，我們需要公正而客觀的評估。評估的標準是根據員工的表現，而不是評估者主觀的好惡。I/O 心理學家協助構想較好的評估方法。你一定知道我們的未來和這些評估有很高程度的關聯，因而，我們需要知道這個評估系統到底是如何運作的。

　　4. 員工的訓練和發展（第六章）：實際上，每個新進員工都會接受某一類工作的訓練，沒有經驗的人，需要學習相關的操作技術，他們被期待

---

[11] Baker (1966), p.103.

在完成訓練之後,能有較好的工作行為;而有經驗的工作者在更換工作之後,也必須學習新的規則和技術。

5. **組織領導能力（第七章）**：企業最重大的挑戰之一,就是甄選、訓練和發展有效的領導者。這個問題相當重要,因為員工們的效率和工作滿意,都受到經理們的領導風格所影響。心理學家關心領導者在不同情況下的表現,以及不同的領導風格對於部屬的可能影響。好的領導者能將最有能力的人安置在合適的位置上,並且讓他們以最有效的方式來運用他們個人的技能,而這對任何一個組織的成長而言,都是重要的。

6. **動機、工作滿意和工作倦怠（第八章）**：對任何一個人來說,工作動機都會影響工作的效率。工作環境中的許多因素影響了工作動機、滿意,並且與工作倦怠有關。這些因素包括優秀的領導、好的升遷機會、工作安全、物理的與心理的工作特性。而工作上的負面影響可能導致了曠工、離職、低生產力、頻繁的事故以及工作的不滿等等。I/O 心理學家的工作,就是在發現和修改可能降低工作品質的那些問題。

7. **組織心理（第九章）**：不管我們的工作是在教室、百貨公司或者軟體公司裡頭,其中都會有其組織型態、組織文化,而這包括了組織中正式的、非正式的結構、政策、領導特性、組織信念等等。你一定會發現一個有趣的情形,在非正式的團體裡所教導的準則和行為,也許與公司的政策並不一致。

8. **工作條件（第十章）**：I/O 心理學家最早期的研究課題,其實是工作環境中的各種物理條件,例如:照明設備、溫度、噪音、工作場所的設計以及工作時間的研究;之後,才將注意力轉移到更為複雜的互動歷程與心理情境。工作中的心理感受,像是疲勞、乏味等現象,也許比生理狀況需要更多的關注,因為心理感受比較容易受到影響,也會有一些較為特殊的變化。

9. **員工安全、暴力和安適感（第十一章）**：在工業事故中,除了生理上的傷害和不幸之外,在停止工作的期間中,員工的賠償、替補的甄選,以及訓練新的工作者等,都造成了組織不少成本的損失。多數的事故都是人為錯誤所致,所以 I/O 心理學家致力於減少那些造成事故的錯誤行為;另外,也努力的減少工作中的酗酒和藥物濫用的情況,或者防治工作場所中的暴力等事件的發生。

10. **工作場所的壓力（第十二章）**：工作引起的壓力會影響生理的和心理的安適感。它可能導致了工作績效的低落和疾病的嚴重發生。許多組織都試圖處理壓力的影響，經由諮商的協助和工作的再設計，來減少工作中的壓力。

11. **消費者心理學（第十三章）**：如果你在製造業、販賣商品和服務的公司上班，或者你希望自己是一位聰明且消息靈通的買家的話，心理學家在定義產品的市場、決定哪一種廣告戰比較有效、分析消費者的需要方面，或許對你會有相當大的幫助。

12. **工程心理學（第十四章）**：工程心理學的目的在於設計或規劃一個有利於員工工作的工具、設備、工作環境，以提升員工的動機、士氣，與工作中的安全。在今日社會，機械、運輸和各種相關的服務業，都變得比以前更加困難，因而，在設備的操作上需要考慮到力道和操作的適合性，以確保人和機械之間有最佳的關係。

摘　要

工作提供了個人的認同感，能定義你自己，提升你的自尊、滿足感和歸屬感。I/O 心理學被定義為：透過行為和心理歷程的理解，來幫助人們在工作中應用相關的方法、證據和科學的原理。做為一門科學，心理學慣用觀察和實驗的方法來面對人類的行為，基本上，這些行為必須能夠客觀的觀察。

I/O 心理學始於二十世紀初期，在兩次世界大戰的推動之下迅速成長。在 1920 年代和 1930 年代，霍桑研究使它歷經了一個重要的變化，了解到社會性和心理性的因素對於工作者行為的影響。而工程心理學的領域，則是出現在第二次世界大戰中，對於精密武器的需求與發展。

I/O 心理學家面臨了多重的挑戰，包括實際的工作場所、實際的員工變化、嶄新技能的要求、勞工的多樣性、工作性質的改變、工作的全球化等等，嶄新的組織型態將也將改變、發展出新的工作關係。

做為一位專業的 I/O 心理學家，你需要一個碩士學位，但你將發現，博士學位將帶來更大的發展，也要求你負起更大的責任。I/O 心理學家面

對著一些困難，包括了來自未受良好訓練的假 I/O 心理學家的困擾、與管理階層之間的溝通、工作者對變革的抗拒、研究與實務工作之間的平衡等等的問題。

本書中將談到這些課題：員工甄選、心理測驗、績效評估、訓練和發展、領導、動機和工作滿意、組織心理學、工作環境、安全衛生、壓力、消費者心理學、工程學心理學等等。

關鍵字

- 霍桑研究　　　　　　　　Hawthorne studies
- 工商組織心理學　　　　　industrial-organizational (I-O) psychology

問題回顧

1. I/O 心理學有什麼重要？它對你的將來有什麼影響？
2. 工作中的哪些方面能夠使你對它保持熱愛，即使你贏了樂透而不需要再依賴工作維生？
3. 舉出一些例子來說明 I/O 心理學如何幫助雇主節省開銷。
4. 請說明下列人物或事件如何影響工業心理學的發展：Walter Dill Scott、Hugo Münsterberg，以及第一次世界大戰。
5. 什麼是霍桑研究？它們如何改變了工業心理學的本質？
6. 臨時勞工的僱用對公司的專職員工有什麼影響？如果你的公司突然在你的部門安插臨時勞工，你會有什麼反應呢？
7. 請說說你所了解的虛擬員工、虛擬職場、全球化的趨勢，及如何影響你未來的生涯？
8. 如果你在 I/O 心理學上擁有學士、碩士、博士學位，你可能會找到哪些工作呢？
9. I/O 心理學家在職場上會遇到哪些獨特的問題呢？
10. 請說說在職場上的研究與運用有哪些對立的爭論？

第二章 技術、工具與策略

本章摘要

第一節　為什麼要認識研究方法？

　　為什麼需要研究方法呢？讓我們更清楚的界定這個問題：什麼是 I/O 心理學的內涵？為什麼要了解心理學家是如何蒐集和分析資料的呢？雖然你可能對於如何成為一位 I/O 心理學家不感興趣，但是你仍然有機會接觸到 I/O 心理學家的研究成果。做為一位潛在的管理人員，你可能和 I/O 心理學家合作，以找出管理方面的問題，並且基於內部或外部心理學家所做出的判斷，來進行管理的決策。

　　例如：你正負責一組顯示器的新製程，而這必須重新設計和建造一組新的製程設備，至於你的工作內容，則是將老舊的製程轉移成新的製程。

　　這個工作必須考慮幾個議題。生產線的員工對於生產流程的新改變，可能會有怎樣的反應呢？是否有足夠的動機，使他們運用新的方法並且達到更好的工作品質呢？員工們需要再教育嗎？如果是，應該用些什麼樣的方法、在哪裡完成這些訓練呢？新的製程對於公司的安全紀錄會有怎樣的影響呢？而這種種的問題還只是你所面對問題的一部分。除此之外，當你的決策錯誤時，還不知道可能給公司帶來哪些成本？

　　I/O 心理學家也許可以根據心理學的研究，來提供你一些幫助。但是在根據心理學家的建議進行決策之前，你必須先了解他們是如何研究問題的，而他們又是如何找出這些方法的。此外，你可能還需要判斷，哪一個研究計畫值得投資，這樣說來，對於研究方法的了解，便可以幫助你做這方面的決定。

　　本章的目標並不是訓練你如何做研究，而是幫助你熟悉研究的要件、限制和一些科學方法（scientific method）。I/O 心理學對於管理和工作環境，有它獨特的貢獻，因為它採用了科學方法解決那些平常我們習慣用直覺或者推斷來解決的問題。如果你了解了這些研究工具，就可以確保它們的確被適當的應用在工作上。

• 心理學研究的要件

　　科學研究有三項要素，即客觀的觀察、控制、複製和驗證。

1. **客觀的觀察**：科學研究的第一個基本要求和特徵，就是客觀的觀察。在理論上，研究者必須根據客觀證據來獲得研究的結論，例如：心理學家並不是經由主觀的判斷、他人的建議或是過去的研究，來選擇使用某種測試、訓練方法或者工作的設計，而是基於當時的情況所做的客觀評斷，來進行相關的決策。

2. **控制**：心理學研究的第二項要素，即是這些觀察必須是可控制的和系統化的。在客觀的觀察下，研究者必須事先控制住那些可能影響研究結果的要素。例如：假如我們要研究背景音樂對於資料輸入工作者的工作效率的影響，我們就必須控制各種環境因素，以確保沒有其他因素會影響到實驗結果。

3. **複製和驗證**：對於客觀觀察的系統性控制，將使第三項要素——即複製和可驗證性——得以達成。在嚴謹的控制情境之下，如果科學家能在不同的時空環境中，複製出相同的實驗結果，並且經過不同科學家的驗證，我們對於研究的結果就會具有更高度的信心。因此，在控制之下的心理學研究，必須包括：(1) 系統性的規劃；(2) 控制實驗環境而使得相同的結果可以被成功的複製；(3) 對於研究對象的嚴謹觀察。

• 心理研究的限制

心理學家在受限的學校環境下設計和執行心理學研究時，已經面對了許多的挑戰。但是當這些實驗被應用在現實生活當中的時候，這些問題與挑戰就放得更大了。

1. **並非每一種行為皆可研究**：一項明顯的限制即是，並非每一種研究方法都可以應用在每一項的問題當中，例如：社會心理學家根本無從控制人群的暴動行為，因為暴動的情況太複雜、危險，而且根本無法事先安排。同樣地，在實務場域中，為了避免讓員工暴露在一些不必要的危險下，我們也很難去做一些關於機械安全的系統性研究。因而，我們在面臨一些有趣的科學研究的同時，必須先了解風險的問題。

2. **行為在觀察之下改變**：第二個問題即是在實驗中，被觀察者的行為有可能被干擾或者改變，而表現出不同於心理學家所想要研究的行為。例如：員工被要求接受有關工作滿意的測量時，可能由於不喜歡公司的經營

者或者心理學家，而改變或蓄意地扭曲了他們對於問題的答案。再舉另外一個例子，例如：飛機的噪音對於飛機技工的工作效率的影響研究。如果技工們知道自己是被研究的對象，很可能會故意增加或減少工作速度，致使研究結果偏離了正常的水準。

3. **霍桑效應**：有時候員工的行為改變，只是因為單純的工作環境增加了些新的事物。由於這個現象首先在霍桑實驗中被觀察、發現，所以被稱為霍桑效應。回想我們在第一章所提到的霍桑研究，即一個在工作環境中慢慢提高照明強度的實驗。員工的生產效率似乎在每一次提高照明強度的時候，生產效率就持續提高，即使之後將照明光度減弱，竟然還是照樣提高。於是，關鍵似乎不是照明強度，而在於改變，也就是說，工作環境的一些新的改變影響了作業員的工作效率。研究 I/O 心理學的專家必須清楚的分辨出研究中的行為差異，到底是因為真實工作環境的變項因素，或者與環境中所操弄的變項根本無關，乃是由於單純的人為因素所致。

4. **人為設定**：有些研究必須要在人為控制之下才能夠完成。管理階層可能不會容許心理學家為了採取不同的實驗措施，而中斷生產線或是辦公室的正常運作。因此，研究可能必須在一個模擬的情境下進行。這樣，研究結果就可能由於環境條件的差異，而和原本所設定的目標有所差距。這種人為因素可能會降低研究結果的可信度。

5. **以大學生為研究對象**：在人為因素中，最主要的問題在於大部分的研究都是在大學中或是以大學生為對象所進行的。根據一個關於五份主要期刊的評論研究，達 87% 的研究是以學生為研究對象。然而，另外有一份重大的研究指出，學生和非學生族群之間其實有相當大的差異。例如：資深商業主管和大學生族群在衡量一個申請管理職位者的薪水時，大學生傾向於給求職者較高的評價並且提供較高的薪資。

因此，相較於職場中的員工或是經營者，大學生有相當不同的行為表現，而這些差異當然會給這些研究帶來頗大的限制。因而，雖然有些 I/O 心理學家認為，在大學裡的研究成果可以類推到組織中人力資源或者相關的議題，但是許多的心理學家則主張，只有部分嚴謹的推論是可以被接受的。

第二節　心理研究的方法

對於在職場中做研究的 I/O 心理學家而言，有一些方法是可以用的。而在任何的研究計畫中，最重要的議題之一，就是選擇最有效的方法。在大部分的情況下，研究方法是根據所要研究的問題而決定的。以下，讓我們來討論一些研究方法：實驗法、自然觀察法、訪談與問卷法，以及網路調查法。

第三節　實驗法

實驗法（experimental method）雖然是一個簡單的基本方法，但也可成為困難的使用工具。在一個實驗中，可以設定變項因素，影響人們在學習之時的行為或績效表現。心理學家在實驗法中會辨別出兩種變項。一是刺激變項又名獨變項（dependent variable），這是我們感興趣的地方。另外一個是依變項（independent variable），是參與者受獨變項的影響，所表現出的行為。

• 實驗設計

讓我們一起來想想以下的實驗。管理階層想要了解電視機生產線上的員工，為什麼會出現生產力低落的現象。於是，公司要求 I/O 心理學家就如何提升生產力，進行研究。起先，心理學家提出了幾個可能影響生產力的因素，像是薪資過低、訓練不當、主管不受歡迎、機器老舊等等。在檢視過工作環境之後，他們懷疑，造成員工工作效率低落的原因，乃是由於照明亮度不足。因而，他們設計了一個實驗來檢測這個假設。

在這個實驗中，兩個變項的辨識和衡量並不困難。獨變項是照明強度，在實驗中要逐步的調整其強度；依變項是作業員的反應速率，隨著照明強度的改變來進行測量。心理學家慢慢增加工作環境的照明強度，並在實驗前和實驗後的兩個禮拜後，測量作業員的反應結果。在實驗前，每位

作業員每小時可以組裝三臺電視機，而在增加照明強度之後，每位作業員每小時可以組裝八臺電視機，相較於實驗前，有相當明顯的提升。

1. **為什麼生產力增加**：由此，我們可以推論獨變項改變了依變項，也就是照明強度變化改變了員工的工作效率嗎？不，我們不能僅僅因為這一個簡單實驗，就武斷的推論照明強度對工人的生產效率有顯著的影響。

那我們怎麼知道生產效率的改變不是來自照明因素，而是其他因素造成的呢？也許是因為管理者知道旁邊有心理學家，所以這兩個禮拜對工人特別好；也許是因為作業員覺得自己的工作受到威脅，所以刻意的增加產出；也許是天氣很好，使得工人的心情特別好；也可能只是單純的霍桑效果，也就是改變了單調的工作環境，而使得產量增加了許多。許多其他的因素都可能影響工作效率，但是心理學家必須確認，只有他們設定的變項影響了整個實驗結果。

2. **因素的控制**：在這個實驗中，省略了一個基本的科學方法，就是：因素的控制。亦即控制實驗的相關條件，以確保參與者的改變或表現，來自於我們的獨變項。

為了有效的控制，心理學家將參與者分成了兩群，一個是實驗組（experimental group），他們接受了獨變項的影響；另一個是對照組（control group），他們的所有條件都盡可能的和實驗組相似，只有在獨變項方面與實驗組不同。

為了適當的進行實驗，工人被分派到兩個組，並且在實驗的前後，分別測量生產力；對照組的生產力大小，提供了實驗組一個很好的比較基準。

假如兩組的成員組成都相當相似，但是實驗組的生產效率卻明顯的高於對照組，我們就可以推論，照明強度的改善有助於生產力的提升。但是其他的因素，像是天氣、管理者態度、霍桑效應等，對實驗結果應該沒有影響；若是其他因素也有影響的話，則兩個組都會被影響，而不是只有實驗組而已。

• 選擇研究參與者

為了使對照組和實驗組的成員盡可能的相似，有兩種方法可以用來選

擇受試者。一種是隨機群組設計，另外一種則是配對群組設計。

隨機群組設計（random group design）是將參與者隨機分配到兩個不同的群組。在我們的實驗中，如果有 100 位作業員，就各分配 50 位員工到兩組之中；由於分配是隨機進行的，所以可以假設兩群人基本上是相似的，任何可能影響結果的因素，像是年齡、工作年資等等，會平均分配在這兩組，因為我們不希望這些因素影響到實驗的結果。

在配對群組設計（matched group design）中，為了保持兩組成員的相似性，每一位成員都必須找到另外一個背景相似的成員，來降低外部因素對實驗結果的可能影響。在我們的實驗裡，我們得找到在年齡、工作經驗、聰明才智和工作表現都相似、相當的員工，並且安排在不同的組。這樣，兩個組的組成就能盡量的相似。

然而，配對群組設計在實際執行的時候，是非常困難而且需要大筆經費的。為了找到背景相似的成員來分配，需要更多的參與者以供選擇與分派。此外，只就單一變項來配對，例如相同的工作年資，問題還會少一點，一旦要控制許多的外部因素的時候，配對就會變得非常困難。

• 工作上：訓練效果在流動率和生產力的關係

做為一個實驗法的標準教材，讓我們來看看，女用內衣廠的紡織作業員使用紡織機的效率實驗。管理階層要求 I/O 心理學家，研究為什麼今年會有 68% 的紡織作業員辭職。心理學家了解了員工的態度，與經理們晤談，之後提出了一個假設：在職訓練不足導致了流動率過高。

因此，他們設計了一個研究，探討幾個不同的在職訓練課程對流動率和生產力的關係。我們注意到，這個設計實驗是要關注高離職率問題。但是只要多做一些努力，這些資料也可以有第二個依變項：生產力。

1. 受試者和實驗設計：研究參與者是 208 位工作一年內的新手。首先，是定義依變項：離職率，指工作者在上班四十天內辭職的機率；生產力，指工作者在前四十天的生產力；選擇四十天做為基準，是由於公司的紀錄顯示這時候的流動率最高。這個依變項很容易的就能觀察、測量和準確的記錄。

這裡的獨變項，是訓練程度。這個公司提供新進員工一天的標準訓練

課程，而負責教育訓練的，是經過特別訓練的員工。訓練天數被用來做爲操弄變項，心理學家將原先的訓練課程規劃爲對照組，以與其他三組的訓練情況做比較。

這些實習生被分配到四組當中，第一組進行一天的標準職前訓練、第二組兩天、第三組三天，第四組也進行三天，但是部分實施訓練教室、部分則在工作現場進行。他們依照到職日期，均勻的分配到四個組裡頭。統計上，四組的起始生產力是相似的。

2.結果：實驗結果顯示，訓練時間愈長（第一至三組），離職率愈低，見圖2-1。另外，第四組相較於第三組，離職率並沒有降低。由圖可知，比較了第一組和第三組，較多的訓練天數可以將離職率由 53% 降到33%。

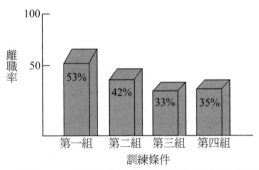

⊛圖2-1　在四種訓練條件下的離職率結果

第二部分的研究（生產力訓練的效果），出現了意外的複雜度。資料顯示，訓練時間愈長，每日生產力愈低（請見圖 2-2）。而第四組比只實施教室訓練的第三組，得到了更高的生產力。

獨變項（不一樣的訓練強度）在依變項上有了衝突。在訓練教室中時間較長的，離職率較低，但是生產力也降低了。這個結果給心理學帶來了一些衝擊。事實上，實驗未必都能獲得期望的結果。假設並不都能被驗證，而結果未必總是清楚而一致的，還有很多待解釋的問題，等著被研究和重新解釋。執行這個實驗的心理學家對於生產力和離職率的評估結果是，對這家公司來說，三天的整合訓練（第四組）是最有效的解決方法，因爲這種安排能夠帶來次高的生產力和次低的離職率。

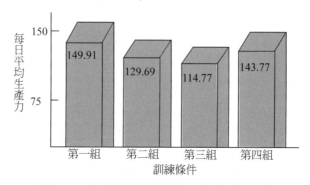

⚙圖2-2　在四種訓練狀態下的生產力結果

我們得記住，I/O 研究有兩個層次：一個是設計的實驗，另一個則是解釋和理解實驗的結果。在這兩個層次當中，心理學家都需要管理階層和作業員間的配合與合作。

第四節　自然觀察法

我們曾經提到實驗法的限制之一，是這些研究必須在嚴格的控制之下進行；而為了避免這些嚴格情況的要求，更有效率的方法，就是觀察日常生活中的行為。有時候，心理學家喜歡觀察日常生活中的行為，而非操弄變項，也就是自然觀察法（naturalistic observation）；雖然這種方法不控制獨變項，心理學家仍然可以在這種情況中維持某些控制程度。

自然觀察法的優點之一，是在日常生活情境中觀察行為。這些發現可以更立即的推論和應用到真實的生活之中，因為這些結果本來就是從日常生活中得到的，而日常生活可不像實驗室那般，能夠進行嚴格的控制。

這是它的優點，卻也是主要的缺點。因為研究者並沒有操控獨變項，所以很難對觀察結果進行確切的結論。我們無法判斷，什麼樣的行為或表現造成了這些結果。另外一個限制則是：這些觀察不能重複。想要在生活中複製曾經觀察到的情境或現象，根本是不可能的。

雖然實驗方法也有限制，但依我們所見，在研究方法的選用上，實驗法比自然觀察法更好些，因為實驗法可以有系統的控制環境和操弄獨變

項。然而，此兩種方法在解釋工作現場的人類行為的時候，都各有其價值。

・工作上：商店店員的友善行為

　　一間全國性的連鎖便利商店採用店員訓練計畫，來教導員工如何友善的面對顧客。公司想要知道友善行為是否提高銷售量，並且驗證這些訓練花費的確發揮了效果。然而，在工作中安排一項實驗，其實是相當困難並且缺乏信任基礎的。這間公司可以在一間分店教導店員如何友善的對待顧客，另外一間不予訓練，然後比較兩家的銷售成果；而必須注意的是，控制組的商店可能會造成銷售量的降低，與顧客之間也容易出現隔閡。

　　事實上，這間公司也可以設計一個實驗室般的環境，在裡面安排謹慎的和無理的店員。然後詢問扮演顧客的人，相較於無理的店員，是否比較想要跟嚴謹、有禮貌的店員買東西；但是這個實驗可能會比銷售現場，有過多的操弄。此外，實驗的結果也無法透露任何有關友善行為對於實際銷售額是否有所助益的直接訊息。

　　1. **研究設計**：於是，心理學家想要採用自然觀察法。在一段期間內，心理學家祕密地觀察576間便利商店裡的1,319位店員，和11,805位顧客之間的交易情況。店員們事先曾經被告知，將會有人觀察他們的禮貌程度，至於在何時、如何觀察，則不屬於事先告知事項。

　　這些觀察者們觀察了一般的顧客。他們假裝去購買物品，在每一家商店中，按照顧客的流量來決定在不同的商店裡所要停留的時間，大致約在四到十二分鐘之間。在顧客愈多的商店，他們可以觀察得久一些，而不被店員發現；在不到3%的報告中，他們認為自己已經被店員懷疑，這類的報告則被剔除在實驗數據之外。店員的友善行為包括對顧客微笑、表示歡迎、表示感謝、和顧客維持適當的眼神接觸等。這些行為以及各店的銷售數字，做為實驗的依變項。雖然沒有人為操弄的獨變項，但是可能影響店員行為和銷售成果的因素仍然受到了控制，例如：考慮了女性和男性店員的比例而排除因性別而產生的友善行為，根據過去的研究，通常女性在任何情況下都比男性較為友善。另外，女性和男性顧客的比率一樣被考慮在購買行為中；為什麼呢？如果有些商店大多是女性顧客，而相較於男性，

女性通常購買了比較多的東西，這些商店的銷售情況自然會比較高，卻是和店員行為無關的。

此外，我們得先了解，在美國，不同地區有不同的購買習慣，而這些習慣跟公司的訓練是無關的。因此，我們所觀察的商店都位於人口稠密的都市地區，沒有一間是位於郊區，而這些地區的銷售模式，很可能異於都市地區。由於各個商店的店員乃是隨機被觀察的，因此，儘管這個實驗離開了實驗室，並且是在日常生活中操作的，但是並不影響心理學家的控制並且進行客觀的判斷。

2.結果：研究結果讓研究者大吃一驚。禮貌程度較高的商店，銷售量反而比較低。分析顯示，訓練課程中所教導的友善行為並沒有提升銷售量，銷售情況才深深影響了店員的行為；因為商店愈忙碌（愈高的銷售量），店員就更沒有時間禮貌的對待顧客，銷售量較低的商店裡頭，店員反而有比較多的時間表現友善的行為。這項結果也證實了女性店員比男性店員更為友善，而美國西部的店員比東北部的店員更為友善。

雖然在這個研究當中，行為並不像在實驗室當中一樣的充分控制。但是，在真實情境裡進行研究，反而提高了實驗的解釋力。對於研究方法的採用，常常必須由現象的真實度與複雜度來決定。在其他的例子中，心理學家常常必須決定是否要犧牲某些標準來得到更大的真實性。

第五節　訪談與問卷法

訪談與問卷法，是透過個人訪談與問卷結果，去觀察人類行為。訪談法的重點並不在於人們做了什麼（例如在實驗或者自然觀察的情況之下），而在於他們是怎麼說他們已經或將會做些什麼；調查研究法（survey research method）的重點，也不是人們實際上做了什麼，而是人們透過問卷，來說一些關於自己的事。

在 I/O 心理學中，採用了許多不同的問卷和面談方法。心理學家運用訪談去確認哪些因素對工作滿意或者士氣會有影響；在大型組織中，常常會有訪談員負責執行許多跟工作相關的調查。這種調查給了員工機會，去說明或者抱怨工作環境，或者參與政策的制定、表達對工作流程的意見。

　　訪談法在提升員工的士氣、減少離職、避免工作程序造成損失等等方面，具有相當的潛力。在某些工廠裡，在管理者和員工之間營造開放的溝通環境，可以避免組織工會。如果員工相信他們的意見會受到管理階層的重視，工會就不那麼被需要了。

　　在廣告業和顧問公司裡頭，也常常運用訪談法來發現消費者偏好。例如：康寶濃湯公司調查超過了 10 萬位消費者對食物的偏好，因為這項研究的結果，他們改變了季節性冷凍晚餐的菜單，並且引進了一系列的含鹽量低的湯品。

　　此外，政治性的組織也可以將這個方法運用在競選活動當中，來了解投票者對候選人和相關議題的反應。

　　訪談所產生的問題：即使最好的調查公司，就算經過個人意見和態度的精確衡量，還是會面臨一些困難。其中之一的難題是，有些人故意在問卷調查中說謊。有時候他們說他們會做些什麼，但是不然；有時候，他們也會改變了原先的主意，例如：在十月的調查中，他們說他們會投給共和黨的候選人，然而在十一月的選舉裡，卻很有可能投票給民主黨的候選人。

　　人們也可能會說，他們偏好某個衣服牌子或機車，因為他們相信這些選擇可以使他們看起來更有價值。他們有可能宣稱喜好某一種昂貴的進口啤酒，但是如果查看他們的冰箱，可能發現滿滿的，可都是便宜的本地啤酒。

　　有時候在調查中，人們可能表達了一些自己根本沒有的態度，只是因為他們不想讓訪談者知道他們的資訊不足。一項進行了 37 個訪談的結果分析顯示，有 64% 的受訪者宣稱他們看過某篇雜誌文章，而實際上，根本沒有這篇文章。另外這項研究也顯示，相較於面對面的訪談，受訪者在匿名調查中比較誠實。

　　訪談法的困境剛好解釋了一些選舉與商業的失敗，和錯誤的管理決策。這些錯誤並不是因為方法本身，而是在於它的複雜度、主觀性、人類傾向保留的天性、個人的偏好和行為。記住這一點：適當的訪談設計，依然可以提供高度的準確性。

• 個人訪談

訪談有四種蒐集資料的基本方法：面談、紙筆問卷、網路問卷、電話訪談。其中，面談是最為昂貴和耗時的方法，需要面對面的與受訪者互動交流。

尋找和訓練出適當的訪問者，是相當重要的。有研究顯示，人們會因為訪談者的年齡、種族和性別而改變他們的回答；他們的外表、行為舉止，也會影響人們是否願意回答他們的問題。

更多的受訪者因素，可能會影響研究的結果。例如：如果訪談者詢問有關藥物的問題，而在回答問題後，訪談者有了同意或反對的表情，受訪者可能會因為感受到訪談者的個人意見而改變之後的回答。

面談有幾項資料蒐集上的優勢[1]，例如：會有比電訪或信件訪談較高的回覆率。面談在面對文盲受訪者方面，較不受限制；此外，訪談者也可以立即地澄清受訪者對某些問題的疑慮。

然而，面談也有缺點。有些人對於面對面的情境較不能適應；另外，許多人可能居住在較為封閉或門禁森嚴的社區，這樣，就很難找到這些受訪者來接受調查。

• 紙筆問卷

這種調查方法提供了一個比較便宜和方便的方法，可大量獲得來自不同地區的資訊。在當代的 I/O 心理學中，問卷調查常常被用來蒐集員工資訊，因為在匿名情境下受訪，他們可能有比較開放和誠實的回答。此外，由於紙筆問卷比較沒有時間的急迫性，他們可以較為小心的回答問題，因而，所報告的觀點可能比面談更為可靠。

紙筆問卷主要缺點是回覆率，通常只有 40 ～ 45%。為了提高回覆率，我們需要採行彌補的措施。我們可以利用信函、明信片、掛號信件和電話來提醒受訪者，而且解釋實驗的重要性，來鼓勵受訪者合作。有些公司會提供激勵誘因或是獎品競賽，來鼓勵受訪者回答問題；然而，大部分

---

[1] 見例子 Tourangeau (2004)

的公司多只提供一塊錢的小禮物，來讓受訪者有點罪惡感──假如他們收了禮物卻不回答問題的話。

● 網路調查法

相當多的組織使用了網路來進行員工調查。問卷經過電子郵件或內部網路發送，而員工們則使用鍵盤來回答這些問題。電子調查比起面對面的調查更容易完成。某些公司，像是 Allstate、Duke Power、IBM、Xerox 等，都定期的採用電子調查，並且將調查結果公布在網路上，讓所有員工知道。

I/O 心理學家將紙筆問卷的結果和電腦訪談的結果相互比較，幾項研究顯示，兩者並沒有顯著的差異[2]。只有回覆率上，有相當大的變異。一項在 HP 所進行的實驗指出，紙筆測驗的回覆率低於 26%，電腦測驗的回覆率超過了 42%，網路測驗的回覆率則是達到 60%。此外，員工對於網路調查的回覆速度，也高於紙筆測驗。

在一些關於紙筆與網路問卷的比較研究中顯示，相較於紙筆訪問，在美國、日本和法國的員工，比較偏好網路測驗；而且低於五十歲的員工偏好網路問卷，大於五十歲的員工則偏好紙筆問卷[3]。最新的研究顯示，大部分的員工都比較偏好網路調查，而且並沒有性別、種族或者從軍與否等方面的差異[4]。

即使網路調查大受歡迎，但這並不表示它們沒有缺點。有時候，管理階層並沒有嚴謹、客觀地了解如何使用調查結果。例如：因為網路調查的實施比較快速而便宜，管理階層很可能因此調查或是竊取員工的意見；或者員工在參與調查訪談之後，期待公司因而有些改變，公司卻遲遲沒有實際的作為，而終於導致員工抱怨。當他們覺得意見不受重視的時候，就有可能會忽略日後其他的調查。

---

[2] Donovan, Drasgow, & Probst (2000)

[3] Church (2001)

[4] Thompson, Surface, Martin, & Sanders (2003)

當然，網路調查也怕遇到「灌票」的問題，也就是說，同一位員工重複回答了相同的問題，而這當然會造成結果的扭曲。有些員工也擔心個人隱私的問題，即使他們在作答時不需要提供個人姓名，他們仍然擔心自己的隱私是否受到了保護；這類的顧慮使得員工不敢對公司的政策表達真實的意見。儘管如此，網路調查已經快速地變成了最常使用的員工意見調查法了。

• 電話調查

電話調查不僅低成本，還有其他的好處，例如：一位訪員可以在同一天之內訪問數百位受訪者。電腦化系統加快了電話調查的速度，讓它的成本只有個別訪談的一半，卻能得到相當不錯的資料。然而，我們的個人經驗和很多專業的報告都顯示，電訪成功率在過去的二十年之中顯著的下降，因為現代科技的發達，使人們可以拒絕那些他們不想接聽的電話。有個研究就指出，大部分的美國家庭都有答錄機，可以顯示那些來電的電話號碼，有些人甚至使用了多重的電話號碼，來過濾他們不想接聽的來電。

• 問題的型態

不論用何種方法蒐集資料，在任何的訪談中，都有兩個必須解決的問題：(1) 提出什麼樣的問題？(2) 要訪問哪些人？一般來說，問卷調查大多同時使用開放式的問題和選擇性的問題。

什麼是開放式的問題（open-end questions）呢？就像考試的申論題一樣，受訪者用自己的語言來回答問題，而不受到任何的限制；通常都會鼓勵受訪者盡可能完整地回答問題，並且不要受到時間的限制。但是開放性的問題也有些小缺點。如果問卷裡頭有太多的開放式問題，就會相當的耗時。另外，開放性問卷的有效性，也受到受訪者思考的深度與使用語言的能耐的限制；常常，訪談者在正確解釋受訪者的答案方面，也會感受到頗大的壓力。

選擇性的問題（fixed-alternative questions）又是什麼呢？就像你所熟悉的選擇題，它限制人們只能在幾個特定的選項中擇一作答。典型的開放

性問題像是，「你對提高所得稅率來資助學校，有什麼意見或感覺嗎？」選擇性問題則要求你從幾個有限的選項中選擇，例如：「關於提高稅率去資助學校，你的立場是：(A) 喜歡、(B) 反對、(C) 未決定」之類的。選擇性的問題簡化了訪談，而容許我們在固定的時間裡提問比較多的問題；此外，它們的答案也比開放性的問題更容易記錄和解釋。

選擇性問題的一個明顯的缺點，就是不能真實反映受訪者的意見。一位受訪者可能在某些情況下贊成提高稅率去支持學校，在其他的情況則否；但是，當可能的答案被局限在 (A) 是、(B) 否、(C) 未決定的時候，就不能表達他們真實的意見了。如果許多的受訪者都同樣有許多未表達的意見，那麼，這個研究的結果就可能受到了誤導。通常在選用一項問卷之前，會先做一些測試，以確定問題的陳述不會被誤會，如果受訪者誤解了問題，或是發現了其他的意義，研究的結果就會受到誤導。舉例來說，美國國家健康統計局進行了一個美國人胃痛的調查，但是大部分人其實不知道胃在哪裡或者什麼叫做胃痛，這當然會帶來嚴重的錯誤；因為，當研究者用人體圖告訴受訪者胃在哪裡的時候，他們的答案完全不一樣。

問卷的問題該用什麼樣的方式呈現呢？這給 I/O 心理學家帶來了很大的挑戰，因為在美國，有將近 55% 的勞工是功能性的文盲，假如問卷內容不能被順利的閱讀或理解的話，受訪者如何回答？恐怕完全沒有辦法！

• 抽樣方法

假設德州的立法機關要求心理學家，調查所有的車主對增加駕照費用的看法，即使提供充足的時間和金錢，假如真的跑去問了每一位車主，恐怕會是一件相當可笑並且困難的事情。那麼，我們應該如何面對這個問題呢？事實上，去詢問或是訪談每一個人，是不可能也不必要的；只要能夠經過小心的計畫，取得具有代表性的車主樣本，就可以提供預測整個族群態度的有效訊息。

我們可以在購物中心、加油站或是密集的商業中心的人群之中，找到足夠的受訪者，但這並不能表示這些人的確能夠代表整個德州的車主，例如：我們在達拉斯或者休士頓的某購物商場所找到的受訪者，很可能只代表收入較高的某一個族群。因此，我們一些能順利選出具代表性的族群的

方法。

我們有兩種抽樣方法，分別是隨機抽樣、分層抽樣。在隨機抽樣（probability sampling）中，每一個人都有同樣的機率被選進樣本之中；我們檢視了州政府的車主名單，在每 10 或 25 個人當中抽取一位，這樣，我們就會找到所需要的樣本，基本上，每個註冊的車主都有相同的機率被選中。我們只需要有所有人的名單，這個方法就行得通。

有時候，我們採用分層抽樣（quota sampling）的方法。在分層抽樣當中，研究者會從較大的母群中抽取一個較為小型的母群，成為這個母群的代表樣本。例如：假設我們從統計資料中得知有 20% 的德州車主有大學學歷、50% 是男人、40% 是拉丁裔……諸如此類。那麼，我們的樣本就應該呈現這樣的特性。訪問者得在不同的族群中，依照一定的比率去找出受訪者；然而，訪問者的偏好有可能會影響樣本的結果，例如：有一位訪員特別喜歡跟穿得較漂亮的人講話，另外一位則比較喜歡找女人訪談，這樣，就會造成研究的偏誤。

• 不滿意的員工

不論問卷設計有多麼小心，或是獎勵機制有多麼誘人，有些人就是不願意回答問卷。他們的拒絕，很可能造成結果的偏頗；在某些情況下，員工也可能會沒有收到問卷、誤解問卷或者是忘記回答，當然，也有蓄意不回答的人。

假若拒絕回答的人正在漸漸增加，大概是因為管理者太常使用問卷，而使得員工備感騷擾；而當組織中的問卷回覆率開始下降，就表示管理者所得到的資訊很可能已經被誤導了。

有一項對不願意回答問卷的 194 位員工的研究顯示，這些人的意見和那些願意回答問卷的員工之間，有重大的差異[5]。我們知道，對工作環境不滿的員工有較高的辭職傾向，而相較於那些願意完成問卷的員工，這些不願意回答和對工作不滿的員工，對公司的忠誠度則比較低。此外，這些

---

[5] Rogelberg, Luong, Sederburg, & Cristol (2000)

員工對於公司會不會根據問卷結果來改善，也會有比較低的評價。如此一來，管理階層所得到的問卷，基本上，大多是從那些工作滿意度比較高、對組織比較有向心力的員工而來的。因此，這些對員工的調查並沒有反映員工真實的情況。

第六節　近年的研究：以網路為工具的研究

相對於過去在大學的實驗室或是組織中進行研究，I/O 心理學家現在常常使用網路，在虛擬的實驗室裡做研究。用網路問卷來研究員工的求職行為、工作態度、在心理測驗上的表現，或是與電腦刺激之間進行互動等等，進行較快速且便宜的研究。利用網路的連結，單一實驗室被串成虛擬實驗室，使得大規模的跨公司、跨國家的研究得以進行；虛擬網路實驗室可以模擬真實的團體實驗，使受訪者有如面臨真實的環境來回答問題。

虛擬情境的研究提供了另外一個優於傳統研究的優點，有一位研究者就注意到，虛擬研究可以更快速的把任何人連結到網路之中，並且他們的資料可以被自動的儲存為電子形式，減少實驗室在設備、成本和人員上的支出[6]。現在，讓我們來看一項關於中高齡族群對於基因學是否有興趣的研究。有一位研究生使用網路問卷，在一個禮拜之內取得了超過 4,000 位受訪者的回答，來取代傳統的廣告、刊物詢問等方式，而這等於節省了好幾個月的時間[7]。

然而，批評網路研究方法的人士認為，我們無法判斷網路受訪者的年齡、性別和種族等的真實性，或是知道在受訪者回答時是否有人從旁指導，或者他們是否故意誤導這些答案。此外，熟悉電腦操作的網路族，通常和不熟悉電腦、網路環境的人，有相當不同的教育背景和社會經濟特徵。因此，受訪者事實上已經被篩選過了，當然也就可能整個群體不具代表性。然而，支持網路研究的人士則反駁，傳統研究當中的那些大學生，

---

[6]　Birnbaum (2004), p.804.

[7]　Birnbaum (2004)

恐怕也是不具代表性的族群。

這些批評者也注意到，網路問卷的回答率通常比面訪或電訪要低；尤其，網路調查的中斷率高於實驗室的一般研究，一位匿名的使用者比起實驗室裡的大學生，當然更容易中斷並且離開。然而，愈來愈多的研究顯示，網路研究和一般實驗室研究之間，已經有漸趨一致的傾向[8]。

第七節　資料分析的方法

心理學就像其他的科學研究一樣，要解決問題，就要先蒐集資料。假設我們進行一項調查 200 位線上員工的生產力研究，或是調查 200 位求職者對業務員這個工作的喜好。我們手上的這 200 筆資料，能夠告訴我們一些什麼呢？看起來，我們需要進一步的分析和解釋，才能解讀這 200 筆資料的訊息，因此，我們需要運用統計方法，來總結並闡釋這些資料，以便推論出可以實際應用到現實情況的結果。

● 描述統計

對於「描述」這個字，你一定很熟悉了吧！當你描述一個人的時候，你會試著去說他的長相怎樣。同樣的，當心理學家使用描述統計（descriptive statistics）的時候，也正在試著說明這些資料的意義。讓我們來看看幾項研究，看看統計學家會怎樣解釋他們的資料。

有一個甄選第四臺業務員的求職研究顯示，心理學家對於 99 位求職者施測，測驗結果請見表 2-1。這個表讓我們了解到，解釋這些數據有多麼重要。如果不能合理的解釋這個結果所呈現的東西，我們就不能對這些求職者形成有效的評估和預測。

有一種解釋資料的方法，是建立次數分配（frequency distribution）表

---

[8] 詳見 Brinbaum(2004)；Gosling, Vazire, Srivastava, & John (2004)；Kraut (2004)

或者是直方圖。雖然，我們未必都要這樣做，但是數據這麼多，把它們區分成不同的組別、形成圖表，的確能幫助我們比較容易理解。如此一來，這些圖表就提供了一種比原始資料更清楚的概念。除此之外，圖表也可以自然的顯示集中趨勢，而提供更有用的資料。

1. **平均數、中位數和眾數**：科學分析是將資料以量化的方式來進行清楚的解釋，因而常將資料做典型的次數分配，因此，我們需要清楚的解釋數值或分配的意義，常使用的概念則有平均數、中位數和眾數。

最簡便而有效的方法，是平均數（mean），也就是把所有的數據總加起來，再將此數值除以總次數而得出一個單一數值。這 99 位求職者的平均數是 11,251/99=113.6。平均數的概念提供了一個衡量大量統計數字的基礎。

❀表2-1

衛星電視業務員工作的**99**位求職者的原始得分					
141	91	92	88	95	113
124	119	108	146	120	123
122	118	98	97	94	89
144	84	110	127	81	120
151	76	89	125	108	90
102	120	112	89	101	118
129	125	142	87	103	147
128	94	94	114	134	114
102	143	134	138	110	128
117	121	141	99	104	127
107	114	67	110	124	122
112	117	144	102	126	121
127	79	105	133	128	118
87	114	110	107	119	133
156	79	112	117	83	114
99	98	156	108	143	99
96		145		120	

中位數（median）則是指一個分配的中間數字。如果我們將 99 位受試者，從低排到高，中位數就是第 50 位的數字。有一半的求職者分數高於中位數，另外一半則低於中位數。在我們的例子裡，中位數是 114，也接近於平均數。中位數的概念特別在處理曲線分配的時候，是相當有效的方法。

　　眾數（mode）是指一個分配裡頭，最常出現的數字。一個分配有可能會得到一個以上的眾數；眾數很少和平均數、中位數同一個數值，但在我們的資料中，恰好是 114。眾數常是很有用的資訊，也是很有用的概念；例如：一家商店老闆想要知道音響適當的存貨數量，只要運用眾數的概念，調查哪幾種產品賣得最少，就知道那些該存多少存貨了。

　　2. 常態分配和偏態：在圖 2-3 中，你可以看見這些求職者者主要呈現的圖形，是一種常態分配。常態分配代表了大規模的心理或生理施測結果，測得的數值落於中間，其中只有少數數值是特別高或是特別低的，分別落於左右兩端，而形成一個鐘形分配。不論我們測的是身高、體重或智商，只要有足夠的樣本數量，所得到的分配常常都會接近常態分配。

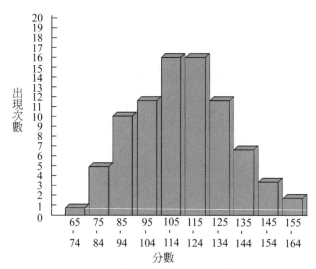

出現次數

分數

❀圖2-3　衛星電視業務員測驗分數的分組分配

　　標準常態分配（normal distribution）是基於大量的樣本和自然亂數下而產生的。當樣本不具代表性，或是在某個向度上有偏頗的時候，所得到的結果就不會接近常態分配，而是偏態（skewed distribution）的，特別是當我們對特定的某些族群施測的時候，常常會發生這種情況，例如：我們對一群高中中輟生實施智力測驗，對這些中輟生來說，本來就是比較缺乏測驗經驗的一群。這樣的群體對整個學生母群來說，就不具代表性，而這個測驗的結果，當然也就不會呈現常態分配。見圖 2-4。

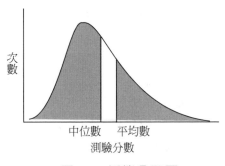

◈圖2-4　偏態分配圖

　　在解釋偏態分配的時候，中位數是最有用的數據，因為中位數本身比較不受到極端值的影響，不像平均數，只要有幾個極端值，就會跑來跑去，也就比較不適合用來解釋資料。你一定聽人家說過，統計都是騙人的吧。雖然統計可能會誤導人，但這種錯誤大多來自於不當的解釋。讓我們來看看圖 2-5，資料顯示公司過去二十四年負債的中位數和平均數，平均數由 6 萬提高到了 25 萬，然而，在這段期間內，中位數竟然還略為遞減。

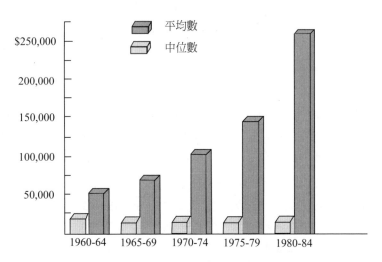

◈圖2-5　某公司負債狀況的中位數和平均數

　　資料的解釋引起了爭議。律師，也就是那些高負債比公司的受益者認為，公司的負債在過去二十年之間並沒有顯著的增加；而保險公司，也就

是債務的實際承擔者,則認為負債其實增加了五倍。怎麼會發生這樣的爭議呢?因為律師們採用了中位數的負債評估,而保險公司則是採用了平均數;兩邊在分析技術上都是正確的,但是對偏態分配而言,中位數還是比較適當的分析方法。做為一位管理者、投票者或消費者,我們常常發現,有時候會被人技巧性的欺騙,而付出慘痛的代價;因而,我們必須問,眼前的情況到底比較適合使用平均數或是中位數?

3. **變異數和標準差**:經過剛剛的計算和描繪,我想,你也許不會很高興的發現到:如果你想對這些測量資訊做更好的利用,只知道趨勢分配是不夠的,我們必須學會更多的量化指標,來解釋資料的分配。

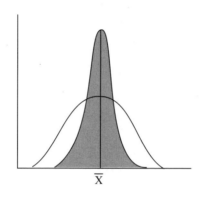

⊛圖2-6　具有相同的集中趨勢與不同的變異性的兩個常態曲線

請見圖 2-6 的常態分配。如果我們只用平均數或者中位數進行趨勢分析,我們會認為這兩個分配是相同的,因為平均數和中位數在這兩個分配中,都是一樣的。然而,你可以清楚的看見,這兩個分配事實上是不同的,因為它們的離散趨勢情形並不相同。

測量離散趨勢的標準方法,是標準差(Standard Deviation, SD)。這是精確計算出各個數值距離這個分配的集中趨勢到底有多遠的一種分析方法;只要我們找到了離散趨勢,就可以更深入且有意義的進行資料的解讀。

讓我們來解釋一下什麼叫做 IQ,然後一起看看圖 2-7 智力測驗的結果。這份資料提供了一個平均數為 100、標準差為 15 的分配;「標準差為 15」是什麼意思呢?它的意思是,如果有一位智力測驗的得分是 115,

這個數值距離集中趨勢 100，有一個標準差的距離；而智力 130，則是兩個標準差。同樣的，智力 85，乃是「負的一個標準差」。

藉由標準差，我們可以知道在原始資料上的任何一個數值，乃是落在這個分配的左右端的多大比率上。此外，常態分配表可以提供我們，透過標準差的資料，來指出關於這個數值出現的機率。

例如：從圖 2-7 可見，有 99.5% 的母體，其 IQ 智力測驗分數低於 145，有 97.5% 會低於 130，84% 低於 115。只要這個分配是常態分配，這些比率就不會改變。這樣，只要知道一個分配的標準差，就可以解釋、分辨任何一個特定的數值，到底會落在哪一個區塊之中。

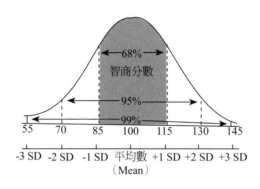

⊛圖2-7　顯示標準差落點的智商分數之常態分配

假設我們對牙科的醫學生進行了一項學校專業技術熟練度的研究。你的室友接受了一個測驗，得到 60 分，這個數字其實沒有辦法透露任何的意義；然而，假若這個分配是常態分配，平均數為 50、標準差為 10，那麼，60 分的意思就是：只有 16% 的分數高於你的室友，而有 84% 的人低於他；因此，他將來很可能是一位好醫生。

有一種方法，可以將原始成績轉換為標準差。我們常常有許多不同的測驗成績，若是想要解釋每一種成績中的相對位置，只要將不同的成績轉換成標準差的單位，我們就可以了解單一或多個測量分數的位置、比率，進而比較不同的分數。

4. 相關係數：我們先前已經解釋了不同的幾種變數。如果我們要預測一個人在某個職位上是否將會成功，通常需要兩、三個變數來決定預測關

係，而這需要運用相關法，來調查變數和變數之間的關係。例如：一位員工在甄選測驗中會有所表現，而這些表現必須和實際的工作表現相互比較；這也是 I/O 心理學家在決定是否要採用這份測驗來評估求職者是否適合該項工作的唯一方法（我們會在第四章討論效度的問題）。

相關係數（correlation）告訴我們兩件事情：第一，變數之間的方向關係；第二、這份關係的強度如何。方向關係乃是指正向或者負向關係，也就是一個變數數值的高分或低分，是否會隨著另外一個變數的高分或低分而有所變化。在正向的相關係數下，一個變數的增加會伴隨著另外一個變數的增加，例如：假設員工的表現和主管的評價有正相關的話，員工的好表現會讓我們看見主管的評價也會比較高。同樣的，在性向測驗拿到高分的求職者，就可能在職場上有比較良好的表現。換句話說，那些在性向測驗中表現不好的人，在工作上的表現可能也會比較差。

使用相關係數分析，我們可以得到變數之間的關係。正相關可從 0 到 1 來表示，負相關則可用 0 到 -1 來表示。負相關 -1 和正相關 1 在強度上是一樣的，只是方向不同。在前面的例子裡可見，一個變數——像是工作評估——的表現，可以用另外一個變數——像是測驗成績——來進行估計。如果相關係數愈接近 1 或者 -1，換句話說，就是相關的強度很高，就愈可以用一個變數來預測另外一個變數。相關係數在 I/O 心理學上，是一個相當有用的方法；在本書後面的章節中，將會發現這個方法一再的出現。

• 推論統計

在傳統的心理學實驗當中，研究者喜歡區分和比較兩個群組的表現，例如實驗組和對照組。在一項新的實驗研究中，實驗組——經過訓練的組——的表現，和對照組——沒有經過訓練的組——進行比較，看看這兩組在實驗中的表現有無差異，差異的程度又如何。你知道嗎？這兩組的結果很可能會影響組織的重要決策！

1. **信心水準**：I/O 心理學家如何知道，這兩組之間的差異，是值得組織去推動、去改變的。他們必須決定，這兩個組別的差異程度（statistical significance）是否達到了信心水準，而他們的回答將會以機率程度來呈

現，而不是以可靠性程度來呈現。也就是說，兩個組織之間的差異，已沒有可能只是因為機率本身而造成的呢？

2. **機率**：採用推論統計（inferential statistics）的分析方式，來判斷實驗組和對照組的差異時，我們可以計算兩組平均數的差異的機率（probability）值，也就是計算出現這種差異的機率到底是多少。心理學家常常以兩種信心水準來做判斷，即 P=.05 和 P=.01。.01 代表兩組的差異只有 1% 的機率，乃是由於隨機而得；因此，假如這個差異出現的機率小過信心水準，我們就可以推斷：新的訓練方法是有效果的。但是假若 P 值為 .05，我們就會比較無法斷定這個實驗結果是可信賴的，因為在 100 次的試驗當中，有 5 個這樣的實驗結果，很可能只是因為機率而產生的。

3. **後設分析**：在 I/O 心理學中，後設分析（meta-analysis）是一種更高層次的分析方法；因為它需要大量的實驗資料來分析，用以了解整體的**趨勢**。這種方法被很多心理學家廣泛使用，以達到客觀的結論。現在，後設分析已經被廣泛運用在 I/O 心理學、經濟學、醫學分析之中。

儘管還有其他特殊的技巧，可以幫助分析資料，但是使用統計資料，其實是可以有效幫助 I/O 心理學家分析商業、產業訊息，或是幫助研究者、企業經營者達成任務的有效途徑。另一方面來說，任何決策都需要人們自己來做決定；因為統計只是一種解決問題的工具，而非問題的答案。

摘　要

在心理學的研究中，觀察必須是可控制、系統化、能複製、可驗證的。觀察本身會有一些限制，例如有些議題真的太過複雜，而無法用實驗法去進行調查，因為觀察者的行為可能會干擾那些被觀察者的行為。這些觀察、介入可能會使得原有的行為改變（霍桑效應）。此外，在某些研究的情境中，由於必須在人為控制之下進行，因而限制了研究成果的推廣性。

在實驗方法裡，心理學家一次只研究一組變數，被控制的變項稱為獨變項，而要觀察的變項則稱為依變項。在實驗中，兩個群體被區分開，分

別是實驗組和對照組。兩個群體必須盡可能相似，有可能是經過隨機選擇或是配對選擇而組成的。

自然觀察法是觀察每日的行為，實驗者可以有限的控制獨變項，但無法精確的操弄他們。

訪談法的觀察，乃是專注於蒐集受訪者的態度和意見，訪談方法則包括了：個人訪談、紙筆訪談、網路問卷和電話調查。在美國、日本以及法國的研究顯示，員工漸漸偏好網路調查，甚於紙筆調查；五十歲以下的受試者，比較傾向於網路管道。問卷調查又可以分為開放式問卷，就是容許受試者自由填寫作答；或是使用選擇式問題形式，限制受試者只能在幾個選項之內作選擇。樣本的代表性問題，可以藉由機率選擇而達成，也就是母群中的每個人有同樣的機率被選到，或者是藉由分層抽樣，也就是在較大的母群樣本中複製、抽取一個小型的母群做為樣本。相較於願意回答測驗的員工，拒絕回答測驗問題的員工，可能對工作有更多的不滿。心理學家也採用虛擬研究——同樣有大量和廣泛的母群正被研究，而虛擬研究和實體研究，已經日漸得到相似的結論。

原始資料可以被簡化、闡述和分析的，就是描述統計。資料可以被圖形化，或是簡化，成為有意義的數字。了解趨勢分配有三種方法：平均數、中位數、眾數。當我們蒐集了足夠的資訊，常常可以得到鐘形的常態分配，也就是大部分的分數接近平均值。離散趨勢乃是數值和平均數的平均距離，而標準差則能提供在整體的分數之中，任何特定的原始成績，與標準差的距離位置。相關係數則提供了變項與變項之間共同變化的方向性和關聯性，以做為心理學家做變數之間的推測。

推論統計中的信心水準，用來測量兩個群體之間的差異是否夠大，大到無法用機率來解釋；而後設分析，則是用來對大量的研究數據進行整合之用。

‧‧‧‧‧‧‧‧‧‧‧‧‧‧‧‧‧‧‧‧‧ 關鍵字 ‧‧‧‧‧‧‧‧‧‧‧‧‧‧‧‧‧‧‧

‧ 科學方法　　　　　　scientific method
‧ 實驗法　　　　　　　experimental method

- 依變項　　　　　　independent variable
- 獨變項　　　　　　dependent variable
- 實驗組　　　　　　experimental group
- 對照組　　　　　　control group
- 隨機群組設計　　　random group design
- 配對群組設計　　　matched group design
- 自然觀察法　　　　naturalistic observation
- 調查研究法　　　　survey research method
- 開放式的問題　　　open-end questions
- 選擇題　　　　　　fixed-alternative
- 隨機抽樣　　　　　probability sampling
- 分層抽樣　　　　　quota sampling
- 敘述統計　　　　　descriptive statistics
- 次數分配　　　　　frequency distribution
- 平均數　　　　　　mean
- 中位數　　　　　　median
- 眾數　　　　　　　mode
- 常態分配　　　　　normal distribution
- 偏態　　　　　　　skewed distibution
- 標準差　　　　　　standard deviation
- 相關係數　　　　　correlation
- 差異量　　　　　　statistical significance
- 推論統計　　　　　inferential statistics
- 機率　　　　　　　probability
- 後設分析　　　　　meta-analysis

問題回顧

1. 為什麼對心理學研究方法的了解，對你未來的工作生涯那麼重要？
2. 心理學研究必須符合哪三個基本要件？心理學本身又有哪些限制？

3. 請個別定義以下詞組中的名詞：(1) 獨立變項與依變項；(2) 隨機團體設計與配對團體設計；(3) 實驗組與控制組。

4. 請設計一個實驗，以了解一群已經在公司有五年資歷的資深電腦操作員，為什麼會在辦公室搬到新的地方以後，突然開始發生資料輸入的錯誤？

5. 請說明自然觀察法的優點與限制。

6. 民意調查有哪些用處？哪些問題可能會限制它們的有效性？

7. 請舉出四種蒐集資料問卷的方法。

8. 如果你被要求對 BMW 的車主進行市場調查，你了解他們希望在新車款上看到哪些改變，你會使用哪種調查法？為什麼？

9. 什麼是誘導式民調？它們對選舉結果有什麼影響？

10. 開放式問卷與封閉式問卷有哪些差別？隨機抽樣與分層抽樣之間又有哪些不同？

11. 請說明在虛擬實驗室中從事心理學研究，有哪些優點與限制？

12. 敘述統計跟推論統計有什麼不同。

13. 根據你個人的觀點，假如沒有統計學、這個世界會比較好嗎？請指出一些有用的資料來支持你的看法。

14. 關於你在 IQ 測驗上的表現，標準差能夠透露哪些訊息呢？

15. 就你的 IQ 分數與老闆對你的績效評估之間的關係而言，相關係數 +.85 代表什麼意思？

第二篇

人力資源發展

I/O 心理學的專長也在於「人力資源」，包括甄選、訓練，以及評價新進與現職的員工。

　　當你申請一個新的工作時，你就會參與一個甄選的過程，公司單位可能會使用從履歷表，一直到複雜的心理測驗等種種方法來進行甄選。一旦僱用你了，你就必須參加訓練，好讓你的工作更有效率。當你被考慮升遷的時候，甄選和訓練方法也會被派上用場。公司想要讓你的技能，配合上新工作的要求，當你提升到責任更大的工作，你就得為新的角色受更多的訓練。一段時間之後，你的主管會評價你的績效表現。你希望這個評估，能夠盡可能客觀，並且提供你關於你在工作上的進步有關的回饋。員工甄選、訓練和評估方法會決定你被選任何種工作，以及你應該如何克盡你的職責，第三章和第四章都處理甄選的問題。第三章討論甄選的技術，諸如履歷表、面談、推薦信，以及評鑑中心法。第四章則敘述甄選目的之下的智力、興趣、性向、性格與品格測驗。第五章，述及績效評估方法；訓練方法則在第六章。

第三章 員工甄選的原則和技巧

本章摘要

你曾經到過巴拿馬或美國的佛羅里達去度春假嗎？每一年都有好幾千位學生到那裡去度假，因此，那些地方每年都辦了不少的就業博覽會。各類組織的招募人員都會去擺設招募的攤位，吸引應屆畢業生之後到他們那裡去工作。Dunn（2000）在就業博覽會對應屆畢業生進行的調查中，有一個問題是：「你是否將會想要待在第一份工作，超過兩年的時間？」結果顯示，三分之二的受訪者並不期待自己會在第一位雇主的身邊待上超過兩年；這個結果讓負責招募大學畢業生來公司幫忙的招募人員，相當的不安。大學畢業之後，你想在第一份工作上待多久？大量的研究發現，在同一個班級中至少有一半的應屆畢業生，並不認為自己所找到的工作將會令他們滿意，也不認為它們會在這個工作待一段不短的時間。他們可能被招募人員、面試官或者人力資源部門等不同的管道，告知自己被錄取的消息；然而，或許由於他們對自己的能力與興趣的錯誤評估，或許他們並不真的知道自己找到的到底是什麼，總之，他們的某些個性很可能與這份工作不那麼適合。無論對工作不滿的理由何在，這都會是一位對員工、對雇主兩敗俱傷的局面。這種困境強調了員工甄選的原則和實務的重要性。如果個人和工作不能互相適配，例如：個人的能力與特質不能夠與工作的要求或需求匹配，就很可能導致對工作的不滿和低度的績效表現。

在你進入老闆所準備的辦公室，甚至在網路上完成公司的求職申請表之前，某些預先存在的因素，就已經影響著你對這份工作的選擇；有些因素是內在的，像是你感到興趣的工作種類和個人期望的偏好，有些則是外在的，像是你跟組織之間各種可能的招募關係，或是你對這份可能的工作所接收的資訊。I/O 心理學家們用「組織進場」，來描述相關的議題。

第一節　組織進場

進到一個組織之後，能不能帶來立即的滿意以及長期的滿足，是相當重要的事情。就像初戀事件會影響後來的情緒關聯，第一份工作經驗也會影響你的工作績效，以及你對未來生涯的期待。

研究顯示，在早期生涯上表現成功的人，比不成功的人更容易得到晉升。換句話說，初始生涯發展良好的人，會在初期的工作生活上有較為正

面的經驗，並且這種良好的表現將會持續。

第一份工作的挑戰性影響了你對工作的承諾、工作成就的水準，以及你為自己、為公司追求優越表現的動機。一份有挑戰性的工作會帶來高水準的表現、技術能力，而導致持續性的成功。

找到適合個人挑戰性的工作，是你組織進場歷程中最為重要的事情。對這種挑戰性而言，你的第一份工作是否符合你的期望和喜好，是最為重要的。實際上，透過工作來滿足個人的需求，對你和你的雇主而言，都具有決定性的意義。這正是為什麼雇主會嘗試去了解員工潛在的期望和喜好。

如果你對於在各種不同的工作中，人們實際上做了什麼、他們需要什麼樣的教育和訓練、他們的工作環境如何，以及他們的薪水和工作遠景究竟怎樣有興趣的話，可以參考由美國勞工統計局所編輯的《職業略覽手冊》（*Occupational Outlook Handbook*），網址為：www.bls.gov/ooh/

第二節　員工偏好

你如何尋找第一份工作呢？高薪嗎？有股票分紅嗎？有完善的健保計畫嗎？有一個專屬的停車位嗎？或許在個人的情況下，我們可以確認某個單一的最重要因素，然而，卻沒有哪一個答案可以代表所有員工共同的想法。I/O 心理學家發現幾位員工心目中認為重要的工作特性，以下列舉了一些，而你，會如何為你自己排序呢？

（　　）1. 有挑戰性、有趣而且有意義的工作

（　　）2. 高薪

（　　）3. 有升遷的機會

（　　）4. 工作安定（沒有被解僱的危險）

（　　）5. 有股票分紅

（　　）6. 工作時數令人滿意

（　　）7. 工作環境令人愉悅

（　　）8. 能和同事和睦相處

（　　　）9. 看起來能被老闆尊重和欣賞

（　　　）10. 有機會學習新技術

（　　　）11. 公平和忠誠的主管

（　　　）12. 會徵詢你個人對於有關工作的議題的意見

（　　　）13. 協助處理你的私人問題

　　在德國，有一項針對 14 家公司的 81 位新進員工所做的研究發現，他們在被僱用之前就已經清楚個人的工作目標與偏好，在工作八個月之後，假若他們相信公司會提供達成這些目標的機會，就會有比較高的工作滿意和組織承諾；相反的，假若他們不相信雇主會提供適當的條件來達成這些目標，在工作八個月之後，他們的工作滿意和組織承諾的水準都會比較低[1]。

　　另外，在美國有一份針對 113 位大學畢業生的第一份工作所做的調查，研究者發現，在四個月之後，相信自己有機會達到生涯目標的人，其組織承諾會高於其他不相信組織提供了達成這些機會的人[2]。這些研究指出，當你畢了業、找第一份工作的時候，事先知道你個人的目標和生涯偏好究竟何在，其實是相當重要的。

　　員工的偏好可能受到外在因素的影響，例如教育程度。大學畢業生和高中畢業生會有不同的期待，高中畢業生的期待也與未完成高中學業的人不同。另外，並非所有的大學畢業生都有相同的偏好，主修工程、資訊科學的人，與主修人文科學的不同；而 A 段的學生也不同於 C 段的學生。年輕員工的偏好不同於較年長的員工；白領員工不同於藍領員工；技術部門員工的偏好，也會不同於管理部門員工。

　　員工偏好也會隨著經濟環境而有些改變。在經濟衰退、工作難找的時候，新進勞動市場的員工也許會對薪酬和工作安定比較有興趣，甚至可能願意在無法實現個人目標和偏好的組織中工作。而在景氣蓬勃、工作機會很多的時候，工作挑戰性、學習新技能的機會等等的優先順序，則會高過

---

[1]　Maier & Brunstein (2001)

[2]　Saks & Ashforth (2002)

工作安定感或者薪酬。

　　很多人在進入組織的時候，對工作、公司抱著不切實際或者膨脹的期待，也許這正是他們離開第一份工作的原因：現實和期望之間的差異，實在太大了。第一次接觸你的可能雇主、跟招募人員的第一次面談等，是期望和現實之間有所衝突的開端。而這代表，在進入組織之前的招募歷程，是相當重要的步驟。

第三節　招募歷程

　　I/O 心理學家對於招募歷程的幾個議題，都相當的關心：提供工作資訊的招募管道、招募人員的特質、大學的校園徵才、提供資訊的種類等等。

● 招募資源

　　傳統的招募資源包括：網路求才資訊、報紙求才廣告、在職員工推薦、職業仲介與代辦服務、專業協會提供資訊、工作博覽會、新職布告媒合。另外一個相當受歡迎的招募資源，則是大學校園；幾乎有半數大型公司的招募人員或者雇主，都會透過校園徵才活動來面談。

　　一個針對三所工程學院的 133 位大四應屆畢業生所做的研究顯示，正如市場中的消費者，當新聞報導這些公司推行他們所贊同的政策，或是公司的廣告引起了迴響，都能使學生對這些公司感到興趣。使這些大學畢業生接收到組織組的資源，正面的宣傳，能有助於成功的進行招募[3]。網路求才服務是指，在公司的首頁發布徵才的消息，並且讓求職者直接在線上投履歷表的方式；這種方法愈來愈受到多數中型或大型公司雇主的歡迎，事實上，這種使用線上資源的方法加速了招募和甄選的流程。

　　雖然網路招募很有效，但是它也有一些問題和限制。有一個調查的結

---

[3]　Collins & Stevens (2002)

果顯示，有數百位求才者認為，線上招募的有效程度上只能排名第三位，另外兩個更為有效的招募資源是：(1) 人際網絡和私人（門路）介紹；(2) 招募專業與獵人頭公司。這些求才者認為線上招募有若干特性：(1) 公司的回饋或是進一步的動作會比較慢；(2) 缺乏足夠的網路空間以列出徵才表單，因而在搜尋上較為耗費時間；(3) 公司網站常常缺乏招募上有用的資訊[4]。

另外一個對 254 位大學生所做的研究顯示，他們對於提供了公司理念、目標等相關訊息的公司網站，會比較有興趣。

• 招募人員的特質

公司招募人員的行為和人格特質，可能會對大四畢業生如何選擇第一份工作有顯著的影響。心理學家找到一些吸引應屆畢業生來求職的特質，包括：微笑、點頭、維持視線的接觸、表現溫暖的態度、表達個人的想法等等。

某些針對校園徵才攤位上的求職者研究顯示，應屆畢業生比較偏愛招募人員在面談上多說明有關公司的資訊、詢問求職者的個人資訊，以及回答求職者的問題。當他們認為，招募人員在與這些話題無關的事上花了太多的時間，他們也就比較不願意接受這份工作的錄用。

• 校園徵才

校園徵才很可能無法達到它的潛力，而公司也可能無法從招募計畫中，了解這種方法的實際價值。這個論點的合理性在於，接受適當的面談技巧訓練的招募人員，事實上不到一半。招募人員常常在面談一開始的幾分鐘內，就對求職者的能力形成了一個正面或負面的印象，而沒有充分地蒐集攸關招募決定的資訊。

招募人員傾向於花較多的時間和求職者談論能否勝任的問題，而比較少和求職者談論那些被自己粗略地判斷為不需考慮的問題。通常，招募人

---

[4] Feldman & Klass (2002)

員們對面談的意見相當地不一致，而且偶爾亦無法準確地和求職者談論他們關切的議題，而這正反映了缺乏面談技巧的事實。

　　為了降低校園徵才的成本，許多的組織會使用電腦化的應徵資料庫，來蒐集學生的履歷表。訂閱者根據特定的條件，來對求職者的檔案庫做預先的篩選與檢索。

　　無論校園徵才是面對面的，或是虛擬的，招募人員的主要困難在於找出對職場世界有現實觀點的求職者。這是另外一個校園徵才常常不盡人意的原因。在校園徵才中，許多學生常常因為缺乏工作經驗，也不知道到底該問些什麼問題，於是對工作、對組織都充滿了錯誤的想像；同時，他們努力的要形成一個好印象，試著隱藏一些他們認為招募人員可能不喜歡的態度和特質。而另外一個錯誤印象的形成，則是招募人員的責任；他們為了找到願意來上班的人，於是對自己的公司描繪了一個理想的圖像，以吸引應屆畢業生進入他們公司、開始第一份工作。

　　這些誤解都是某種疏失，而當配合的結果未盡理想的時候，就可能給雙方帶來一些不滿。解決的方法相當清楚，就是彼此坦誠，不論是優點或是缺點。某些公司會透過組織進場的程序中安排一個務實的工作預覽，來處理這類的問題。

‧務實的工作預覽

　　務實的工作預覽（Realistic Job Preview, RJP）提供了可能的員工關於所有工作觀點的相關資訊。這些資訊可能以各種方式來提供：小冊子、其他文字描述、影片等，或是在甄選過程中使用工作樣本，也能達到類似的效果。RJP 的目在於，向未來的員工介紹關於工作的正面或負面的看法，以期待能減少對工作過度的樂觀，或是不切實際的期待。

　　研究也支持，RJP 和工作滿意、工作績效、組織承諾與減少離職等，都有正向的相關[5]。

---

[5] Ganzach, Pazy, Ohayun, & Brainin (2002)；Kammeyer-Mueller & Wanberg (2003)

我們也發現，RJP 可以減少求職者未經思索就接受工作的情況，因為這些潛在的員工在接受工作之前，就可以評估工作環境到底吸不吸引人，或者其中有沒有其他不合適個人的因素。

第四節　對甄選過程的略覽

對於甄選，除了在報紙上刊登廣告或者使用網路搜尋、讓應徵者填寫申請資料、簡短的面談等，還有更多更為合適的方法。一個成功的甄選計畫，包括幾個步驟或程序。假設人力資源部門的主管被告知，要僱用 200 名新進員工來操作生產數位相機的複雜機器，怎樣才能找到這些人呢？

• 工作和工作者分析

理想上，第一個步驟是由 I/O 心理學家對這個工作的本質進行調查。除非我們可以描述員工被期待如何有效表現與工作相關的種種細節，否則，我們就不會知道這些潛在員工應該具備哪些能力。這個稱為工作分析（job analysis）的歷程，是一種決定某個工作所需要的能力的特定技術。透過工作分析，我們可以發展一個工作者能力資格的剖面資料。

當這些能力被具體的說明，人力資源經理必須決定，哪些方法最能有效的在這些潛在的員工身上辨認出相關特性；需要判讀複雜圖表的能力？需要能熟練地操作小型零件的設備嗎？需要能說明電子相關知識嗎？然後進一步的問：怎樣才能找出具備這些能力的人呢？

一項對超過 3,000 名員工所做的調查發現，當一份工作要求愈複雜的能力，就會用上愈大量、多種、複雜的甄選方法[6]。透過工作和工作者的分析，可以呈現該工作必要的背景特性與相關資質，藉以評價或評估每一位應徵者的適任性，例如：在面談的時候詢問特定的問題，或者是實施合適的心理測驗。各種能力都會建立測驗分數或標準的及格（cut off）點；常

---

[6]　Wilk & Cappelli (2003)

見的是，在測驗分數或學歷要求上設定最低的標準或者錄取分數，標準之下則不予錄取；然而，及格點應該如何設定，則需要 I/O 心理學家對目前在相同或類似工作的員工進行評估。

• 招募決策

第二個步驟，是招募決策。招募新進員工的時候，應該採用印刷品或者線上廣告嗎？或者，要透過哪個職業仲介的公司嗎？抑或是，透過現任員工的推薦？能不能有效的吸引這些潛在的員工，將會影響最後錄取的水準。如果只有 250 位應徵者來競爭 200 個工作機會，錄用的選擇性就會少於有 400 人應徵的情況。

I/O 心理學家將錄取人數和可被錄取人數之間的關係，稱之為甄選比例（selection ratio）。潛在員工的供應量，將會直接影響工作條件的嚴謹性。如果缺乏了充足的應徵者，而職缺又必須在幾個禮拜之內就補足，這樣，某些工作要求（或許是認知能力測驗的淘汰分數）的標準就可能因而降低。

應徵者不足，也可能造成公司擴大甄選的活動、提供較高的薪水、增加福利，甚或改善工作環境，以吸引並留住新進的員工。因而，潛在員工的供應量不僅嚴重地影響招募和甄選的程序，同時也影響工作特徵的本身。

• 甄選技巧

特定職務的甄選，就是將潛在的員工根據合適的或者不合適的，來進行分類；而這需要各類的方法，包括申請表、面談、推薦信、評鑑中心和心理測驗等等。典型的僱用決策並不是基於單一的方法，而是混合使用多類的方法；此外，藥物測驗目前現在也廣泛的應用在多類的工作中（參見第十二章）。某些工作有些生理條件的要求，需要體力和耐力的測驗；某些組織則會就有愛滋病、藥物過敏與某些疾病的易染病基因進行檢測。

在測評之後的下一個步驟，就是要成功的驗證這些人的確是最佳員工。在我們的例子裡所錄取的 200 位員工，人力資源部門必須追蹤他們六

個月之後的工作表現；這樣我們才能知道，這個甄選計畫到底值不值得。

　　每一個新的甄選計畫都必須調查並且決定其預測的正確性，或說效度；也就是評估透過新程序所選入的員工的表現。舉例來說，我們可以在工作六個月之後，請這 200 名新員工的主管評價他們的工作績效，用以比較他們在甄選中的表現，進而決定這兩種測量之間的相關性。事實上，我們想證明，這種甄選方法可以在應徵者中預測出未來表現比較好的員工。

　　假設我們知道，從主管那裡得到高評價的員工，會在手工熟練度上拿到十分並且具有高學歷，而從主管那裡得到低評價的人，則會在手工熟練度上只得兩分並且沒有高學歷。如此，這些發現就能指出，手工熟練與高學歷這兩個因素，能夠區分優秀的與窳劣的潛在員工。未來，人力資源部門便可以充滿自信地使用這些標準，來甄選最為適任這個職務的人。

　　對員工甄選程序的評估，必須有一些關於工作績效的測量，來就不同的甄選方法進行比較。至於評估和測量工作績效的方法，將在第五章有進一步的探討。

第五節　實施公平任用方案

　　一個成功的員工甄選計畫，必須遵照美國公平任用委員會（EEOC）的規定。這個委員會乃是根據 1964 和 1991 年民權法案（Civil Rights Acts），於 1972 年創立，目的在於保證當事人不論是什麼種族、宗教、性別或國籍，在任用和任職上都享有平等的機會。僱用上的歧視不僅是不道德的，也是不合法的。這個法案在過去幾十年來，大大地減少了相關的狀況；不過，我們仍然可以在職場上，找到偏見和歧視的例子。

　　有一個研究發現，相較於那些聽起來像是黑人的姓名，例如 Tyrone 或例如 Brad 或 Kristen 的求職者[7]。這個發現是真實的，即使應徵者的背景資料完全相同。

　　研究者調查 114 位操西班牙語口音的拉美裔美國人發現，在一個

---

[7] Ferdman (2003)

拉丁裔超過 50% 的地區裡（在這個研究裡是佛羅里達 Florida 的邁阿密 Miami），它們還是說自己感到被歧視。不令人意外的，這也導致了他們感到壓力和比較低的工作滿足[8]。

在一項決定 357 位應徵者是否能僱用為高階主管的分析中發現，由不同種族和性別的人所組成的甄選評判小組，比較偏愛女性應徵者，但是對黑人和拉丁裔，則比較不利。此外，甄選評判小組中的美國黑人男性，比甄選評判小組中的女性或白人，更傾向於不僱用美國的黑人男性[9]。

• 少數團體的傷害衝擊

當求職者中的少數團體明顯的比其他的多數團體，遭受到了較差的待遇，就可以說他們在甄選程序中遭遇了傷害衝擊。而當他們的甄選率少於多數團體的 80% 的時候，就會被當成傷害衝擊（adverse impact）的證據。假設一家公司有 200 位應徵者，其中有 100 位黑人和 100 位白人，而最後僱用了其中的 100 位，其中有 20 位黑人和 80 位白人。在這種情況下，白人的錄取率是 80%，黑人應徵者卻只有 20%，他們的錄取率只有白人的四分之一，顯然低於 80% 的水準。這家公司將在法庭上遭遇挑戰，因為——少數團體和多數團體的拒絕率，存在明顯的差異。

• 反向歧視

對少數團體的招募、僱用和升遷，以及對 EEOC 方案的推動，有時候反而造成對多數團體的反向歧視（reverse discrimination）。舉例而言，國家的政策希望能夠提高女性的地位，但是這卻使得她們無法享受與男性平等的機會。這個現象就稱為反向歧視。這種情況也可能發生在學校，少數團體的成績可能不像白人應徵者那麼高，然而，根據傷害衝擊的原理，有些明明合格的白人應徵者則可能被拒絕錄用。

反向歧視可能會影響工作升遷的決策，使得女性和少數民族相較於其

---

[8]　Wated & Sanchez (2006)

[9]　Powell & Butterfield (2002)

他資格相似的白人，獲得了更多升遷的機會。

　　公平任用方案認為，預防種族與性別歧視法案確保了這些人的僱用或升遷。但是多數團體的成員卻可能相信，這種優惠僱用女性或少數團體的做法，將會僱用資格不符的人。結果，有一些白人男性對這個預防種族與性別歧視法案，感到相當憤怒，對這類的政策相當不滿。

• 與日俱增的職場多樣性

　　預防種族與性別歧視的法案使職場上的女性和少數族裔日益增加。這些改變的受益者是誰呢？員工嗎？或者是僱用他們的組織？一個針對 273 位黑人和白人大學生的調查指出，公司的網站如何描述他們的工作人員，會吸引這些大學生。第一個網站所顯示的圖片中，只有白人員工和三位白人經理，學生被告知，如果錄取了，這三位經理將會是他們的主管；第二個網站有黑人和白人員工，經理則是白人；第三個網站則是由黑人與白人混合，並且有黑人和白人經理。研究者發現，白人大學生對於網站的內容似乎沒有特別的喜好；但是黑人大學生則偏好員工的種族差異，經理層級多元性的效果，則更為清楚[10]。這個結果建議，經理層級的種族差異對於各種少數團體的招募，有特別的幫助；同一研究也指出，在組織中有較大的種族和性別的多元性，能夠包容在問題解決和提升品質上的不同觀點。

　　經濟分析也指出，若是認知到這個政策，並對於預防種族與性別歧視法案有正面的落實，則會有比較高的股價，也會有比較多的投資回收[11]。

• 其他形式的歧視

　　1. **對中高齡員工的歧視**：美國的勞動力呈現了老化的現象。儘管 I/O 心理學不斷的證明中高齡員工通常比年輕的員工更具生產力，而且缺勤和離職率也比較低，不過多數的雇主仍然偏好僱用年輕的員工。一般而言，相較於年輕的員工，中高齡員工比較不會面臨身體虛弱、體力下降或是心

---

[10] Avery (2003)

[11] Crosby, Iver, Clayton, & Downing (2003)

理能力衰退的衝擊。

　　對中高齡員工的刻板印象，事實上持續存在。他們比年輕的員工更容易收到負面的績效評價。反年齡歧視法保障了中高齡員工的僱用和升遷；這項條款在 1967 年的就業法案中通過，用來反對拒絕四十至六十五歲的人就業機會的情況；1978 年修正的版本，讓僱主可以在員工六十五至七十歲之間強迫他們退休。

　　2. 對殘障員工的歧視：聯邦法案也對生理和心理殘障的員工，提供就業保護。1973 年頒布了職業復職法案，命令組織必須招募、僱用和升遷有資格的殘障人士。1990 年的美國殘障法案（ADA）則禁止僱主、州和地方政府、職業仲介以及勞工工會，在工作申請程序、僱用、解僱和升遷、賠償、工作訓練以及其他的受僱情況中，歧視具備資格的殘障人士。這個法案要求，只要身心損傷或者殘障的員工具備了工作資格，僱主就必須「合理的安頓」他們，如果他們不想被課以重稅的話。

　　在「合理的安頓」的一個案例中，一個超市員工因為狼瘡（一種瘤狀疾病）而容易疲勞，公司則提供板凳以讓他不必上班的時候一直站著。對其他殘障者的安頓還包括提供視障者口語或者點字的引導，或是建置斜坡和變造建物結構以利輪椅的使用。有些員工仍然不願意為了殘障人士而改變工作的環境。一個對 114 位經理的調查發現，經理們比較會抗拒這些關於調整的要求[12]。

　　為了殘障員工而進行調整的非預期性結果，是這些改變或許造成了其他非殘障員工的憤怒[13]。再回頭想想超級市場收銀員的例子。其他收銀員或許覺得，他們也會感到疲累而不想站著值班，他們不該有一張板凳嗎？或者一位服用抗憂鬱藥物的員工，因為藥劑的作用被允許遲到，其他員工或許會認為，大家都很難早起，但是他們因為沒有殘障法案所認可的如憂鬱症之類的疾病，所以只能乖乖的準時上班。另外還有一個議題是，殘障員工的同事相信，因為殘障員工會少工作幾小時，所以自己必須更努力工作。

---

[12] Florey & Harrison (2000)

[13] 見例子：Colella, Paetzold, & Belliveau (2004)

　　儘管殘障員工的工作實效並不差，但是僱用殘障員工的偏見卻依舊存在。I/O 心理學家的研究發現，殘障員工的表現正如一般的員工，甚至比他們更好。很多大型的美國公司像是 Dupont、3M、McDonnell Douglas 等，都固定的僱用殘障員工，因為他們發現這些人相當的不錯。McDonald's 和 Marriott 也會固定的僱用輕度智障的員工，並且發現他們的生產力並不輸其他的員工；然而，這個族群中只有不到 20% 的人順利找到工作，其中半數屬於聯邦津貼的計畫，而他們的工作則包括了門警、園丁、倉庫人員、辦公室接待人員、收費站和速食店的人員。

　　1990 年通過的美國殘障法案，也導致了工作歧視的抱怨和對僱主的訴訟。不幸的是，立法所期望的新世界，反而讓很多的組織更謹慎於僱用殘障人士，而這個對訴訟的恐懼或許正可以解釋，何以殘障人力在過去十年的勞動市場，竟然沒有增加。美國公民權法案委員會的成員 Russell Redenbaugh，也是一位殘障人士，他認為，美國殘障法案的影響是完全令人失望的。

　　3. **對女性員工的歧視**：女性面臨著到職場的歧視，特別是對於獲得和傳統男性一樣的工作的期望。2000 年的美國人口調查報告發現，女性依舊被局限在所謂粉領的工作，像是護士、老師、祕書和辦事員、簿記、服務生和廚師，以及接待員；不過女性在管理層級工作上，則前進了一大步，即使她們常被限制在軟性的、像是人力資源或者公共關係之類的部門。

　　有兩個研究，一個來自 291 個美國公司，一個則是另外的 410 家公司，都發現「女性對於公司績效具有全面性的正向影響」；另外，當女性員工比例達到 50% 的時候，公司能夠達到最高的利潤[14]。因此，性別差異正如種族差異，可以對組織的經濟成功帶來貢獻。

　　4. **性取向的歧視**：男、女同性戀者面對著政府機關和私人公司在僱用上的歧視。目前並沒有聯邦的公民立法，來保護同性戀者在工作場合免受歧視，不過，某些州把性取向的保護納入了民權法案的條款，也有愈來愈多的城市通過了在工作上禁止歧視同性戀者的相關法令。

---

[14] Kravitz (2003), pp.148-149.

　　許多的美國公司增列了關於同性戀者的反歧視政策。像是 AT&T、Xerox、Lockheed Martin 和 Levi Strauss 等公司，都贊助同性戀者的團體和網絡。而主要的美國汽車製造商像 Ford、General Motors、Daimler Chrysler 等，或是 IBM、Citigroup，以及某些地方政府，都提供了員工的同性伴侶相同的眷屬福利。

　　一項針對 38 家不同公司中 537 位男、女同性戀員工的研究發現，正式的反歧視政策能引發這些員工的高滿意度和高度的組織承諾[15]。其他則研究顯示，相較於那些不覺得自己受到歧視的，感受到自己受到歧視的男、女同性戀員工發生較負面的影響，他們認為自己的性取向導致了較少的升遷[16]。

　　一項針對 379 位男、女同性戀員工的研究則發現，倘若他們相信自己的工作環境允許他們公開表達自己的性取向，他們會覺得自己擁有較好的支持環境、有較高的工作滿意和較低的焦慮；他們也會經驗到較為贊同的同事、較少的歧視、主管對他們有較為公平的對待[17]。

　　另一個含括 534 位男同性戀、女同性戀和雙性戀者的研究則發現，那些最害怕在職場上「出櫃」的人，在工作上有最差的工作滿意，以及最高的攸關工作的生理抱怨。進一步地，那些說相信同事和主管和支持自己的參與者，相較於那些不覺得自己受到這種支持的人，則對工作沒感到那麼大壓力和害怕，也比較傾向於揭露自己的性取向[18]。

　　5. **外貌魅力的歧視**：某些求職者擁有在目前的文化標準之下，比其他人更受歡迎的外表，這種稱為「美麗主義」的評斷類型，會影響僱用和升遷的決策。許多人相信，具有外貌魅力的人，會有比較令人滿意的人格和社會特質，這種態度被 I/O 心理學者稱為「美麗就是好」的效應。具有外貌魅力的人被認為，比不具外貌魅力的人更善於交際、更具優勢，而且心理上更為健康。

---

[15] Button (2001)

[16] Ragins & Cornwell (2001)

[17] Griffith & Hebl (2002)

[18] Ragins, Singf, & Cornwell (2007)

一個處理職場上外貌魅力的謬誤效應的後設分析顯示，公司的招募人員和人力資源經理就像大學生一樣，他們的僱用決策往往會受到求職者的外貌魅力所影響，不論求職者是男性或者女性，這種效應都會發生；然而，這個研究同時指出，外貌魅力的謬誤在過去的數十年來，已經有降低的傾向 [19]。

應徵者的身高在甄選、僱用和升遷決策上，也可能是一個優勢。一項包括 8,590 位研究參與者的後設分析發現，身高和績效評價、領導晉升以及收入等，有顯著的正向關係；身高較高的人在這三項指標上，都高於較矮的人 [20]。

研究也顯示，門市人員對肥胖的顧客也會有些微妙隱晦的歧視。比方說，在跟相較於和那些體態一般的顧客打交道的時候，他們跟肥胖的顧客在互動上微笑比較少、視線接觸也比較少，比較不那麼友善，也花費了比較少的時間 [21]。

第六節　工作分析

工作分析的目的，在於描述工作者在特定的工作表現中的作業之要素或特性，包括使用的設備、操作的表現、教育和訓練的要求、薪酬給付，以及與工作有關的獨特觀點，像是安全、風險等等。

重要而且值得解釋的一點是，很多 I/O 心理學家或實務者偏愛以職業分析（work analysis）取代工作分析；職業分析關注那些可以從這份工作轉換到另外一份工作的作業和技術。在今天的就業市場上，員工必須持續的發展和淬鍊一組能應用到不同工作的多重技術。不像從前的世代，二十一世紀的雇主並不期待員工們花費畢生之力來從事例行和重複的作業。我們已經討論過了工作和職業分析對於員工甄選的價值。事實上，除

---

[19] Hosodo, Stone-Romero, & Coats (2003)

[20] Judge & Cable (2004)

[21] King, Shapiro, Hebl, Singletary, & Turner (2006)

非準確地描述這份工作到底在做些什麼，成功的完成這些作業需要具備哪些條件，否則，我們也就無從知道，到底該找怎樣的求職者才對。

工作和職業分析對組織生活而言，還有許多其他重要的助益，例如：為某一個工作建立一份訓練計畫之前，必須先知道這個工作的本質和所要求的技巧；而除非成功地描述相關的作業活動與操作要求，否則，我們也很難想像這份工作到底是怎麼做的。

工作分析也有助於設計一份更具效能的工作程序或是工作場所。如果車床操作的工作分析顯示，每次都必須從機器走 50 碼到庫房去補充原料，這樣，為了排除時間和體力的浪費，可以重新設計工作區域。工作分析也可以幫我們找出那些安全的或是危險的操作程序。

I/O 心理學家設計了一些方法，來進行工作和職業分析。一個取向是運用先前所蒐集的資料來進行分析。美國勞工局發展了一個彙整這些資訊的資料庫，稱為職業資訊網絡（Occupational Information Network, O*NET），它定義、分類並且描述各種不同的職業。這個線上資料庫頻繁地更新，雇主則透過這些例子來想像各種不同的工作所需要的知識、技術和能力。它分析了好幾千個工作，是一個成本低廉、容易使用的工具，在研究和應用上，也有著重要的影響[22]。一般而言，O*NET 提供每個工作下列的資訊：

- 個人要求：執行這工作所需要的技術和知識。
- 個人特質：執行這工作的能力、興趣和理念。
- 經驗要求：訓練和證照層級和這工作需要的經驗。
- 工作要求：工作活動和脈絡，包括工作的社會和組織因素。
- 員工市場：職場觀點和工作的給付級別。

表 3-1 呈現了 O*NET 上用以表述執行不同作業所要求的知識。表 3-2 則呈現了各種作業所需要的語文、數量與認知能力。

---

[22] 見 Jeanneret & Strong (2003)；Peterson, et al.(2001)

●表3-1　O*NET系統的工作描述與知識水準

工作類別及其操作化定義	知識水準
• 行政／管理 關於商業的原則與歷程，與組織的計畫、協調、執行有關的知識。包括策略規劃、資源配置、人力發展、領導技巧，與生產方法。	高：管理一個價值千萬美金的公司。 低：書寫一張簽帳單。
• 文書 關於行政與文書的程序和系統的相關知識，例如文書處理、歸檔和紀錄管理、表格設計，以及其他的辦公室程序或者術語。	高：建立一個公司表格的儲存系統。 低：根據字母序來歸檔。
• 銷售／行銷 與展示、促銷、商品或服務銷售的原則與方法的相關知識。包括行銷策略、產品展示與銷售技巧，以及銷售控制系統。	高：發展一個全國性的電話行銷計畫。 低：在一個烘焙坊裡頭銷售餅乾。
• 電腦／電子 關於主機板、處理器、晶片與電腦硬體，以及應用、程式等軟體的相關知識。	高：編寫一個掃瞄電腦病毒的程式。 低：操作放映機以觀看事先錄好的影帶。
• 工程／科技 關於設備、工具，與機械裝置及其運用的相關知識。	高：設計一個乾淨而有效率的電力工廠。 低：裝設一個門鎖。

　　其他工作和職業分析的分析方法與技巧，包括了訪談法、問卷法、觀察法、活動記錄法，以及關鍵事件法。

　　1.**訪談法**：在工作和職業分析上使用訪談法，主要是對所謂主題事件專家，進行大量的直接晤談，這些專家可能包括現職人員、他們的主管，及這個工作的訓練者。另外，也可能加上一些問卷調查來做為補充。實施訪談法，必須清楚的告知受訪者訪談的目的何在，提示他們務必完整而誠實回答的理由。所提問的問題應該要小心的擬定，所使用的語言也應該清楚而明確。

　　2.**問卷法**：工作分析上可能使用兩類的問卷——非結構式問卷與結構式問卷。在非結構式問卷、或稱為開放取向的問卷中，主題事件專家（現職員工、主管與訓練者）可以自由地使用自己習慣的語言，來描述與這份工作有關的作業及其程序等事項。

　　當我們使用結構式問卷的時候，受訪者被要求用給分或是選項的方式，來表示對與這份工作相關的種種作業、操作程序、工作條件等的評量。研究顯示，人們在評量上可能流於粗略，而這很可能會導致工作和職

表3-2　O*NET系統對特定工作能力的描述之舉例

能　　　　力	水　　　　準
・口語的能力	
・口語的理解 　傾聽並了解那些以口語傳達的文字語句所呈現的訊息與概念之能力。	高：理解一份高等物理學的講義。 低：理解一個電視的商業廣告。
・書寫的理解 　閱讀與理解那些以書寫的形式所呈現的訊息與概念之能力。	高：理解一本關於修護飛彈導引系統的書。 低：理解高速公路上的號誌。
・口語的表達 　以談話的形式與人溝通訊息與概念並使他人得以理解的能力。	高：對大一的學生解釋遺傳學的原理。 低：透過電話取消訂報。
・書寫的表達 　以書寫的形式與人溝通訊息與概念而使他人得以理解的能力。	高：撰寫一本高等經濟學的教科書。 低：寫一張提醒伴侶，記得把東西從冰箱拿出來退冰的便條。
・數量的能力	
・數學推理 　理解並組織一個問題，以進一步地選擇某個數學方法或方程式來解決問題的能力。	高：決定一個用以模擬太空船如何登月的數學公式。 低：決定假如 2 個橘子賣 11 塊錢，那麼 10 個要花多少錢的計算方法。
・數字計算 　迅速而正確的進行數學四則的能力。	高：在考慮速度、燃油、風速和高度的情況下，以紙筆算出飛機飛行的路線。 低：計算 2+7 應該等於多少。

業分析正確性的低落。職位分析問卷（**PAQ**）是一份被廣泛使用的問卷，內容包括 194 項與工作有關的特定行為與活動的要素。這些要素被歸為六大類：資訊輸入、心智處理、工作輸出、與他人之間的關係、工作脈絡，以及其他工作活動和條件等。員工和主管則透過題目來評量這些要素對於工作的重要性如何。這些量化資料的優點相當明顯，它們可以提供非結構式問卷無法產生的資訊。事實上，還有其他不同種類的調查問卷，而這種方法的趨勢之一，就是提供某種如同紙本的網路版本。

　　3. 直接觀察：工作和職業分析的第三種方法，是直接觀察現職員工的工作活動。當人們知道自己正被觀察的時候，可能會有不同的表現，所以使用這種方法的時候，要盡可能地不引人注目。另外，也應該考慮觀察資料的代表性，像是在觀察的時候考慮一些會產生改變的原因，例如疲勞之

類的。

目前，很多直接的觀察是透過電子績效螢幕來實施的（我們會在第五章討論使用這個技術來進行員工績效評估），例如：卡車公司使用單板電腦來監控運作時間、停工期間和作業速度，有線電視公司則以電子化的方式監控員工，記錄他們處理每一通服務來電的時間。

4. **系統活動記錄法**：系統活動記錄法是指員工和主管持續的、詳實的透過紙筆來記錄自己的工作活動。如果事先的準備能夠充分而細膩，這些紀錄可以發現其他方法所無法揭露的工作細節。

5. **關鍵事件法**：關鍵事件技術（critical-incidents technique）乃是奠基於行為事件或行為本身是否為優越表現的必要條件的確認；目標在於透過主題事件專家，指認出這些能以區分優越的、或者差勁的員工之具體行為。這種方法關注於特定的行動能否導致令人滿意或者不滿的工作結果；單一的關鍵事件的價值或許不太大，但是，如果能有許多的關鍵事件，我們就可以有效地描述到底哪些獨特的行為，能夠有益於工作的落實（我們會在第六章提到這個關鍵事件也可以使用在確認員工再訓練的需要）。

工作分析一直都是員工甄選程序的重要部分。每個僱用人員的組織都必須證明，他們對求職者能力與條件鎖定下的要求，跟工作本身的特性有直接的關聯。公司不可以武斷地設立一些條件，以至於歧視了某些族群的員工，或否認他們公平任用的機會。而一份關於工作和職業分析的詳細說明，能夠提供決定特定工作資格的證據。舉例而言，如果一家公司因為女性員工的薪資少於相同工作的男性員工，而被控性別歧視，這家公司就必須證明，男性在薪酬的差異乃是因為他們其實有不同的作業。工作分析可以提供這類的資訊，然而，這需要組織認真地進行工作分析。沒有工作分析，我們不可能有公平的任用和成功的甄選。

現在讓我們來看看，目前在員工甄選上一些常用的其他方法，像是：傳記資料、面談、推薦信，以及評鑑中心法。至於甄選員工的心理測驗，則會在第四章談到。

第七節　傳記資料

蒐集求職者背景的傳記資料，是一種甄選員工常用的方法。這種方法的邏輯是：過去的經驗或者特質，可以用來預測我們的工作行為，以及潛在的成功可能性。因為我們很多的行為、價值、態度，在一生之中都是維持一致的，所以，假設未來的行為奠基於我們過去的行為，是相當合理的。

• 求職申請表

你到底適不適合某份工作呢？你在公司的求職申請表上所提供的資料，在一開始似乎發生了一些作用。現在，愈來愈少的組織使用標準化的紙本；相反地，他們比較傾向於使用電腦作業的線上申請表。

Home Depot 公司從 1999 年開始，使用倉庫內的接待室來讓求職者上線填寫求職表。在每一年 4 萬位被僱用的員工當中，大部分都是透過電子化程序完成的。其他的公司像是 Blockbuster（百事達）和 Target，使用了相同的方式聘僱 80% 的時薪人員。有些公司則更是透過短片提供務實的工作預覽，呈現工作生活的樣貌並且凸顯對於員工的清楚期待。Home Depot 在求職者提出申請之前，就對他們呈現與工作有關的事實，包括搬運笨重的東西、週末也要上班等。

求職者可能要回答一系列由心理學家設計的是非題和選擇題，以了解人格和倫理的課題，其中有些問題其實只是以不同的字眼重複而已。求職者在填寫完畢之後，店經理會收到每位求職者的顏色分數。「綠色分數」代表經理通常會在求職者離開店面之前與他們面談；「黃色分數」代表他們的分數剛好在界限邊緣。至於得到「紅色分數」的人當中，有 30% 不會在 Home Depot 工作。

無論是線上的或紙本的表格，求職申請表都有一個限制，那就是求職者的誠實問題。求職者所提供的資料是否完整而正確呢？這些表格能不能呈現他到底有沒有讀完大學？表格中的先前薪資有沒有被誇大？事實上，許多求職者在表格上提供了誤導甚或造假的資料，特別是前一份工作的職

稱、薪水，以及職責。

2001 年，Notre Dame University 新聘的足球教練只做了五天，就被解僱了，因為他宣稱自己曾在大學時代贏得三個足球頭銜（football letters），然而，這不是真的，其實他根本沒有踢過足球。再者，他並沒有碩士學歷，表格上卻寫說有。然而，他已經擔任了二十年的足球教練。在他來到 Notre Dame 之前，從來沒有任何人檢核過他的申請表和個人簡歷。

相似的情況，也在企業界出現過。2002 年，Bausch & Lomb 的 CEO 被發現謊稱自己擁有 MBA 學位；雖然他沒有被解僱，但他失去了 110 萬的獎金。VERITAS Software 的財務總裁（CFO）在被發現謊稱 MBA 學位之後，便自己辭職了。

錯誤地解讀一個人的資格，是相當常見的事情，從基層員工到公司總裁都有這類的情況。有一個專門為公司做新進員工徵信的組織發現，在每年 260 萬筆資料中，有 44% 求職者的申請表和簡歷有錯，其中，學歷上的錯誤相當常見 [23]。

人力資源管理協會（Society for Human Resource Management）對人力資源經理所做的一項調查發現：有 90% 的經理碰過求職者在前一份工作的年資上，提供了不實的資料；78% 的經理人在之後發現，他們其實也謊報了學歷 [24]。許多組織在僱用員工的時候，沒有時間或者資源去查核求職者所提供的資料；有些時候，安排個別的面談、警告求職者將查核資料，都可以減少不實資料的情況。

許多組織用聯絡求職者在求職申請表所提到的前雇主和其他的相關者，來進行傳記資料的查核。然而，許多公司為了避免訴訟，都不願意釋出關於求職者的個人資料；因為一個員工可以由於前雇主提供了不利於自己的資料，而控訴前雇主誹謗。因此，許多組織只敢提供相當有限的事實資料，例如職稱、受僱日期等，很少有公司願意提供評估性的資料，例如績效評估的結果、員工離職的原因，以及是否會考慮重新聘用該名員工等

---

[23] Stanton (2002)

[24] Butler (2000)

等。因此，要查驗求職申請表的資料，其實是相當困難的。

• 傳記式問卷

　　傳記式問卷（biographical inventory），或稱為傳記式資料表，則是更為系統化的求職申請表。傳統上，傳記式問卷比求職申請表更長，也講究更詳細的個人背景、經驗歷練的資料。這種廣泛性的追根究柢背後的邏輯，乃是認為未來的職場行為將會與不同場合當中的態度、喜好、價值觀，以及過去的行為有關。

　　標準求職申請表要求應徵者填寫畢業學校、主修領域、就讀日期，而傳記式問卷則會針對你的求學經驗提出這類的問題：

> ・有多少時候，你與其他不同社會背景或者黨派的學生相處有問題？
> ・有多少時候，其他的學生會來尋求你的建議？
> ・有多少時候，你為了在某件事上做得比其他人好而設定目標？
> ・有多少時候，你感到你需要更多的自我約束？

　　為了決定哪些背景經驗與工作上的成功有關，必須進行一些研究。而傳記式問卷的效度驗證過程，則與其他的篩選工具類似；基本上，每一個題目都要與工作表現的測量求取相關。

　　傳記式問卷的研究證實了它高度的預測價值，例如：在一個針對近400位普通文員的研究中發現，傳記資料與認知測驗、人格測驗的分數結合之後，可以高度準確地預測未來的工作表現[25]。傳記式問卷與標準求職申請表一樣，都面臨了作假的問題；有些求職者會巧妙地扭曲他們的答案，對自己在工作、生活的正面經驗特別著墨。讓求職者知道自己的回答可能會被查核，可以減少這個問題；相同的，在問卷的指導語上註明測謊

---

[25] Mount, Witt, & Barrick (2000)

題，或警告計分系統將扣除不誠實的回答等，也會有效。

另一種降低這種情況的取向，是請求職者就傳記式問卷中的題目詳細說明。在一個以 311 位聯邦公職（federal civil service job）的求職者為樣本的研究發現，要求為某些問題提供額外的資訊，可以減少分數膨脹的情況，例如：「在五年之內，你總共帶領過多少個工作團體？」[26]

正如我們所知道的，研究發現傳記式問卷是工作成功的有效預測指標。很不幸的是，這個技術在商業界和工業界並沒有被廣泛地使用。有些具有經驗的人自稱不熟悉傳記式問卷；有些人則說，他們沒有那種時間、經費或專家去發展這套技術；另外一些人則仍然懷疑傳記式問卷可用性的研究。這樣看來，這些企業工作或從事傳記式問卷研究的 I/O 心理學家，未曾讓擁有使用此技術的在位者了解它的價值。

這個情況闡明 I/O 心理學在研究與應用之鴻溝。有了傳記式問卷，研究者可以發展出擁有高成功率的員工篩選工具，但是此工具很少在工作場所使用。心理學家需要提供一些資料來說服人力資源經理，讓他們相信，長期下來，使用此工具來篩選最好的員工，會比原本用來開發和執行此工具的成本更節省成本。

第八節　面　談

個別面談是廣為使用的員工篩選技術。不管在其他的何種組織篩選專案，幾乎每一位雇主都想要在給予求職者工作機會之前，與求職者有見面的機會。就像學院招募面談一樣，求職面談是一種雙向的過程。這種技術的目的是允許公司去評估求職應徵者是否適合該工作。但是，如果求職者的提問得當的話，也可以藉此了解並決定這個公司和工作對自己到底適不適合。研究顯示，求職者對面談的愛好，超過其他包括傳記式問卷、心理測驗等的甄選工具 [27]。

---

[26] Schmitt & Kunce (2002)

[27] Posthuma, Morgeson, & Campion (2002)

　　一個順利的面談，可以提供雇主大量的資訊。在一項包括 47 個面談、338 個評量事件的分析發現，個人特質和社交技巧是求職面談中最常評量的特徵。最常評量的特質是謹慎性（conscientiousness）、責任心（responsibility）、可靠性（dependability）和主動性（initiative）。社交技巧則包括了與人合作能力及團隊導向。智能、工作相關的知識和技術，也相當的重要。這些特徵提供有益於僱用決策的資訊 [28]。

　　你在面談時留下的印象，是你被錄用與否的決定性因素。I/O 心理學研究顯示，面試官對求職者的評價常常受到求職者所留下的主觀印象影響，而較少受到像是工作經驗、學歷或社團活動的影響。個人的特性常是面試官建議錄取的關鍵因素，例如：主觀的吸引力、社交能力、自我推銷的技巧等等。

　　當然，根據你自己的經驗，我們的確可能刻意的留下好印象，也就是表現出對自己最有利的面貌：I/O 心理學家稱此為「印象整飾」（impression management）。求職者可能會使用這兩種方法：逢迎（ingratiation）和自我推銷（self-promotion）。逢迎就是以面試官個人的偏愛來表現自己，例如：你可能讚美他的穿著，或者同意他的意見和態度。自我推銷的技巧則包括了讚美自己的成就、人格特質和目標。自我推銷比逢迎的行為更為常見，也更受到面試官的喜愛 [29]。

　　心理學家發現了另外一個稱為自我監控（self-monitoring）的建構，影響著我們在他人面前所表現出來的印象。這個概念意指人們在公開場合（如：工作面談）所呈現的對個人的外顯印象進行觀察、調適、控制的程度。高自我監控者會以最符合周圍的社會氣候的行為方式，來表現自己：而低自我監控者則保持了較為真實的自己，並且在大多數場合的表現，則相當的一致，他們不會因為場合的不同而呈現不同的自我。

　　正如你所猜測的，高自我監控者在職場有較佳的競爭優勢。一項包括了 136 個組織中、超過 3,000 人的後設分析發現，高自我監控者比低自我

---

[28] Huffcutt, Conway, Roth, & Stone (2001)

[29] Ellis, West, Ryan, & DeShon (2002)；Posthuma, Morgeson, & Campion (2002)

監控者，得到了更多的晉升和高的績效評價[30]。這樣，我們可以推測，高自我監控者在工作面談中，可能會獲得較高的評價和僱用建議。

• 非結構面談

企業界使用了三種面談法：標準面談，或者稱為非結構面談；模式固定的面談，或者稱為結構面談；以及情境式面談。

非結構面談（unstructured interviews）沒有預先的計畫，有時候可能只比一般的談話多了些東西。面談的形式和提問，都由面試官自行斟酌、決定。因此，五個面試官對同一個求職者，很可能會形成五種相當不同的印象。

這樣來看，非結構面談最根本的問題，就是對求職者缺乏一致的評量。面試官們可能對求職者不同的背景、經驗或者態度感到興趣。面試官的推薦所反映的，可能不是求職者本身的客觀條件能否符合職務的需求，而是他們個人的偏誤和成見。

有一個針對這個課題的經典研究，在 1929 年發表。該研究由 12 位面試官負責評估57位求職者在業務工作上的適任程度[31]。雖然他們都是有經驗的業務經理，也曾經處理過許多的求職面談，但是他們的評量之間明顯的缺乏一致性。有些被某位面試官評為第一名的求職者，可能被另外一位面試官評為最後一名；他們對於同一位求職者的判斷，呈現在圖 3-1。你可以看到，這位求職者的分數從最低分到最高的 55 分都有。由於資料不能提供判斷某人是否適任的穩固基礎，這類資訊對於管理者在聘用決策上便毫無幫助。

---

[30] Day, Schleicher, Unckless, & Hiller (2002)

[31] Hollingworth (1929)

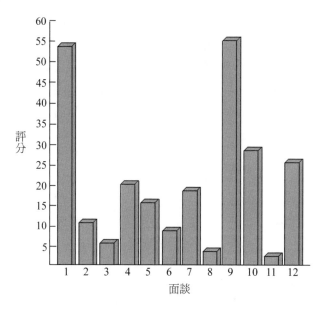

◈圖3-1 不同的面試官對同一位受評者的評分

除了缺乏一致性（或者信度）之外，非結構面談的預測效度也相當的低。第一章所提到、身爲工業心理學奠基者之一的 Walter Dill Scott，在幾十年前就指出了這一點，而之後許許多多的實證研究，則支持了這個結論。

訓練面試官知道該問些什麼、該怎麼樣問等，能改善非結構式面談的可用性。相較於未經訓練的，受過訓練的面試官比較不會把話題轉向那些非關工作的議題。再者，受過訓練的面試官比較能從求職者探問出較中肯的資訊，據以決定是否僱用求職者。

儘管一般認爲，非結構式面談的信度和效度都相當的低，然而，招募人員的組織還是常常使用這個方法。

•結構式面談

結構式面談（structured interview）使用預先安排好的一系列問題，來對每一位應徵者提問。面談程序的標準化，減少了面試官的個人偏誤對面談評量結果的影響。

在進行結構式面談的時候，面試官照著預先規劃的問題清單來提問，並且用同一張清單來記錄應徵者的回答；這種面談好像精心設計了一張申請表格，而由面試官來填寫應徵者的回答。

以下的非結構式面談的問題，是許多的組織在甄選大學畢業生進入管理職位的時候，所使用的典型問題。這些問題跟工作經驗有關，而我們應該看得出來，他們希望找到在畢業後至少有過一個工作經驗的大學畢業生。

1. 畢業之後，你的第一份工作是什麼？
2. 在那份工作中，你最主要的成就是什麼？
3. 在那份工作中，你有哪些部分做得比較不理想，需要再學習、再訓練的呢？
4. 對你個人而言，你在那個工作中學到了什麼？
5. 在那個工作中，哪些方面是最具挑戰性的？
6. 在未來的五年之內，你想要從事什麼類型的工作？

因為面試官以同樣的順序詢問了所有應徵者相同的問題，所以，相較於非結構式面談隨機詢問的程序，這種方式比較能做應徵者之間的比較。

結構式面談是非結構式面談的改良方式，比較具有高預測效度的潛力。研究顯示，結構式面談在預測工作成功的可能性方面，跟認知能力測驗一樣的有效。另外，結構式面談具有高的信度。在正常使用的情況之下，結構式面談能夠讓甄選決策變得比較容易一點。

儘管結構式面談已經被證實是有效的，然而，從對 79 位荷蘭的人力資源經理和早前對美國的人力資源經理所作的研究顯示，職場上很少使用結構式面談。這些研究參與者認為，結構式面談相當的昂貴，發展問卷也相當地耗時；他們也認為，假如面試官凡事都只能依樣畫葫蘆，反而會有損於他們的自主性和獨立性。這是一個例子，明明被證實有效的方法，卻沒有廣泛的應用；正如第一章所說的，這是 I/O 心理學家沒有將研究結果對經理人做清楚溝通的結果。

• 情境式面談

情境式面談（situational interview）是爲了特定的工作要求而發展出來的。這種面談的焦點並不是概括性的工作經驗或個人特質、能力，而是那些透過關鍵事例技術進行工作分析而決定的、能導致優越表現的特定行爲。

發展情境式面談的第一個步驟，是列出一系列能以區辨良好和不良工作表現的關鍵事件。這些事件通常是由經驗豐富的主管所確認的。主管們共同決定個別事件的分數和標準，5 分代表成功員工所表現的行爲，3 分代表一般員工所表現的行爲，1 分則是不良員工所表現的行爲。這些事件組成了情境式面談的問題，因而能夠直接回應一個好的或者不好的員工會有的表現。這些具有數量意義的指標，使面談的評分變得相當客觀。

這樣建立起來的情境式面談，在執行和詮釋上都相當容易。因爲面談的問題清楚而直接的與工作有關，因而能使求職者在回答的時候，盡量的準確而完整。

情境式面談最常使用在工廠的技術人員、業務及基層主管等的甄選上。情境式面談與往後的工作表現成正相關，有時候，它們比結構式面談更爲有效。

對高階領導階層的甄選而言，行爲描述的面談比情境式面談更有用；在這種取向的面談中，候選人被詢問的，是與他們現在要申請的工作有關，而發生在他們過去的眞實工作經驗中的事件。一個以 59 位參加海軍軍官訓練的候選人和 93 位商業區域經理應徵者的研究發現，在預測未來成功方面，行爲描述面談比情境式面談具有更高的預測力 [32]。

• 解謎面談

解謎面談（puzzle interview），就像你從字面上所猜測的，主要是詢問申請人一些如同以下的難題：爲什麼會有人孔蓋在附近呢？或者，怎樣不用磅秤來量得飛機的重量？微軟 Microsoft 在 1990 年代很喜歡使用這種

---

[32] Huffcutt, Weekley, Wiesner, DeGroot, & Jones (2001)

面談問題來選才。一般認為這種面談有助於測量申請者的批判性思考、創造力、思考上的彈性以及壓力下的推理能力。很多產業和公司喜歡使用這種面談，像是法律事務所、銀行、保險公司、航空公司，廣告代理商和軍隊等。雖然使用的相當廣泛，但這種技術的驗證研究和證據其相當少。

研究者問了 76 位大學生以下的解謎。不過，你得小心，因為研究者並沒有提供正確答案 [33]。

1. 你有一個 3 夸脫的小桶、一個 5 夸脫的小桶，和取之不盡的水。請問，你如何能量出 4 夸脫的水呢？

2. 美國有多少的加油站呢？請提供一個估計值，並且說明是你如何導出這個估計值的。

3. 你有一桶果凍豆，包含紅、綠、藍三種顏色。假若你得閉著眼睛從桶子裡取些豆子，請問：你至少要取出幾顆，才能確保至少兩顆同色的果凍豆呢？

結果顯示，參與者在解謎當中的表現，跟認知能力有關。在解謎中表現較佳的參與者，通常覺得這類解謎問題是公平的。這也使得使用這種技術的公司，被當成了是更具吸引力的。

• 電腦線上面談

電腦線上面談使用電腦軟體來進行初步面談。應徵者回答一系列固定的選擇題，所有應徵同一職務的應徵者，都以同樣的順序回答同樣的問題。如果可以的話，電腦面談可以囊括比較敏感的問題，因為許多面試官在面對面的情境裡，比較難以提出一些隱私的問題。使用電腦面談的公司認為，多數應徵者在這種初步甄選程序中，能更有自信的、更誠實的應對與回答。

就我們所知，Target、Macy's、HomeDepot 以及其他大型的零售供應商，都使用電腦面談。HomeDepot 店內的電腦櫃臺，可以讓應徵者在一個小時內完成面談。這家公司在推行電腦面談的第一年，離職率降低了

---

[33] Honor, Wright, & Sablynski (2007)

11%；應徵者必須先通過電腦篩選，才進入個別面談，節省了經理用在面談和批改分數的時間（Richtel, 2000）。

·面試官判斷力的影響

以下，我們討論一些面試官在判斷求職者上可能的偏差：(1) 求職者特徵；(2) 事先的資料；(3) 比較效果；(4) 面試官的偏見；(5) 求職者訓練。

1. **求職者特徵**：表現得外向、誠懇、高成就動機的求職者，比沒有表現這些特徵的人更容易被僱用。再者，在一個以大學生爲對象的實驗室實驗顯示，外在吸引力比較高的人會獲得較高的評分（Posthuma, Morgeson, & Campion, 2002）。

2. **事先的資料**：一般而言，面試官會事先獲得一些求職者的資料，例如招募人員的評估、申請表、電腦篩選，或者心理測驗的結果。這些資料讓面試官在還沒看見求職者的時候，就抱持了一些好惡的態度，例如：在初步篩選裡表現優秀的候選人，面試官會給予比較高的評價。

3. **比較效果**：面試官必須面談許多的求職者，而且通常是一個接著一個；因而，求職者在評估上的表現，往往會變成比較的標準，換句話說，面試官常常根據前一位求職者的特徵與表現，來比較下一位，例如：在面談過三個不理想的求職者之後，面試官可能給下一位求職者高過他應得的評分；同樣的，亦可能因爲前幾位求職者的優秀表現，而給了同水準的求職者較差的評價。

這種比較效果不只反映了面試官排定順序的重要性，也代表面試官對於怎樣的人才算適合，其實並沒有某種客觀的標準。他們並不是以確切的基礎來進行評估，而是對同一個時段裡的求職者做相互比較。因而，合格員工的標準很可能隨時都在改變。

4. **面試官的偏見**：另一個會影響判斷的，是面試官個人所偏好的特徵，例如：女性有時候被認爲無法勝任某些工作。兩種性別的面試官都可能在教師、護士等傳統女性工作上傾向於聘請女性，而在管理、工程等傳統的男性工作上傾向男性；反之，有些女性的面試官比較不考慮由男性來擔任教育或諮商的工作。

即使現在的情況已經不那麼嚴重了，種族和族群的偏見還是會影響

面試官對於求職者的評估。有一項 708 位招募人員面談 12,203 位求職者的大型研究，其結果顯示，沒有足夠的證據能夠證實，面試官與求職者之間在種族與性別上的相似或差異，對於評分結果會有影響（Sacco, Scheu, Ryan, & Schmitt, 2003）。雖然偏見可能不再是那麼具有影響力的因素，但是毫無疑問的，面試官對某些特質或特徵的偏見，會使他們忽略求職者真正的能力或特徵。他們可能只因為求職者具有自己所喜歡的、像是打棒球之類的特性，就建議僱用某個人。

從個人的某個特質或者特徵，而把自己正面或負面的評價，概化到他其他各種特徵上的現象，稱為月暈效果（halo effect）。這種效應會影響個人的決策歷程。

5. 求職者訓練：在求職之前接受面談訓練，會幫助求職者在面談的時候表現得更好。在一項對某大城市警察和消防部門中的 213 位升遷候選人的研究中，這些受試者在面談之前接受兩個小時的升遷面談訓練，有機會觀察別人或者自己參與角色的扮演。那些受過訓練的候選人在實際面談的時候，表現得比沒有訓練的候選人來得好。即使面談具有高度的困難性、潛在的各種錯誤，並且可能帶來危險的結果，卻仍然是商業、工業、教育、政府機構普遍使用的方法之一。如果使用得當，並且結合了其他有效的甄選方法，面談對於個人或組織都能帶來頗大的幫助，其預測效度也會因為結構式面談、情境式面談、面試官訓練等而大幅提升。

第九節　徵信和推薦信

某些時候，員工甄選計畫也會包括了透過知道求職者的背景、技術和工作史的人，像是授課老師、雇主、同儕、朋友等處，來取得相關的資料；目的在於了解其他人對求職者的印象，以及驗證求職者所撰寫的某些資料。

這個做法的一個主要限制是，這些人常常提供了關於求職者的錯誤印象。這些參考資料因為許多的原因，而給了誤導的訊息：前任雇主想要顯得仁慈，因而只願意提供正面資訊；現任雇主想讓不好的員工趕快離職，自然不會說壞話；教授們只寫正面的推薦信，則是因為學生大可以從大學

的人事室（university placement center）裡頭，找到自己的個人資料。

　　另外一個重要的限制是，許多組織為了避免被先前的員工控訴，而不願意提供評估性的資料；例如：假若一個公司寫出前員工被解僱的原因，員工可能控訴該公司誹謗他的人格；已經有太多的美國公司以這種理由被告了。單單這些司法的行動，就足以妨礙公司願意提供基本資料的徵信了。

　　現在，許多公司都不提供前員工進入公司的日期、職稱、最後薪水以外的任何資料；如果有哪個公司決定多說一些關於被解僱的員工的表現，則必須有績效評估的客觀資料，包含了日期、時間、地點。再者，經理們或是主管應該要注意，任何推薦信裡的內容都可能被陪審團和法官詳細檢視。

　　即使推薦信所提供的資訊很少，雇主還是應該要稍作檢查。而由於法律糾紛的緣故，目前推薦信已經很少做為正式的甄選工具了。

第十節　評鑑中心

　　評鑑中心法（assessment centers）是任用或升遷上廣泛使用的方法。候選人被安排在一個模擬的工作情境中，在壓力下表現出那些被觀察與評估的情境行為。這種取向原先稱為情境測驗（situational testing），是德國軍隊在 1920 年代為了選拔優秀成員而發展出來的。第二次世界大戰期間，美國中央情報局（簡稱 CIA）的前身——策略服務辦公室（the Office of Strategic Services, OSS）用它當作甄選工具，之後，則被美國的心理學家們大量使用。

　　在為期好幾天的評鑑中心的活動當中，通常一次會有 6 ～ 12 位候選人，他們持續的參與評估。候選人們會參加密集的面談，也可能進行智力、人格等測驗，但是大多數的時間，都投入在對模擬更高一階的工作的問題情境中；其中最主要的活動，是籃中測驗與無領袖團體討論。

• 籃中測驗

籃中測驗（in-basket technique）派給每一位求職者一堆放在經理桌、資料夾或是電腦檔案中的籃中資料。這些資料包括了經理在放假回來之後最常碰到的一些問題、困難和工作指示。候選人必須在有限的時間之內，細緻地演示他們如何處理完所有的問題和困難，並且在完成作業之後，向測評者說明他們的決策歷程。

AT&T 非常地倚重這項技術。每一位候選人都要扮演經理人的角色，在三個小時之內處理完 25 個項目（包括電子郵件、行政指令之類的）。訓練有素的測評者則觀察候選人的問題處理，是否具有系統性、優先順序，並且充分地授權部屬，或者他們只是陷入了一堆瑣碎的事務之中。

• 無領袖團體

在無領袖團體（leaderless group discussion）中，求職者們以一個團體的形式，討論一些實際的商業問題；例如：在一份可能晉升的名單和相關的訊息中，討論到底要晉升哪一個。會議過程中，他們將展現出那些正在被觀察、評估的領導型態與溝通技巧。

AT&T 所設計的無領袖團體，通常有 6 個人參與討論；這些候選人扮演經理們，任務則是在一定的期限內增加公司的利潤。他們手邊會有公司和市場分析的資料，而在討論的過程中，並沒有被指定的領導者，也沒有關於如何達成目標的規則。通常，總會有人擔起領導者的角色，評量者可以評估他的領導能力，至於其他人，則是觀察他們是否能夠合作地完成領導者委派的作業。

為了引發更多的壓力，參與者會頻頻收到成本變動、市場變化的訊息，有時候，問題才剛剛解決，新的訊息就會來干擾，因為這些訊息必須被納入原先才剛剛做成的計畫之中。在這段期間當中，鐘擺會有響聲、評量者則盯著看，而這都會增加壓力；有些參與者會因為討論過程被干擾而感到生氣。這時候，有些人能在壓力下維持良好的表現，有些人則是完全做不到，彼此產生了相當大的對比。

評鑑中心也可以使用口頭報告、角色扮演等方式來進行。在口頭報

告的活動中，候選人會有一份關於公司運作的資料，像是新的產品或新的事業，而他們必須妥善組織這些資料並向團體報告，這是一個相當典型的行政責任。而在角色扮演裡頭，候選人得在一個模擬的工作情境中扮演經理，實施求職面談、解僱不適任的員工，或是面對正在發火的老闆。

• 評鑑中心的預測效度

雖然許多研究者不能確定，評鑑中心法到底是在測什麼態度或者行為的面向，卻仍然發現，不僅是經理職或是高階主管，即使在低階的工作中，這種方法對於之後的工作成功具有相當高的預測力。舉例而言，在以色列有 585 位警職的申請者參加了兩天的評鑑中心法，就任兩年、四年的績效評估顯示，評鑑中心法的結果與訓練、績效表現之間都有高度的正相關；顯然的，評鑑中心法能有效預測未來的工作成就[34]。

一項以荷蘭的 679 位大學畢業生為樣本的研究發現，七年之後的經理職績效與他們當初在評鑑中心中的表現有高度的正相關[35]。在美國一項對 66 位商學院畢業生的研究，也發現了類似的結果，第二、四年的追蹤調查發現，大學時代在評鑑中心的表現，與他們後來的薪水、升遷、工作滿意之間，都有相當顯著的正向相關[36]。

另外一類的研究，則聚焦在評鑑中心所評估的因素或面向。一個對 79 位美國執法人員的研究顯示，評量者對於候選人的人格特徵所採取的個人內在推論，影響了他們對候選人的人格判斷，然後再影響到他們對於候選人的評分[37]。

一個關於評鑑中心法的後設分析顯示，四個向度涵蓋了主要的預測效度，即：問題解決、影響他人、組織與計畫、有效溝通等等[38]。

---

[34] Dayan, Kasten, & Fox (2002)

[35] Jansen & Stoop (2001)

[36] Waldman & Korbar (2004)

[37] Haaland & Christiansen (2002)

[38] Arthur, Day, McNelly, & Edens (2003)

　　研究發現，評鑑中心對黑人和白人在領導者行為和技巧所測得的差異，比一般的認知測驗要來得少[39]。I/O心理學家認為，因為直接聚焦在與工作作業相關的能力上，因而，評鑑中心對於不同種族的管理技能的評量，較為平等。

● 員工對於評鑑中心的態度

　　有些求職者，特別是表現比較差的一群，非常地不喜歡評鑑中心法。很多人相信在評鑑中心裡頭的表現不佳，代表著生涯的末日，即使他們在公司留下了許多耀眼的功績，也沒有什麼用。有些求職者相信，能不能在評鑑中心裡有成功的表現，完全取決於你是不是善於表達、行為優雅，而非真正的管理職能。這些控訴很可能也是真的。因為人際技巧、主動性、說服力等等，的確是評鑑中心法中相當重要的考量。然而，評鑑中心也重視組織性、決策力，以及個人的動機。

　　參與評鑑中心法也可以幫助候選人，改變對自己的人際技巧和行政能力的知覺。在評鑑中心表現良好的人，相信自己是有能力的，而且可以更進步，而那些表現不佳的人，則會減低對於升遷的期待。這樣，評鑑中心像是一個務實的工作預覽，提供候選人一個機會，來了解經理和主管的工作。

　　評鑑中心也可以成為一種訓練活動。藉由評量者的回饋，能協助候選人發展自己的管理能力和人際技巧。

⋯⋯⋯⋯⋯⋯⋯⋯⋯⋯⋯ 摘　要 ⋯⋯⋯⋯⋯⋯⋯⋯⋯⋯

　　適當的甄選——將對的人與對的工作互相媒合——是一個相當複雜的過程。組織進場的問題牽涉到求職者的喜好和期待，也與公司在招募上所付出的努力有關。因為第一份工作的經驗會影響到之後長遠的工作生活，所以，在個人的期待與工作現實之間的契合是相當重要的；而這可以透過

---

[39] Goldstein, Yusko, & Nicolopoulos (2001)

務實的工作預覽（realistic job preview）來達成。

員工甄選方案需要進行工作分析，建立起工作規格和及格的分數標準，以利執行招募與甄選，而之後對於績效的相關測量，則能用以驗證甄選工具的效度。

法律規定了組織在僱用員工的時候，必須提供相同的工作機會，實施公平的就業訓練（employment practices）。甄選方法應該與工作有關，而且必須減少對少數族群的傷害衝擊，同時避免對多數族群的勝任員工造成反向歧視（reverse discrimination）。公平的求才制度能夠降低對組織效能的衝擊。被歧視的員工包括少數族裔、中高齡員工、女性、失能的人、同性戀者、外貌不佳的人。在職場上的族群多元化，能反映出公司的股票價格和投資收益，而這也促使他們更願意去僱用少數族群。

工作分析主要是對一份工作的各種作業、活動與條件，進行詳細的描述。工作分析可以使用 O*NET 上所報導的職業分析資料、訪問現職者或者與之直接相關的人員、觀察工作者的日常工作、邀請工作者對工作活動進行系統的記錄，或者是記錄那些關於成功表現的關鍵事例等方法。在所蒐集資料的基礎上，應該要撰寫工作說明書，並且設定適任者的各種特徵。

求職履歷表提供了求職者的相關資訊，線上申請表則可以同時提供關於工作的某些說明。加權的申請表格和傳記式的問卷，就像客觀的心理測驗或者問卷，可以預測工作的成功。為了避免訴訟，許多公司不願意公開前任員工的資料，因而，要確認求職者在申請表上的資料正確與否，實務上有其難度。

雖然研究顯示，不論是面對面的或線上實施的甄選面談，都讓人不舒服，許多公司仍然使用這種方法。其中效果最差的，是非結構式的面談。結構式面談的預測效度較高，然而，礙於昂貴的金錢和時間成本，使用率並不高。面談的弱點是面試官對於候選人的評估不一、無法預測未來的工作表現、面試官比較標準的主觀性，以及面試官的個人偏見。在情境式面談裡所提問的問題，與工作行為中的關鍵事件有關；因此，它也是面談的眾多方法中最具有預測效度的一種。面試官的判斷可能受到某些因素的作用而有所偏頗，包括：求職者特徵、事先的資訊、比較效果、面試官的偏見、求職者訓練等。

　　儘管寫推薦信的人往往過於仁慈，或者為了逃避法律訴訟，而不願意透露員工基本資料之外的訊息，推薦信仍然是許多員工甄選方案的一部分。

　　評鑑中心通常使用在高階或者經理職，透過對候選人在模擬真實問題的情境裡表現的觀察，來進行評量。在籃中測驗、無領袖團體、口頭報告和角色扮演裡，求職者被訓練有素的經理們，評量其人際技巧、領導行為、決策能力。評鑑中心在訓練方案和績效評估裡，都是有效的預測指標。

關鍵字

- 務實的工作預覽　　　realistic job preview
- 工作分析　　　　　　job analysis
- 甄選比例　　　　　　selection ratio
- 傷害衝擊　　　　　　adverse impact
- 反向歧視　　　　　　reverse discrimination
- 職業分析　　　　　　work analysis
- 關鍵事例技術　　　　critical-incidents technique
- 傳記式問卷　　　　　biographical inventory
- 印象整飾　　　　　　impression management
- 非結構面談　　　　　unstructured interviews
- 結構式面談　　　　　structured interviews
- 情境式面談　　　　　situational interviews
- 月暈效果　　　　　　halo effect
- 評鑑中心　　　　　　assessment center
- 情境測驗　　　　　　situational testing
- 籃中測驗　　　　　　in-basket technique
- 無領袖團體　　　　　leaderless group discussion

••••••••••••••••••••••• 問題回顧 •••••••••••••••••••••••

1. 爲什麼多數大學生都不會長久留在第一份工作？公司的招募人員在這種讓人不滿意的結果中，扮演了什麼角色？

2. 在畢業生尋找新工作的時候，他們的工作目標和喜好如何影響了他們的工作滿意和工作承諾？

3. 線上招募、申請表格、測驗、面談等方法，如何影響求職者的求職行爲？你比較喜歡線上申請和線上面談，還是面對面的傳統面談方式？爲什麼？

4. 什麼是務實的工作預覽（realistic job previews）？這種方法如何影響個人和公司？

5. 甄選率如何影響招募和任用的決策？

6. 請說說看，傷害衝擊（adverse impact）如何影響少數族群求職者的僱用率？而反向歧視（reverse discrimination）又如何影響了多數族群的求職者？

7. 職場中的種族多元化政策如何影響少數族群求職者的僱用率？對於組織的財務狀況會有哪些影響？

8. 除了種族偏見之外，職場中還有哪些歧視？如何減少這種效應？

9. 請說明工作分析的基本方法。

10. 請區分工作分析和職業分析；並請說明 O*NET 在當中所扮演的角色。

11. 傳記式問卷的優缺點是什麼？爲什麼很少人使用它？

12. 請區分非結構的、結構的、情境式的面談。哪一種取向對於工作成功最不具預測效度？哪一種是最常用的方法？

13. 印象整飾（impression management）有哪兩種？它們與自我監控（self-monitoring）有什麼不同？

14. 情境式面談的問題是怎麼來的？它與行爲描述式的面談（behavior description interviews）又有什麼不同之處？

15. 附近爲什麼會有人孔蓋呢？你對這個問題的回答，可能讓雇主能多知道關於你的那些事實呢？

16. 哪些因素會影響面試官對求職者的判斷？請定義比較效果（contrast effect），另外，請定義月暈效果。

17. 求職者的徵信與推薦信的主要難題是什麼？如果你是雇主，你會怎麼處理這個議題？

18. 美國首次使用評鑑中心法是在什麼時候？當時，評鑑中心的用途是什麼？

19. 請描述評鑑中心法的兩種主要技術。

20. 評鑑中心是最有效的績效預測工具嗎？為什麼求職者那麼痛恨評鑑中心法？

第四章 心理測驗

本章摘要

　　如果有人在畢業的時候心裡想著，「以後終於不必再使用或者接受測驗了」，事實是這樣的嗎？也許多年以後你需要測驗，來幫助你決定自己的生涯、甚至人生的規劃？或者你想要繼續攻讀心理學、法律、企管的碩士學位，那麼，你就得接受入學測驗了。

　　你一定和所有的人一樣，想在畢業後就立刻有一份全職的工作吧？但是，大概沒有哪個公司會在你通過測試之前，就決定僱用你吧？除非你自己就是老闆，那就另當別論了。事實上，即使是運動選手，也需要做測驗。國家橄欖球聯盟的球隊，為了避免球員因為過度的攻擊性而引起麻煩，也會對未來的選手進行人格心理測驗。

　　如果連職業運動都需要用到心理測驗，那麼，心理測驗可真是一個重要的角色。你是不是也想成為 I/O 心理學家，協助人們更能夠運用測驗的結果呢？事實上，他們負責測驗的設計、標準化與實施計分，這可是十分重要的角色。

第一節　心理測驗的原則

　　你可知道，心理測驗都必須經過仔細的建構一個概念，並且發展它的特質？這可不像禮拜天的報紙或是一些自我探索的網站提供的那些測驗，只給了你一些不清不楚的測驗和結果。一份適當的心理測驗必須滿足標準化、客觀、常模、信度、效度的要求。

・標準化

　　如果我們期待在相同測驗上測得多數應徵者的表現，並且能夠相互比較，那我們就必須進行測驗的標準化（standardization），也就是，將測驗的情境條件和施測的過程完全一致化。這意味著，受試者將接受相同的指示來閱讀或聆聽，於相同時間處於相似的心理環境下，進行相同的任務。

　　你也許會懷疑，測驗為什麼一定非要標準化不可？這是因為任何的變動都可能造成測驗結果的變異、偏誤。舉例來說，如果在夏天施測而冷氣

不幸壞掉了，那麼受試者的表現或許和處於較舒服環境下的人的結果大不相同。你一定能想像，如果大學指考的時候你的應考教室沒了冷氣，你可能在應考狀態、心理狀態都和其他教室的人不同，測驗結果和成績一定也大受影響。

適當的測驗流程除了需要將測量標的設計到題目裡，維持標準化的環境，也需要一些好的執行測驗者；因為訓練不當或是怠慢的施測者，可能會使一個完美的測驗的結果不可靠。

想到測驗的標準化，也許你想的跟我一樣，是的！或許電腦科技能更有效的維持標準化的環境；當代組織增加了許多的電腦輔助測驗，以確保每位受測者都接受了相同的指示。

• 客觀性

客觀性是很重要的一項關鍵，因為這跟測驗結果的得分有關；我們必須客觀地施測和計分，排除任何的主觀判斷或偏見。

在學校中，你已經學過了客觀性與主觀性測驗。在客觀性測驗（objective tests），例如一些選擇題、是非題的分數，屬於一種機械化計算的過程；它不需要任何的斟酌與判斷，公司人力資源部門的成員、心理學系的畢業生，或者一個電腦程式，都可以正確地進行評分。

而主觀性測驗（subjective tests）例如申論題，則比較難評分，因為結果會受到評分者個人偏好的影響，例如對受測者的好惡，就可能會影響判斷。

• 測驗常模

為了分析和比較測驗的結果，我們需要建立參考點或者常模。一小群受試者樣本的分數分布會和它所屬的母群的分布相似；母群的得分稱為標準樣本，用來當作相同母群的受試者的比較標準以從中取得比較性的差異，這就是測驗常模（test norms）的意義。

假設一個高中畢業生應徵一份機械技能工作，並且在機械能力測驗得到 82 分。我們無法從這個分數本身來了解這個人的程度，除非我們有比

較的常模，例如將這個成績與一大群高中生的測驗成績進行比較，這樣，我們就可以對這個分數定出意義。

如果測驗常模的平均數是 80，標準差是 10，那麼我們就可以知道，這個高中生所獲得 82 分代表著只有平均、普通的水準。藉由一個比較性的常模，我們能夠給予一個分數較為客觀的評估。

你也許會想，搞不好這個高中生是個女生呢！又或者，他可能接受了不同的教育呢！是的，我們所比較的常模，可以再區分出不同的年齡族群、不同的種族，以及不同的教育程度；適當選用比較的常模，能夠更客觀的進行評估。

• 信度

信度（reliability）測驗與一致性或者穩定性有關。如果一個團體在前一週進行認知能力測驗，並且平均得到 100 分，一週後再做一次，卻獲得了平均 72 分，這樣的差距實在太大，很可能是測驗的某些地方出了狀況；我們也會因而說這個測驗沒有可靠性。

我們當然不希望是在實施測驗之後，才發現測驗的信度不足。那麼，有什麼方法可以幫助我們呢？這裡有三種方法，可以幫忙判斷信度好不好：(1) 再測法；(2) 複本法；(3) 折半法。

1. **再測法**（test-retest method）：是針對同一群人實施兩次相同的測驗，看看兩次分數的相關性；相關係數（稱為信度係數）愈是接近完全關係的 + 1.00，就可以說是信度愈高。然而，這個方法也有一些限制，例如：要員工從工作當中撥出時間來做兩次測驗，恐怕有些困難，而且第二次測驗的時候，恐怕會因為記憶、學習或其他的因素，而導致第二次的成績比較高。

2. **複本法**（equivalent-forms method）：同樣以再測法來判定信度，但是第二次測驗則改以相似的問卷來進行。複本法也是有缺點的，例如：建立兩個差異、卻要能有一樣效果的問卷，不僅困難了些，而且也需要更大的成本。

3. **折半法**（split-halves method）：是一個較為折衷的方式。我們先將測驗分為兩個部分，只施測一次，而求取兩組題目得分的相關。這個方法

因為只施測一次，所以較為節省時間，而且不會因為兩次施測受到任何的學習或記憶效果的影響。

・效度

效度（validity）是心理測驗最為重要的要求。它是指測驗必須能夠測到我們所要的東西，而不是去測到不相干的東西！I/O 心理學家為了說明測驗的準確程度，而發展了這個概念。

1. **效標關聯效度**：假想 I/O 心理學家要替美國空軍發展一套關於雷達操作員的測驗。假設這個工作有一項最需要的能力，就是操作零組件的技能，而這份測驗就要是能測出操作零組件的技能的能力；如果在雷達操作熟練度測驗得高分，實際的工作表現就好，低分的人工作表現就不佳，那麼，我們就可以說這個測驗與工作之間有高的效度，高的相關係數能對這個工作有正確的預測效果。

我們測到了要測的東西，稱為效標關聯效度（criterion-related validity）；但是這與測驗本身的種類或是屬性，並沒有直接的關係。有兩種相關的方法來建立測驗效度的正確性，分別是預測效度（predictive validity）與同時效度（concurrent validity）。

2. **預測效度**：假如我們對所有的應徵者實施測驗，不考慮測驗成績而同時全部僱用；然後利用某些廣泛的指標，例如適用於每個員工的生產力指數或者督導評分，來檢驗測驗與工作表現的關聯，這樣就可以判斷這份測驗是否具有預測效度。然而，這種方式的缺點是無法反映那些被拒絕的人，是否的確是不適任的員工。

3. **同時效度**：比起預測效度，這種方法比較普及。我們對現有員工進行測驗，而使用這個分數與工作表現的資料相互關聯；這個方法的缺點在於，我們只能對現有的員工進行測驗，而受測的樣本應該都是比較優秀的員工，因為那些較差的人早就辭職或者被人辭退、調走了。這樣，以同時方式來建立測驗的效度，也相當的不容易。

你或許也已經想到了，這個方法會遇到一個小問題，那就是應徵者與現職員工之間的動機不同，而這可能會使測驗失去預測力。應徵者可能會比較積極，甚至表現得比現有員工還好，現職職員不會因為測驗結果而有

任何損失，因而也就不需要那麼積極。

每一份測驗都需要注意效標關聯效度的問題；即使是設計一個評估員工表現的量表，也需要注意這件事。我們所規劃的評估方法，必須要能針對員工在職務表現的各個層面所設定的效標；而這一連串的步驟，稱為員工績效評估（employee performance appraisal process），而這個設計的過程能夠適用所有型態的工作（詳見第五章）。

4. **理性效度**：I/O 心理學家對於理性效度（rational validity）很有興趣，而你也一定很好奇，為什麼會有這種設計？事實上，有時候我們無法事先建立測驗的信、效度。可能因為公司太小而無法支持昂貴、耗時的驗證流程（validation process），也可能因為實際上根本沒有這個工作，我們只是預期未來可能需要這個職位而已，例如：美國早期在甄選太空人的時候，根本還沒有任何太空人，這樣，到哪裡去找績效評估的資料呢？我們只能抽象地根據理性推論，來建立概念效標。

那麼，我們該如何來選擇測驗效標呢？有兩種可行的方法：(1) 內容效度（content validity）；(2) 建構效度（construct validity）。

5. **內容效度**：透過檢驗測驗的題目，來確保這些題目能測到我們所要測的東西。我們可以藉由工作分析，來協助檢驗測驗的題目；以文字工作者為例，我們需要與電腦文書處理有關的題目，那些測驗音樂能力的問題因為不適合而應該排除。總不能用音符來當成文字吧？

6. **建構效度**：測量一個心理學建構的測驗，當然必須與所要測的建構有關，然而，我們如何得知一份新的測驗量表與建構有關呢？我們可以使用新測驗的分數與舊有的知名測驗分數之間的相關。如果相關高，我們就可以對新測驗抱持相當的信心。

7. **表面效度**：也許你曾經發現，測驗的題目與實際上要測的東西，表面上看起來沒什麼關聯呢！假如是這樣，這份問卷就缺乏了表面效度！表面效度（face validity）不是統計性的評估，而是一種主觀的印象；例如：飛機的機長不會認為問卷中有機械或飛航的題目，會有何不尋常，因為這些都與他們的工作有關，但是，如果題目問到了是否愛著雙親？會不會開著燈睡覺？或者諸如此類的問題，恐怕任誰都會感到猶豫吧！如果一份測驗缺乏表面效度，應徵者也許就不會認真的做，而這可能也會降低測驗的效果。

那些品質良好的心理測驗，都會在使用手冊裡包含如何解讀施測結果，如果缺乏這項訊息，人力資源或者人事主管將無法順利的理解測驗訊息，這樣，也就無法正確使用這個測驗的結果，找到我們所要的人。測驗或許相當昂貴，但是它的價值卻可能遠超過你所支付的費用。

• 效度類化

也許有些人會以為，既然別家公司可以使用這份測驗，那麼，我們公司應該也可以依樣畫葫蘆吧！事實上，這可能不是一個正確的觀念。I/O 心理學家會根據情境的特殊性來設計適當的測驗，以符合各類工作、各種企業，因此，測驗可能特別適合於某種情境，像是適合這家公司甄選研究技術人員，卻很可能未必適合於另外一家公司，或者甄選不同職位的人員。不論這份測驗多麼的有效，或兩個職位之間如何的相似，沒有任何甄選用的測驗，是可以完全信賴的。

即使如此，某些 I/O 心理學家仍然致力於測驗效度的類化（validity generalization），試圖消弭測驗的情境特殊性（situational specificity），或者是區隔效度（differential validity）所造成的效果。

I/O 心理學會（SIOP）就支持效度類化，而包含美國心理學會（APA）在內的國家科學學會（the National Academy of Science），也認可了這個概念。效度類化不僅在測驗上有用，其他的甄選方法像是傳記資料、評鑑中心法（assessment center）、面試、綜合性測驗等，也都適用。效度類化對於心理測驗，其實頗具意義，例如：假如我們能藉由測驗來改善甄選實務，卻不需要針對每個職務、每個階層重新進行驗證的過程（validation procedures），那麼，我們就能同時節省大量的時間與金錢；當然，適用性仍然是需要考慮的事情。

第二節　公平就業實施

每個人都希望自己在面對甄選或是其他對待的時候，都是公平的吧！但是常常會有些人，因為性別、種族等因素而不公平的對待我們！公

平就業法就是一項保障所有人的權利的法案。如果一份測驗的分數對所有的人、對不同的群體都沒有特別偏袒,並且效度頗高的時候,依照公平任用機會委員會(EEOC)的標準,就可以使用。

測驗有時候也可以消弭因為教育、社會與文化差異而來的不公平,例如:在 1994 年的《華爾街期刊》(*Wall Street Journal*)中的一份聲明,指出:

> 智力測驗對美國黑人、其他原住民,或是文化差異的族群並不特別排斥,確切的說,智力測驗的分數能公平而正確的預測所有的美國人,不管他們的種族或者社會階層。

1996 年,美國心理學會的科學事務委員會在所籌劃的報告中指出,認知能力測驗並不會特別排斥非裔的美國人。更確切的說,他們認為,這些題目其實反映了社會長期以來所造成的偏態;換言之,他們認為那份黑人的得分大多低於白人的測驗,並不是測驗本身有偏見或歧視,而是社會的確存在著某種偏態(參閱 Roth, Bevier, Bobko, Switzer, & Tyler, 2001)。

然而這並不保證,一份測驗不會在進一步的使用後,揭露了它可能有某些偏見。美國勞工局使用的通用性向測驗(GATB),其中一個分測驗被用來評估雙手和手指的敏捷度;有超過 750 份以上的研究,確認了這個分測驗的高度有效,因而,它在員工甄選的機制中經常使用。但是,只要我們將白人與少數種族的測驗分數拿來相比,就會發現少數種族低於平均分數,因而,他們被僱用的人數就比較少。

為了避免爭端,美國勞工局曾經採取一種頗具爭議的方法。他們設定了種族常模(racenorming),將少數族群的成績適度的向上調整,以達到均等的僱用比率。但是 1991 年的民權法案(Civil Rights Act)已經規定,禁止再使用種族常模,特別嚴禁因為種族、膚色、信仰、性別或者原生國籍,而對分數進行任何的調整。

到底有什麼辦法可以解決這些問題呢?有人建議了區間分數(banding)。這是一種以視為等值的方式,來達成僱用少數族群工作者的目的,例如:我們將所有人的測驗成績分群,91 ~ 100 分定為第一區間(Band1)、81 ~ 90 分為第二區間,71 ~ 80 當然就是第三區間,以

下類推。當然，我們也可以訂定不同的區間寬度。

而為了不同種族在僱用率上的平衡，我們認定所有在第一區間的人都具備相同的水準，也就是說 100 和 91 分的人是等值的，因此可以在同一區間當中，根據性別或者種族條件來選擇。

這樣聽起來，是不是公平多了呢？研究顯示，透過這種方式得到工作的應徵者，似乎也覺得這是一種公平的方式；今天，有許多的組織都持續地使用區間法，然而，它還是遭遇了一些反彈的聲浪 [1]。

不只是種族的問題，殘障應徵者也經常遭遇不公平的對待。也許對他們而言，光是受測本身就是一個困難，因而不少的心理測驗開始為了殘障者稍作調整，在效度方面也獲得了支持。例如對於視障者，可以用語音來呈現題目，或是放大印刷、使用盲人點字，也可以提供比較多的測驗時間等等；與顏色、形狀、質料有關的問題，則不能用於天生色盲或是沒有顏色經驗的人；聽力障礙的應徵者，則改用文字來取代口語測驗。

第三節　綜觀測驗計畫

看起來，我們的確需要更清楚的知道，應該如何建立一個甄選的測驗計畫。不論是哪一個員工甄選的計畫，首先需要知道這個職位本身適用哪一種測驗；對職務與工作的分析則可以指出這個職位需要哪些能力，而適當的測驗與標準又是哪些。

這樣，我們怎麼知道哪些測驗適不適當呢？I/O 心理學家也許會使用目前已經通用的測驗，或者特別針對這個職務發展新的測驗。但是不論如何，好的測驗一定需要符合信度、效度等標準；如果你需要更多的測驗訊息，可以參考《心理測量年鑑》（*Mental Measurements Yearbook*）或查詢 buros.org/mental-measurements-yearbook；這個珍貴的資源始於 1938 年，目前則提供將近 4,000 種商業用的測驗，而且會定期修訂。

不論是決定採用行之有年的測驗，或者使用自己建立的新測驗，都需

---

[1]　Campion, Outtz, Zedeck, Schmidt, Kehoe, Murphy, & Guion (2001)

考量許多的因素。其中，成本就是一個重要的考量，總不會用了一個很貴的測驗，總共只測五個人吧！其次，時間也是一個考量，如果公司很快需要用人，就沒辦法等你慢慢地開發一個新的測驗了。

第一章曾經提過的一位 I/O 心理學家就提到：「多數組織所考慮的，都是時間與金錢，而非信度和效度，看起來，實務工作者只能不斷的妥協、折衷，想辦法在組織裡找到一些自己可以做、也應該做的事情[2]。」如果你們公司決定要建立自己的測驗，那麼，你就需要設計適合的測驗題目，然後證明這個測驗能夠測到我們要測的東西。測驗題目不只要能區別出應徵者的程度、優劣，而且需要考量個別的項目與整份測驗之間的相關，把那些高度相關的題目放在測驗裡頭。一個好的測驗項目，能讓人們正確地作答，並且區分得出程度很好跟不好的人。

那麼，該如何透過測驗把人區分出來呢？我們得界定每個題目的困難度。如果測驗問題大部分都很簡單、所有受測者都獲得了高分，我們就沒有辦法區辨出真正厲害的傢伙；如果測驗太困難了，則呈現出類似的問題，只是現在沒辦法區分的，是分數太低或是中間分數的人。

大多數的測驗，都需要經過實際工作表現來檢驗。然而，我們知道，基於測驗結果而僱用的人，進入職場之後便有機會培養更多、更好的能力，這時候，讓他們再做一次測驗、來跟先前的成績求相關，以檢驗測驗有效性的做法，似乎不甚妥當。比較好的方式也許不是讓他們再測一次，而是讓其他目前在職的工作者來做測驗。

測驗的常模一旦建立起來，便能據以設定切點，來決定錄取與不錄取的標準。低於切點分數的人就不予錄用，而切點分數設得愈高，選入素質也愈高。大部分的時候，我們是透過職位的分析、效標的設定，來判斷可接受的最低水準，進而設定這些切點。切點的訂定也必須參考應徵者的條件，例如你已經知道的，你可以設定一些區間切點，來保障少數族群的僱用率。

你一定也知道，愈多人來應徵，就有愈多的選擇性，但是相對的，組織也需要花費更多的成本，來評量這麼多的人，進而找到符合或者超越切

---

[2]　Munchinsky, p.176 (2004)

點分數的人數。

第四節　執行心理測驗

在實施心理測驗的時候，有兩個地方需要注意：(1) 測驗是怎樣建構的；(2) 到底是評量哪一類的技術或能力。

● 個別與團體測驗

某些測驗是為團體使用而設計的，這些團體測驗（group tests）可同時測驗 20、200 或 2,000 名應徵者，唯一需注意的限制是，實施測驗的地方夠不夠大；若是使用電腦施測，機臺的數量到底夠不夠。

個別測驗（individual tests）則是一次只對一個人施測，在組織甄選員工的時候，比較少用，因為個人測驗的成本，比團體測驗要多得多。通常，這種個別測驗常使用在高階人員的甄選，或是在職諮商、諮詢，以及比較需要耐心的個人診斷上。

● 電腦適性測驗

現在如果你要設計一個給團體使用的測驗，你會怎麼做呢？我猜你會跟我一樣，使用電腦來協助施測。電腦適性測驗提供了一種獨立的測驗狀況，有時候可以用量身訂作的方式來編製和實施測驗。

1. **測驗的實施**：假如要你參加一個認知能力的紙筆測驗，你必須做完所有有關認知能力的問題，某些題目對你來說十分容易，因為你的理解程度遠高於問題的水準；有些題目則可能比較困難，因為它們恰好符合或者高於你的程度。然而，為了完成測驗，你必須回答全部的問題，不論它們簡單或者困難。

然而，在電腦測驗中，你或許可以不需要回答那些低於你個人能力水準的問題。電腦程式會在一開始提供中等難度的問題，若回答正確，再給你難度更高的問題，當然，如果你答得不正確，它也會自行修正、提供你

比較適合程度的問題。這樣，你不需要做完全部的問題，也許在過程中，電腦已經知道你個人的程度了！

另外一個電腦測驗的優點是可以在任何時間施測，因為它並不依賴一位合適的施測者，也不必安排一整個測驗的流程，而是可以在你方便的任何時間、地點來施測，而且測驗的結果亦可以立即地傳給相關部門。

電腦測驗還可以同時結合其他的系統來進行測驗，例如：假如你要測空間能力，電腦也許可以將 2D 的物件轉換成 3D 的立體圖像；這原本需要兩個系統以上的支援，但是假如使用電腦，就可能同時進行。另外，我們也可以利用 3D 軟體來設計情境題目，而擁有動態畫面與立體音效的影音，比紙筆測驗更具有模擬的效果。其他的優點還包括測驗的全球性使用、不需列印測驗本、可以即時更新題目，以及使甄選更快速的即時計分（Kersting, 2004; Naglieri, etal., 2004）。電腦測驗相較於紙筆測驗，仍然需要較大的投資，但是長遠來說，則是更為經濟的。你知道嗎？美國的國防部（U.S. Department of Defense）利用電腦化測驗招募人員，一年可省下 500 萬美元！

也許你會擔心，電腦測驗、紙筆測驗或者其他測驗的型態，可能會造成一些誤差！但是比較研究的結果顯示，這些差異相當些微。2,544 位工作應徵者，以紙筆測驗的方式來測量人格與判斷力，另外有 2,356 名應徵者則進行相同版本的電腦測驗；結果顯示，並沒有顯著的差異[3]。

隨著電腦測驗逐漸成熟，有一些問題也慢慢的浮現了，例如：許多測驗在網站中就可以獲得，有些受測者可能已經看過，也就可能有學習效應；另外，既然電腦測驗可以不必在施測人員的陪同下完成，那麼，也就有可能由他人代答，即測驗失效的風險。

還有一些另外的顧慮，像是可能有些族群由於對電腦、數位化的接受程度有限，使得電腦讀寫的能力較弱，或許也造成測驗上的阻礙，形成某些數位化隔閡（digitaldivide）的問題，使那些擁有並常常使用電腦的人們，相較於這些較為不足的人，在答題上有更好的優勢（參閱 Harris, 2003）。

---

[3]　Ployhart, Weekley, Holtz, & Kemp (2003)

• 速度與強力測驗

速度測驗與強力測驗的差別，在於完成測驗的時間分配。速度測驗（speed test）是在固定的時間限制內完成，時間一到，受測者就必須停止；強力測驗（power test）則比較沒有時間限制，通常會到受測者完成測驗為止，題目也比速度測驗的要難。

你一定知道，有些工作的完成時間愈短愈好。對這些工作而言，速度是績效的關鍵效標。例如電腦打字的工作，就需要使用速度測驗，在一定的時間之內打出更多的文字和更好的品質；你想：如果這個測驗不限時間，我們怎麼分得出來誰的打字速度比較快呢？

第五節　心理測驗種類

用於員工甄選的測驗，到底有哪些類別？現在，我們就一起來看看不同的測驗：認知能力測驗、興趣測驗、性向測驗、動作技巧測驗（motor skills），以及人格測驗。

• 認知能力測驗

你一定聽過這個測驗！認知能力測驗（也就是智力測驗）廣泛的使用在員工甄選上。對於數千名軍人或其他一般員工的研究，都一致地指出，它在訓練成效、職場表現等方面都具有頗高的預測效度[4]。

同樣的，一項對包括了前後八十五年、共數千個研究所做的後設分析，比較了 19 種甄選技術的預測效度，結果顯示，認知能力測驗對於訓練成效、實際績效的成功，具有高度的效度[5]。另外，一個總樣本超過 4 萬人的後設研究，同樣支持認知能力測驗對預測績效表現的效度。

一項涵蓋了比利時、法國、德國、愛爾蘭、荷蘭、葡萄牙、西班

---

[4] Hough & Oswald, 2000; Schmidt & Hunter (2004)

[5] Schmidt & Hunter (1998)

牙、英國以及北歐諸國的 12 個職業團體之後設研究結果發現，認知能力測驗能有效地預測訓練成效與績效表現[6]。

你是不是正在懷疑：職場上需要的認知能力測驗和學校裡頭的認知能力測驗，應該不太一樣吧？I/O 心理學家曾經研究過這個問題。Miller 氏類推智力測驗用於甄選研究生，亦用於甄選中階到高階的職場主管。而一項包含了 163 組、共 20,352 名參與 Miller 氏測驗的受測者之後設研究則發現，在學表現所需要的能力，與在學校之外的職場表現所需要的能力，並沒有顯著的差異[7]。

我們來看看，在職場中還使用了哪些測驗？奧提斯自陳式心智能力測驗（The Otis Self-Administering Tests of Mental Ability）已經證實了對辦公室職員、生產線員工、第一線督導等職位的甄選，是有效的。這個測驗採團體施測，而且測驗時間並不長。但是對於專業或高階的管理職位，則沒什麼用，因為它在較高層的智力方面缺乏區辨力。

Wonderlic 人事測驗（The Wonderlic Personnel Test），一個測量一般心智能力的測驗，共有 50 個相當穩定的題目，是人事甄選、安置、升遷與調派方面最受歡迎的測驗，並且有電腦版與紙本版。它適用於工商業方面超過 140 種工作，像是空服員、銀行櫃臺、店頭經理和工程師等；測驗時間為十二分鐘，是一個頗具經濟效益的篩選工具；這些題目主要在測量理解工作指示、解決相關問題，以及提出適用於工作情境的新點子的能力。測驗常模則包括了超過 45 萬個成人員工。

Wonderlic 測驗的得分，與題本更長、內容更複雜的魏氏成人智力量表（Wechsler Adult Intelligence Scale）之間，有高度的正相關。美國 1990 年的殘障法案要求測驗必須適用各種情況的需要，因而提供大型印刷版本、點字版，以及錄音帶版本的測驗。自 1937 年問世以來，全球已經有超過 1 億 3,000 萬個求職者，施測過 Wonderlic 測驗。一項對申請參加電腦職訓中心的大專求職者所做的研究顯示，電腦版與紙本版之間並沒

---

[6] Salgado, Anderson, Moscoso, Bertua, & Fruyt, 2003;Salgado, Andreson, Moscoso, Bertua, Fruyt, & Rolland (2003)

[7] Kuncel, Hezlett, & Ones (2004)

有顯著的差異[8]。

　　修訂式 Beta 測驗第三版，是一個非語言的認知能力測驗，提供給無法順利閱讀或者完全無法閱讀的人使用。測驗時間共三十分鐘，指導語則適用於使用英文和西班牙文的申請者。這個測驗用於矯治機構的職業復健計畫，以及為了大量非技術員工所提供的各種工廠再訓練計畫。六個限時的子測驗包括了迷津作業、登碼作業（coding；查看圖 4-1）、紙形板、圖形完成作業、文書檢查（clerical checking）作業，以及怪圖作業。在第三版中，測驗可以就專業、管理、技術、文書、銷售、工藝與服務業等類別，來分別計分。

迷津：要求受試者找出通過迷津的捷徑（1.5 分鐘內完成）

登碼：要求受試者將每個圖形相應的號碼填入空格中

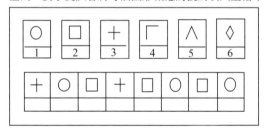

❀圖4-1　修訂Beta測驗二版的樣本題

（經授權使用，版權所有：1978, ThePsychologicalCorporation, SanAntonio, TX.）

　　修訂版魏式成人智力量表（The Wechsler Adult Intelligence Scale-Revised; WAIS-R）乃是一個個別測驗，時間大約七十五分鐘；早先，被用於需要心理衡鑑的職務，諸如資深經理之類的。這份測驗需要受過良好訓練並且有經驗的臨床測驗者，來實施、計分與解釋；目前則已經有電腦

---

[8] Dembowski & Callans (2000)

版以及解說。本測驗包含 11 個分測驗，如下：語文量表部分有常識、記憶廣度（digit span）、字彙、算數、理解、類同等六種；作業量表部分則包含了圖畫完成、拼圖、積木設計（block design）、物件裝配、符號交替等五種。測驗結果可以就語文與作業分別計分，也可以總和一個 IQ 分數；目前也可以使用電腦化的計分與解釋。

● 興趣測驗

興趣測驗（interest tests）包含一些日常活動的項目，受測者則從中選擇比較偏好的選項。其背後的邏輯是，假如一個人表現了與某個職業中成功的人群類似的興趣型態，那麼，他在這個職業上獲得滿足的機會也會比較高。然而，我們得記住，這只是說某人對特定職業的興趣比較高，可是沒辦法保證他在這個工作上具有成功的能耐。興趣分數所代表的，是你與這個行業當中成功的人群在興趣上彼此相容；如果一個人對某種職業沒有興趣，那麼他在這個工作上要成功的機會也會比較渺茫。

史壯興趣量表（Strong Interest Inventory）以及庫德職業興趣量表（Kuder Occupational Interest Survey），是兩種最常用的興趣測驗。史壯量表有 317 個題目，可電腦計分，團體施測，涵括了職業類別、學校課程、休閒活動、人群型態、工作活動等方面的偏好；依照喜歡、不喜歡、無所謂等三個選項來計分。量表含括了超過 100 個以上，各種職業性的、技術性的與專業性的工作；這些工作圍繞在包括了務實型、研究型、藝術型、社會型、企業型、事務型等六個主題，而受測者則依得分來對這些主題類別進行排序。此外，各個測驗也建立了性別常模，可以依照性別來分別計分。

庫德測驗則包括了 100 題，每一題有三個選項；受測者必須在每一題的選項當中，選出最喜歡的與最不喜歡的活動。這個測驗可以對超過 100 種職業來計分；典型的題組如下：

參觀藝廊　　　　蒐集簽名
瀏覽圖書　　　　蒐集硬幣
參觀博物館　　　蒐集蝴蝶

　　這兩種測驗主要都是爲了生涯諮商，焦點在於協助個人選擇適合自己的職業。這個測驗在人事甄選上，也遭遇到受測者爲了讓自己看起來更適合這份工作、因而「作假」的問題。我們可以預期，假如實施興趣測驗的目的在於生涯諮商，由於測驗結果是用來決定訓練或是任用的領域，而非是否錄取一個特定的工作，受測者就會回答得更誠實些。

• 性向測驗

　　你曾經去應徵過工作嗎？當時，是不是也做了不少的測驗呢？沒錯，這些測驗就是性向測驗（aptitude tests），是爲了測驗應徵者的技能而設計的。有時候，這些測驗針對了特定的工作，當然，也有些是測量一般的文書工作與機械操作的能耐。

　　明尼蘇達文書測驗，是一個十五分鐘、單獨或團體施測的測驗；內容分兩個部分：數列比較（配對 200 組數字）以及名稱比較（參見圖 4-2）。由於文書工作需要速度，以及專注在細節上的能力，因此，這份測驗也評估了作業速度，以及各種文書工作的正確性。修訂版明尼蘇達紙形板測驗以對物件能以視覺化、操作化所需要的機械能力進行測量，這種能力是機械或藝術方面的職業相當重要的要求；受測者必須在二十分鐘內，針對 64 個被切割成兩片或多片的 2D 幾何圖形，進行可能的圖形組合（參見圖 4-3）。研究結果顯示，這個測驗能有效的預測在生產工作、電氣維修、營建公司、縫紉機械操作，與其他不同的工業活動上的成功。

　　班奈特機械理解測驗（The Bennett Mechanical Comprehension Test）

當成對的兩個數字或名字完全相同的時候，請在中間的線上打勾。

66243894＿＿＿＿＿＿＿＿＿66273984

527384578＿＿＿＿＿＿＿527384578

New York World＿＿＿＿　New York World

Cargill Grain Co.＿＿＿＿　Cargil Grain Co.

❀圖4-2　明尼蘇達文書測驗的樣本題

（經授權使用，版權所有：1933 初版，1961、1979 再版，The Psychological Corporation, San Antonio, TX.）

側重於實際情境中的機械原理。這個測驗可以個別或團體實施，需時三十分鐘；常使用在航空、建築、化學工廠、煉油廠、能源、玻璃製造、鋼鐵、紙業與夾板製造、礦業等。內容總共有 68 題，都是與物理定律或者機械操作原理有關的圖形（參見圖 4-4）。對閱讀有所障礙的受測者，則提供了語音的指導語。

在左上方缺角的方格中有兩個紙板。現在，請從 A、B、C、D、E 五個圖形中選出這些紙板所能組合出來的圖形。

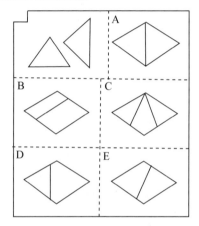

❀圖4-3　明尼蘇達紙板測驗的樣本題

（經授權使用，版權所有：1941 初版，1969、1970 再版，The Psychological Corporation, San Antonio, TX.）

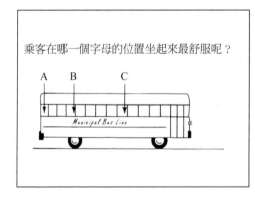

乘客在哪一個字母的位置坐起來最舒服呢？

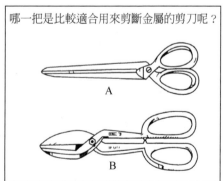

哪一把是比較適合用來剪斷金屬的剪刀呢？

❀圖4-4　班奈特機械理解測驗的樣本題

（經授權使用，版權所有：1950 初版，1967 再版；1941 初版，1969 再版；1942 初版，1969 再版；1941 初版，1969 再版；1967；1967、1968、1980 版，The Psychological Corporation, San Antonio, TX.）

• 動作技巧測驗

你一定知道，有許多在工業和軍事方面的工作，需要一些肌肉協調、手指靈活，與手眼協調度的能力。

普渡樁板測驗（Purdue Pegboard）是模擬生產線組裝之類的一個實作測驗。這個測驗必須使用指間靈活度和手眼協調度，盡可能快速的以一隻手將 50 個活栓放置於活栓板的洞孔中；然後換另一隻手，再做一次；接著，兩手一起再做一次；每個任務限時三十秒。第二部分，則是在一分鐘內運用手指，在樁板的活栓上套一個皮套、再加上一個銅圈，這與用雙手來組裝胸針、衣領或是洗碗機等作業，相當類似。

歐康納（O'Connor）手指靈活度測驗，與歐康納鑷子靈敏測驗，則是測量應徵者在使用手、鑷子，將栓子置放至小洞方面，能有多快的速度。這些測驗都是手指靈活度的標準化測驗，並且被證明，對於需要用手精巧操控的職業有相當高的預測效度。

• 人格測驗

你一定也常聽到、甚至可能做過一些人格測驗吧？人格特質對工作滿意度、工作表現都有些影響；舉例來說，同理心、撫育性（溫暖）是諮商員所需要的重要特質，自制、堅持則是研究者的重要特質，有條不紊、精準性則是會計人員所必需的。人格測驗（personality test）幾乎可以用在任何的工作上，而它的預測效度正如評鑑中心、傳記式問卷一樣高！

那麼，人格測量的方式有哪些？有兩種：(1) 自陳式人格量表；(2) 投射測驗。自陳式人格量表（self-report personality inventories）包括了與特殊的情境、症狀、感受有關的題目；受測者需要回答每個題目跟自己的情況的符合程度如何，或者是自己對這些題目有多麼的同意。

這些題目常常是淺顯的，因而你也知道，或許有些人會作假，或者是爲了獲得錄取的機會，而猜測組織想找什麼樣的人並據以修飾自己的回答；因此，作答的誠實性，或許是自陳式人格量表需要克服的地方。

投射測驗（projective techniques）則是給予模糊的刺激，例如墨跡圖形，好讓人們在這些刺激上投射出自己的思想、希望與感覺，以賦予意

義。這些測驗無法作假，也沒有正確的答案。

最著名的投射測驗，是羅夏克墨漬測驗；裡頭有 10 種墨跡圖形，受試者則需要描述他們自己看到了什麼。而在主體統覺測驗（TAT）當中，則使用了 30 張與人或情況有關的曖昧圖片，以供作答。

投射測驗非常耗時，而且必須個別實施；施測者必須有完整的訓練，並且有豐富的經驗，因為這些測驗只有少數的客觀計分，絕大部分都是主觀地判斷、詮釋測驗的結果。雖然在高階主管的甄選上有時會使用投射技巧，但是研究顯示，其效度頗低。

1. 自陳式量表——基普式性格量表（The Guilford-Zimmerman Temperament Survey）：是一個廣泛使用的紙筆測驗；這個量表包括了 10 個特質，每一個特質有 30 個題目，每一個題目則由受測者以「是」、「？」、「不是」擇一作答。以下是 3 個例子：

- 你會帶著極大的熱情來開始一個新的專案？
- 你常處於情緒低落的狀態？
- 大多數的人都以禮貌的行為來掩飾某種割喉式的競爭？

這份測量設計了 3 種測偽的指標，由事先設計的題目的得分來呈現，以評估受測者是否有作假的或是無心的情況。

1943 年問世、並於 1994 年修訂的明尼蘇達多向性人格量表（MMPI-2），則是最常用於甄選的人格測驗，廣泛地使用在需要高度心理調適的工作，例如：警員、消防隊員、航管員與空服員等；另外，也用於臨床診斷上。

這個測驗有 567 個題目，內容涵蓋身體健康、心身症狀、動作困擾、家庭和婚姻問題、政治與社會態度、性、宗教、教育、職業，以及神經與精神疾病方面的特徵，由受測者根據有關個人的事實傾向，來回答「是」、「否」、「不知道」。其中，設計並安排了一定數量的題目，來偵測受測者是否說謊、無心，或者過度自我防衛。案例請見表 4-1。

我們都知道，測驗有一個常見的現象，就是不同的組織可能會使用同一個測驗。一個擁有 2,000 名員工的核能發電廠，其中有超過 200 人曾經做過這份量表四次、102 人做過五次、26 人做過多達六次，而有 3 個人，

已經做過高達七次。這些受測者重複施測造成的結果，使極端的分數變得比較少，就是測驗結果失真，因為經過一次又一次的經驗，他們都已經測到變聰明了。這個問題並不是 MMPI 所獨有的，尤其是那些被大量使用在員工身上的測驗。

❀表4-1　明尼蘇達多向性人格問卷（MMPI）的模擬題

請就下列的敘述回答「是」或「否」
1. 我總覺得我的腸子裡面有鉗子。 2. 我在工作上時常都覺得很緊張。 3. 有些時候我覺得好像有些東西在我的頭裡面。 4. 我希望能夠抹煞一些我曾做過的事。 5. 我曾經想要在體育課上盡情地跳舞。 6. 如果人們對我有所誤會，我會非常生氣。 7. 那些閃過我大腦的念頭，有時候相當地恐怖。 8. 我總覺得好像有某處來的東西正在召喚我。 9. 有時候我的腦筋動得太快，害我什麼都記不住。 10. 跟別人討論事情的時候，我總是太容易就放棄。

　　1957 年問世、1987 年修訂的加州心理測驗（CPI），有 434 個題目，區分成 20 個人格面向，在教學、健康照護的職業（心理學家、牙醫、護士）方面，有相當好的預測力。受測者只需要回答「是」或「否」。這份量表有領導能力、管理潛力、創意潛力、社會成熟度等方面的量尺。

　　2. 五大人格因素：自陳式人格量表的預測效度，通常從低度到中度相關，但是五大人格的自陳式量表卻有高度的預測力。這些基本的人格要素，列在表 4-2。

❀表4-2　五大人格因素

性格因素	特質描述
神經質	擔心的、不安全的、緊張的、高度不穩定的
外向性	易社交的、好談論的、愛開玩笑的、熱情的
開放性	獨創的、獨立的、創意的、少有的
親和性	心軟的、信任的、和善的、好心的
嚴謹性	小心的、穩定的、認真工作的、有條理的

　　其中，嚴謹性（conscientiousness）與外向性（extraversion），對於預測工作績效頗為有效。嚴謹性的性格要素包含有責任的、可靠的、能計畫或者有組織力的，並且成就導向的；它對管理職、業務、專業工作、法務，以及技術性或半技術性工作，預測效度都相當的好。

　　外向性的性格要素則包含了有社交能力的、健談的、有抱負的、魄力的，以及高活動力的；它與業務、管理者的成功表現，亦高度相關。大學高年級生在外向性、嚴謹性的高分，對畢業之後的順利求職頗具預測力；此外，外向性與工作表現之間，有高度的正相關。一項對 1,886 名高階經理的研究顯示，親和性（agreeableness）、開放性（openness）和神經質（neuroticism）得高分的人，變換工作的機會比較大[9]。

　　你是不是也覺得，個性外向的人在業務工作上的表現會相當不錯呢？是的。一項針對 164 名電話行銷業務的研究顯示，高外向性的人相較於低分者，有更好的銷售紀錄；他們的工作比較積極，而這也讓他們比其他的同事有更好的績效表現[10]。

　　一項對 222 個與領導力有關的研究所進行的後設分析發現，外向性與領導技巧有高度的相關，其後則是嚴謹性及開放性。親和性則是五大人格中，最無法預測領導能力的要素[11]。

　　親和性和嚴謹性能夠有效地預測個人在團隊工作中的績效表現。一個針對 79 個、以四人一組的人力資源團隊所進行的研究顯示，親和性、嚴謹性高的人比較容易完成任務，並且與其他的團隊成員能相處愉快、有效地處理衝突[12]。

　　更多的研究也指出，嚴謹性與工作行為有高度的相關，例如：高度嚴謹性的員工較為傾向於組織性、有原則、有條不紊、具目的性的工作，他們更能主動解決問題、順利完成工作，也更為專注於工作之中並承諾更高

---

[9] Boudreau, Boswell, Judge, & Bretz (2001)

[10] Barrick, Stewart, & Piotrowski (2002)

[11] Judge, Bono, Ilies, & Gerhardt (2002)

[12] Neuman & Wright (1999)

的工作表現[13]。

　　一個包括 1,673 名文書業務、工廠工人、卡車司機的研究發現，較具嚴謹性、親和性的人，也獲得了主管比較多的喜愛[14]。一項包含了 491 位業務、技術支援、軟體工程等不同工作人員的研究發現，嚴謹性與工作績效呈現高度的正相關，而高度嚴謹、低度親和的人則比較少獲得管理者的喜愛[15]。

　　其他的研究發現，在跨國企業當中，對在他國工作的美國員工來說，嚴謹性對他們的工作表現具有高度的預測力[16]；另一個針對嚴謹性與放縱行為之間關係的有趣研究，則發現了低度嚴謹性的人比較容易出現放縱的行為，例如：酗酒、濫用財物、缺乏活力等[17]。我想，現在大家應該清楚的知道嚴謹性對績效的預測力了。那麼，如果你是一個主管，你會任用嚴謹性高的或者嚴謹性低的人呢？或許你也認為，如果有開放性的特質，在職場上可能會有比較好的表現？讓我們來看看吧。有一項針對 166 名曾在日本參與跨文化訓練的歐洲經理們的研究發現，高度開放性的人比較能夠接受新事物[18]。這樣，開放性是不是也跟創意有關呢？是的！根據一項研究，149 位主管對員工的創意，例如：提出一些改善績效的新想法之類的特性進行排序，結果發現，那些最有創意的員工，在開放性上都有相當高的分數[19]。

　　開放性與情緒穩定性，也是學習如何駕駛飛機的關鍵要素。一項針對 91 名飛行學員的研究顯示，開放性與情緒穩定程度高的人，能夠比較快學會飛行的技能[20]。

---

[13] Witt, Burke, Barrick, & Mount (2002), p.164.

[14] Witt, Burke, Barrick, & Mount (2002)

[15] Witt & Ferris (2003)

[16] Caligiuri (2000)；Stewart (1999)

[17] Sarchione, Cuttler, Muchinsky, & Nelson-Gray (1998)

[18] Lievens, Harris, VanKeer, & Bisqueret (2003)

[19] George & Zhou (2001)

[20] Herold, Davis, Fedor, & Parsons (2002)

前瞻性（proactivity）是指透過行動來影響或改變情境的傾向。前瞻性人格量表由 17 個題目所組成，受測者則表示他們同意或不同意的程度；以下是幾個例子 [21]：

- 不論命運如何，如果我相信某件事情，我就會讓它成真。
- 沒有任何事情，比美夢成真更讓我興奮。
- 我總是在尋找更好的做事方法。

這些描述是不是跟你很像呢？愈高得分，表示愈認同這些描述。這個特質會有什麼影響呢？一項對將近 500 名不同職業的員工的研究發現，前瞻性與薪水、升遷、工作滿意度等，都有正相關 [22]；另外，一個為期兩年、針對 180 名全職員工的調查發現，在第一年傾向於高度前瞻性的人，兩年之後的評量顯示，他們得到了主管比較高度的評價 [23]。

你覺得你十八歲時候的性格，會不會影響成年之後的你呢？有一個紐西蘭學者對 910 名十八歲的青年進行正向、負面情感特質的測量；所謂的負面情感，就是侵略性、疏離，以及高壓力反應。八年之後，他再度調查同一群人的工作情況，發現那些先前持有高度負面情緒人，通常比較容易工作失敗、工作滿足度比較低，容易發生財務困難，或者從事較低聲望的工作；這些疏離、充滿敵意的青少年，常常讓自己陷入惡性循環的情境中，他們的負向人格使得工作容易失敗，而失敗的回饋又增強了那些負向的情緒，如此以下、循環不已 [24]。而在十八歲當時高度正面情感的人，到二十六歲的時候則顯示了成功、快樂，而且經濟上有好的報酬；他們正埋頭於更為激勵自我的工作，並且對於工作感到相當滿意。這樣看來，人格特質的確很有可能會長期而穩定的跟著你，不是嗎？

---

[21] Seibert, Kraimer, & Crant (2001), p.874.

[22] Seibert, Kraimer, & Crant (1999)

[23] Seibert, Kraimer, & Crant (2001)

[24] Roberts, Caspi, & Moffitt (2003), p.12.

• 品德測驗

美國的公司每一年都會因為偷竊、侵占或員工其他的不正直行為，而損失數百萬美元。多波掃描器，也就是所謂的測謊器，已經不被認為是偵測員工偷竊的有效方法了。一種偵測員工的不正直行為的有效方法，就是品德測驗，一種替代測謊器的紙筆測驗。I/O 心理學家估計，每年有超過 1,500 萬的員工和應徵者，實施了品德測驗，具體的測驗種類則差不多有 40 ～ 50 種之譜。品德測驗有兩類：(1) 表顯型（overt）測驗，乃是直接評量員工對偷竊或其他不正直行為的態度；(2) 性格取向（personality-oriented）測驗，測量一般性的犯罪傾向、衝動控制，以及嚴謹性。兩種類測驗對竊盜，以及諸如曠職、藥物濫用的不良行為後果、逃避責任與暴力行為等，都有相當不錯的預測力；它們對於一般性的工作績效，例如主管對他們工作表現的排名，也有正面的預測力[25]。

研究證據顯示，大部分的品德測驗很可能都是在測五大特質中的嚴謹性，而這可能正解釋了，為什麼這些測驗對工作績效的預測會這麼有效。

• 情境測驗

先前我們已經提到，可以在電腦中模擬情境測驗，以讓人更逼真的接受測驗；現在，我們就來看看真正的情境測驗，事實上，它正漸漸地受到相當大的歡迎。這些一連串與工作相關的情境，乃是設計用來評量職場情境中的判斷。受試者必須在擬真的情境中，針對所發生的許多事件，在所提供的選項進行選擇，或者報告自己的可能意見或處置。提供選項的情況，乃是要求受測者指出哪些是好、或者不好的做法或觀點；不提供的情況，則是企圖檢視受試者實際的思維能力。主管實務測驗是目前所使用的情境判斷測驗之一。它是評量一個申請升遷管理職位的候選人如何在每天實際的事務中，進行與他人有關的決定。美國人事管理局（U.S. Office of Personnel Management）針對第一線的管理職務，使用這個測驗來評量候選人是否具備相關的資格。

---

[25] Rynes, Brown, & Colbert (2002)

一項包括 1 萬人以上的研究發現，情境測驗對於許多工作而言，具有高度的預測效度；它可以和評鑑中心法、結構式面試、傳記式問卷等方法相互支援，也可以相互進行比較。另外，情境測驗也與認知能力測驗有高度的相關[26]。一項針對 823 名在政府單位、運輸公司、製造業中任職的員工所進行的研究發現，情境測驗能夠有效地預測員工的績效表現[27]。

第六節　心理測驗的困難

・常見的限制

1. **不當使用**：任何東西最怕的，就是被胡搞瞎搞吧？心理測驗也不例外。有些，是由於對測驗的誤解而誤用了。有些主管不明就裡的，就直接把測驗用到甄選上，這很可能帶來組織的損失；有些則是在選擇測驗的時候，沒有去了解測驗的常模、信度、效度，只知道它很新就拿來用，當真的實施之後，當然會得到負面的效果；有些則是根本就認為測驗是無效的，因而拋棄了測驗。總之，這些都不只傷害了組織，也影響到應徵的員工；他們或許只是因為一個無效的測驗，就被不公平地取消了工作的資格或者機會。

2. **錯誤拒絕或錯誤接受**：即使是再好的心理測驗，也不可能達到完美。就像效度係數，就不可能達到完美的 ＋ 1.00 一樣。測驗總是需要一些對可能錯誤的容忍，有時候，我們因為基於測驗的結果，就錯誤拒絕或錯誤接受了一些員工。當然，只有甄選計畫愈完善，有愈高的預測效度的時候，我們才愈能減少一些可能的錯誤。即便我們如何的努力，測驗總是有些缺點的。

I/O 心理學家努力的減少這些錯誤，因而他們也提出來說，一個員工甄選計畫不應該只使用單一方法，應用了多種方法便可以容納更多資訊，以便更全面的了解這些應徵者。

---

[26] McDaniel, Morgeson, Finnegan, Campion, & Braverman (2001)

[27] Clevenger, Pereira, Wiechmann, Schmitt, & Harvey (2001)

3. **作假**：先前我們提到，有些電腦測驗很難防止作假的情形，但是事實上，所有的測驗都對作假相當的敏感。一項為了諮商研究的目的施測人格量表的 1,023 名受測者，看起來並沒有理由要特別作假，他們的分數被拿來與另外 1,135 個為了申請職位而受測的人相比，測驗結果有顯著的差異，研究者於是結論：作假是存在的 [28]。其他大量的研究，也是比較了被認為有作假動機的求職者，與沒有作假理由的團體分數，在這些例子中，兩者之間則沒有顯著的差異 [29]。這樣，關於甄選測驗中的作假問題，則已經被解決了。然而，請你假想自己因為個人需求而申請了一個業務員的職位，當你在測驗中被問到這些問題的時候：

我很喜歡遇見陌生人	是 ＿＿＿＿	否 ＿＿＿＿
我和大部分的人都相處愉快	是 ＿＿＿＿	否 ＿＿＿＿
我發現，與人交談是相當容易的	是 ＿＿＿＿	否 ＿＿＿＿

我想，你很容易就能猜到，這個公司期待什麼樣的業務人員；而除非剛好你是這樣的人，不然，你就有可能作假了。你或許因為作假而被錄用，但是你很可能沒有辦法有效的完成工作，或者工作上獲得滿足，因為這個工作要求了你所缺乏的能力。測驗作假雖然可以幫助你被僱用，但是長期來說，它對你並沒有好處，只是，要說服人們放棄作假，恐怕不是一件容易的事情。

4. **甄選測驗的重複施測**：某些組織，特別是政府單位（從地方到聯邦），重複地使用了相同的測驗，而這提供了練習甄選工具的機會，並且使測驗的成績有些進步。然而，這並不是應徵者變聰明了，而是他們對測驗題目更為熟悉；而且因為重複的接觸題目，對測驗也就不那麼認真了（就像小時候的練習本一樣）。為了了解重複施測所造成的影響，一項針對 1,515 名申請任職檢警單位的候選人實施測驗，然後檢查這些測驗分數。這些測驗題目乃是針對認知能力跟口語溝通技巧；其中超過 40% 的

---

[28] Stark, Chernyshenko, Chan, Lee, & Drasgow (2001)

[29] 例如：見 Smith & Ellingson (2002)；Smith, Hanges, & Dickson (2001)

錄取者，不只一次做過這份測驗，並且他們在兩類測驗上的得分，第二次的成績都明顯的比第一次測驗要好很多。這些重複施測的人相較於只測過一次的，在訓練時表現得比較好，之後也比較不會離職。研究者稱這是一種「堅忍」效果，因為他們真的更為積極、更加主動[30]。

• 倫理與隱私議題

　　美國心理學會非常關心心理學家的道德實踐，不論是在臨床工作或是學院的教學或研究，抑或是員工甄選，都必須遵守倫理守則；心理學家必須保護所服務的對象之尊嚴、價值，以及福利。不幸的是，在員工甄選的過程當中，這個理想有時候會被破壞掉；以下，是美國心理學會對於使用心理測驗的保護條款：

(1) 測驗使用者：實施或者解釋心理測驗的人，必須了解心理評量與效度，以及測驗詮釋限制的準則，他們必須排除偏見，而且不只考慮一種評量方法。他們必須支持標準化測驗的執行流程，在記錄與計分上，要盡力達到正確性。

(2) 測驗安全性：實際的測驗答案不能在公共媒體，例如報紙或雜誌上複印或流傳。報導與真實問題相似的範例問題，是可以的，但是不能暴露在測驗中實際使用的題目（章節內的例子都是範例問題），測驗只能賣給專業機構與人員，而他們必須保護測驗。

(3) 測驗詮釋：測驗成績只能交由合格的專家來解釋，而不能提供給他人過目或是使用；例如應徵者的未來主管，除非受過解釋測驗的訓練，也不能私自解釋。受測者有權知道自己的得分，以及這些分數的意義。

(4) 測驗發表：在測驗的理論基礎還沒有研究證實之前，測驗不應該擅自發表；而正確的測驗手冊必須包含信度、效度與常模，而且要正確地說明測驗的使用方法。

(5) 隱私議題：心理測驗的另一個面向，也是漸漸被攻擊的，就是某

---

[30] Hausknecht, Trevor, & Farr (2002), p.251.

些題目涉及了個人私密的事務，這些批評說，這樣可能觸及了個人的隱私。當我們可以要求知道應徵者與工作或者績效表現無關的訊息時，我們就破壞了個人的自由。很少有人挑戰說，我們不該去調查應徵者的背景、訓練、能力與人格等等，但是關於性、宗教、政治信仰以及健康等私人課題，則已經在法律上構成了對隱私的非必要侵犯。即使這些問題都與工作績效有關，我們願意向潛在的雇主有多大程度的自我揭露，仍然是一個重要的議題。

摘　要

心理測驗必須符合下列條件：標準化、客觀、常模、信度，以及效度。標準化與受試者進行測驗的一連串程序有關；客觀性則指測驗分數的準確與一致，不受到評量者個人偏見的影響；測驗常模是指一群人的分數，這群人與受試者有相似的特性，於是常模可視為比較個別分數的基礎。信度與一致性、穩定性有關，可以用再測、複本、折半的方法來檢測；效度則是指一個測驗在評估所要評量的事項上，有多麼的準確。效標關聯效度是指測驗要測量的和實際上的預測相符合；理性效度則是建立在內容的有效性，以及結構的有效性上。表面效度的概念，提示了測驗題目與要測驗的主題有關。效度類化則是指若測驗對某一個職務上有效，或許也可以推演到其他的職務上。

公平任用的法律禁止在測驗實施上，因為種族、信仰、性別或者原始國籍，而給應徵者任何不公平的待遇。如果測驗會對弱勢團體造成傷害衝擊，可能會被認為是歧視；區間帶狀分數則是將同一區塊的分數都視為同等，藉以提升對少數族群的僱用比率，補償弱勢團體在測驗上可能得分較低的情況。

重新建立一個測驗，需要從工作分析開始，然後建立效標，確定效標與要測的東西相同，進行項目分析，定義項目難度，進而建立測驗的信度、效度；在甄選實務上，則還要設定切點分數。

心理測驗有各種不同的內在架構、不同的實施方式，並且測量了不同的行為。測驗的種類包含了個別與團體測驗、速度與強力測驗。電腦化

的測驗可以團體實施，也可以個別施測。心理測驗可以測量認知能力、興趣、工作性向、動作技巧，以及人格。人格特性可由自陳式人格量表或投射方法來測量。認知能力與訓練成效、績效表現都有高度的相關。五大人格特質中，特別是外向性、嚴謹性、親和性與開放性，都對工作表現有正面的預測力。品德測驗的設計，是為了預測並且防止員工的欺騙行為。測量品德的兩類方式分別是表顯型的、人格取向的品德測驗。情境測驗則對許多的工作都具有高度預測力。

　　心理測驗的限制包括了使用不當、錯誤的接受或拒絕、回答作假等；道德上的議題則是測驗或許可能侵犯個人的隱私，測驗題目與答案的機密性也需要慎重考慮。

關鍵字

- 標準化　　　　　　standardization
- 客觀性測驗　　　　objective tests
- 主觀性測驗　　　　subjective tests
- 測驗常模　　　　　test norms
- 信度　　　　　　　reliability
- 再測法　　　　　　test-retest method
- 複本法　　　　　　equivalent-forms method
- 折半法　　　　　　split-halves method
- 效度　　　　　　　validity
- 效標關聯效度　　　criterion-related validity
- 預測效度　　　　　predictive validity
- 同時效度　　　　　concurrent validity
- 理性效度　　　　　rational validity
- 內容效度　　　　　content validity
- 建構效度　　　　　construct validity
- 表面效度　　　　　face validity
- 效度類化　　　　　validity generalization

- 種族常模　　　　　　　race norming
- 區間帶　　　　　　　　banding
- 團體測驗　　　　　　　group tests
- 單獨測驗　　　　　　　individual tests
- 速度測驗　　　　　　　speed tests
- 強力測驗　　　　　　　power tests
- 興趣測驗　　　　　　　interest tests
- 性向測驗　　　　　　　aptitude tests
- 人格測驗　　　　　　　personality tests
- 自陳人格量表　　　　　self-report personality inventories
- 投射測驗　　　　　　　projective techniques
- 前瞻性　　　　　　　　proactivity

問題回顧

1. 為什麼對心理測驗而言，標準化和客觀性如此重要？
2. 請指出三種奠定心理測驗的信度的方法。
3. 請定義什麼是效標關聯效度？什麼是理性效度？什麼是表面效度？
4. 一個評估業務工作的求職者的心理測驗，該如何奠定其效標關聯效度呢？
5. 請說明什麼是帶狀分數技術，其用途何在？
6. 請說明實施一個測驗方案所需要完成的步驟。
7. 電腦適性測驗相較於紙筆測驗，有哪些更為優越之處？電腦化測驗本身又有哪些可能的限制呢？
8. 興趣測驗與性向測驗有何不同？請為兩類測驗各舉一個具體的例子。
9. 認知測驗對於訓練成效與績效表現的效果如何？另外，有沒有哪種類型的工作是認知測驗派不上用場或者不適合使用的？
10. 請先舉一個投射技術的例子，另外再舉一個自陳式性格量表的例子；你認為哪一種測驗對於人事甄選比較有效呢？理由何在？

11. 什麼是五大人格因素呢？你個人認為哪一個或哪些因素，在預測績效表現上最為有效的呢？

12. 對於哪一類的工作，你會僱用在外向性上得分比較高的人？而對那些在嚴謹性上得分比較高的人，你會僱用他們來從事哪一類的工作呢？

13. 什麼是主動性呢？它跟績效表現有什麼關係嗎？

14. 品格測驗跟情境判斷測驗對職場行為的預測，有什麼用處呢？

15. 在甄選的目的上使用心理測驗，有沒有哪些可能的限制呢？請討論。

16. 如果同一個求職者做了好幾次相同的甄選測驗，會發生哪些情況呢？一般而言，如果那些被錄用的人在受訓階段重做這些測驗，又會有怎樣的表現呢？

第五章 績效評估

本章摘要

　　眞的沒辦法！總是有人在某時、某地，正在監控或是評價著你的績效表現。可能是你的是同學、隊友、朋友、情人、伴侶，或者是你的老闆，總之，不論是正式的、非正式的，總有人正在評估你的行爲或能力。

　　在你生涯的全程，人家都在評估跟監控你的績效表現，而你的薪水、職等與責任能不能提高，就端看你能滿足這些績效標準到什麼程度了。績效評估（performance appraisal）對你而言，其實並不新鮮，從你讀書的時候，大概就已經開始了。不論是透過課堂考試、學期報告、標準測驗，或者是簡報，人家都在評估你的表現；林林總總的方法，都是爲了衡量你的工作品質。基本上，這些跟工作績效的評估方法很像，而這些評估的結果，顯然對你未來的影響相當大。

　　雖然公司不會給你一個形式上的考試，但是績效評估就跟你在學校裡的考試一樣重要。你的調薪、升遷跟工作職責所影響的，不僅是你的收入和生活水準，也會影響你的自尊、安全感，和一般的生活滿意度。績效評估也會決定你能不能保有你的工作。某種意義上來說，這些考試永遠都考不完；一旦被一個公司僱用，他們就會一直盯著你的工作表現。

　　請你記住：績效評估不僅對你的公司有好處，對你也是有益的，就好像課堂上的考試可以顯示你到底學得好不好、哪些地方還需要改善，一個有效的績效評估計畫，也可以幫助你評估是否勝任自己的工作，以及你的發展需求何在。績效評估可以顯示你的優點、缺點，增進你在某些領域的自信，並且催促你在另外的領域上，好好地去改善你的表現。

第一節　公平任用的實務

　　公平就業委員會（EEOC）的準則，適用在與任用決策有關的所有甄選程序中，不光在僱用方面，在升遷、降職、調職、資遣、扣薪，或者是提前退休等方面，也是一樣。這樣說來，績效評估的程序就會像測驗或其他的甄選工具，必須經過嚴謹的驗證。績效評估計畫通常包括評估面談，而基於設計良好的績效回顧計畫所做的人事決策，能夠讓雇主比較可能成功地面對關於歧視的批評。

　　1. **種族偏誤**：大部分的績效評價計畫，都是基於主管的評量，而這個

主觀的判斷可能被某些個人的因素或者成見所影響。包括工作指派、給薪、升遷，或是其他的人事決策，都可能存在著種族歧視。然而，一個對23,316 個白人和黑人受僱者的主管所進行的評分研究指出，並沒有歧視黑人受僱者的證據[1]。

　　2. **年齡偏誤**：關於年齡偏誤的研究證據指出，在自我發展、人際技巧與整體表現等方面，中高齡員工的得分明顯地比年輕員工來得低。一項對某大型跨國公司 185 個經理與 290 個員工的調查發現，那些在年輕經理手下工作的中高齡員工，得到了最低的績效評價分數[2]。我們在第三章曾經提過，工作精熟度未必隨著年齡下降。於是，很可能，評量者的評量未必根據員工真正的工作表現，而只是基於對他們工作技巧的某種想像而已。

　　3. **確保評量的公平**：讓一個人評估另外一個人的績效評估系統，提供了在薪資、升遷和其他工作收穫方面不公平待遇的機會，而為了確保任用上的公平，績效評估應該基於工作分析所指出的、與成功的績效表現有關、特定的關鍵事件與行為。評估者應該聚焦在實際的工作行為，而不是個人的特質；他們也應該回顧受評的得分，提供那些績效不彰的員工相關的訓練與諮商。

　　進一步來說，評量者也需要學習如何進行評估，至於如何觀察員工的工作，則應該有一份清楚的書面說明。所有相關的備忘、紀錄和有意義的文件，都應該妥善的保存及組織，因為這樣可以確保評估的準確性和客觀性，也可以幫助公司在未來員工或許宣稱被不公平對待的時候，面對法律的挑戰。

第二節　績效評估：目的何在？

　　績效評估的目標是針對個人的工作表現，提供一個準確而客觀的測量。在這些訊息的基礎上，可能會進行許多跟員工在組織內的前程有關的

---

[1]　Rotundo & Sackett (1999)

[2]　Shore, Cleveland, & Goldberg (2003)

決策。進一步來說，績效評價也常被用來驗證特定甄選方法的效度。這樣說來，績效評估的目的有兩類：一個是行政性的，為了像是加薪、升遷等等的人事決策；另外一個則是研究性的，通常是為了驗證甄選工具的效度。以下，則稍作說明。

1. **甄選效標的驗證**：我們在第三、四章曾經提到，對員工甄選而言，為了奠定某種甄選方法的效度，不論是心理測驗、面談、履歷表，或者其他的技術甄選，都必須被關聯到某些績效表現的測量上。除非我們檢查那些被選上、僱用的員工其後的績效表現，不然我們就無法決定這些技術到底有沒有用。就此而言，績效評估的主要目標之一，是要提供甄選方法的效度資料。

2. **訓練要求**：績效表現的評價可以透露員工在知識、技巧及能力上的缺陷或者不足。透過對整個工作小組或部門的績效的了解，可以檢查出工作程序上的缺失；而假如問題是發生在員工身上，我們就可以透過訓練來進一步的補救了。這類資訊可以幫助我們重新設計新任員工的訓練計畫，也有助於實施線上員工改善缺失的再訓練。透過檢查訓練後的績效表現，績效評估也可以用來評估一個訓練計畫真正的價值。

3. **員工的進步**：績效評估計畫也應該提供員工關於工作勝任與否的訊息，以及在組織內前程發展的進一步回饋。I/O 心理學家已經發現，這類訊息對維持員工的士氣而言，是相當重要的；評估結果也可以建議員工改變特定的行為或態度，來增進工作的效能。這個目的跟訓練的目的相當像，只是在這種情況之下，員工並不是透過正式的訓練，而是藉由自我改善來改變缺點的。員工們有權利知道他們所承受的期待：到底他們哪裡做得還不錯，而另外的哪些地方，則是需要改善的。

4. **敘薪、升遷，以及其他的人事決策**：大部分的人們都相信，假如自己的表現在平均水準之上、甚至稱得上是傑出，他們就應該獲得獎賞。當你還在學校的時候，所謂的公平意味著，假如你在一個考試或學期報告上比其他同學表現得更好，你就應該得到更高的分數。假如不管學業表現如何，每個人都獲得了相同的分數，那麼，就沒有什麼誘因來鼓勵大家努力向上了。

在用人的組織裡，酬賞的形式常常是加薪、紅利，或者調到一個成長性更高的職位上。為了維持員工的積極主動跟個人士氣，我們不能根據主

管們的突發奇想或是個人偏見來做這些決定，而必須基於對員工價值的系統性評估。績效評估提供了這些生涯決定的基礎，幫我們找出哪些員工具有潛力或者天分，而對組織的成長有所貢獻。

● 對績效評估的反對

並不是每個人都喜歡正式的績效評估系統。很多的員工，特別是那些直接受到這些評分影響的員工，其實並不喜歡評估；而批評者不僅於此，還包括工會和經理們。

1. **工會**：占了全美工作人力大概 11% 的工會在升遷方面，相較於對員工產出的評估，則更強調應以資深（服務期間）爲基礎；然而，單單是工作經驗的長短，完全不能說明員工是否能夠勝任一個更高的職位。舉例而言，裝配廠裡一個擁有十年年資的員工，也許知道裝配線上的每一個細節，但是除非公司對他在其他的領域——例如與人相處的能力、撰寫報告的語文技巧——進行了正式而客觀的評價，否則也不能下結論，說他將會成爲一個優秀的主管。資深人員的確應該享有升遷上的優先機會，但是這必須以他們的能力符合升遷的需要爲前提，而不是單單因爲年資而已。績效評價可以提供這些決策，一個可信賴的基礎。

2. **員工們**：大概很少人會喜歡被測試或是評價，尤其當我們認爲自己很可能得到一個並不喜歡的結果時。並不是太多的人對於自己的技能都感到相當的自信，以至於他們期待著從主管那裡得到一些讚美。而不論批評是多麼的客觀，或者講得多麼好聽，大概也很少人能夠真心的歡迎別人的批評。因爲大部分的人都寧願不被評估，或者被告知關於自己的不足或缺失，因而，人們對績效評估的反應就難免帶著猜疑和敵意。

3. **經理們**：那些對於實施不當或者設計不良的評估計畫有不滿經驗的經理們，很可能會對於績效評估的有效性感到懷疑。有些經理則不喜歡扮演法官的角色，不想承擔決定部屬前途的責任，這種傾向可能使他們傾向於灌水，給員工超乎他們表現的評估結果。一樣的，經理們可能對提供員工負面的回饋感到不舒服，也很可能在評估後面談的實施上，缺乏適當的耐性。

儘管有這些對立的觀點，在組織的日常活動當中，績效評估仍然是一

件必要的事情；這些批評都忽略了一個重點，某種形式的評估是根本不可能避免的，因為對員工甄選、對訓練，或者對其他的人事決策而言，我們都必須奠定某種合理的基礎。這些決定不應該基於個人的愛恨好惡，我們必須測量工作勝任的程度，而這種評估則將盡量客觀地反映完成這個工作所需要的能力跟品質。

第三節　客觀的績效評估方法

原則上，生產工作的績效測量，相對而言是比較簡單的；它通常包括了在特定時間內的生產記錄，因為這些記錄隨手可得，因而這類數量性的測量在工業上運用得相當廣泛。實務上，生產性工作的績效評估不見得就這麼簡單，尤其是那些非重複性的工作，則必須評估生產的品質。

● 產出的測量

讓我們想想，兩個員工在打字方面的產量。一個人每分鐘打 70 個字，另外一個則每分鐘只有打 55 個字。如果我們只用數量當作工作績效的唯一指標，我們一定會說，第一個員工比較好；然而，當我們檢查工作品質的時候卻發現，第一個員工平均每分鐘有 20 個錯誤，第二個則完全沒有，現在我們希望績效評價能夠反映工作成果的品質，第二個員工或許反而就得到了更高的分數。

即使我們已經就成果的品質來校正，彌補績效的不同性質，還是應該考慮到，很可能還有很多影響或者扭曲績效測量的其他因素。或許在鍵盤上犯許多錯誤的員工，是因為他工作的地方旁邊有很多人，辦公室的設備也非常的嘈雜；另外一個則是在私人辦公室，而且沒有那麼多惹他分心的干擾。又或許一個只負責短篇的、例行的商業信件，另外一個則負責謄打從工程部門傳來的技術報告。假如我們沒有考慮辦公室環境和作業難度上的差異，這樣的績效評估就非常地不公平。

另外一個可能混淆的因素是工作的年資。一般而言，一個員工的年資愈高，生產力就會愈好。假如一個人的年資是兩年，另外一個則是二十

年，即使他們做完全相同的工作，我們對他們個別的期待，也會不一樣。

　　這樣說來，評估生產性工作的績效時，必須記得許多的因素，而當這些因素考慮得愈多，我們也就愈難說這些評估是客觀的。由於這些外在因素的影響，評估者必須進行個人的判斷，這樣，即使是在一個工作產出可以計算、量化的生產性工作中，績效評估也不總是完全客觀的。在重複性的工作，例如生產線上，主觀的判斷也許對於評估結果的影響比較小；對於這類情況的績效評估而言，生產數量和品質的正確記錄也許就足夠了。

• 電腦化的績效監控

　　在電腦上的工作，可以被當作是一種虛擬的生產線。對千百萬人而言，電腦都是他們工作中的一部分，尤其是文書處理、資料輸入、保險，以及顧客服務等類的工作。很多公司都使用電腦監控來了解員工的工作活動。只要員工完成了一個單位作業，像是敲了一下鍵盤，它就會自動計算並且儲存，以提供工作表現的客觀測量。電腦可以記錄單位時間內的擊鍵次數、錯誤次數、轉換作業的流暢性、連續工作的時間，或者中段休息的次數。很多使用電腦的員工都被這種稱為電子主管，即一種持續監控的機器進行監控與評價，偵測並且記錄任何的細節。

　　電腦也可以用來評估電傳業務的員工，像是航空公司或者飯店的訂位或接線服務人員。加州聖地牙哥的一間航空公司，全時間監控他們的訂位員，計算他們接聽電話的次數、比較通話時間與公司所定的標準之間的差異，記錄他們中斷休息的分鐘數；而那些與標準不符的員工，就會被評為差勁或者不夠好。

　　1. **對電腦化監控的態度**：花點時間想想，你會喜歡有人整天盯著你，無時無刻不監控和記錄你的行為嗎？這會困擾你嗎？你可能會嚇一跳，因為很多的、甚至可能是大部分的員工，都不會被電子績效監控所困擾，其中有些人喜歡這種方式，而且更甚於其他形式的績效評估。心理學家發現，人們對電子監控的反應取決於這些資料最後的用途。假如這些資訊是用來幫助員工的發展，改善他們的工作技能（而非例如：不讓他們好好的休息），大部分的工作者都說，他們喜歡電腦化的監控。

　　很多的員工喜歡這種高科技的評估技術，因為它確保了他們的工作可

以被客觀的評價，而不是基於主管對他們的喜歡或者不喜歡。員工們也相信，這些客觀的評量可以支持他們，以要求加薪或者升遷。

2. **壓力與電腦化監控**：我們已經提過，很多員工喜歡電腦化的績效監控，而被問到哪些評估方法會讓他們感覺到壓力的時候，他們也說了是這個；這似乎有些對立。我們調和了這些不同的發現，請你記得，這些結果本身可能並不矛盾。這是可以想像的：比起那些相對較為主觀的評估方法，很多的員工比較喜歡電腦化的監控，然而，這種方法仍然是有壓力的。事實上，如果有人宣稱哪種方法是完全沒有壓力的，那才真讓人嚇了一大跳（假如人家問你，學校的考試有壓力嗎？你大概會說有吧）。

對於個別表現的工作監控，比起對團體的總體表現之監控，要有壓力得多。在團體表現裡頭，個別工作者的表現藏在整群的成員中。

不論場地研究或是實驗室研究都指出，即使同樣是被個別的監控，相較於在同質性團體中扮演一部分功能的人們，那些獨力工作的人對於電腦化監控，感受到了更大的壓力。團體中的其他成員所提供的社會支持，則能夠有效的降低壓力。

持續性監控鉅細靡遺地記錄個人的每一個動作跟失誤，對這件事的覺察，能引導員工聚焦在工作產出的數量，更甚於工作的品質。這樣，電腦監控的壓力可能會導致工作品質的下降，進而對整體的工作表現和工作滿足，產生負面的效果。

就像在職場上的許多創新，電腦化有其優點、也有缺點。在優點方面，這種方法提供了立即而客觀的回饋、降低評估中的評估者偏誤、有助於確認訓練的需求、引發目標的設定，且對生產力的提升可能有所貢獻。然而，它也會侵犯工作者的隱私，可能會提高工作壓力、降低工作滿足，並且可能因為品質上的表現需要投入更高的成本，而引導了員工只將焦點放在產量上。

• 工作相關的個人資料

績效評估的另一個客觀化取向，則是個人資料的使用，像是缺曠記錄、薪資記錄、重大事件，以及晉升率等；通常，從人力資源部門取得這些資訊，比測量或者評估要容易得多。I/O 心理學家發現，個人資料對於

他在工作上的能力能提供的資訊相當少，但是這些資料對於區分好或不好的受僱者，則是相當有用的。在這裡，我們強調了工作者與受僱者在語意上的差別。

　　一個對機器操作高度精熟的人，可能稱得上是傑出的工作者，但是他卻可能經常的曠職或遲到。因為公司不能相信他們會規律的到勤、貢獻於組織的效率，於是他們可能被認為是很糟糕的受僱者。工作相關的個人資料在評估員工對於組織的價值方面，是有用的，但是它們沒有辦法替代績效評估的指標。

第四節　判斷性的績效評估方法

　　在那些非關生產數量的工作上，評估就更難進行了。我們怎麼評估一位消防員的表現呢？難道是去算他一天滅了幾場火嗎？我們又該如何去評估一位腦部外科醫師呢？去算他一個禮拜打開了幾個頭嗎？對一個企業的高階主管而言，難道我們去算他一個月做了幾個重大的決定嗎？

　　碰到這些情況，I/O 心理學家找出了一些衡量個人工作貢獻的方法，不是藉由計算或是存留一些工作記錄而已，而是透過對某段時間內工作行為的觀察，然後對工作表現的品質進行判斷。為了決定一個員工的效能如何，我們必須詢問對其工作相當熟悉的人們，這通常是指他的主管，但有時候也包括了他的同事、部屬，甚至受評者自己。

• 書面的事件

　　儘管某些組織會使用書面的事件，也就是用短文來簡單描述員工的表現，藉以評估個人的績效；大部分的組織，則會同時使用數字化的評分程序。雖然事件描述和評分取向兩者都相當的主觀，但書面事件法更容易發生個人的偏誤。主管描述員工績效表現的短文很容易模稜兩可，甚至可能造成誤導。這些錯誤有時候是出於無心的，有時候卻是為了避免一個負面評估而故意的。在哈佛管理評論裡有篇文章，列出了一些書寫性績效評估常用的語句，並且指出這些話可能的意涵：

- 超乎平常的合格（沒犯什麼值得記下來的大錯）。
- 面對上司，則知所進退（知道什麼時候該閉嘴）。
- 腦筋動得很快（很快就能幫錯誤找到合理的藉口）。
- 非常注意細節（超級龜毛）。
- 低於平均數（笨蛋一個）。
- 對公司超忠誠（大概沒有別人會要他們吧）。

　　為了要降低曖昧性與個人的偏誤，我們發展了不同的評分技術，以便提供判斷性的績效評估更大的客觀性。

• 優劣評估技術

　　在很多日常經驗當中，我們都會對所接觸的人進行判斷，評估其外貌、智慧、性格、幽默感，或者運動的技巧。有時候，只是根據這些非正式的判斷，我們就決定了喜不喜歡他們、僱用他們、跟他們成為朋友，或是跟他們結婚。我們的判斷有時候會出錯，以至於朋友成了敵人，或者伴侶變成了離婚法庭上的對手。我們所以犯錯，主要是我們頗為主觀的立場，而這些判斷並不那麼標準化，事實上，我們很少基於有意義的或有所關聯的效標，來進行判斷。

　　優劣評估（merit rating）的判斷歷程應該更正式、更特定化些，因為我們有與工作關聯的效標，可以當做比較的標準；儘管評分者還是可能流於個人的成見，但是這未必會造成重大的缺失。優劣評估可以是基於設定好的行為標準，來進行一個關於工作表現的客觀評價。

　　1. 評分法：評分量尺（rating scales）是一種經常被使用的優劣評分技術。實務上，就是由主管就工作者是否擁有工作相關的特徵到什麼程度，來進行判斷。主管基於對工作者績效的觀察，用評分量尺上的分數來代表其工作品質，例如圖 5-1。在這個例子裡，工作者被判斷表現出略高於平均的精熟水準。有些公司會就員工更大範圍的因素與更特定的職責，來進行評量，像是合作性、督導技巧、時間管理、溝通技巧、果斷和主動、參與性等等。進一步地，很多公司會拿員工眼前的績效表現，跟過去的評價來比較，要求主管要說明員工是否進步了、變得更糟，或是從上次評估到現在一點改變都沒有。

　　主管們可能會被要求指出員工特別的長處，並且解釋這些情況跟他的績效表現之間的關係；有些公司則允許員工們在評量表上，加上自己的一些文字評論。圖 5-2 是一份典型評估表的一部分。評分法是評價績效最受歡迎的方法，理由有兩個：第一，相對而言，它們比較容易設計；第二，它們想辦法要降低個人的偏誤。

　　2. 排序法（ranking technique）：在排序法當中，主管根據員工在特定的工作向度或者全部的工作表現，從最高的排到最低的，或者從最好的排到最差的。你可以發現，評分法和排序法在概念上有相當大的差異。在排序法中，每個員工是跟工作團體或者部門中的其他人相互比較；而在評分法中，每個員工則是跟自己過去的表現，或是跟公司的標準來比較。這樣說來，排序法並不像評分法那樣，直接地評量工作的表現。

　　排序法的好處之一，在於它的簡單性。你不需要發展什麼精緻的表格，或是複雜的指導語。通常而言，主管們也接受這是他們例行的作業，實施起來相當的簡單而順利，因為主管們並沒有被要求去評量那些他們難以評估的因素，像是主動性、合作性，或是工作品質之類的東西。

　　然而，當受評的員工數量很大的時候，排序法也會有它的限制。主管們必須經過短暫的瀏覽，就想起所有員工的一般表現，好就其效能進行相對的排比。對一個有 50 或 100 個部屬的工作團體而言，要對他們的能力或者貢獻進行排序，其實並不容易。

　　另外一個限制是，正由於它的簡單性，比起評分法，排序提供較少的評價資料；它沒有辦法確認員工有哪些優、缺點，自然也就無法就員工做得如何、或者應該做哪些改善，提供相關的訊息。當員工具有相同特性的時候，排序法也幫不上忙，比方對 10 個員工排序，主管可能認為其中 3 個一樣傑出，另外 2 個則一樣糟糕，但是排序法沒有辦法指出這件事，它只能從高到低來排序。這樣，3 個員工當中只有一個能名列第一，即使有 3 個人都一樣的好。

姓名＿＿＿＿＿＿　職位＿＿＿＿＿＿　任職期間＿＿＿＿　受評日期＿＿＿＿＿＿＿

部門＿＿＿＿＿＿　位置＿＿＿＿＿＿　評分者（姓名／職銜）＿＿＿＿＿＿＿＿＿＿

考績形式：最初半年□　年度□　其他的評估期

備註：請受評者的表現，在適當的欄位打（✓），評分時，請注意受評者各個部分的整體表現。

績效等第

優異的：Commendable (C)。在大部分範疇的績效表現都相當傑出並且全部的範疇都達到了預期。整體而言，任務都達到了比「良好」更高的水準。

良好的：Good (G)。在大部分範疇的績效表現都令人滿意。整體而言，任務和職責都可以在最小的督導和指導下順利完成。待改善：Ne

Needs Improvement (NI)。績效表現不如預期。工作缺乏穩定性，或者需要比一般更多的、更細節的督導。他們的態度和參與程度可能影響了工作表現。

不及格：Unsatisfactory (U)。績效不彰，或者不如預期。這其中可能包括低於考核標準、能力不足、不夠投入，或者對工作現場反而造成干擾。在經過警告而仍未能有效改善的話，可能，可能就會開除了。

考評因素（如果需要，請另外延長表格）

特定的績效表現的職責或責任清單	(C)	(G)	(NI)	(U)
1.				
2.				
3.				

不適用：NA，Does Not Apply。

通過：S，Satisfactory。

待改善：NI，Needs Improvement。

未通過：U，Unsatisfactory。

一般的職責跟要求

	(NA)	(S)	(NI)	(U)
1. 合作。能以和主管或同事一起工作的興趣和意願				
2. 督導。能指導、控制和訓練部屬。同時考慮其協助部屬訂定工作目標的的水準。				
3. 時間管理。能有效率地組織時間。同時考慮對優先順序的設定、對難題的預知預判、對時間要求的估計，以及在期限內完成任務。				
4. 溝通。能跟不同階層的同人以書面或口語的方式進行解釋、說服、使其理解。同時考慮其能掌握他人的觀點，並對他人採取行動的可能後果。				
5. 判斷和主動。能夠指認並且適當地解決或轉介問題的能力，以及擴充個人責任的意願。				
6. 參與。準時和及時的參與。〔曠職日數：遲到日數：〕				

完成以下部分

主要優點 _____

待進步的範疇 _____

評語：_____

整體表現的評估：□優異的　　　□良好的　□待改善　□不及格

上次評估的結果：□前次未實施　□優異的　□良好的　□待改善　□不及格

日期_____

評分者〔請簽名並註明日期〕_____

審閱者〔請簽名並註明日期〕_____

受評者〔請簽名並註明日期〕_____

備註_____

❀圖5-2　績效評估表

　　這些限制使得排序法變成了一個粗糙的測量。它通常只能用在員工的數量很小，並且我們只需要關於相對位置之類的有限訊息的時候。

　　3. **配對比較法**（paired-comparison technique）：配對比較法則必須由團體或部門中個別成員，跟另外的全部成員進行個別的比較。它跟排序法相當地像，最終結果也都是員工的排序，只是比較的過程更為系統化，受到了更好的控制；每次都是兩兩比較，從一對當中找出比較好的一個。

　　如果要評量特定的特徵，這些比較就會針對單一的項目。進行了全部的可能比較之後，就可以根據員工在多次比較所獲得的勝次，來進行排序。如果使用這個方法評量六個員工，兩兩比較，要比 15 次，因為有 15 種配對。假如 N 代表受評的人數，配對比較的次數則可以用以下的公式來計算：

$$\frac{N（N-1）}{2}$$

　　相較於排序法，配對比較法的優點之一是判斷的歷程比較簡單。主管每次只需要考慮一對員工；另一個優點則是，一樣努力的員工，有機會得到相同的排序。

　　當受評員工很多的時候，大量的比較就變成了一個缺點。假如一個主

管有 60 位員工，他得比上 1,770 次。如果整個績效評價有五個不同的特質或因素，這樣 1,770 次的比較就得乘上五倍。看來，這種方法只能限小團體實施，或者只針對整體的工作效能來進行單一排序。

4. 強迫分配法（force-distribution technique）：在稍微大一點的團體，強迫分配法是相當有用的；主管根據事先定好的等第比例，將員工們排入不同的幾個組當中。以下是一個相當標準的比例：

- 優秀：10%
- 優於平均：20%
- 中等：40%
- 低於平均：20%
- 差：10%

如果你大學老師打的分數有像這樣的曲線分配，你對強迫分配法就不會陌生了；班上前 10% 會得到 A，不管他們的分數如何，接下來的 20% 會得到 B，而依此類推，直到所有的分數都被分配到按照常態曲線所分割的類別當中。

強迫分配法的缺點之一是，它強迫主管們必須使用事先決定的評分類別和比例，而這對某些團體的員工們卻未必公平。某個團體的所有員工可能都會表現得比中等要來得更好，全部的人都應該得到好的分數，然而，強迫分配法只能給 30% 的人優於平均以上的評分。

5. 強迫選擇法（forced-choice technique）：我們所討論過的各種優劣評分法，都有一個普遍的困難，就是評分者必須對於員工的優劣有所了解，這就難免受到個人的偏誤、敵意或好惡的影響。強迫選擇法則可以幫助評分者，避免受到對於個別的受評員工喜愛與否的影響。

在強迫選擇法中，評分者會面對多組描述性的敘述，並且在每組敘述中選擇一個比較適合或者不適合受評員工的語句。每一組不同的敘述看起來都得一樣的正面或者負面；比方，評分者可能會被要求從以下的成對語句中，選擇一個比較適合來描述部屬的句子：

- 可靠的嗎？

- 親和的嗎？
- 小心的嗎？
- 勤奮的嗎？

或者，從以下的成對語句中選擇一個比較不適合的敘述：

- 傲慢的嗎？
- 對認真工作沒有興趣的嗎？
- 不合作的嗎？
- 隨著個人興趣而懶散的嗎？

　　當我們給了幾組這樣的敘述，主管們就無法避免去呈現那些受歡迎或者不受歡迎的特徵；這樣，也就比較不可能故意地給高分或低分的評價了。

　　當 I/O 心理學家發展強迫選擇的評量表時，他們必須建立每個項目和表現成功之間的關係，雖然每一組配對的敘述看來都一樣好或者一樣的不好，還是足以區分那些有效能的，或者缺乏效能的員工。雖然強迫選擇法限制了個人偏誤的作用、控制了那些刻意的扭曲，它還是有若干的缺點，也比較不受到評分者的歡迎，個別項目的預測效度也得透過相關研究才能決定。這種方法比優劣評分法要花上更多錢，指導語也可能很難懂，並且在大量、配對的相似選項中進行選擇，也很容易令人厭煩。

　　6. 行為錨定量表（Behaviorally Anchored Rating Scales, BARS）：行為錨定量表跳脫了一般性的態度或因素，像是溝通技巧、合作性，或者常識之類的概念，而是嘗試用對績效表現的優劣具有關鍵影響的特定行為，來評價工作表現。發展這些行為效標所常用的方法，是我們在第三章曾經介紹、用來進行工作分析的關鍵事件技術（critical-incidents technique）；透過主管們對員工表現的觀察，來指出那些與績效有關的關鍵行為；這一系列的關鍵事件或行為，有些跟傑出的績效有關，另外一些則連到了表現不良。這些基於實際工作行為的描述，於是成為評價員工工作效能的標準。

　　BARS 的給分相當客觀，主要是看員工是否表現了某種行為，或者選

擇量尺上一個跟員工表現比較接近的行為。表 5-1 呈現一個稱為超人或超女的職務可用的 BARS ——儘管這兩個工作可能沒有太多適合的候選人。BARS 主要的優越性，其實在於主管們觀察與指認那些攸關績效優劣的關鍵行為的技巧。如果關鍵事件的列表不當，任何基於這些行為所做的評估就變成了誤導。某些情況下 BARS 被當成了期待的行為，這時候我們就會則稱它為行為期望量尺（Behavioral Expectation Scale, BES）。BARS 或 BES 取向的優點之一，在於它們完全符合聯邦的公平就業準則；這些評量員工的效標都與工作有關，事實上，它們根本就是從實際的工作行為衍生而來的。

❀表5-1　一份用於超人的行為錨定量表（BARS）

績效領域	績效表現水準				
	遠勝工作要求	比要求要更好	滿足工作要求	需要改善	未達最低標準
工作品質	立定一跳，就跳過一棟高樓	起跑而跳過了一棟高樓	奮力一跳，還是跳的過去的	跳過樓的時候偶爾會絆到腳	跳著跳著，常常去撞到大樓
敏捷性	比子彈的速度更快	就跟子彈一樣地快	你相信會有這種子彈嗎？	常常慢到根本打不到對方	拿著槍都會去傷到自己
主動性	比無敵鐵金剛更強	像頭牛或者大象般的強壯	壯的像頭牛一樣	這隻牛好像被槍打到了	只有聞起來像牛而已
適應性	竟然能在水面上行走	正像個厲害的游泳選手	看起來是一個不錯的游泳者	好像還滿喜歡玩水的樣子	躡腳地從水邊偷偷溜走
溝通	跟上帝說話	跟天使說話	跟自己說話	跟自己吵架	連跟自己吵什麼都不知道

　　7. **行為觀察量尺**（Behavioral Observation Scale, BOS）：在行為觀察量尺的方法裡頭，我們也是用關鍵事件來評量員工，在這個意義上，它跟 BARS 是一樣的。然而，BOS 的評量者所做的是，觀察員工在特定時間內發生關鍵事件的次數（frequency）。評量使用五點量表，透過總加在每個關鍵事件上的分數，就形成了對個別員工的評價。

　　量表上的關鍵事件的發展方法，跟 BARS 則完全相同，都是透過主管或者相關專家的指認。一樣的，BOS 方法也符合公平任用的準則，因為它們跟成功績效所必要的實際行為有關。在 BARS 和 BOS 兩種方法的

比較研究上，I/O 心理學的研究證據顯得相當不穩定，有些研究指出某種
方法比較好，有些研究則否認了這些研究的發現。

• 目標管理

目標管理（Management By Objectives, MBO）是指員工與經理雙方，
就某特定期間內應該達成怎樣的目標，建立起共同的同意。不同於優劣評
量當中把焦點放在個人的能力和特質，或是 BARS 和 BOS 把焦點放在工
作行為上，MBO 則是聚焦於工作的成果：也就是員工達成特定目標的程
度或者水準。它把重點放在員工的工作成果，而不是主管對他們的觀感、
或關於行為表現的知覺；進一步來說，MBO 積極地把員工納入評價的歷
程，而非由別人來評定或者給分。MBO 是由兩個階段構成的：(1) 目標設
定；(2) 績效回顧。在目標設定的階段，員工們個別跟主管見面，以決定
在下次評估之前——通常是一年的時間——他們必須致力於哪些目標，並
且討論達成這些目標的具體方法。這些目標必須是實際的、明確的，並且
盡可能地客觀。例如對業務員而言，只說提高業績是不夠的，做為一個目
標，它必須清楚地指出一個數量或者金額。

在績效回顧的階段，員工們則是和主管討論目標達成到什麼樣的程
度，一樣地，這是一個雙方共同投入的過程；其評估乃是基於工作的結
果，而非主動性或是常識、技巧之類的個人特徵。

在 MBO 計畫下的員工，可能為了呈現進步的證據而感到更大的壓
力。主管們大概都不會接受以去年的水準來當做今年績效表現的合理目
標。這樣，這些目標可能變得愈來愈不實際；另外，MBO 對於那些不能
量化的工作而言，或許不能適用。要求一個研究化學家同意要比前一年度
多達成五個科學性的突破，難道不是一件傻事嗎？

MBO 方法滿足了公平任用的準則，在提高員工的動機和產能上，也
相當有效。

第五節　管理階層的績效評估

　　管理階層的績效評估與一般員工的績效評估,有著不一樣的問題,優劣評估法常常被用來評估基層和中階的管理人員,或許也還加上些別的方法。然而,相當弔詭地,高階主管很少被評估,除非公司碰到了什麼危機,否則他們很少收到關於工作績效、品質的任何回饋;事實上,高階主管的失敗常常帶來廣泛的、各種不同的後果。對最高層次主管進行晤談的結果顯示,在較為高階的管理階層當中,績效回顧比較不那麼系統化,也比較不那麼的正式。

• 評價技術

　　1. 評鑑中心法:評鑑中心法(一種員工甄選的方法,參見第三章)是一種頗受歡迎的績效評估方法;經理們在其中,會參與一些模擬工作情境的作業,諸如管理遊戲、團體問題解決、無領袖團體、籃中測驗,以及面談之類的。我們得記得,評鑑中心法並不是評鑑實際的工作行為或表現,而是那些與工作中遭遇的經驗頗為相似的各種活動。而評鑑中心法用於績效評估的目的,也顯得相當有效。

　　2. 上司評價:對經理人員的績效評估最常見的方法,就是由他們的上司來評量。而且很少使用標準的評估表,而是由評估者寫下一段關於受評者績效表現的敘述短文。在愈高階的人員中,就愈常會由最高主管對於直接上司的評量,[3] 提出若干的補充。

　　3. 同事評價—同儕評量:同儕評量(peer rating)大概是在 1940 年代所發展出來。這是一種由同階的經理之間,互相評量彼此的工作能力、特質或者行為的一種方法。雖然同儕和同事所提供的評分常常高於上司,但是研究顯示,同儕的高評分和之後的升遷有正向的相關。然而,比起主管評量,同儕評量的評分者間信度倒差了一些。

　　一般而言,經理們對於同儕評量的態度相當正面。然而,比起用在升

---

[3]　Viswesvaran, Schmidt, & Ones (2003)

遷或是其他生涯決定方面，經理們更喜歡在生涯發展或改善技能方面，使用同儕評量法。

4. **自我評價**：另外一個評估管理績效的取向，是讓人們自己來衡量自己的能力和工作表現；方法之一，與本章稍早討論過的 MBO 很像。經理們跟他們的上司會面，以共同建立管理績效的目標，只是這些目標並非特定的生產目標，而是個人預備發展的技能或是補救的缺陷。一段時間之後，經理們再跟上司們見面，共同討論自己進步的情況。

5. **自我評量**：自我評量（self-ratings）要比上司評價，顯出更大的寬容效果。自我評量也更聚焦在人際互動的技巧，而不像上司評量那樣，強調了個人特性和工作技能。而告知自評者，評價結果會跟一些比較客觀的效標互相驗證，則可以有效的降低寬容效果。

在一個對某大型會計公司的 1,888 位經理們所做的研究當中，在一年期間內進行自評和部屬評量的結果，那些在自評上比部屬評量要高許多的經理們，在期間內的績效表現上，有更大的進步。這些結果顯示，自我評量對那些傾向於高估自己的績效表現的人來說，頗具激勵的效果[4]。

在另外一個對某州的檢察署 110 位主管所做的研究中，每位主管對至少兩位部屬進行領導能力的評分。這些在稍後收到回饋的主管們，會主動地降低自我評量。而未收到回饋的主管們，則不會改變他們的自我評量。研究者於是結論：從部屬而來的回饋將會影響上司對自己領導能力的看法[5]。

6. **部屬評價**：經理們的績效評估的另外一個取向，則是由部屬來評價，就像剛剛提到研究所說的。有時候，這個方法被稱為向上回饋，就像學生評價老師一樣。在發展和改善領導能力方面，向上回饋是相當有效的。在某個全球性的公司中，由超過 1,500 位部屬在相隔六個月的兩個時點，分別對 238 位主管進行評量，在第一次評量獲得最高分數的那群主管，在第二次評量的時候都沒有進步；看起來，他們已經表現得很好了。而那些獲得中度到低度分數的，在第二次評量中則表現了領導效能上的進

---

[4]　Johnson & Ferstl (1999)

[5]　Atwater, Waldman, Atwater, & Cartier (2000)

步。這樣看來，那些需要改善的經理能夠有所進步，很可能是因為部屬們向上回饋的結果[6]。

另外一個包含 252 位銀行經理的研究，也顯示了部屬的評分能夠導致個人績效表現的進步。這個研究為期五年，心理學家們發現，在剛開始的時候收到部屬低度到中度評分的經理，比起那些剛開始就收到高分的人，表現出更大幅度的進步。而那些跟部屬會面並討論評分的經理，則比那些沒有會面的，要進步得更多[7]。

在對某電信公司 454 位經理所做的研究發現，相較於以行政為目的而言，那些以發展為目的的部屬評量，有更顯著的穩定性[8]。

• 360 度回饋

績效評估的另一個取向，則是涵蓋不同來源的評價，以組合成一個整體評估；任何個別的評估資料都可以放進來，而這種多來源取向的形式，稱為 360 度回饋（360-degree feedback）。它是從全部來源的評量所構成的全觀，包括了上司、部屬、同儕，與自我評量，甚至也可以包括從消費者，或是受評者所服務的案主而來的評價。

多來源的回饋提供了受評者無可取代的資訊，因為它們是從各個獨特的觀點所提供出來的。舉例而言，部屬、同事與受評者之間的經驗和關係，與受評者和主管之間的關係就一樣。然而，多來源的回饋也可能產生各種不同的偏誤。如果我們告知各種來源的評量者，他們的評量會跟其他的人來做比較，所進行的評估就會比較客觀。當這些組合的評量都相當一致的時候，我們對受評者在組織內的生涯決定，也就會更有信心。同樣的，假如這些評量彼此的同意度很高的話，受評者也會更願意接受這些批評，因為這並不是來自於直接主管，而是來自不同的來源。於是，當這些評量互相不一致的時候，受評者往往也比較不會情願的接受這些批評並自

---

[6] Reilly, Smither, & Vasilopoulos (1996)

[7] Walker & Smither (1999)

[8] Greguras, Robie, Schleicher, & Goff (2003)

我改善。

在澳洲有一個研究，有 63 位經理參加評鑑中心的測評，之後由主管、同事、部屬來評量他們的表現，另外，每個經理也對自己的表現進行評量。結果發現，自評分數與評鑑中心法的得分有負相關；換句話說，經理認為自己在測評活動中做的很好，但是除了他以外，大家並不這樣認為。對那些表現不太好的經理，同儕們傾向於高估他們的表現；只有主管評量和評鑑中心法之間，存在高度的正相關。這樣，這裡的自評、同儕評量、部屬評量，其實並沒有正確的反映出績效表現（Atkins & Wood, 2002）。

從一個大型美國公營事業的 1,883 位經理的研究，也發現了相同的結果。這些經理們進行了自我評量，另外也被 2,773 位部屬、12,779 位同事，跟 3,049 位主管評量。結果顯示，這些多來源的評量彼此之間並不互相同意。其中，自我評量最缺乏區辨力，跟其他來源評量之間的相關也最低。

有 21 家銀行經理在參加一個有關如何影響他人行為的七小時評量工作坊之前，接受同儕和部屬的評量。在活動進行中，他們被告知了那些評量的結果，同時建議他們應該如解釋評量的結果，及如何改善他們的影響策略。同儕和部屬的回饋顯得相當有效。相較於沒有收到回饋的控制組，那些收到回饋的經理們顯著地使用了更多的影響行為[9]。

360 度評量的花費，比單一來源的評估要貴多了，但是這個取向愈來愈受歡迎；調查顯示，財星 500 大的公司幾乎都用了這個方法。儘管它那麼受歡迎，就像我們已經提到的，不論經理或員工都喜歡這種評估方法，相關的研究卻顯示，並沒有太多證據能支持它的有效性，這方面的資料其實並不充足。

---

[9] Seifert, Yukl, & McDonald (2003)

第六節　績效評估中的偏誤

　　暫且不討論這些方法繁複的細節，績效評估總是由一個人去判斷另外一個人的特徵和表現，這表示不可避免的，人們的判斷將會受到偏誤與成見的影響。某些常見的誤差，很可能會扭曲績效評估，包括月暈效果、穩定或系統性偏誤、新進表現誤差、訊息不足誤差、趨中評量或寬容誤差、評分者認知歷程、評分者性格，以及角色的衝突。

・月暈效果

　　月暈效果（halo effect）主要是在單一屬性的基礎上，對個人在各個層面的行為與特徵都採取了類似傾向的判斷，例如：一個人長得很漂亮，我們也許就想，這個人可能也很友善、可愛，或者很容易相處；我們對單一屬性的判斷，被類化到了其他的性格特徵和能力；主管給了部屬在優劣評估表上某一個因素的高分，也許就在他全部的因素上，都傾向於給高分。當我們在一、兩個特質上給了高分，其他待評的特質卻難以觀察、了解，或者清楚的加以定義時，這種情況就特別地容易發生。

　　控制月暈效果的方法之一，是在評量上安排兩個或以上的評量者，因為我們可以假定，個人之間的偏誤會彼此抵銷。另外一種方法則是，讓主管們一次就評量所有部屬的單一特徵或者特質，而非一次評量一個人的所有項目；當員工們都在單一特徵上受評的時候，要把一個評分帶到另一個特質的評分上的機會，就會小得多了。

　　I/O 心理學的研究指出，比起以前，月暈效果已經漸漸不算是個大問題。它不會削弱評量的整體品質；事實上，它常常很難被發現，而且或許在很多的情況下，並不那麼的實際。當然，總是有些人會在所有的屬性上，都非常傑出。在這些情況下，從某一特徵的品質類化到其他特徵的品質上，只是一個對於事實的觀察，稱不上什麼誤差。

・其他的誤差來源

　　1. 穩定或系統性偏誤：穩定偏誤（constant bias）是一種基於評估者

所使用的效標或者標準所造成的誤差來源。某些主管對他們的員工有著更高的期待；好像大學裡頭，相較於某些嚴格的教授，有些教授對學生的期待比較少，分數也給得比較寬鬆。這種穩定的誤差表示一個主管所評出來的高分群，與另外一個主管的高分群並不等值；就像從一個教授手上得到A，跟從另外一個教授手上得到A，是完全不一樣的。

　　要校正穩定誤差，可以要求主管必須根據常態曲線來評分。然而，正如我們在強迫分配法所提過的，這代表了某些人可能會得到他們不該得到的評分。

　　2. 新進表現誤差：績效評估常常是每六個月或十二個月才做一次；於是，某種傾向是相當可以理解的，就是這些評分很可能是基於員工們最近的行為，而非從上次評量到現在的全部表現。對記憶而言，最近發生的事情當然記得比較清楚，然而，新進的行為也很可能是非典型的，或者被某舉例而言，如果一個員工在評量前的幾個禮拜，因為生病或婚姻的問題而表現得比較差，也許這整段時間的績效表現都會蒙上一層陰影。如果一個員工知道績效評估就在眼前了，他或許會在評分之前特別賣力。在這兩種情況當中，他們新近的表現都不是整體工作行為中的典型，而這很可能導致了某種錯誤的低估或者高估。降低新進表現誤差（most-recent-performance error）的方法之一，是要求更為頻繁的評估。透過縮短績效回顧的週期，主管們比較不會忘記員工平常的表現；另外，讓主管們覺察到發生這種誤差的可能性，也可以讓它有效的降低。

　　3. 訊息不足誤差：主管們被要求在特定時間內要評估部屬，而不管他們對部屬的了解夠不夠、深不深，足不足以公平而準確地評估。主管們缺乏對部屬充足的了解，可能被當成某種個人的失敗；而這種情況下的評估對組織或員工而言，都沒有什麼價值，因為它們不是基於對員工整體性的了解。處理訊息不足誤差（inadequate information error）的方法之一是教育評量者績效評估的價值何在，以及訊息不足情況的評估可能會造成哪些傷害。主管們應該拒絕評估他們並不充分了解的員工，而且必須有這樣的權利和自由。

　　4. 趨中評估或寬容誤差：某些評估者無法評給高分或低分，他們因為某種寬容的傾向，而給了所有員工中等的評分。當你發現一小群員工的分數都群聚在量尺的中間，大大小小的差距也不過1分或2分的時候，其實

就有問題了。分數的全距相當有限，彼此之間過於接近，就很難區分好的員工和差的員工了。這種趨中誤差（average rating error）並沒有反映出員工之間的差異，這些分數也沒有辦法提供員工或公司有用的訊息。雇主們必須找出具有這種傾向的主管，假如這些人只能這樣的評量部屬，關於他們個人的人事決策就更應該要嚴肅以對了。

5. 認知歷程：評量者判斷員工的效能，背後則是他們個人的認知或思考歷程。以下，我們討論四種會影響員工績效評量的認知變項：分類結構、相關信念、人際情感，以及歸因歷程。

(1) **分類結構**：經理們用以評價員工的分類結構，會影響他們的評估。當一個評估者認為一個工作者屬於某個特別的類別，他對那個工作者所提取的訊息就可能朝向那個分類而產生偏誤。如果某個員工被知覺為一個團隊成員，評估者會在心智圖像中對他指派這個分類，進而以一個典型的隊員該有的、而非一個實際的員工該有的行為表現，來觀察、解釋或是記憶員工的績效。

(2) **相關信念**：影響績效評估的認知變項之一，是評估者對人類本質的信念；這些想法會引導評估者，用他們的人性觀、而非使用工作者特定的特徵或行為，來進行評量，例如：相較於那些認為人是惡意的、心胸狹窄的主管，相信人基本上是良善的、值得信任的主管們，會給出較高的評分。那些接受個別差異，以及對這些差異比較容忍的經理們，跟那些相信人大多是一樣的經理相比，評分也會不同。

(3) **人際情感**（interpersonal affect）：這個認知變項，是指一個人對另一個人的感覺或情緒。通常，除了那些對部屬能保持客觀、公正的主管之外，評分總是難免受到與受評者個人之間關係的影響。一般而言，對受評者有正向情緒或情感的評分者，比那些存在負面情感的人給分要高。我們都知道，對那些我們都喜歡的人，我們當然會更寬容、原諒和慷慨。

(4) **歸因歷程**（attribution）：此概念來自社會心理學，主要研究我們如何形成對他人的印象。在績效評估中，一個人對另外一個人的能力和特徵，形成了某種印象。評分者會在心智上對受評者的行為進行歸因，或者指派理由。這些有關員工行為背後成因的信念，

會影響評估者的評價。舉例而言，一樣是疲倦的表現，主管很可能會對家裡有小孩的員工多予寬容和理解，而對參加深夜派對的員工少於原諒。

歸因歷程也可能受到人際情感的影響。當經理們不喜歡受評者的時候，可能會把他們的績效不彰歸因於內在因素，像是缺乏動機或充足的技巧，他們相信那些員工的績效不彰是他們自己的錯。另一方面來說，對於喜歡的員工，績效不彰就可能被歸因於外在因素，像是運氣不好、負荷太大，或者是設備不足。

歸因誤差可以透過要求主管們參與自己所評量的工作來降低。這種經驗能促使他們發現，到底哪些外在因素影響著工作表現。評分者也應該要覺察到，他們知覺工作者行為的方式，跟工作者本身的觀點，其實是不一樣的。

6. **評分者性格因素**：顯然地，性格會影響我們對於別人的判斷或評價，而這不僅發生在職場上，在各個生活領域中也都是這樣。舉例而言，一個對別人懷恨、敵意的人，跟一個比較關懷、熱愛的人，看人的方式就不一樣；讓我們來想想第三章曾經提到的、自我監控的特性。自我監控是指，人會整飾自己的行為，以控制他們在公眾場合中企圖扮演的形象。高自我監控者會比較符合自己所處的社會情境，低自我監控者則會比較表現自己的本性，而且在所有情境中都會有一般的表現。有一個對 210 位在政府、產業和服務業的工作者所做的研究指出，比起低自我監控的人，高自我監控者在績效評價上明顯地寬容而且不準確；研究者則建議，高自我監控者應該要盡量避免尋求他人贊同的傾向。這個研究說明了，性格的確會影響績效評估的歷程[10]。

另外，有一個針對某保險公司超過 500 對評分與受評者的同儕評量研究顯示，當雙方的嚴謹性都比較高的時候，相較於那些嚴謹性較低的配對，他們會給彼此較高的評價；這個例子顯示，評量雙方的性格相似度會影響之後的評價[11]。

---

[10] Jawahar (2001)

[11] Antonioni & Park (2001)

7. **角色衝突**：最後一種誤差來源，則是主管所經驗到的角色衝突的程度。角色衝突（role conflict）是指工作對我們的要求，與我們個人的是非標準有所矛盾或者不協調。有些時候，主管的工作在本質上就要求他，必須對個人的標準有所妥協（角色衝突是某種工作壓力的來源，參見第十二章）。高度角色衝突的主管，很可能爲了某些理由而不能提供恰到好處的績效評價，或許是爲了控制工作的情境，或許是爲了避免因爲低分而必須跟部屬面質，又或許，只是藉此獲得部屬的感激和善意。

不論理由爲何，從這個例子、其他的相似情境，或者從與角色衝突壓力有關的研究來看，角色衝突都可能導致主管無法恰如其分地評量；經理們在評估上的給分可能會相當浮濫，以滿足個人的需求，或者避免組織的壓力。

第七節　如何改善績效評估

績效評估可能會被輕易扭曲的事實，並不會使我們放棄對更客觀的評價的努力。我們已經提過一些減少誤差的方法，此外，提供評估者訓練與回饋、邀請受評部屬參與，也都有助於降低誤差、提高準確性，並提升對評估歷程的滿意程度。

1. **提供訓練**：評估者訓練的課程包括：第一、提醒他們，人們的能力與技巧常常是一種常態曲線的分配，所以，在員工團體中發現大幅度的差異是理所當然的；第二、幫助他們有能力發展關於工作者行爲的客觀效標，也就是用來進行比較的那些績效的標準或是平均水準。I/O 心理學的研究支持了評分者訓練可以降低績效評估誤差的想法，尤其是寬容效果和月暈效果。進一步地來說，當評估者愈是積極地參與訓練的歷程，這種正面的效果就會愈大。讓評估者參與團體討論，或者是有關提供部屬回饋的實際演練，比起只是隨意上上關於評估歷程的課程，能帶來更好的結果。

2. **提供評估者回饋**：提供評估者充分的回饋，也可以提升他們的評估品質。某大型高科技公司的行銷經理們對部屬進行了績效評價，之後從訓練有素的評估者那裡接受了一些相關的回饋，這些回饋包括了他們的評分和其他經理之間是如何地不同。一年以後，這些經理們再次評價他們的部

屬，相較於在早先評量中沒有收到回饋的經理們，也就是控制組，他們給了比較低的分數；超過 90% 實驗組經理說，這些回饋影響了他們的第二次評量。研究者則結論說，回饋降低了寬容誤差[12]。

3. **部屬的參與**：讓部屬們參與他們自己績效的評價，已經被證明對評估歷程有所助益。在一個對 529 位生產員工及其主管的研究中，員工填寫自己績效的評估表，然後和主管們面談、協商自評與主管評量之間的差距。研究者發現，員工參與對於部屬對管理階層的信任的幫助頗大，且能提升部屬對於評價系統正確性的知覺[13]。

另外一個研究則指出，讓部屬說說自己的績效應該如何評估，將顯著的提升他們對績效評估系統的接受度和滿意度。部屬的參與也能幫助他們更相信評估歷程的公平性與有效性，同時提升部屬改善個人工作表現的動機。

第八節　評估後的面談

我們曾經提過，績效評估計畫的兩個目標在於提供管理階層人事決策的相關訊息，以及診斷員工的優、缺點，進而提供他們自我改進的方法。為了實現第二個目的，評估者必須員工和溝通他們在績效評估上的得分，以及對於改善績效的建議。

1. **提供回饋**：這些回饋通常在評估之後，透過與主管之間的面談來進行。這個情境很容易變得敵對、甚至是敵意的，尤其當評估結果包含了批評的時候。評估後的面談所包含的負面回饋，很可能導致員工的憤怒，並使他們拒絕任何的批評或建議；而為了轉移掉個人缺失所帶來的責備，員工們或許會拒絕承認評估是有用的、宣稱自己的工作並不重要，甚至回頭批評自己的主管。

一項對 131 個研究所做的後設分析指出，使用電腦來替代個人面談以

---

[12] Davis & Mount (1984)

[13] Mayer & Davis (1999)

提供評估後訊息，是員工們更為喜愛的，對工作表現上的改善也更有效。顯然的，減少面談的情境可以降低員工跟主管之間的敵意，也能提升員工對於批評的接受度 [14]。

然而，不論這些回饋如何的呈現，並不是每個員工都能從回饋中獲益。從一個對香港某大型國際銀行 329 位行員所做的研究可以發現，他們對評估回饋的反應之差異，乃是取決於個人負面情感的水準。高負面情感的員工常常會顯得憤世嫉俗、拒絕信任，並且寧願沉溺在負面的工作經驗中，刻意忽略那些正面的部分。另外，在那些績效評價得到高分的行員中，低度負面情感的人在工作滿意、組織承諾上都有進步；但是高度負面情感的人卻非如此，雖然它們的績效評分也一樣高，但是卻沒有一樣的進步。

一項針對 176 位經理、為期一年的研究指出，那些從部屬獲得正面的向上回饋的經理們，比那些收到負面回饋的，更傾向於改善他們的績效表現；而那些從部屬收到負面評價的人的績效表現，則會愈來愈衰退 [15]。

2. **對批評的反應**：原先，評估後面談的目的，在於刺激員工改善他們的績效表現，然而，這種期望也許未盡務實。對某些員工而言，當被批評的時候，他們反而會刻意地表現自己的錯誤，遲到、早退，或是懶懶散散地做事，彷彿在報復一樣。假如員工們被說自己太常求助，他們很可能會就此停止求助的行為，可想而知的，接下來他們將會犯下更多的錯誤。在這些情況裡頭，善意的批評反而導致了工作動機與績效表現的下降。

期望每六個月或者十二個月進行一個簡短的面談，就能夠有效改變員工，或許太不實際了。另外，去相信主管——不論他們有沒有經過特別的訓練——擁有診斷員工績效不彰的原因、提出改善計畫的洞見或者技巧，或許，也不那麼聰明。

如果能更經常的、更完整的提供績效回饋，而不是只限制在正式的評估後舉行面談，我們就更能提升員工的動機，去改變工作的行為，並且持續的為此而努力。

3. **評估後面談的改進**：儘管評估後面談有限制、有困難，它還是可能

---

[14] DeNisi & Kluger (2000)

[15] Smither & Walker (2004)

達到那些我們所期待的目的。I/O 心理學的研究已經指出，某些因素與評估後面談能否達成正面的效果相當有關。在以下的情況下，員工們可能會更滿意於評估面談，同時，接受主管對如何改善績效的建議：

1. 員工們應該被容許在評估歷程中，有更多的參與。
2. 評估後面談的面談者應該採取一種正向的、建設性的、支持性的態度。
3. 面談者應該聚焦在特定的工作問題，而不是員工的個人特徵。
4. 員工和主管應該共同設定，到下次評估前的這段期間之內，應該有哪些特定目標。
5. 員工應該在不受威脅的情況之下，有機會提出個人的疑問、挑戰，甚至反駁這些評估。
6. 關於薪水和職階的討論，應該要跟評估效標有直接的關聯。

第九節　績效評估：大家都給它很低分

績效評估很可能是現代組織最不受歡迎的特性之一。碰到了績效評估，最常見的反應就是：「哇！天啊！又要打考績了。我想，我們最好照章辦事，但是老天，我們到底是在幹嘛呢？」一個對人力資源經理所做的調查發現，他們當中有 90% 的人對自己公司的績效評估系統非常的不滿。當被問到想對績效評估做些什麼改變的時候，他們說：「最好全部都拿掉！」有些高階主管對於績效評估不滿到一個程度，根本就不想用這個名詞；他們換了一個字眼，說這個叫做「績效管理」[16]。

為什麼大家不喜歡績效評估呢？我們已經討論過，在評估過程中可能會有某些個人偏誤，或者其他誤差。而在這裡，讓我們再來看看其他的理由。

1. **經理們不喜歡評估**：讓我們來想想一個必須觀察和評估績效表現的人物：經理。儘管很多令人印象深刻的研究，都指出了部屬跟同儕評量的

---

[16] Toegel & Conger (2003)

價值，但是大部分的績效評量，其實還是由經理或者主管來實施。績效評估需要他們在自己其他的工作外，另外花上頗為可觀的時間跟精力；他們得花上許多的時間來觀察部屬，才能獲得評估所需的那些了解；另外，還得花上額外的時間來填表、寫報告，尤其還需要更多的時間，來參加評量者訓練的課程。

實務上，有些經理跟主管根本就拒絕評估計畫，只有在上司施壓的時候，才會勉強地填完那些表報。於是，這些評價常常不是完整的、系統的，而是在匆匆忙忙的過程中做完的。很多的主管非常不喜歡對員工進行判斷，也很不喜歡為員工在組織中可能的進步負責任，於是很自然的，即使員工的表現真的很差，他們仍然很不願意給低分。

另外，主管們可能在回饋提供上故意地耽延，尤其是當評估結果或許相當負面的時候；他們可能膨脹了評分，或者是隱藏不受歡迎的訊息。因為隱惡揚善可以幫助主管們避免與部屬之間可能的面質，降低那些不受歡迎的評估所可能帶來的負面衝擊。

2. **員工們不喜歡被評估**：儘管大部分員工都承認，某種形式的績效評估是必要的，但是大家卻都不喜歡績效評估。績效評估很可能影響了他們的生涯，然而，他們更擔心主管們在評估歷程中誇大了某些他們與主管之間的不和，而這可能跟工作一點都不相干。員工們常常沒有被充分地告知評價的標準是什麼，不清楚這份工作對他們到底有哪些期待或要求。另外，他們也常常因為組織內部的失誤或不當的工作結構而得到低分；有些情況是員工根本就不能控制的，但他們卻可能因為這些因素而被罵。在很多的組織中，績效評估的結果從來就沒有被用來協助升遷的決策，或是幫助員工改善技能，但這卻是這類計畫最主要的目的。當前組織中的績效評估非常的不受歡迎，而這也許可以解釋為什麼評量的結果跟那些結果導向的績效效標之間，相關係數實在相當的低。然而，對各個階層的員工實施評估，仍是必要的。看起來，問題並不是我們要不要做績效評估，而是哪一種方法才能最有效；而這個問題，我們已經討論了一整章了呢！

⋯⋯⋯⋯⋯⋯⋯⋯⋯⋯ 摘　要 ⋯⋯⋯⋯⋯⋯⋯⋯⋯⋯

　　績效評估計畫有若干的目的，包括了驗證訓練與甄選的效度、決定訓練的需求、促進員工的改善、決定升遷與加薪，以及指出那些具有升遷潛力的員工。為了確保符合公平任用委員會（EEOC）的準則，績效評估必須基於工作分析，聚焦在工作行為、而非個人特質，而且必須跟受評者共同來回顧。工會反對績效評估，因為他們主張資深與否才是人事決策的相關基礎；員工們不喜歡績效評估，因為很少有人喜歡被判斷或是批評；經理們也不喜歡做那些跟他們部屬的生涯有關的評估。

　　績效評估可以是客觀的或判斷性的。客觀評量包括了產出的數量跟品質、電腦輔助評量、事故紀錄與資料、薪資、升遷，以及缺曠。判斷性的方法是讓主管視員工的優劣表現來進行評量；優劣評估的具體方法包括了評分法、排序法、強迫分配法，以及強迫選擇法；這些方法基本上都是讓一個人去判斷另外一個人的能力或特徵。行為錨定量表（BARS）與行為期望量表（BOS）的取向則是企圖用對工作上的成功或失敗的關鍵行為，來評價個人的表現。BARS 跟 BOS 都符合 EEOC 的準則，並且可以降低評分的誤差。目標管理（MBO）是指主管跟部屬達成了對特定目標的共同同意。

　　管理績效的評價可以使用評鑑中心，或者由上司、同事（同僚）、部屬，或自我來進行評量。把這評量組合成一個整體評量的 360 度回饋，受到了特別的歡迎。

　　評分者誤差來自各種不同的來源，包括月暈效果、新進表現誤差、訊息不足誤差、趨中評量誤差、評量者認知歷程、評量者性格，以及角色衝突。改善績效評估的方法則有三種，一個是提供評量者更好的訓練，一個是提供評量者充足的回饋，再有一個，則是讓員工們更多的參與在自己的評量歷程當中。

　　績效評估的結果必須跟員工溝通，好幫助他們了解自己的優、缺點；這些回饋的提供，需要相當程度的技巧和敏感性，尤其包括了一些批評的時候，因為這些回饋很可能會導致防衛，或者是績效表現的退步。回饋的安排應該要非正式一點、頻繁一點，並且聚焦在特定的目標上；而員工們則應該要能夠自由而充分的參與相關討論。

關鍵字

- 優劣評估　　　　　merit rating
- 評分量尺　　　　　rating scales
- 強迫分配法　　　　force-distribution technique
- 強迫選擇法　　　　force-choice technique
- 行為錨定量表　　　behaviorally anchored rating scales; BARS
- 行為觀察量尺　　　behavioral observation scale; BOS
- 目標管理　　　　　management by objectives; MBO
- 同儕評量　　　　　peer rating
- 自我評量　　　　　self-rating
- 360 度回饋　　　　360-degree feedback
- 月暈效果　　　　　halo effect
- 穩定偏誤　　　　　constant bias
- 新近表現誤差　　　most-recent-performance error
- 訊息不足誤差　　　inadequate information error
- 趨中誤差　　　　　average rating (leniency) error
- 人際情感　　　　　interpersonal affect
- 歸因歷程　　　　　attribution
- 角色衝突　　　　　role conflict

問題回顧

1. 為什麼績效評估計畫必須考慮公平任用委員會的準則？
2. 關於在績效評估中的種族和年齡偏誤，I/O 研究有哪些了解？
3. 試著討論績效評估的目的，換言之，為什麼要實施績效評估？
4. 為什麼員工跟經理雙方，都反對績效評估的計畫？
5. 在生產性工作的績效評估上，需要考慮哪些工作產出以外的因素？為什麼？
6. 電腦化的績效監控有哪些優、缺點？如果用這個方法來評估你的工

作，你有什麼樣的感覺？

7. 如果你是一個經理，必須負責對 23 個部屬進行定期的績效評估，你會喜歡使用哪一種評量技術？哪一種方法又是你最不愛用的？

8. 請試著描述排序法、配對比較法，以及強迫選擇法的優點和缺點。

9. 如何建構一個行為錨定量表，來評量你的員工？

10. 行為錨定量表和行為觀察量表有哪些不同？哪一種方法可以提供比較正確的訊息？

11. 在績效評估上，可以如何應用目標管理的技術？這有可能提高或者降低員工的工作動機或者表現嗎？

12. 如果你是個經理，你喜歡自己的工作被上司、同事、部屬，或者由你自己來進行評量嗎？請試著解釋你這樣選擇的理由。

13. 由部屬來實施績效評估，有哪些優點跟缺點？

14. 請試著解釋 360 度回饋的相關研究結果。

15. 什麼是月暈效果？它如何影響績效評估的結果？

16. 請試著區分以下各種不同的評估誤差來源：穩定性偏誤、新近表現誤差、寬容誤差，以及角色衝突。

17. 評量者的認知歷程與人格特質如何影響他的評估？

18. 如何改善績效評估，以及評估後的面談？

19. 根據你的觀點，哪些績效評估歷程的改變，可以讓員工跟經理們更容易接受績效評價的觀念？

第六章　訓練與發展

本章摘要

第一節 組織訓練的範疇

你可知道？漢堡大學（Hamburger University）並沒有足球隊，但是卻擁有一個 13 萬平方呎的球場。這是一個擁有 30 位教授級教員的技藝訓練機構，早在四十年前就由麥當勞（McDonald）所創建，坐落在伊利諾州（Illinois）芝加哥奧克河（Oak River）的郊外。此後，有超過 65,000 位公司的餐廳經理從這裡畢業。此外，漢堡大學提供來自世界各地的員工以及公民，參與訓練課程。這些課程也以 20 種以上的語言，提供線上學習的服務，在各個國家裡頭，總共有 10 個訓練中心，包括了英國、日本、德國，以及澳大利亞。辦這所學校的成本相當昂貴，但是管理者相信，這樣的訓練是企業成功的理由之一[1]。

看起來，訓練真是一個大型事業呢！一位化學公司的高階主管說：「當我看到我們在教育與訓練上所花費的資金，我很訝異，我們開的到底是化學公司，還是一所大學？」不論是高中的中輟生、大學畢業生，還是長期失業的員工，甚至是高階主管，此刻大概有上百萬的人，正在參加組織中的訓練活動。每一年員工在正式訓練上大概得花掉公司大約 550 億，非正式的工作指導則更是花費了約 1,800 億。

哇！訓練的花費可真是龐大啊！那麼，到底都在訓練些什麼？訓練通常會從基礎的階段開始，在展開專業的作業技術之前，通常會先教導一些基礎的知識，以及機械操作的技能。當摩托羅拉（Motorola）公司在面對全球化競爭的時候，它們將技術焦點轉移到蜂巢科技上。他們發現，公司裡頭 60% 的員工對於數學和閱讀英文，其實是有困難的；而你知道，假如你沒有基礎的閱讀能力，看不懂訓練手冊，你怎麼可能進一步學習這些技術，還談什麼完成訓練？因此，保羅若德（Polaroid）花了 70 萬美金，提供 1,000 名員工基礎語文與數學的課程；達美樂（Domino's）披薩也提供閱讀與數學的訓練，好讓員工能照著手冊來製作披薩的麵皮。

企業愈是需要高度的技術，訓練就更是重要。政府機關、軍隊、航太、通訊以及網路公司等，仰賴著重機械、各種功能的機器、電腦輔助系

---

[1] Margulies (2004)

統，以及製造設備；而這些精密的機械與設備，需要接受過進一步培訓的員工來設計、操作及維持。

我們在第一章已經提過，當代的工作本質已經有所改變，我們無法預期工作上所需要的轉變；在過去，如果你懂了一套知識或技術，大概可以一直做到退休的那一天，但是現在，這些知識、技術不斷的更新。即使你能幸運的一直保有同一份工作，你也可能歷經過許多在技術、知識上的轉變，而使你必須終生學習；這不正告訴我們，訓練比起以往更顯得重要了嗎？

1. **一個訓練課程的例子**：讓我們來看一個組織訓練的典型例子。西部電子公司成立了一所訓練學校；這是一所企業教育中心，提供公司員工在工程與管理上的需要。這所學習中心有 77 公頃大，備有宿舍，提供良好的設備以及超過 300 種以上的課程。

新進的工程師會在這裡參加為期六個禮拜的新人課程；而在僱用後第一或第二年，這些工程師可以選擇自己專業領域內的各種課程，以協助更新相關知識與技術；主管們則選擇有利於科技知識或管理技巧的增進或改善的課程。這個中心還針對具有晉升潛力的員工，提供不同程度的管理課程，其中，涵蓋了人際關係、工作事務的規劃，以及 I/O 心理學等。

儘管這些看起來與組織目標不太相關的投資，在美國的企業中還不算常見，但是也有不少企業已經建立了自己的訓練中心，例如 IBM、Avis、富士全錄，以及奇異等等。如果公司在你上班的第一個月提供了這些訓練，你或許發現自己似乎又回到了教室裡頭，請你可不要感到意外喔！

2. **針對失能員工的訓練**：組織也提供失能的員工一些專業化的訓練。在麥當勞，大約有超過 9,000 名員工有視障、聽障、肢障、學習障礙，甚至心智上的遲緩，有機會接受公司相關的訓練。你當然知道，訓練是提供給全部員工的，而不只是失能者；然而，過去十年間，在麥當勞工作的失能者中有超過 90% 得到了培訓，而逐漸地成為具有生產力的員工。麥當勞相信這些失能者可以提供豐沛的勞力，並且提供機會讓他們去做他們能力可及的事情。

3. **訓練和公平就業的計畫**：組織中的訓練課程，可能對少數族群有傷害衝擊。因為在訓練課程中的表現通常會影響晉升、轉任或者留任。而如果訓練結果會對人事決定有某種潛在的影響，這項訓練就必須與他們的工

作績效有關，好讓少數族群、女性、老人、失能者的人，都受到公平就業準則的保障。

第二節　組織訓練的目標

　　建立正式訓練計畫的第一步，就是探討訓練的目標何在。訓練的目標必須基於專業上的行爲與動作標準，或是員工的工作行爲有關，以促使工作的效能最大化。組織必須知道哪些知識、技術、能力的學習，有助於績效表現的改善，而這是目標設定能否有效的最大關鍵。

　　1. 需求評估：訓練目標可能是爲了組織的需求或者員工的需求。需求評估（needs assessment）主要探討哪些訓練能使得員工獲得特定的能力和技術之提升，以達成組織的目標。

　　不管需求評估是如何的重要，大多數公司卻沒有這樣做，原因可能與這個過程實在太過耗費時間、而且相當昂貴有關。根據一項對 397 個有關訓練的研究所進行的後設分析發現，僅有 6% 的人說，他們在設計訓練活動之前，曾經做過需求評估[2]。

　　當然，有些訓練需求是相當明顯的，例如：一家公司引進了自動化的製程，因而減少了許多的職位；他們選擇留下許多的員工，因此必須透過訓練使員工得以勝任其他的工作。另外，工作中容易發生危險，我們就需要提供安全訓練；假若顧客抱怨一下子變多，人際關係的訓練也就更顯得必要了。

　　2. 分析的步驟與方法：一般性的組織分析可以發現廣泛的訓練需求，而這些發現也可以轉譯成個別員工或者工作族群的特定需求；下一步，則是透過作業分析，找出特定工作所必備的知識、技術，以及能力。員工分析則是爲了決定什麼是員工所需要的訓練，以及這些訓練該如何實施。以上的這些評估，都可以透過工作分析、關鍵事件、績效評估技術，以及自我評估等方式來完成。

---

[2]　Arthur, Bennett, Edens, & Bell (2003)

工作分析經常用於決定訓練的需求與目標，它能提供工作或作業操作的程序與相關的標準，詳細說明所須具備的特質。藉由工作分析，我們可以決定訓練課程的內容，藉以提升工作的績效。

關鍵事件法則是聚焦在具體的日常工作行為，把這些攸關成敗的行為事件，當成某種訓練的機會與核心訊息，以評估員工應該掌握的成功之道。例如：發現協助裝配線的工人必須學習排除機械堵塞的問題？管理者必須處理部屬之間的爭吵？主管必須處理性騷擾的情事？透過關鍵事件，能夠發現一些額外的訓練需求。

績效評估是關於訓練需求一項明顯的訊息來源，因為它指出了員工的缺點，並且呈現員工專業不足的部分。自我評估則是假設了，即使是工作表現優良的員工，也可以根據個人的經驗，指出自己需要加強之處。

第三節　訓練人員的配置

你一定知道，老師的素質對於學生的表現，有巨大的影響。有些老師能將學習目標帶入生活中，透過熱情的、妥善設計的教學方式呈現出來，且能有效的激發學習興趣；而有些老師的教學方式則相當死板，讓學生覺得一點趣味都沒有。看起來，老師在教學過程中所需要的，不只是備課而已，還要能掌握正面的學習氣氛。

組織中的訓練人員也是一樣。組織中的訓練工作，或許太過於依賴那些經驗豐富的人了，事實上，這些人未必能有效地把知識、技術透過溝通過程傳遞給學習者。為了解決這個問題，訓練工作便交給了專業講師，他們擁有教學方法與專業知識。大型企業通常會僱用專職的訓練人員，來實施許多科目的教學。

第四節　訓練前的環境

在訓練之前，組織會利用直接或間接的方式，從組織中的主管與同仁

那邊，獲得與訓練相關的訊息，其中可能包含了組織的政策、管理者對訓練的態度、訓練可用的資源，以及員工參與的需求評估；這些線索都會關係到訓練的成效。

組織所提供的訓練機會愈多，員工就愈相信訓練跟他們未來的生涯有關。而當員工知道自己的主管對這個訓練相當支持，可能會評估訓練之後的成果，他們就會更認為訓練是有價值的，而提高參訓的意願。但是，倘若這些條件都不存在，例如：員工們感覺公司並不支持這些訓練的時候，這些訓練很可能在還沒有實施之前，就注定了失敗收場的結局。

・訓練前的員工特性

很多的心理特質會影響我們對課程的歡迎程度，以及對教材的接受度。這些特質包含了員工在能力、訓練前期待、動機、工作投入、內外控，及自我效能上的個別差異！

1. **能力的個別差異**：個別員工的能力差異可以透過智力測驗、自傳式資料、初步訓練的成果（如工作樣本）等方式來預測。可訓練性（trainability）測驗，例如工作樣本或迷你課程等，能有效預測員工在完成訓練之後的狀況。用來當作可訓練性的測量指標的工作樣本，包括了事先提供一小段工作技能的指導，以及隨後在正式場所的工作測驗。

2. **對於訓練的期待**：員工對訓練的期待會影響訓練課程的成果。當訓練無法滿足學員的期待，他們就可能中輟。不重視參訓者的期待，很難讓他們對訓練感到滿意，而且對組織的忠誠度也容易低落，反而離職率可能偏高。反之，若能在訓練中重視並且滿足他們的期待，學員就比較能夠發展出高度的組織忠誠、自我效能，以及成就動機。

3. **動機**：學員的學習動機對訓練成效當然有重要的影響。姑且不論學員的能力如何，若是缺乏動機，學習也就很難發生。我們發現，在許多的工作中，即使員工本身沒有高度的能力，只要有高度的驅力與動機，就可能成功、立即地完成工作。

研究顯示，擁有高度的學習動機的學員，比低度學習動機者，獲得了比較多的學習成果，也更願意將課程中所學習的內容，應用在實際的工作

上[3]。

那麼，我們該怎樣提升員工對於訓練的動機呢？也許管理階層可以考慮，讓員工來參與到底該參加哪些課程的相關決策，給他們機會接受訓練需求的評估。另外，也有一個有趣的研究顯示，若是訓練的前期發生了些負面的經驗，反而可能會有機會提升學習動機。例如參加自信訓練的學員，在課程初期碰到了些失望的經驗，反而可能激發他對於課程的學習動機[4]。

4. 工作投入：我們知道，如果員工對自己的工作有高度的投入，他們的自我認同也會與工作有高度的關聯性。然而，對於工作投入較低、缺乏生涯興趣的人來說，訓練的成效或許會不太好，因為他們自己也不想學。這種結果其實一點都不令人訝異，正如同他們的績效表現，也是一樣的低潛力、低表現。因此，某些員工會希望在訓練之前，能增加一些對工作與生涯投入的活動。

5. 對行為的控制力所在／來源：還有什麼與動機有關的因素，會影響訓練成效呢？我們來看看內、外控的動機有沒有影響吧！內控性是指員工認為，工作績效或者與工作相關的事件，例如酬賞、薪水或晉升等等，都是操之在己的；而外控性則是指員工相信工作內外所發生的事件，都不是自己所能控制的，而是仰賴外在的來源，例如運氣、機會等等使然。

傾向於內控的員工，會有比較高的學習動機，因為他們相信，工作技術的熟純程度是自己能夠控制的；他們也樂意接受在訓練期間所得到的回饋，並且採取行動去彌補自己的不足之處。他們也比外控的人，有較高的工作投入。

6. 自我效能：還有一個因素，也會影響員工的學習動機，就是自我效能，這是指一個人相信自己能夠完成工作。效能高的人傾向於認為自己能適當的、有效的處理事情。根據一項對 25 個國家 19,120 個樣本的研究顯示，自我效能的概念在跨文化的比較中，是普遍存在的[5]。

---

[3] Salas & Cannon-Bowers (2001)

[4] Smith-Jentsch, Jentsch, Payne, & Salas (1996)

[5] Scholz, Dona, Sud, & Schwarzer (2002)

自我效能與學習動機、自我效能與訓練成效之間的關係，都已經廣泛的證明。大量研究的後設分析發現，自我效能對於員工在工作或在教室中的表現，都有相當大的影響[6]。

根據一項對 114 個研究、超過 21,000 位員工的後設分析發現，如果員工能高度的知覺到自己的學習效能，會比那些低效能知覺的人，更能學習複雜的技能；這個研究也支持了自我效能與工作績效之間的關係[7]。自我效能甚至也是可以訓練的！透過楷模學習，或是透過一些實際的演練，都能夠提升自我效能。

第五節　人們如何學習：心理因素

學習到底是如何發生的呢？關於這個問題，心理學家可花了不少的時間。數千篇的研究報告都是與人類或動物在不同的情境條件如何進行學習有關。在這一節裡，我們要處理一些與訓練的方法，或是與這些學習材料的本質有關的因素。

1.積極的練習：俗語說：「練習未必能臻於完美，但總是有點幫助。」為了要讓學習更有效，學員必須主動地參與學習的歷程，而非被動地接受訊息。你一定知道，光是閱讀重型機車的駕駛指南或是觀賞影片，並不能讓你學會騎車。

訓練本身，應該讓受訓學員有機會實際地操作！或許，學校也應該照樣要掌握這個原則！在課堂中專心的做筆記、畫線，或是寫註腳，而且跟同學一起討論問題，當然會比被動的坐在教室內學得更好、更多！

2.密集的或分散的練習：有些工作可以在密集的練習中快速學會，但是有些工作，卻是需要在一段時間之內，透過分散的、間隔的練習，才會有好的效果。一般來說，間隔性的練習會有比較好的成效，尤其是動作技能方面。

---

[6] Bandura & Locke (2003)

[7] Stajkovic & Luthans (1998)

　　一項對 63 個研究進行後設分析的結果顯示，在分散式練習狀況下的受試者，比在密集式訓練情境下的受試者，學習的效果更好；對於內容比較簡單的工作而言，短一點的間隔時間比較占優勢；而對於內容比較複雜的工作來說，長一點的間隔時間會有比較好的效果 [8]。

　　語文技巧方面的研究，證據則似乎不太清楚。密集的練習很可能更有用一點，但是得視作業的複雜性，以及學習的材料而定。短小的、簡單的作業，在密集式練習中會學得比較好，因為對學員而言，不需要上太多的課就可以得到好的吸收；但是較為困難的事物就得分成幾部分，藉由分散式的練習，效果才會比較好。

　　3. 全部的與部分的學習：這是指一次學習全部的訓練內容，或是分成幾個部分，然後個別的學習。這必須視學習材料的類別、複雜性以及學習者的程度而定。例如聰明的人可能學得更快、更好；但是學得慢一點的人，就需要把全部的作業分成幾個能夠掌控的幾個部分，這種時候，硬要大家全部一起學，也沒什麼道理。

　　某些技能很明顯的，就是適合一起學，例如學習開車的時候，你不需要把繫上安全帶、發動汽車、解除手煞車、調整後視鏡，以及移動變速桿、把車開上車道等動作，分開來練習；這些駕駛的動作相互都有關聯，而且難度並不高，一次做完全部的動作，才會是有效的練習。此外，若是學習一些進階的新技能，那麼，先分開來練習，然後再結合比較多的基礎動作，才會比較有效率。比方說學生學琴，面對一段新樂譜的時候，可以分開練習，先練右手，再練左手，然後再逐步組合在一起，完成整個樂譜的學習。

　　4. 訓練的遷移：組織中的訓練遷移，是一個相當重要的議題。訓練的目的在於讓人在訓練中所習得的行為，能夠運用到實際的工作上，然而，我們卻常常聽到，訓練的行為最後並沒有真的用在實際的工作行為中。問題在哪裡呢？也許我們應該回頭問一問：這個訓練計畫所提供的資訊是不是真的跟工作有關？在訓練時的行為和態度，會不會跟工作上的表現有一致性？在訓練中所使用的相關設備，是不是跟公司所用的一樣？

---

[8]　Donovan & Radosevich (1999)

　　很遺憾的，在很多的情況當中，上述這些問題的答案，都是否定的。我們知道，假若訓練計畫的內容、環境條件等等，和工作上的條件相當一致的話，對學習效果的遷移是相當有幫助的。若是訓練環境的條件和實際工作之間的相似程度較低，對訓練的遷移會有負面的影響；如果真的是這樣，他們其實就什麼都沒學到，也什麼都沒改掉了。

　　訓練結束之後，哪些因素能幫助員工，把習得的行為正面的遷移到真實的工作場域中？最重要的，就是主管對訓練中的學習行為或技能，給予正面的支持與強化。有一個研究充分地說明了這一點。80 位飛機學員接受了自信訓練，然後參加了一個電腦模擬飛行，以檢測其自信的程度；結果發現，領導者公開地強化、支持自信的行為，則會有正面的遷移效果，這顯示了主管支持的重要性[9]。

　　組織實際上是否提供了運用所學技能的機會，會有所影響；再者，訓練完成後，是不是很快地就進行了相關的討論和評估，也是影響遷移效果的因素之一。另一個重要的因素，則是組織氛圍；組織的氣氛愈支持訓練活動，把訓練成效順利地遷移到實際工作上的機會，也會更大。這些習得的行為能夠長久地維持嗎？根據對某訓練發展機構參訓的 150 位成員所做的調查，結果相當令人遺憾。這些成員接受了有關如何評

　　估在職訓練成效的相關課程，結果發現，有超過 60% 的人會把課程中所學的東西直接用到工作上，但是在一年之後，比例則降到了 34%；很明顯的，訓練遷移的效果會隨時間而衰退[10]。

　　5. 回饋：當一個人能知道自己到底學得怎麼樣的時候，他也會學得更好。回饋，有時候也被稱為「關於結果的了解」，也能預測學員的學習成果。事實上，回饋也是引發或維持學習動機的一個頗為重要的因素。假若學員在訓練過程中都沒有收到任何的回饋，他們或許會不認真，甚或在工作上犯下了許多的錯誤而不自知。

　　為了讓訓練成效達到最大化，只要不正確的行為一出現，我們就應該立即地給予回饋；如果在操作程序發生錯誤，而我們能立刻地告訴學員，

---

[9]　Smith-Jentsch, Salas, & Brannick (2001)

[10]　Saks (2002)

那些被期待的改正也就能夠順利地發生。當然，訓練計畫本身也常常需要得到回饋，因為這可以幫忙校正很多具體的細節，而使這個訓練計畫更為有效。

6. 強化：一個行為受到愈大的酬賞，這個行為就能學得更快、更好。酬賞，或者強化，其實有相當多的形式。回想一下你小的時候，一個好分數，一個圈、兩個圈，或是在旁邊打上一個小星星，都是一種強化；事實上，主管給你拍拍肩膀，讓你在完成訓練之後有升遷的機會，也都是強化。

透過強化的機制，我們可以激發員工的動機；透過酬賞那些期待員工表現或學習的動作，我們可以有效地塑造他們的行為。企業中最常見的強化物，包括有關績效表現的那些金錢（加薪、紅利）、社會認可（稱許、贊同），以及正面的回饋。一項對 72 個職場研究的後設分析發現，金錢能改善工作績效的 23%、社會認可能改善績效的 17%，回饋則改善 10% 的績效表現 [11]。這三類的強化物，都是改變員工的工作行為，使他們變得更有效率的工具。

只要我們所期待的行為一發生，就應該立刻提供強化物。在強化物的出現和行為之間的間隔愈久，強化的效果就會愈差，因為學員可能無法順利的在行為和獎賞之間建立連結。

在訓練的早期階段，一旦出現了所期待的訓練行為，就應該給予強化。一旦有所學習，就不需要再提供持續性強化了；到時候，只需要提供部分強化，例如：從由每次出現行為都強化，改變成適當的行為每出現三次或十次，才提供一次強化物就可以了。

第六節　訓練方法

剛剛我們已經看過了訓練前的準備，以及員工在訓練前的心理因素對學習的影響。現在讓我們來看看，到底有哪些訓練方法。而每一種訓練方

---

[11] Stajkovic & Luthans (2003)

法都會因為訓練的目標、員工的能力，以及學習資訊的類型，而有一些不同的優點和缺點。

● 在職訓練

最為古老、也是最為廣泛的訓練方法之一，就是在職訓練。這是指在工作的同時，直接就實施訓練。員工在資深作業員、督導，或是專精的訓練師輔導下，不論在作業現場操作機器，或是在賣場協助顧客，總之，一邊工作、一邊學習；在工作的同時也能有機會增進自己的貢獻。

在職訓練（on-the-job training）的主要優點，在於其經濟性。組織不需要另外再設置、裝備和維持一個與工作情境相同的訓練場地；如果實施訓練人員，就是讓現職的員工或督導擔任，那就連訓練人員的費用都省了下來。另外一個明顯的優點，則是正向的學習遷移。因為實際上的工作情況與訓練條件之間，根本就一模一樣，沒有任何妨礙學習遷移的因素存在。在員工的心理因素方面，若是員工在工作的情境中能主動地提出自己所需要的練習與訓練，這表示他的學習動機很高，學習效果也會比較好。在職訓練的回饋也是相當直接的；倘若表現了好的行為，主管或顧客會給予讚揚，若是行為有所不當，銷售的情況或是顧客的抱怨是不會遲到的。

但是在職訓練其實也需要花上不少成本。負責訓練的資深員工或督導必須從日常工作中挪出額外的時間來實施訓練，而這會使得他們個人的效能降低；訓練活動會降低訓練員的工作節奏，而在訓練中所發生的任何錯誤，都會對生產設備或者產品造成直接的傷害，而這得花上更多的時間和金錢來彌補。而且，讓受訓中的員工在現場直接操作機器，不僅相較於熟手更容易發生意外，他們對其他員工的安全也有潛在的威脅。還有另外一個重要的問題就是，那些精熟的熟手或督導，說真的，也未必是懂得如教導的好教練。但是不管如何，總好過上級督導對一個生手說：「你就去吧，捅了什麼婁子還是碰到了什麼問題，再過來找我吧！」

在職訓練也可以用於管理階層。很多的經理或者高階主管的訓練發展，都是透過非正式的、非結構的在職經驗來學習的。事實上，這些在職經驗對於管理能力的發展，比起正式的課堂教學，實在要有用得多了。

• 玄關訓練

在職訓練的隱憂之一是，假如學員發生了任何的錯誤，便很可能會中斷整個的生產過程；因此，很多公司提供了玄關訓練（vestibule training）。這是一種在工作場域中同時建構另外一組相同的生產設備，以進行訓練的方法。所謂的玄關，是介於建築物的外門與客廳之間的空間；在美國早期工業的時期，就使用玄關訓練來教導新進員工。玄關這個字眼說明了，訓練計畫彷彿是入口的通道或者走廊，員工在進入工作之前總必須先經過這個地方。

這種訓練方法提供了相同的設備與操作程序，彷彿置身於真實的工作現場。玄關訓練特別用來培養員工的技術能力；學員不需要維持一定的產量，也不必擔心犯錯，或者因為犯錯所帶來的破壞等，免除了這些壓力，他們便可以專注的、不受拘束的學習工作上的技能。

玄關訓練最大的缺點，在於龐大的花費，因為設備與教育人員的投資都相當可觀。尤其是新進員工並未使用全部的機器設備時，這項花費就不僅惱人，而且有浪費之虞。也許你想到了，我們可以利用老舊或過時的機械設備來進行訓練。這樣是省了點錢，但並非完全妥當；因為沒有在適當的情境下訓練，等到進入實際的工作環境時，很可能會因為無法使用訓練當時的行為，而成了根本就沒有效果的花費。然而，如果玄關訓練有好的設計、適當的機器設備，可是相當有效的訓練方法！

• 學徒制

學徒制（apprenticeship）或許是歷史記載上最早的訓練方法，而且到現在還在用！學徒制度出現在如營建、製造等產業中，以協助學習工藝技藝或者交易手法。這類訓練可以用來培養鉛管工人、木匠、電子技工、畫家，以及汽車技工等。學徒制乃是由資深專家來指導後學，不論在課堂上提供職業訓練，或是在職場上增進技藝，都能適用。

學徒期間平均大約四到六年。標準的程序是由學員自己同意，在某公司固定工作一段期間，直到自己的薪水能夠償付訓練的成本為止，而在那之前，他大概都只能支領半薪而已。因為工會成員必須安全僱用，因而，

學徒必須到結訓之後，才能參加工會。這樣，學徒制就會由企業與勞工組織來共同努力，以維持工廠在精熟人力的培養與供應上充足無虞。

近幾年來，學徒制一直廣受歡迎。某些聯邦、州和當地政府單位，都在公務與軍事部門的工作上，採用這種方式；像是大樓維修人員、高速公路工程人員、獄政官和消防人員等。美國華盛頓特區的一個博物館集團史密森尼學會（Smithsonian Institution），就是使用學徒制來培養維護博物館所需要的木匠、電工和泥水匠。

• 電腦輔助教學

電腦輔助教學（Computer-Assisted Instruction, CAI）在公、私立的訓練機構都廣泛的使用。教學內容通常被裝在光碟裡頭，學員們則與電腦螢幕互動；他們所反應的項目會被自動地記錄、分析，而你在前一個題目所回答的正確與否，則決定了下一題的難度要訂在哪個水準。

今天，有上百萬的員工，每天的工作都使用電腦；電腦操作技能的學習已經不可或缺了。猜猜看，什麼工作最常使用電腦教學？不用說，當然就是電腦技能了；然而，另外一個廣泛使用 CAI 的，其實是航空人員。航空公司使用電腦軟體的觸控，來模擬駕駛艙當中所使用的各種座標儀表板的按鈕、開關、刻度盤和信號燈；這類訓練可以減少機長和副機長參與飛行駕駛模擬器的時數，後者的費用實在是高得太多了。

CAI 的優點之一是，學員能按照自己的步調來調整學習的教材與進度；但這或許也可能是一個缺點，因為學員自行規劃的內容與進度，可能反而不利於學習。一個對自願參與某問題解決線上課程的 78 位技術人員的研究指出，有些人來參訓並不是為了學習，而是為了了解這個工具而已，於是，有些人會減少練習時間、略過一些步驟，或者非常快速地進行完整個課程；在訓練課程結束之後發現，那些得分最低的學員所完成的習題不到 70%，而且在原訂十四小時的課程當中根本花不到六個小時。這些在訓練投入上比較少的學員，尤其是那些缺乏動機的人，同時也缺乏學習的自信度，也就是說，他們認為自己其實學得不好，也根本就學不

會 [12] 。

　　然而，對於擁有成功的能力與動機的人來說，CAI 有許多的優點。比起傳統的講授課程，CAI 更能提供個別化的教學。就像是你所專屬的私人家教，它擁有完整的相關知識，卻不會對學生失去耐心或是理智，也不會有偏見或失誤，而且在你的學習發展和學習強化上，能提供即時的回饋！CAI 在每個訓練過程的同時，能夠保持精準的紀錄，並且有一套學習效果的分析報告，好讓訓練人員能協助有特殊障礙的人。CAI 不必等到有足夠的學生才開始上課，只要有人就可以開始！不只如此，你可以在不同的時間、地點同時使用它。研究顯示，CAI 能有效地減少訓練時間，並且提供正向的學習遷移。

● 網路線上訓練

　　網路線上訓練現在已經被 Xerox（全錄）、Texaco（德州石油）、Unisys（美國優利）和 Crate & Barrel（C & B 家具）等公司廣泛的使用了。它包含了網際網路，以及企業內部的網絡系統。這是一種遠距學習的方法；它改變傳統的訓練規劃，提供訓練一種節省時間的新形式。

　　利用網路線上訓練，不管員工是在公司或在家裡，都可以提供訓練課程；即使是出外旅行，只要利用筆記型電腦或智慧型手機，員工也可以接受教育訓練。

　　網路線上訓練跟 CAI 有一樣的優點，就是學員的主動參與。他們可以照著自己的步調來進行訓練，有即時的回饋或增強，且訓練時間、地點尚有充足的彈性。

　　比起傳統的講授訓練，網路線上訓練的成本要低上 20% 到 35%，而前者，還更受限於訓練的地點與時間；因此，網路線上訓練已經成為更便宜、更好用，也更為快速的訓練方法。但是，請別忘了，每一種訓練在開始之前，都需要說明、指導，而網路線上訓練也不例外。

12

• 行為模塑

利用正向增強來改變行為的訓練法，能夠有效提升員工的產能；在組織中，這已經相當廣泛的使用了。行為模塑的第一步，是進行評估；這是查核目前的表現，定義出哪些是需要被修正而提升效能的行為。接下來，則是實施正增強的計畫，就是告訴員工哪些行為會得到哪些回報；這個過程不使用處罰或者譴責，雖然處罰會暫時使人忽略那些不適當的行為，但卻會讓人產生焦慮、敵對和憤怒的情緒。

砂輪航空貨運公司發展了行為模塑（behavior modification）的計畫，導入那些能夠對績效表現有所幫助的行為。他們在行為審核上，發現兩個問題：(1) 員工認為他們在九十分鐘內可以答完 90% 的顧客來電，但實際上，他們只回答了 30%；(2) 員工在包裹進櫃的空間效率上只有 45%，然而，管理階層希望裝載率可以達到 90% 以上。因此，行為模塑訓練的目標，就是提高回答顧客的效率，以及提高裝載貨物的空間效率。

經理們必須學會一些認可、酬賞的手段，來當作某種強化物，範圍可以從微笑、點頭，或者明確的稱讚，在員工們有好表現的時候，適時地提供。金錢並不是我們所用的誘因；事實上，稱讚、表彰等，就能有效增進正面的行為，提升工作的表現。經理們要盡可能即時地強化那些被期望的行為，並且從連續強化的時制，漸漸地改為部分強化的時制。

員工們被要求要保留個人工作成果的詳細紀錄，這樣才能比較它們是否達成了公司所期望的標準；事實上，這也提供了有關他們每天的進步的回饋。這個公司估計，三年之內由於工作效能和反應時間上的進步，可能省下了 300 萬美元，而這遠遠多於他們在行為模塑計畫裡所花費的成本。

• 工作輪調

你聽過工作輪調（job rotation）吧？這可是一種管理訓練上相當流行的方法。透過工作輪調，學員可以到不同的工作或部門，去了解組織生活中各式各樣的面向。他們有機會在不同的部門內看到更高級的管理，讓他們了解不同的工作性質、不同的組織當中不同的情況，並且在其中運用他們所學的知識、能力與興趣；當然，這也讓自己暴露在更多人的觀察之

下。

管理職務的輪調也可以使用在學員熟練或者不熟練的工作上，不論是從某一部門輪調到另一個部門，或者從美國本地的某一辦公室輪調到另外一個國家；讓員工在不同的工作上提升技術的層級、學習處理新的事務或者挑戰，都有助於學員在自我、在適應力，以及在個人效能上的發展，同時減輕因爲長期從事相同事務所導致的無趣和枯燥。

工作輪調也可以是提升職位候選人的經歷和能力的訓練方法之一；然而，假如只是讓這些候選人短期地協助部門的事務，他們很可能根本就沒有機會得到必要的技能；而且經常性的短期輪調，不僅工作期間太短而不足以了解工作細項，而且很可能會阻礙並且中斷家庭、夫妻的生活，而這些負面的後果或許會打擊工作輪調的目的。

• 個案研討

你一定也聽過個案研討（case studies）？這是一種相當受歡迎的訓練法，它是由哈佛商學院（Harvard University School of Business）所發展出來的。我們將經理人每天所遭遇的複雜問題或者情境，在研討之前就呈現給學員，學員們則熟悉這些資訊，並且發展自己的看法。在團體討論的時候，學員們會發現自己與他人對問題的不同見解，並且發展出不同的解決方法。通常這些個案並沒有標準答案，團體領導者並不提出解答，而是由學員們自己來浮現若干的解決之道。

個案研討的限制在於：問題解決方法可能與實際上的工作條件並沒有關聯；因爲在理論解決問題，與實際的問題解決，可能會有所矛盾，因此，我們或許無法將研討中所討論的行動方案簡化地遷移到實際的工作上。

• 企業模擬遊戲

你或許會想到，剛剛的個案研討，可能只是在紙上談兵，眞的碰到狀況的時候，也許一點都派不上用場！是的，你說得很對，爲了解決這個問題，於是，就有了企業模擬遊戲（business games）。這個方法是利用模

仿組織複雜的情境，讓學員們眞實地遭遇組織中的問題，並且在繁忙的節奏中思考問題的解決之道，學習制定決策方面的技能。讓學員在模擬情境中進行練習，即使犯了些決策上的錯誤，也不至於造成昂貴的支出，或者發生尷尬的經驗。

當然，這也可以適用在團隊訓練上。每個學習團隊都扮演了某個個別的、假想的事業部門，而且會有一些與部門相關的資料，包括財務、銷售、廣告、產品、人事等方面的資料。個別的團隊必須處理這些資訊，然後開始分配任務與責任，就像一個眞實的團隊在處理共同的問題一樣。講師們則負責評定他們的推理過程和決策，是否思考了更廣泛的問題，而這些問題或許來自早先的決定所造成的結果。

因爲呈現的情境是如此的眞實，所以，對新進員工而言，企業模擬提供了面對實際工作任務的初次體驗，也眞實地面臨管理上的壓力，因此，某些在情境模擬中習得的行爲，到了實際的工作情境中，便可以派得上用場。

這種務實的工作預覽，讓很多的學員發現，原來自己可以在另一種工作上得到更多的快樂。

• 籃中測驗訓練

籃中測驗（in-basket technique），我們在第三章曾經討論過的甄選方法，同樣的，也可以用在訓練上。正如一個典型的經理每天都會碰到一些問題一樣，每個學員都會收到一整疊的信件、便條、客訴、員工要求，以及其他可能的問題；而學員則必須在一定的時間之內，對每個項目都有所處理。在任務完成之後，學員則和訓練員見面，討論他們自己的決策，接受一些有關成果的回饋。

• 角色扮演

你或許沒有想到，角色扮演（role playing）其實也是一種訓練方法！學習經理們（就像正在學習開車的學習駕駛）不能按照自己平常習慣的行爲與思考模式，而必須學會所指定的特定角色；整個過程都該記錄下來，

以利分析與討論，例如：學員可能必須扮演經理，來跟員工討論他那些未必令人滿意的績效表現。每一對扮演者都必須在督導者與其他學員面前進行，之後這些旁觀者會給些意見；然後，再彼此交換角色，由先前扮演經理的人來扮演員工。也許很多人覺得，在大家面前表演似乎有些愚蠢或是突兀，但是一旦開始了角色扮演，彼此都會比較能理解對方的立場。

角色扮演的用意何在？它可以讓扮演主管的學員了解員工的看法，以便將來他們成為經理的時候，可以有不同的思考角度；它提供了機會，讓學員們可以預先練習未來的工作情境，即使發生了錯誤，也可以參考他人的意見來修正，預防那些可能引起人際關係危機的不當行為。

● 行為仿效模式

行為仿效（behavio rmodeling）模式，是讓學員們企圖去模仿、效法行為案例當中的行為。這種方法在人際關係、領導能力訓練上，常常受到愛用。通常會有 6 到 12 位主管或是經理參加這個團體，他們每個禮拜用二到四個小時參與課程、連續四個禮拜；在課程與課程之間，便試著把課堂所學的知識用在實際工作上，而這可以從部屬們那裡獲得不少的回饋。

常見的程序是由訓練員先用一段短文來引言，然後學員們觀看一段短片，其中呈現一位經理如何在某種情況之下與部屬互動，例如：討論糟糕的表現、過度的缺曠或是低落的士氣等等。之後，則由學員們針對影片中的情節進行演練，目的並不是要學員按照影片上的角色模仿演出，而是讓他們有機會表現出自己對這個情況的反應。其他人則針對扮演者的表現與影片中角色的行為，做相互的比較分析，並且給予回饋。大家的批評、讚許，會幫助學員更有信心地表現出良好的行為反應。

正因為片中的經理與員工之間的互動，會真實的出現在工作中，因而這樣的學習經驗能直接改善他們真實在工作中的表現。行為仿效訓練所使用的情境，與真實的情境幾乎一模一樣，因而增加學員們接受這種課程的動機。

根據其他組織使用經驗的回報，使用行為仿效模式能提升士氣、促進和客戶之間的良好互動、提升業績、減少缺席、強化指導能力、改進生產的品質和數量，及減少員工的不滿。看起來，這可真是個好處多多的方

法！

• 專業經理人教練／執行長教練

如果你看到一位經理無法進行一場好的演說，如果你看見一位經理不能使用網路，或者看見部屬與上司之間存在著一份眞的很差勁的人際關係的時候，你該怎麼辦？或許你想到了，我們可以找一位專業的經理人來擔任他的教練！

一種新的高階經理發展的方法，正是藉由一對一的教練訓練，來提升個人的管理表現。高階教練（executive coaching）是一個針對個人的問題而提供協助的訓練師。最常遇到的是，某個經理人幾乎什麼都不對勁、大家都不喜歡，而不知該怎麼做才好；我們感覺，假如只是用正向的態度去面對問題，並不足以讓當事人修正自己的行爲。

一項針對 1,202 位高階主管的研究指出，在接受過一整年的一對一的高階教練課程之後，這些經理們全部都有概括性的好評價；大多數接受過教練訓練的人，比起沒有受過訓練的人，更會爲部屬訂出清楚的目標，並且對改革與進步有更積極的態度；而且受訓練者的考績也比那些沒有受過高階教練訓練的人，要好得多 [13]。

這許多受過教練訓練的高階主管，大多都認爲他們在受訓的過程當中，得到了在職場上相當有幫助的建議和經驗。

• 多樣化訓練

我們在第一章曾經討論過，現在已經有愈來愈多的女性和少數民族加入了職場，使得整個勞力市場的組成型態正在轉變中。爲了協助他們有好的表現，很多組織在管理層面上也下了不少工夫。他們開始設立多樣性訓練（diversity training）的課程，讓這些主管面對自己可能會有的偏見問題，以減少可能的錯誤行爲。透過講授課程、影帶、角色扮演，以及遭遇團體的經驗，例如由主管們來扮演員工，以經驗被上司騷擾的感覺；或是

---

[13] Smither, London, Flautt, Vargas, & Kucine (2003)

扮演拉丁裔員工，來面對黑人上司的不平等對待。這些主管們被要求去處理跟自己的性別、種族有關的問題，以學習更替別人想、更理解別人的觀點。

但是有時候，也有些出乎意料之外的事情發生。例如：在訓練之後和這些受訓的主管們面試時發現，對某些人而言，這些課程反而會造成一些負面的反應，他們並沒有更了解多樣化管理的眞諦，反而以為這些只是為了政治、社會的因素。

你知道美國的企業到底投資了多少資源在多樣化訓練的課程上嗎？答案是上百億美元。這麼昂貴的多樣化訓練，值得我們好好地設計與推動。只是，一個成功的多樣性訓練計畫，需要注意哪些因素呢？答案也相當的簡單——管理階層的支持，以及員工們的參與。管理階層的支持幾乎是企業內任何事務的重要基礎，至於員工們的參與，主要是他們能夠提供種族和性別經驗中的難處與建議，好讓這些經理學員們清楚的了解他們眞正的困難。

第七節　職業生涯規劃和計畫

我們已經討論過了如何訓練員工，增進他們的知識、技能和人際關係。大多數的訓練課程都是針對某個工作或是某種職業，例如新進員工需要新人導引，或是資深員工需要進修訓練，又或者是中階經理需要在晉升之前接受多種職位的輪調訓練等。然而，也有一些訓練計畫針對了個人的生涯發展；這些關於個人生涯計畫與成功的訓練，需要個人強烈的參與意願，以及對生涯目標的熱切期待。

某些企業，例如奇異電器（General Electric）、美國電通（AT&T）、美林證券（Merrill Lynch）、美國汽車（TRW），以及富士全錄（Xerox）等，都設有在職進修中心，提供生涯規劃和職業資訊，員工們則常被鼓勵參加這些內部的訓練課程。課程中的輔導員會協助員工進行生涯計畫，讓他們了解如何在自己的目標和公司的目標之間，做出適當的生涯規劃，另外，輔導員也協助他們面對人際關係之類的問題。

或許你也認為，很多員工對於終生都保有同一個職位，已經愈來愈不

敢抱什麼期望了。愈來愈多的人藉由更換工作來提升個人的技能，尋找個人的價值。而這也凸顯了某種終身學習的渴求，和生涯訓練及其部門的重要性。

　　來自不同組織的 800 名員工參與一項包括不同課程的大型訓練計畫，經過十三個月之後，研究者得到了以下結果[14]：

- 過去已經接受相同訓練的人員，再次受訓時會更快的進入學習狀況。
- 如果訓練成果高度有效，則會帶來更多的贊同，也會促使更多人、甚至是更高階的人員來參與。
- 一個企業組織若是能提供更多的支持，將帶給員工更多的幫助，也會帶來更多正面的個人效益。
- 在訓練計畫中，中高齡員工從組織得到的支持和鼓勵比較少，主觀上的訓練效益也比較少。

　　另外，研究者也指出，通常員工們會想留在同一家公司而不另找工作，是因為他們對於這個工作有期望、有憧憬，同時認為，可以從目前雇主這裡學到不少的東西。

• 生涯發展與生涯階段

　　心理學家已經知道了，人們在不同的年齡與階段中，存在著不同的人生價值、目的，以及需求。二十歲時期的工作或者生活型態，可能只適合二十歲、卻不合適三十或者五十歲的時候。我們來看看，這些關於生涯階段的研究結果[15]：

　　1. 建立期（establishment）：在大約二十到四十歲左右，人們正在建立他們的生涯目標，而且調整個人的生涯路徑。他們學習透過晉升、工作

---

[14] Maurer, Weiss, & Barbeite (2003)

[15] Hall (1986)

滿足，或者透過調職、離職，來判斷自己的生涯成功與否。如果自己是成功的，就會發展高度的自我效應以及組織承諾。如果他們不是，就會需要自我分析、參加諮商輔導，而且重新規劃自己的生涯計畫。

2. **維持期**（maintenance）：這個階段大約在四十到五十五歲，也稱為中年危機（midlife crisis）。人們開始意識到自己的年齡正在增加，在漸漸趨向或者完成個人目標的同時，他們也更可能感受自己心理的目標或許會有所失落。人們會透過對自我的詮釋，而引發個人在興趣、價值以及生活型態方面的改變；有些人會尋求挑戰，以及新的工作、嗜好，或者新的關係。有些組織會針對管理階層提供諮商輔導，以協助他們度過這個階段。

3. **衰退期**（decline）：大約五十到五十五歲，開始進入預備退休的時期。當員工們面對自己生涯的尾聲時，他們開始關注自己漸少的收入、下滑的生理能力等等與退休議題有關的事實；這不僅帶來失去工作與身分的危機，而且意味著失去同事的人際困境。這時候，公司中的諮商輔導需要積極地介入，協助員工們規劃退休後的生活。

每個生涯階段的發展與規劃，都是雇主與員工雙方共享的責任；組織應該為個人的成長與發展提供機會，員工們也應該運用這些活動，週期性對自己的技術與工作方面的表現進行評估，並且規劃實際上的生涯發展計畫。

• 生涯自我管理

雖然說組織與員工雙方都需要對員工個人的生涯規劃負責，但是你一定知道，現在有許多企業併購、重組、扁平化、外包等現象，這意味著，員工的流動相當普遍；很多企業並沒有提供員工們生涯發展與成長機會的意願，因而也就開始要求員工為自己的生涯規劃負責。所謂的生涯自我管理（career self-management），是指人們對自己的生涯計畫、問題解決、生涯決策等，蒐集相關的訊息並且據以規劃、修改個人的計畫。然而，只有相當少數的研究顯示，生涯自我管理訓練是有效的。

有一些企業會協助員工來承擔自己的責任，例如提升他們的技術，或是學習新的技能。根據預測，全美超過 100 人的企業當中，大約有一半的

組織會提供生涯自我管理的訓練。這類訓練是怎麼做的呢？典型的設計將會包含三個階段：

1. 評估自己的生涯態度、價值、計畫和目標。
2. 分析在目前的工作當中，你可以如何達成你目前的生涯目標，或者，你根本就無法達成。
3. 面對目前的工作與自己的生涯規劃，你應該選擇繼續留下來，或者應該離開？討論生涯的策略，並且去創造機會；包括提升個人的技能，從同事、主管、工作網絡當中得到各種回饋，並且隨時尋找新的工作機會。

第八節　組織訓練成效評估

不管訓練課程多麼的令人印象深刻，或者有多少員工喜歡這些課程，我們都必須對這些訓練的品質進行系統性的，或者量化的評估。衡量訓練課程的價值，有以下幾種方法，例如：(1) 是否改變了原本的認知狀態，例如學習的訊息量有沒有增加；(2) 是否提升或者改變了技能的水準，例如生產的品質、數量上的具體改善；(3) 是否有效的改善了個人的行為，例如增進了正向的態度或者高動機。除非有這類的評估研究，否則我們無法知道在這些訓練課程上所投入的時間和金錢，到底值不值得。

也許你會擔心，學員們是否學習到了工作上所需要的技術？學員們的生產力、安全性、效率等，到底有沒有提升？學員們在溝通與領導的技巧上，有沒有改善？學員們在面對少數族群的態度上，有沒有改變？面對這些問題，我們應該如何回答呢？我們可以在相同工作的員工當中，分成受過訓練的跟未受訓練的來進行比較，或者根據學員在訓練之前、之後，或者與控制組的員工來進行比較。你知道的，只有透過這樣的評估歷程，才可以讓組織決定訓練課程是否要修改、延續或是終止！

一項針對 397 個訓練研究所進行的後設分析指出，訓練具有一定的影

響力[16]。另外，一項對 150 位負責訓練與發展的人員所做的調查發現，這些訓練專家相信，半數以上的訓練能提升個人與組織的績效[17]。

同一個研究也發現，大多數的組織並沒有系統性的評估訓練的成效究竟如何，只是由學員們來主觀的評估，或者直覺的說明自己到底學了什麼。這樣，你怎麼會知道在訓練上所花費的百萬經費到底值不值得呢？有一位心理學家表示：「企業對訓練課程的使用，似乎只是花了不少錢，而且永遠希望員工可以更好而已。」[18]

事實上，評估訓練之後的行為有沒有改變，是相當困難的。如果員工所負責的，是操作某種簡單的機器或是裝配零件，訓練的成效與目的也許能有比較直接的關係，而且可以計算數量，換言之，就是可以使用客觀的比較來顯示訓練的有效性。但是，假如訓練的議題是人際關係、問題解決或者其他的管理行為，那就很難去具體衡量訓練的有效性了。

除了成本的考量之外，經理們也缺乏評估訓練成效的能力，而且他們常常過度的預期自己所設計、開發的訓練課程的有效性。更可能的是，有些公司並不相信訓練可以協助達到企業的目標，只是因為競爭者提供了訓練，所以他們覺得自己也必須這樣做！

有些訓練課程的開發，只是因為某些公眾媒體大肆地報導新的技術，或者是新的管理模式，所以公司就跟進了，例如：愈來愈多的雜誌文章和電視，報導了時間管理的成功案例，於是企業就開始僱用時間管理的顧問，來訓練員工如何面對工作中的問題。時間管理（time management）是一種用來協助一個人有效的使用時間處理各種事情的方法。支持這項觀點的人認為，時間管理可以增加員工的生產力、滿足感，減少他們的壓力。然而，沒有人知道有多少公司實施後，能夠支持這個昂貴的訓練是有效的；這不就讓人們在缺乏實徵資料的情況之下，誤以為訓練是有效的嗎？

這種情形下，訓練者也許想用受訓員工逐漸提升的能力，來說明訓

---

[16] Arthur, Bennett, Edens, & Bell (2003)

[17] Katz (2002)

[18] Ellin (2000)

練的有效性！但是這並不足以判斷訓練是有效的，因為這只指出了學員在訓練中有能力上的提升，但是事實上，這些學員很可能不論有沒有這個訓練，都會有能力上的提升。另外，有些訓練者會誇張的表示，學員有多麼喜歡這個活動；課程受歡迎當然是好事，但這是主觀的感覺而已，我們需要後續的研究來證明這個訓練到底能不能提升工作表現。假如組織想要用訓練的預算來協助員工成長，那麼，他們就必須能評估員工能力的提升，是否來自於訓練活動。

關於訓練的議題，我們已經聊了不少，最後，I/O 心理學家提供了以下的挑戰：

- 界定出愈來愈複雜的工作所需要的能力。
- 針對缺乏技能的員工，提供好的訓練，給予他工作的機會。
- 協助管理階層有效地經營多元族群。
- 在經濟、科技及政策快速改變下，盡量使員樂於再學習。
- 協助公司在國際市場上維持競爭力。
- 對於有效的訓練課程提供必要的研究和評估。

摘　要

訓練與發展，能用於組織所有的員工，無論是完全沒有技能的青年、需要改善數學和語文技能的員工，或是預備晉升經理或高階主管的候選人。公平任用的準則會影響訓練活動，因為安置、晉升、留任和異動的人事決定，通常都會基於訓練的成果，因而訓練活動必須能檢視是否存在偏見。

規劃訓練的第一步，是確認訓練的目標何在。這需要先對組織、工作作業與員工本身等進行需求分析；於此，我們這可以透過一些例如工作分析、關鍵事件法、績效評估或是自我評估等等的技術來進行。訓練人員必須具有專業、良好的溝通技巧，以及人際關係的技巧。

訓練之前，學員的個人特性會影響他們在訓練中的學習程度。這些特性的個別差異包括了能力、訓練前的期待、動機、工作投入、內外控性格，以及自我效應等。而教材的真實性、集中的或分散的練習、整體的或部分的練習、訓練遷移、訓練回饋、關於學習的增強等因素，都會影響學習的狀況。

訓練的方法有很多種。在職訓練讓學員在真實的工作中進行學習；玄關訓練則是在模擬工作的狀況下進行；在學徒制中，學員透過資深人員提供指導、傳授經驗而獲得學習。CAI 利用電腦軟體來呈現教材；網路線上訓練則是透過網際網路或企業內部網路來進行訓練；兩者都是可以在工作內或工作外、任何時間、任何地點，都能讓學員去學習。在行為模塑訓練上，學員會因為表現出被期望的行為，而被增強或酬賞。

工作輪調是指將學員指派到不同的工作中。個案研討則是由學員對個案情境中進行分析、理解，然後討論一些複雜的問題。企業模擬遊戲要求學員小組在一些模擬真實的情境中彼此互動。籃中測驗技術不只是甄選技術，也可以透過情境模擬來讓學員回應信件、便條或是其他的作業。角色扮演是讓學員透過角色的扮演，呈現出工作者和管理者的問題。行為仿效模式則提供成功經理人的行為模式，以當成楷模來學習。專業經理或執行長的教練提供了一對一的訓練，來提升經理績效中的某些面向，通常在360 度評估中較差的，可藉此提供後續訓練。多樣化訓練則是指主管或員工學習面對處理與種族或性別有關的態度。

生涯發展是某種個人終身學習的工作取向，透過自我分析、公司的輔導和訓練方案，讓員工能提升工作技術和能力，並且促進個人發展。生涯自我管理則是個人透過自己的終身學習來提升技能，更勝過藉由公司來學習。

至於訓練的評估，很遺憾的，組織很少採取系統性的訓練評估；很多的訓練評估都只是基於主觀的信念，這種片面的宣稱或是承認，並非來自實證的研究。

關鍵字

- 需求評估　　　　　need Assessment
- 在職訓練　　　　　on-the-job training
- 玄關訓練　　　　　vestibule training
- 學徒　　　　　　　apprenticeship
- 電腦輔助教學　　　computer-assisted instruction
- 行為模塑　　　　　behavior modification
- 工作輪調　　　　　job rotation
- 個案研討　　　　　case studies
- 企業模擬遊戲　　　business games
- 籃中測驗訓練　　　in-basket technique
- 角色扮演　　　　　role playing
- 行為仿效模式　　　behavior modeling
- 專業經理人教練　　executive coaching
- 多樣化訓練　　　　diversity training
- 生涯自我管理　　　career self-management

問題回顧

1. 漢堡大學如何說明職場中訓練的本質與內容？
2. 需求評估的目的何在？應該如何進行？
3. 什麼是決定訓練的需求與目標最常用的方法？而實際上，大概有多少的訓練計畫在規劃之前會進行需求評估？
4. 在訓練之前，哪些因素會影響員工對訓練方案的價值的看法？
5. 員工在受訓前的期望與動機，對於訓練成效會有什麼影響？哪些方法可以提升學員的動機？
6. 學員的學習動機如何受到個人的內外控因素影響？
7. 請描述積極的練習、集中的或分散的學習、整體的或部分的練習等特性，在學習上的效果。

8. 如何規劃一個訓練方案，以教導員工去使用推土機或者電腦？

9. 哪些因素對於習得行為遷移到真實的工作表現上，有促進的效果？

10. 職場上常用的強化物有哪些？它們在促進工作績效上，有什麼相對的重要性？

11. 請描述玄關訓練、在職訓練有哪些重要的貢獻。

12. 相較於傳統的講授課程，電腦輔助教學有哪些優點和缺點？

13. 請說明行為模塑法與行為仿效模式之間的不同。

14. 在管理訓練中，如何運用個案研討、企業模擬遊戲、角色扮演等方法？

15. 執行長教練和其他的管理訓練之間，有什麼不同？根據研究，資深經理在參加執行長教練方案一年之後，行為上會有哪些改變？

16. 哪些因素會影響員工們對生涯發展與生涯計畫活動的態度以及參與？

17. 請說明工作生活的生涯階段，以及個人需要參與生涯自我管理的理由。

18. 針對員工訓練方案的必要性、價值、內容與花費，你有什麼結論？

第三篇

組織心理學

組織心理學關心工作上的社會氛圍與心理氛圍。很少人是單獨工作的，我們當中大部分的人都是在團體中工作，好像是生產線上的一員，或是企業裡頭某個部門的員工。我們會發展出一些非正式的規則，來產生並且強化在不同的組織中，或許會有所差異的各種標準、價值，與各種態度。我們也會被僱用公司的各種正式的結構所影響。不論是正式的團體或者非正式的團體，都會形成某種心理氛圍，或是某些理念、理想的文化，來影響我們對工作的感覺。這樣，我們在職場上的態度與行為，就會被組織的社會氛圍與心理特徵所影響。組織心理學家則研究這兩組因素彼此之間的關係。

　　第七章探討領導，它對工作、對行為有重大的影響；組織心理學家研究不同的領導風格、領導者特徵之影響，也研究領導者的責任。

　　第八章探討工作動機、工作滿足，以及工作涉入。這些主題與員工的需求，以及組織如何滿足這些需求有關係；我們將討論員工對工作、對組織目標的認同之本質究竟為何，以及這種認同將如何影響我們的工作表現與工作滿足。

　　第九章討論組織的組織。它討論正式與非正式團體，以及它們的心理氛圍；描述參與式的民主、個人與組織對於社會與科技變遷的調適、新進員工的社會化歷程，以及如何改善工作上的品質等課題。

　　組織心理學直接地影響你的工作生涯：它影響你的工作動機、能使你有最佳表現的領導風格，你所能發揮的領導品質，以及你所服務的組織之結構如何。這些因素決定著你的工作經驗和品質，而這會影響你對一般生活的滿意程度。

第七章 領 導

本章摘要

你知道嗎？新興的事業或新開幕的公司，有一半會在開幕的兩年之內倒閉；即使存活了下來，五年之後也只有三分之一還在。你一定像我一樣的驚訝：為什麼會有這麼多的公司走向失敗？在多數的個案當中，這些公司所以失敗的原因，都可以追究到一個共同的根源——就是糟糕、差勁的領導。而且，你知道嗎？更嚴重的是，許多的部屬對於資深主管的信心，已經降到了新的低點。大約只有三分之一的員工，真心信任他們公司的經理人所做的判斷。

總之，關於領導個案研究的結果，並沒有給我們一個正面的印象。就我們所知，有半數以上的經理人，偶爾就會有不適任的表現。這麼說來，你和我不就常常遇到無能的領導者嗎？當為這樣的人工作的時候，工作上的請益、表現個人的能耐，以及在公餘之時的互動，都反而可能帶來負面的效果。差勁的領導帶來了一大堆糟糕的後果：部屬在工作進度上的耽延、客戶服務品質的低落、工作習慣上的懶散、缺席率的提高、組織認同感的降低、工作與生活的滿意度也降低，看起來，只有壓力的感受以及離職率，會變得更高一點而已。你一定很驚訝，這一連串的事情，竟然都跟某種差勁的領導風格有關吧？接下來還有呢！

一個對數百名員工進行的調查發現，如果直屬主管被認為是完美的，只有 11% 的人在明年會打算換工作；相對的，假如直屬主管被當作是差勁的，則高達 40% 的人，說他們準備打包行李走人[1]。

除了不適任個人的職務之外，有些領導者還會辱罵、在別人面前嘲諷或苛責，甚或以莫須有的罪名來責難部屬，甚至威脅、說要解僱或者降職。尤其是軍事性組織，那些受辱罵的員工對主管的憤懣和怨恨，很可能使他們反抗主管的命令、在工作和生活上經驗到較低的滿意度，並且可能會故意地在工作上搞破壞[2]。

你覺得老是被罵的人，會是個快樂的工作者嗎？當然不會！而不快樂的員工，工作表現當然也不好。另一方面，一份對 106 個研究、包含

---

[1] Zipkin (2000)

[2] 參見 Fitness (2000)；Lewis (2000)；Tepper, Duffy, & Shaw (2001)；Eellars, Tepper, & Duffy (2002)

27,000 位員工所進行的後設分析（meta-analysis）指出，對組織領導有高度信任的員工，在工作滿意度、工作績效以及組織承諾等方面，都會比較高[3]。

　　在很沉重的看完了辱罵式領導所帶來的壞處之後，我們總該了解，領導品質在工作表現、在個人職涯發展而言，都會是一個關鍵性的因素。因此，何以某些組織要在經理人的甄選與發展投入大量的投資呢？一點都不難理解。這些努力都是為了找出，並且培養具有優質領導風格的經理人，以發揮正向的領導作用。

　　I/O 心理學家除了致力於甄選和訓練的工作，也對領導的議題提供了一些嚴謹的研究。他們發現了成功與不成功的領導特性與行為、不同的領導風格對部屬的影響，以及如何才能讓領導的效能最大化。

第一節　領導的取向

　　領導者的行為，其實是基於他對人類本質的一些假設，這會決定他如何看待自己的部屬，把他們當成什麼樣的人，例如：有些主管相信員工自己就可以完成工作，領導者只需要確認部屬是否了解工作任務的目標，其餘的，可以讓部屬自己決定要如何發揮；相反的，有些主管認為員工應該被持續地監督，即使員工早已確認了工作目標與相關的注意事項，他還是得要插手，因為員工就是不懂得該怎樣工作！

• 科學化管理

　　在二十世紀之初，基層主管（生產線員工的直接主管）是從第一線工作中晉升上來的，他們在領導角色上很少有正式的訓練，卻在控制部屬方面擁有完全的權限，不論是僱用或解僱、決定生產標準，或者訂定給付的標準。當時沒有工會、沒有工業關係部門、沒有人力資源或者人事管理，

---

[3]　Dirks & Ferrin (2002)

更沒有可以投訴、抱怨的對象。基層主管通常會優先僱用他們的朋友或是有關係的人，並且使用一些威權、侵犯，甚至身體的脅迫，迫使工作者努力地達到生產目標。

當時的管理哲學，被稱為科學化管理（scientific management），是由 Frederick W. Taylor 所提倡的一種機械化管理的觀點。Taylor 努力地找出讓勞工和他們所操作的機械，能更快、更有效的運作，以提升產量的方式。科學化管理把勞工簡化為他們所操作的機械的一部分。員工並不被當成是人，他們沒有需求、沒有能力，也沒有興趣可言；這個觀點對勞工有某種假設，認為他們是好吃懶做的、不可相信的，而且智能並不高。這個觀點在美國，甚至被心理學家的普遍性智力研究給強化了！心理學家 H. H. Goddard 提出這樣的一個論點：智力較低者理應被智力較高者所督導。他說：「勞工只優於兒童而已，你得告訴他們做什麼事，還得示範給他們看才行。」[4] 就這樣，當時認為提升產量與效能唯一的方式，就是拘束勞工必須服從主管的命令，以及製造流程的各種要求。

• 人類關係的取向

今天，再要清楚地看見出科學化管理的方法，已經不那麼容易了，因為多數的現代組織都認為，滿足員工的需求是企業合法的責任；這個觀點被稱為人類關係取向。這當然不是自然而然就發生的改變，你還記得霍桑研究（Hawthorne）嗎？這就是霍桑研究所帶來的新思維，並且在 1920 到 1930 年代之間引起風潮（第一章曾經討論過）。

你可知道霍桑研究的重要性？它扭轉了人與工作之間的關係。在霍桑計畫中，勞工一如往常地被主管嚴待，這些主管可能為了一些瑣事、工作中的交談或是休息，而嚴厲地責備部屬。正如我們所知的，他們把勞工當成小孩一樣，看著他們、吆喝著他們，並且懲罰著他們。然而，在霍桑實驗當中，主管有了些不同的行為；他們允許勞工自行訂定生產速度，形成屬於自己的社群，勞工也可以在工作中彼此交談。霍桑研究帶來了新的工

---

[4] Goddard quoted in Broad & Wade (1982), p.198.

作觀點，認為人只需要適當的誘發，就能有好的表現；主管可以視勞工為一個如同自己一樣的人，而不是機械結構中那些可替換的齒輪。

• X 理論和 Y 理論

領導行為上的科學化管理與人類關係式的管理，很不一樣吧！Douglas McGregor 將這兩種不同的方式，延伸到了人性價值觀的探討，稱之為 X 理論與 Y 理論[5]。

管理的 X 理論認為，多數的人天生是懶惰而不喜歡工作的，他們盡可能地逃避工作。假如沒有強迫、監控、責備他們，他們根本不可能努力工作。更確切的來說，倘若不是有一個獨裁的領袖，他們根本就不會工作！

Y 理論則主張，人們會在工作中尋求自我內在的滿足與實現，而控制與懲罰則未必帶來好的工作表現。根據 Y 理論，人有自己的個性、會積極地在工作中尋求各樣的挑戰與責任，因而，可以允許員工參與工作規劃，以使他有機會發揮自己最大的能力。

X 理論常常與科學化管理、古典組織的科層（bureaucracy）等風格並用，Y 理論的觀點則常常和與人類關係觀點有關的參與式、民主式的組織風格並用。那麼，Y 理論如何應用呢？我們在績效評估中常見的目標管理（Management By Objectives, MBO）取向，就是 Y 理論的應用；請注意，目標管理包含了讓員工設定自己的工作表現，同時高度地關注自己的成長。

McGregor 所提出的論點，難道一開始就被接受嗎？同一時代的一個學者寫道，X 理論的觀點依舊存在工廠裡頭，「管理學的主流觀點，還是視工作者天生就是被動的、抗拒的」，但是他也補充：「McGregor 所謂的組織的人本觀點（Y 理論的概念），比過去更貼近現今的現實。」[6]

---

[5]　McGregor (1960)；Heil, Bennis, & Stephens (2000)

[6]　Jacobs (2004), pp. 293, 295.

第二節　領導理論

I/O 心理學認為，有效的領導依賴於三個要素的交互作用：

1. 領導者的特質與行為。
2. 部屬的特性。
3. 領導情境之本質。

接下來，我們來看看一些領導的理論：權變理論、途徑目標理論、領導者—部屬交換理論，以及內隱領導理論。

• 權變理論

權變理論（Contingency Theory）是由 Fred Fiedler（1978）所發展出來的，他認為領導效能是由領導者的個人特質與情境之間的交互作用所形成的。領導者可以分為人群取向的（person-oriented）的，或者是作業取向的（task-oriented）。領導者風格的效能，其實依賴於領導者對情境控制的程度。這個情境控制包含三個因素：領導者與部屬之間的關係、作業結構的程度，以及領導者的個人權力。如果領導者有較大的權力，而且比較有機會干涉員工的日常作業，那麼，他對情境就有比較高的控制力。但是，這樣一定就比較好嗎？不見得！例如：在軍隊裡頭，常常跟士兵一起相處的士官，可能是一個高度控制而且頗具效能的領導者；反之，如果不是在軍中，而是在一個比較不適合的情境中，那麼，高度控制的領導方式也許就會帶來不好的效果。

根據權變理論，作業取向的領導者在極端集權，或者極端不極權的情境當中，會有比較好的領導效能。而當情境控制在中等程度的時候，人群取向的領導者，反而比較能有好的效能。

關於權變理論的研究相當多，其中一些支持了這個理論，然而，大多數的研究都是在實驗室、而非工作現場所做的。這樣，這些研究證據就無法確切地類推到工作場所中，換言之，權變理論的效度仍然有其問題。

•途徑目標理論

途徑目標理論（path-goal theory）的焦點，在於領導者究竟該如何協助部屬達成其個人的目標。這個理論指出，領導者可以藉著對部屬達成特定目標所提供的酬賞，來提升部屬的工作動機、滿意與績效。也就是說，有效的領導者會藉由指出達成目標所該依循的途徑，並且提供他們在其中必要的協助，來幫助部屬達成個人與組織的目標。

領導者用以促進員工達成目標的行為風格，有以下四種[7]：

- 指導式領導（directive leadership）：告訴部屬他們應該做些什麼，以及這些事情應該如何做。
- 支持式領導（supportive leadership）：對部屬表現出高度的關切與支持。
- 參與式領導（participative leadership）：容許部屬一同參與那些對他們的工作有影響的各樣決策。
- 成就取向式領導（achievement-oriented leadership）：設定具有挑戰性的目標給部屬，並且要求高度水準的工作績效。

最有效的領導風格，是依照情境的特性與部屬的屬性，彈性地選擇適合的風格。例如：對於在作業上要求的技術水準較低的員工，指導性的領導比較有效；而對具有高度技術性的員工則不需要太多的指導，支持性的領導反而比較重要；領導者必須能夠辨認情境的特性與部屬的能力，以採取最為恰當的領導取向。

途徑目標理論是一個相當難以檢驗的理論，研究結果也相當分歧，因為很多的基本概念，像是「途徑」、「目標」等，本來就很難有操作化的定義，因此，這個理論的確有些模糊地帶尚待釐清。

---

[7] House (1971)；House & Mitchell (1974)

• 領導者—部屬交換論

領導者—部屬交換（Leader-Member Exchange, LMX）理論認為，領導者與部屬之間的關係，會影響領導的歷程[8]。這個模式的倡議者認為，其他領導理論所關注的，都是領導的風格或行為，卻忽略了部屬的個別差異。事實上，每個領導者與部屬之間的對偶關係，都應該被區隔出來、分別探討，因為領導者對個別部屬的對待行為並不相同。

你一定看過，有些主管會跟一部分的員工比較親近，跟另外的員工之間，可就不是這個樣子了！是的，這裡我們將部屬分成了兩種類型：內團體（in-group）的員工，是主管視為有才能的、可信賴的，而且動機比較高的；外團體（out-group）的員工，則是主管視為比較無才能的、較不可靠的，而且動機比較低。

LMX 模式將領導風格區分為兩種：監督，這種風格的影響力來自於正式的威權系統；領導，其影響力則是來自於說服的發揮。

你注意到了，主管們對這兩群人有相當不同的對待嗎？在對外團體部屬，領導者常常使用監督與分派，對他們的要求較低，賦予的責任也比較少。領導者與外團體的部屬之間，比較沒有熟絡的人際關係；而對內團體的部屬，領導者就比較多採取領導、而非監督，他常常分派他們比較重要、責任較重，而且需要較高層次能力的工作。領導者與內團體的成員之間，藉由內團體部屬所提供的支持與理解，而建立了緊密的關係。

一個針對不同階層的成員所進行的調查發現，大部分的人都傾向於支持這個領導模式，而且在發現領導者與部屬之間關係的品質不良的時候，可以透過訓練來將領導者從監督模式改變成領導的模式。針對部屬的研究發現，隨著領導品質的改善，工作滿意與生產力都明顯的增加，而工作上的失誤則明顯降低。在醫療院所與銷售商業的工作者與督導者的配對研究發現，相對於低 LMX 的員工，高 LMX 的員工相信他們與主管之間有較為頻繁的溝通。此外，與主管之間有較多溝通的員工，常常也會獲得比較高的績效評估[9]。

---

[8] Graen & Schliemann (1978)

[9] Kacmar, Witt, Ziunuska, & Gully (2003)；Yrle, Hartman, & Galle (2002)

　　那麼，哪種主管與部屬的關係，能夠讓員工有比較好的工作承諾、自主性呢？針對某大型零售業的 125 位銷售員的研究發現，與主管有較強關係的員工（高 LMX）比低 LMX 的員工，對於所分派到的任務有較高的承諾[10]。另外，在某進口公司中調查 106 位員工及其督導者的研究發現，與部屬之間有高 LMX 的主管，將會更傾向於授權給部屬；因此，員工感到被充分授權（empower），而且在工作績效與工作滿意方面都有改進[11]。另外一項包括了 13 個組織的 128 位經理與員工的對偶研究也發現，高 LMX 關係的員工感受到較高度的授權，而低 LMX 關係的員工則較沒有這樣的感受[12]。

　　一份針對 317 位銀行員工的績效分析，確認 LMX 的高低與工作績效的優劣有正向關係。這個研究也發現，即便員工與主管在不同的辦公室或者不同的城市工作，他們之間仍然能夠維繫好的關係。研究者總結，高 LMX 關係的多重信任與敬重，能夠跨越物理的距離，同樣地達成組織的目標[13]。

　　可是主管和員工之間，到底該由誰來發展關係會比較好呢？好問題！我們來看某個大型公司中 232 個對偶關係的個案[14]；研究發現，當雙方都努力地發展關係的時候，就比較容易發展出高 LMX；如果有一方認為自己比另外一方在建立和維持關係上更加努力，就比較容易發展成低 LMX 的關係了。

　　LMX 的高低，也與同事交換（co-worker exchange, CWX）之間關係匪淺。一項針對某工程公司和某健康事業共 67 位員工的調查發現，當兩個同事與他們的主管之間都有高 LMX，或都有低 LMX 的時候，他們彼此之間的 CWX 會比較高[15]。

---

[10] Klein & Kim (1998)

[11] Schriesheim, Neider, & Scandura (1998)

[12] Gomez & Rosen (2001)

[13] Howell & Hall-Merenda (1999)

[14] Maslyn & Uhl-Bien (2001)

[15] Sherony & Green (2002)

你認為 LMX 還會有哪些影響呢？一項針對某醫療公司開發部門 191 位員工的研究發現，LMX 也會影響創造力！沒想到吧？研究者以心理測驗與主管評定，來測量員工是否具有認知上的創新性（也就是，能夠跳出框框來產生創意、或是能夠對既有的觀點產生聯想）；發現與主管之間具有高 LMX 關係的員工，更具有創造力[16]。相對於多數其他的領導理論，這些在場域中研究的成果，為領導者—部屬交換模式提供了更務實的優點。

● 內隱領導理論

內隱領導理論（implicit leadership theory）是以被領導者的立場，來定義領導。根據這個觀點，我們每個人會藉由過去所經歷過的、不同領導者的類型，發展我們個人心裡內隱的領導者理想或形象。那麼，你理想中的領導者是什麼樣子的呢？如果你的新經理或者老闆符合你心目中的理想樣貌，你可能會認為他是好的領導者；如果不符合，我們就會把他們當成差勁的領導者[17]。

這個意思是說，每個人都可能是好的領導者，只要他的部屬覺得他的確符合他們心目中的領導者形象就可以了。這樣看來，領導是一個相當主觀的議題，沒有什麼客觀的標準或特性可以定義什麼叫做好的領導；只有當一個人的行為符合了我們的理想，才會是個好的領導者。

你喜歡這樣的領導者嗎？假設有一個經理，相當的和善、體貼，而且在進行與你有關的決策之前，總是會先詢問你的意見，讓你感覺自己不太像部屬，而更像是他的夥伴？或許，這就是你心裡所投射理想的領導者。但是或許，你的同事所喜歡的領導類型跟你的不太一樣，他可能更傾向一個威權、科層的人物；你可能不覺得這是一個好的領導者，然而你的同事卻很喜歡他並且這樣認為，或許，他喜歡人家跟他說到底該做些什麼，而且不喜歡參與決策。你也許聽過，偉大的領導者只存在於旁人的眼底，或者是在追隨者的心目中。

---

[16] Tierney, Farmer, & Graen (1999)

[17] Lord, Brown, & Freiburg (1999)；Lord & Maher (1993)

　　這樣看來，內隱領導不就不能客觀的測量了嗎？我們難道不能夠有一些概括性的行為標準嗎？好問題！那到底該怎麼做呢？在英國，有一項針對各種工廠 939 位員工所做的研究，他們用紙筆測驗來測量領導的內隱理論，結果定義了 4 個好的領導特質，與 2 個差勁的領導特質。正向特質包括敏銳的（sensitivity）、睿智的（intelligence）、專心致力的（dedication），以及朝氣蓬勃的（dynamism）；負向的特質則是專制的（tyranny）與剛毅的（masculinity）。這些正向、負向屬性在所有的年齡、職涯階段、員工階層中，都獲得了一致性的結果[18]。內隱人格理論是領導研究的一種特殊取向；它在職場中的有效性，仍然有待更多的研究來確認之。

第三節　領導風格

　　接下來，我們來看看領導風格的差異。許多的 I/O 心理學研究關注工作中明顯的領導風格與行為。以下，我們將討論威權式與民主式、交易型與轉化型領導者之間的差異。

・威權式和民主式領導者

　　領導風格可以被視為在一個連續向度上，包涵了各種類型。這個連續向度，從高威權式領導（authoritarian leadership）風格——領導者自己單獨所有的決策，並告知其部屬該做什麼；到高民主式領導（democratic leadership）風格——領導者會與部屬討論問題，並共同決定工作的決策，給予部屬工作的自主性。

　　在一些特殊環境裡，需要特殊的快速與高效能的工作績效，生產力與滿意度大多靠威權式領導來維繫。I/O 心理學家認為，這些員工認知到他們的工作本質，是不允許花時間在參與討論的，例如：消防員必須對火災

---

[18] Epitropaki & Martin (2004)

警報立即做反應,並遵循其主管的指示。他們沒有時間開研討會議,來慢慢決定最佳的處理火災方式。

• 交易型和轉化型領導者

交易型領導(transactional leaders)是指以滿足和酬賞員工的需求,來交換他們的績效表現。依循著途徑目標論的觀點,交易型領導被期待致力於以下的幾件事情:「設定清楚的目標,在領導者對部屬的期望,以及部屬根據其努力與承諾所該得的酬賞之間,努力地促成正向的發展,並提供建設性的回饋,使每個人都能留在他們的工作上。」[19] 交易型領導者關注既定的日常工作效能之提升,而且比較關切如何運用既有的組織規範來提高員工的動機,而少於關注該如何改變組織的議題。因此,他們在漸漸步入軌道、形成制度的組織中最有效;他們使各種有助於組織邁向成熟、強調目標設計、操作效能,以及與生產效能之提升有關的實務,能予以奠定並且標準化。

轉化型領導(transformational leaders)在行為上更為自由多變。他們不受限於員工的知覺或期待,相反的,他們改變、轉化,或者形成了追隨者的需求,改變他們思考的方向。

轉化型的領導者使用部屬所將成就的遠景和目標,來挑戰並鼓舞他們。這些領導者創造了一個屬於組織的願景,然後與部屬溝通這個願景;他提供一些回饋與建議,以鼓舞他們繼續前進。一項針對多個公司中近200位經理職以上(從經理到總裁)人員的研究發現,轉化型的領導者在外向性(extraversion)、親和性(agreeableness)等人格因素的得分上,比非轉化型的領導者要來得高[20]。一份針對45個領導研究所做的後設分析則發現,女性遠比男性要更傾向於扮演轉化型的領導者[21]。

---

[19] Vera & Crossan (2004, p.224)

[20] Jodge & Bono (2000)

[21] Eagly, Johannesen-Schmidt, & Van Engen (2003)

轉化型領導有三個被清楚指認的成分[22]：

- 魅力型領導（charismatic leadership）：領導者鼓舞了部屬對他高度的信任。
- 個別化的體恤（individualized consideration）：領導者提供給了部屬大量的關心與支持。
- 智性的刺激（intellectual stimulation）：領導者說服追隨者對工作有不同的思考方式。

在企業經營者、高階軍官、政府與大學的高階行政人員的研究中發現，被部屬稱為轉化型領導者的人，比其他人在工作中更具影響力。他們與部屬的關係，比起交易型的領導者與部屬的關係，要來得更好，對組織的目標也有比較大的貢獻。員工們說，比起交易型領導者，他們更努力地為轉化型的領導者工作。你是不是也這樣認為呢？

其他的研究則說明了，轉化型領導者更能激起員工們賦權的感受，並且認同於領導者、認同自己的工作單位。他們也激勵了部屬，超越了自己所習慣的方式，來進行思考或者行動，以引導出最佳的能力。轉化型領導還能使部屬產生更多的創造力呢！[23] 轉化型領導比其他的領導風格更有效，這一點已經在不同階層的工作中證明，也獲得了美國、印度、西班牙、中國和澳洲等國家廣泛的跨國證明。

你是不是也認為，轉化型的領導者比較容易表現出魅力型的領導呢？魅力型領導對於自己的場域有廣泛的知識，有自我促進的人格、高度的活力，樂於承擔風險並使用非傳統性的策略。他們能有效地使用自己的權力，來服務其他人並且獲得他們的信任，刺激追隨者進行獨立的思考與提問。他們與部屬之間維持著開放的溝通，並且自由地與他們分享知識。他們傾向於使追隨者產生高度的工作績效與正向的工作態度。

---

[22] Bycio, Hackett, & Allen (1995)

[23] Bass, Avolio, Jung, & Berson (2003)；Bono & Judge (2003)；Kark, Shamir, & Chen (2003)；Shin & Zhou (2003)

　　魅力型領導也與追隨者溝通個人的願景，以使他們的行動有助於願景的實現；他們能表現強而有力的溝通風格，使用醉人的口吻、生動的表情，活潑地與他人互動。一項針對德國行動電話公司 25 位中階經理的研究發現，我們可以透過訓練來幫助經理人成為更能鼓舞人心的領袖！只需要一天半的課程，教他們什麼是魅力型領導的行為，以及如何準備和進行鼓舞人心的演講 [24]。我們常常在草創時期的企業中看見魅力型的領袖，他們引導組織的變革，並深深地激發員工的生產力。但魅力型領導也有些風險，他們可能對其他人濫用這種權力，也可能不顧員工的需要，只為了個人的利益，而鼓舞別人去行動。

第四節　在領導中權力的角色

　　領導行為中的權力議題有兩個：(1) 領導者對部屬有哪些權力；(2) 領導者被哪些權力所激勵。領導者會根據領導情境、追隨者特性，以及他們的個人特質，來運用權力。

・權力的類型

　　心理學家提出了五類與領導有關的權力 [25]。前三項是：

　　1. **酬賞權**（reward power）：領導者能使用加薪或者晉升的手段來酬賞部屬。這種權力賦予了領導者某種控制員工的方法，而能影響員工的行為。

　　2. **強制權**（coercive power）：領導者擁有相當強勢的權力來源，能夠以開除、抑制晉升與加薪、使員工留在不喜歡的工作上，來當作懲罰。

　　3. **合法權**（legitimate power）：合法權來自於組織的正式結構，這是由於科層的控制性規範了領導者引導與指導部屬的權力，部屬則有服從指

---

[24] Frese, Beimel, & Schoenborn (2003)

[25] Yukl & Taber (1983)

導的義務。

　　這三種權力類型來自於領導者和部屬雙方所屬的組織，由組織來定義、規範，並且貫徹之。而以下的兩種權力類型則是由領導者自身而來的，是基於部屬所知覺到領導者的個人特性而定的。

　　4. **參照權**（referent power）：參照權指的是員工對領導者及其目標的認同水準，這會決定他們是否願意接受領導者目標做爲個人的目標，並且爲達成目標而追隨領導者。

　　5. **專家權**（expert power）：專家權則是領導者被認爲擁有達成團體目標的關鍵性技能的信任程度；員工認可了領導者的專業性，就會比較願意支持他們的工作。

• 權力的效果與使用

　　也許你從個人的經驗就可以知道，如果想要用強制權來跟部屬進行協商，這不但一點用都沒有，還可能會帶來一些不良的後果；而且強制性太高的領導者，可能讓員工的工作滿意、生產力和組織承諾都降低。研究顯示，最有效的權力類型其實是專家權、合法權與參照權。

　　你一定常聽到，階級愈高的人愈容易追求權力的欲望！眞是這樣嗎？很不幸的，高階經營者與中階經理的確比較容易表現出強烈的權力需要。然而，最有效能的經理們並不會爲了個人利益而追求權力；他們對權力的需求其實是依附在組織的需求，且是用來達成組織目標的。因此，他們與部屬在建立良好的工作氣氛、高昂的士氣、高度的團隊精神時，常常能獲得眞正的成功。

　　假如經理人是爲了私人利益而激起權力的欲望，那麼，他們可能引發部屬對他們個人、而非組織的效忠。這樣，這些經理人即使再怎麼有效能，也不如那些以組織爲目標的經理人。

第五節　期望的角色：畢馬龍效應

　　你常常期待什麼，就能達成什麼嗎？這可不只是心想事成喔！有些領

導者或員工對工作績效的期待，常常影響了他的績效表現；例如：期待高績效的經理人，一般而言也容易獲得高度的績效表現，而對績效期待較低的經理人，往往也就表現不彰。

這個自我驗證的例子，最早是在教室裡頭被發現的呢！在一個課堂的實驗裡頭，老師告訴一些學生，說他們具有比較高的潛力，其他人的潛力則比較低；實際上，這兩群學生在能力上沒有差異，唯一的差別，就是老師所表達的期待。然而，被認為是具有高潛力的學生們，在智力測驗上竟然顯著地高於另外一群；顯然的，教師巧妙的與學生溝通對他們的期待，的確影響了學生的學業表現[26]。這種應驗自我預言的效果，被稱為畢馬龍效應（Pygmalion effect）；畢馬龍是塞普勒斯（Cyprus）的一個國王，他愛上了一個名為蓋勒緹雅（Galatea）的美女雕像；為了回應畢馬龍的祈禱，這個象牙雕像竟然活了過來，使他的美夢成真。

你以為這只是一個有趣的故事而已嗎？其實在職場上，自我驗證的預言獲得了大量的研究支持呢！一項包括了 17 個研究，共 3,000 位員工樣本的後設分析發現，這種現象在軍隊裡頭特別的強烈；其中，在男性又比女性普遍，而且在表現比較差的員工身上，也很廣泛發現他們對自己的期待真的比較低[27]。另一個針對伊斯蘭軍隊 30 個班的研究，確認了這項發現；而低尊嚴的女性新兵，一般的表現也的確比較差[28]。除了自己對自己的期待之外，別人對自己的期待也會這樣嗎？一項針對臺灣 166 位工程師、軟體開發專家、科學家、藥劑師的研究發現，當他們相信同事們對自己的創造力有所期待的時候，在他們的自陳報告中，他們比那些沒有這種期待的人，更認同自己具有較高的創造力[29]。

一項針對 584 位藍領和 158 位白領員工的調查發現，當主管以自己為楷模來說服員工應該要有自信心、要對自己有期待的時候，員工也會相信，他們的確具有工作上的創造力。換言之，主管們能在員工身上創造一

---

[26] Rosenthal & Jacobson (1968)

[27] McNatt (2000)

[28] Davidson & Eden (2000)

[29] Farmer, Tierney, & Kung-McIntyre (2003)

種自我驗證的預言，使他們更具創造力，且提升工作上具體的成果[30]。

第六節 領導的功能

1940 年代末期，俄亥俄州立大學開始了一個大型研究計畫，以定義領導者的功能。不同的領導者行為被分成了兩組功能，即體恤功能（consideration leadership functions）與主動結構功能（initiating structure leadership functions）[31]。

• 體恤向度

體恤功能包括了對部屬感受的知覺和敏感。這些功能是基於對人類關係取向的管理。高體恤的領導者了解並且接受部屬具有不同的動機與需求，而成功的領導者能藉由體恤個人的感受，與個別的員工建立聯繫。然而，這些行為確實造成了主管們額外的負擔，他們得在維持生產水準和組織目標的同時，對員工們保持同理、溫暖與理解。

這些行為在員工身上的效果，使領導者與他們的組織獲得了相當高的利益結果。一項針對某信託機構 115 位員工的研究發現，當經理人與員工之間彼此歧異的時候，能夠開放的溝通並且關心員工的經理，比較容易會被知覺為可信的，而且員工對這些歧異表示不滿；與這些獲得信任的經理人一同工作的員工，可能為組織做出遠超過工作要求的貢獻[32]。

聰明如你者，一定能在體恤功能和前面所談到的某些領導風格之間，看到某些相似之處吧！沒錯，高度的體恤正和權變理論的個人取向、途徑目標理論的參與式領導、領導者—部屬交換論的領導取向有關。

---

[30] Tierney & Farmer (2002)

[31] Fleishman & Harris (1962)

[32] Korsgaagrd, Brodt, & Whitener (2002)

• 主動結構向度

主動結構的功能則是關於領導中必須就部屬的工作予以組織、澄清並指示的角色。有時候，這種管理方式會與體恤向度的要求有所衝突。對主動結構而言，為了完成工作，經理人必須分派特定的作業，指示相關的程序，並且透過監督來確保工作恰當的完成。

這些相關的活動可能被稱為威權的行為和決策，而且可能讓領導者沒有時間或機會來考慮部屬的需求或感受。許多工作必須在特定的時段內完成，而且必須達成特定的品質水準；這樣，對經理人而言，要平衡體恤和主動結構兩類的功能，其實並不容易。

主動結構的功能類似於權變理論的作業取向、途徑目標理論的指導式領導、領導者—部屬交換論的督導取向。

雖然兩類行為功能的觀點迄今已五十多年，但是近年對領導行為的研究，說明了它們仍然有效。一項對 322 個研究所做的後設分析發現，體恤與領導表現、團隊或組織的績效之間，有顯著的正相關；主動結構則與領導者個人滿意度、團隊績效有關；兩者則同時都能影響領導者的效能，以及部屬的工作動機[33]。

第七節　成功領導者的特性

什麼是成功的領導特性呢？這個問題可能會隨著經理人的階級而有所改變。自動化製造公司總裁的領導功能，與自動繪圖的督導之間，應該很不一樣吧！一般而言，職位愈高的主管需要較少的體恤行為，而更需要主動結構的行為。高階主管比基層主管需要較少的人際技巧，因為典型的高階主管所直接控制或指揮的部屬，總在少數。執行長負責協商的部門主管，再怎麼樣人都很少，但是第一線的主管則動不動就會有上百個、甚至更多的員工要管理。因而，不同階層的領導者會有相當不同的功能、特徵和工作挑戰！

---

[33] Judge, Piccolo, & Ilies (2004)

• 第一線主管

I/O 心理學對基層主管的研究，也提供了許多的建議。多數生產工作上的主管，具有以下的特性：

1. **有效能的主管是個人取向的**：他們在體恤功能上的得分比失敗的主管要高。

2. **有效能的主管是支持性的**：他們對員工更有幫助，而且更樂於保護他們免受高階經理的批評。

3. **有效能的主管是民主式的**：他們頻繁地與員工開會，徵詢他們的觀點，並且鼓勵他們參與；效能低落的主管則常常比較獨裁。

4. **有效能的主管是有彈性的**：他們允許員工用自己的方式，來達成任何與組織一致的目標；效能低落的主管則老愛提供工作上的各種指示，而且不允許任何脫序的情況。

5. **有效能的主管稱自己為教練而非上級**：他們強調品質，提供清楚的指導，並且提供即時的回饋。

• 經理人與執行長

組織高層的經理人與執行長在體恤行為上較少，而在主動結構的行為上比較多。換句話來說，他們的關係取向比較少、工作取向比較多。此外，成功的執行長還有另外一些共同的特徵。接下來，我們就來看看這些學院的歷練、人格、權力角色和督導的重要性。

1. **學院經驗與智慧**：你覺得學歷與畢業之後的工作成就，有什麼正相關嗎？有學院背景的人在管理層級上比未進過學院的人升遷得比較快、職位也比較高；在學院裡頭成績比較高的人表現了比較高的升遷潛力、比較快獲得第一次的晉升，最終，也升遷到比較高的管理職位。即使根據評鑑中心法給了那些從名校畢業的經理人較高的評定，但是學校的品質或聲望對之後的績效表現，其實沒什麼預測力！

那麼，在主修科目與未來的工作潛力或晉升方面，有什麼關聯嗎？是的！我們來看看，哪些主修會有比較好的工作表現？主修人文與社會科學的人，在工作表現上獲得了比較優越的評估，並且他們升遷得比較快、也

在企業層級上升得比較高。主修企管的排名第二；數學、科學與工程，則是第三。爲什麼這樣？因爲主修人文與社會科學的人在決策、解決經營問題的創造力、智力、語文溝通技巧、晉升動機等方面，都有比較優越的表現。他們與主修企管的人們，同時在人際互動、領導能力、口語溝通，以及個人彈性上，比主修數學、科學和工程的人要來得更好。

多年來你一定聽過，許多人們認爲或者以爲，領導者比他們的部屬要聰明得多；事實上，近年的研究並不支持這種假設。研究顯示，智力與領導之間的相關相當低，換句話說，智力並不能預測領導表現 [34]。

2. **人格**：如同在第四章所見的，人格的各種觀點——尤其是五大人格理論——與工作表現之間有高度的相關。一項針對 17 位企業總裁的研究發現，在管理高層中，人格是工作成功的一個重要因素。在執行長層次的最高管理團隊中，嚴謹性（conscientiousness）與控制感有關；情緒穩定性會影響團隊的凝聚力和認知上的彈性；部分總裁的親和性與最高管理團隊的凝聚感有關；而外向性與領導者的支配性有關；經驗開放性則與團隊對於風險的承擔有關 [35]。

一項針對同一家公司在香港和美國辦事處共 571 位銀行出納的研究發現，經理人會對與他們性格相似的部屬有較高的信任與承諾；因此，性格相似性可能會帶來比較高度的領導者─部屬交換 [36]。

3. **權力的角色**：我們注意到，對成功的執行長而言，權力是一個重要的驅動力量。數十年前心理學家 David McClelland 提到的領導動機型態（Leadership Motive Pattern, LMP）被說成是「開疆闢土」。高 LMP 的人被認爲是有效能的經理人，他們有高度的權力需求，低度的親密需求，以及嚴謹的自我控制；相較於被人們喜愛的期待，他們其實更想影響其他的人 [37]。這個人格型態的研究，在非技術性工作中，能非常有效的預測出誰會是成功的經理人；經理人的成就動機（表現優異的需求）也能預測他個

---

[34] 參見如 Fiedler (2002)；Judge, Colbert, & Ilies (2004)

[35] Peterson, Smith, Martorana, & Owens (2003)

[36] Schaubroeck & Lam (2002)

[37] McClelland (1975)

人的成功；另外，LMP 較高的經理人，往往也喜歡高聲望、高地位的工作。

4. **導師**：在公司裡，從良師那裡獲得更多支持或支援的人，通常也就是比較有機會晉升的人。導師是某種教練或者顧問，他們提供新人各種的支持與指導。有些人相當幸運地擁有良師，並且因而比那些沒有良師的更快地獲得了加薪與晉升。一項包括 43 個研究的後設分析指出，良師或導師不論在工作上，或者是透過包括了角色楷模、諮商、友誼的心靈啓發上，都具有生涯促進的價值。獲得導師引導的員工對工作、對組織都有較正向的態度，在晉升與加薪方面亦都更加成功 [38]。

5. **不成功的執行長**：或許我們也需要知道，哪些特性會導致經理人的失敗，而這和成功之道，是一樣重要的議題。這類失敗常常用「脫軌」來說，因爲他們其實是從既有的軌道上，給掉了出來。

某些具有管理潛力的人，因爲性格的因素而被排擠或被迫提前退休，而非工作表現不好。這些從軌道上「脫了軌」的人，被主管們判斷是缺乏體恤的、感覺遲鈍的、傲慢的，以及冷漠的；他們表現了一種讓人懊惱的、獨斷性的領導風格，而且常常有過度的個人野心。有一個 I/O 心理學者認爲，失敗的執行長，其實是在思考上出現了瑕疵和謬誤 [39]，像是：

(1) **不切實際的樂觀謬誤**：以爲自己夠聰明，能夠做任何自己想做的事。

(2) **自我中心的謬誤**：以爲自己是唯一重要的人，因而所有的人都應該不計一切地爲他們服務。

(3) **全知的謬誤**：以爲自己知道所有的事情。

(4) **全能的謬誤**：以爲有全面可能的力量，而且有權力做任何自己想做的事。

(5) **刀槍不入的謬誤**：以爲自己能僥倖的做成任何自己想要做的，因爲自己能夠明智地去掩飾；即便被抓到了，他們也認爲自己不會被懲處，因爲他們以爲自己實在太重要了。

---

[38] Allen, Eby, Poteet, Lentz, & Lima (2004)

[39] Sternberg (2003), pp. 395-396.

第八節　領導的問題

● 第一線主管

如同在不同層級會有不同的領導特性一樣，不同層級的領導者也有相當不同的壓力與問題。某些第一線主管的工作，比經理人更困難，而且他們其實很少受過正式的管理訓練。這些主管很可能根本沒有接受過任何的相關訓練，而且他們也不像高階主管，往往經過謹慎的甄選。對他們而言，常見的甄選策略就是挑出最有能力的人來擔任主管，而沒有經過任何管理潛能的評量。

假如這些從基層晉升的主管就是這樣升上來的，可想而知，面對某些衝突是在所難免的。在晉升之前，他們被同事接納並且共享著類似的態度與價值；他們會和同事在工作中一同社會化；他們的工作團隊會給予他們相當程度的認同感與歸屬感，提供相當程度的安全感。

成為主管之後，他們就不能再與同事們、朋友們保持一樣的關係了。即使他們仍然想要維繫部分的關係，然而，因為關係已經改變了，以前的同事自然不會再用相同的方式來回應他。這會減損他來自團體的親密與認同的安全感。

第一線主管是工作者與經理們之間的接觸點，他們必須嘗試去權衡雙方之間的需求衝突！如果基層主管期待自己能夠獲得並且維繫員工的忠誠與合作，他們就必須對員工說明經理們的需要和決定，對經理們說明員工的要求，並且提供具有緩衝作用而開放的溝通管道。事實上，對於基層主管而言，如果他們想要保住自己的工作，通常只能比較依循著經理們的命令。

你知道嗎？其實第一線主管的工作已經漸漸地複雜了！當代組織漸漸地傾向於與部屬分享領導和決策的權力，這使得基層主管早晚會失去僅有的一點自主性。對他們來說，自主工作團隊（self-managing work groups）是另外一種對於個人權力與威權的威脅，因為除了把自己的權力分享出去之外，他們還得幫大家揹黑鍋！如果工作團隊比預期的更缺乏效能，這些主管可能會被責備；而若工作團隊具有效能，最高管理階層則常

常歸因於員工們努力的成果，更甚於基層主管的功勞。

還有電腦科技，也使得基層主管感到困頓。他們通常得為硬體負責，即使他們沒有受過任何相關的訓練。電腦可以控制、監督產品的品質與數量，並且提供高階經理員工的績效、產出與其他人事或製程的資料，根本不需要第一線主管下達任何指示。

• 經理人與執行長

這樣看來，中階主管真是難為呢！面對了不同層級的壓力，他們很容易地就會表現出極多的不滿。某些抱怨是經常可見的。他們在公司政策上沒有影響力，而被期待無異議的執行政策；當他們執行公司政策的時候時，卻很難獲得充足的權力和資源；他們必須和上級的觀念搏鬥，以便說服他們接受自己的想法跟計畫。如此一來，中階主管常常經驗到大量的兩難和挫折。

中階主管另一個不滿的來源，是某種過時感。普遍上，他們大都已經三十幾、到四十出頭了，多數都已經達到了生涯的高原期，而且不太可能獲得額外的晉升。這樣的想法常常成為中年危機的一部分。他們處於在年輕的部屬、文化價值的變遷，以及對組織目標重新界定的多重威脅之下，且部分的人已經開始進入了自我檢視的時期。他們的生產力、創造力和工作動機，都可能會下滑，而且基本上很容易處於一種待退休的狀態中，對組織的貢獻也只剩一點點。員工對於決策的參與，對中階主管而言，亦是另外一種壓力。參與式民主所帶來的激烈變革，導致了他們在管理上的權力、地位之喪失；儘管那些低階員工還不太具有影響他們工作決策的能力，然而，民主思維已經漸漸淘汰了傳統的管理特權，像是保留停車位、用餐的包廂，或者個人辦公室等等。

對高階主管而言，更常見的壓力則是來自對組織的過度投入以及超時工作。每週工作六十到八十小時，並且得在晚上或者週末，還把工作帶回家裡，這在高階經理的身上並不少見。即便是他們在家，或者在旅行的時候，還是一樣得把手機、筆記型電腦帶在手邊、繼續工作。這會造成個人生活上的不平衡，只剩下一點點時間給家庭。似乎高階主管未必是一群快樂的人呢！

　　高階經理的酬賞相當豐厚，涵蓋了各種權力、金錢、地位、挑戰等；但工作上的要求也很多。儘管如此，在自陳報告當中，他們仍然呈現了高度的工作滿意，多數的高階經理都願意留任，他們的工作提供了多樣的滿足，且有很多正向的樣貌。

第九節　職業女性

　　歷經了數十年，現今女性員工在組織中已經比較有機會升到高層了。1995 年世界 500 大企業中，女性在最高管理階層當中只占 8%；到 2000 年的時候，占了 12.5%；而在兩年之後，進步到了 16%。在傳統的男性產業中，例如汽油業、礦業、重機與工程等，女性仍然少見；在服飾業、零售店面的女性，則相較之下要多得太多了 [40]。

　　在美國，女性在中、低階層的管理職中占了 46%，這個數據高於其他的工業化國家；在瑞典和英國，女性充任這些管理的有 30%，德國是 27%，日本則有 9%[41]。職業女性在所有的階層中，相較於男性員工，薪資都比較低。證據顯示，即使是協商或要求比較高的薪資，也會碰到比較多的障礙。

　　一項針對 37 位新科碩士的調查發現，57% 的男性能順利地協商職位與薪資，女性則只有 7%；那些透過協商來敘薪的人，比沒有協商的，平均要高 4,500 美金！一項針對 38 位商學院學生的求職研究中，他們被問到，是否認為自己有資格拿到比別人優渥的薪資，或是在相同的工作上能獲得相同的薪資？有 70% 男性說他們有資格拿到更多的薪水；70% 的女性則說，她們也有資格獲得相同的薪資。而在後續的訪談中，85% 的男性說，組織所給付的薪資能界定他們的價值，而同意這種概念的女性，則不過 17% 而已；多數的女性認為，不論公司給了多少錢，都不能代表他

---

[40] Walsh (2002)

[41] French (2003)

們的價值[42]。

你知道嗎？不只是薪資的問題，還有別的！從一開始上班，職業女性便面臨了其他工作上的問題！一項 69 位中高階女性主管和 69 位同階男性主管的比較研究發現，比起男性，女性在晉升上的阻礙多很多；她們在契合組織文化方面，有具體的困難；她們常感受到，被蓄意的從非正式網絡中排除、很少獲得好的工作、很少被考慮外派的機會，很難與高階主管發展好的導師關係，並且比男性更難讓執行長看見自己的成就；這些女性主管相信，她們必須比男性更努力，且達到更高的標準[43]。

聰明如你，也許跟我一樣覺得這不公平，而且受到了性別刻板印象的影響！你常常會聽到所謂的女性特質，像是同理的、敏感的等，或者所謂男子氣概，諸如進取的、有野心的、自信的，好像比較適合製造業和業務的工作，其實，這些都是刻板印象。當女性在工作上有所成就的時候，她們那些通常是男性的主管，大多將成功歸因於她們的幸運或者其他條件，而非個人的能力；然而，男性的成功卻常常歸因於能力，而沒有其他可能打折的因素。

不只如此！女性經理人與男性經理人在領導行為的評價上也大相逕庭。當男性和女性主管都表現出獨斷性的時候，女性會被看成是堅持己見；而且這些看法不只來自於男性，竟然也來自女性。一位女性律師寫道：

> 沒有比一個（太）像男人的女人，更令男人嫌惡——特別是有權力的男人。有個條件相當好的女性，到我們公司來應徵某個職務。她在我們所需要的特殊領域上，有相當多年的經驗，但當她提出申請的時候，大家都不喜歡她。男人們和女人們都這樣說：「她太男性化了。」最後，她沒有得到這份工作[44]。

這樣看來，女性經理人被期待：要武斷，又不能太武斷；要能承擔風

---

[42] Ellin (2004)

[43] Lyness & Thompson (2000)

[44] Ely (1995), p.617.

險、要堅強、要有企圖心，但是不能太男性化；要負責，同時要順從其他人的指示；而且，當她們愈是爬到高階的職位，她們就得愈具有某種傳統男性的形象才行。這樣，她們顯然被期待必須表現得比男性更好，但是，她們會擁有更高的薪資嗎？

在一個關於職場上性別刻板印象的調查研究中，95 位男性和 56 位女性經理們被要求評估，大概有多少比例的男性或女性經理，會表現出一組特定的各種領導行為。結果發現，他們相信男性經理比較會授權、激勵、提供員工明智的刺激，以及問題解決；女性經理則被認為比較擅長於督導、酬賞，以及支持員工 [45]。

男性和女性的部屬則傾向於評估，男性和女性主管都同等的有效能。他們對男性和女性主管在工作取向、員工取向，或是在體恤行為、主動結構行為上的評估，沒有什麼性別差異。研究也顯示，女性經理人的成就驅力，往往比男性要來得更高。

有些證據認為，女性經理人在要求員工紀律方面，比較不能堅持。一項針對 68 位女性和 95 位男性員工的訪談研究顯示，只有 40% 的員工認為女老闆們比較能夠適當且有效地要求紀律；反之，有 57% 的員工則認為男老闆做到了這一點 [46]。

整體來說，女性執行長比基層的女性主管有更高的工作滿意度。即使大多數的女性主管都相信，自己在升遷上遭遇了比較多的阻礙，或者為了相同的成就卻被期待更大程度的努力，換言之，她們都覺得受到了歧視，但工作滿足感卻沒有因而降低。

那麼，女性經理人相較於男性，是不是比較少獲得導師的諮詢輔導呢？跟我們所猜測的相反，對女性經理人的研究發現，她們獲得了相同次數的導師諮詢。那麼，良師的性別會不會造成某些影響？根據一項對 350 位女性和 250 位男性工程師、社會工作者、新聞撰稿人的研究發現，由男性督導的，比女性督導下的女性經理人，有更高的薪資；而女性良師下，比男性良師下的男性經理人，則對導師的滿意度比較低，對諮詢輔導的接

---

[45] Martell & Desmet (2001)

[46] Meece (2000)

受度也比較低，而且他們認為自己被派到了比較沒有挑戰性的工作，也比較沒有時間跟良師在一起[47]。思索這些發現的可能解釋，是不是也讓你覺得很有趣呢？

　　有時候，其他的一些訓練發展的活動，比較不會放給女性經理人。對男性和女性經理人的比較研究中一致性的指出，不論是正式的訓練課程，或是在職成長的體驗（諸如能增加對資深經理的了解的那些高度的、具挑戰性的任務），女性的機會都比較少。同樣的，女性經理人相較於同階層的男性經理，似乎甚少從主管那裡獲得什麼鼓舞。

　　有些女性經理人會因為升遷的阻礙和機會受限而變得沮喪，於是決定離開原本的公司，去開創自己的事業。比較男性和女性經理人的離職原因發現，女性離職的理由更可能是由於相信自己沒有機會完成個人的生涯期望。然而，即便是為自己工作，女性還是得面對各種歧視。女性的創業常常都是在某個圈子裡，像是店面零售、教育，或者個人顧問服務之類的；然而，這些女性創業者可是跟男性一樣的成功喔！

　　想知道更多關於各層級女性員工的進步與問題的資訊，請造訪美國勞工部女性事務處的主網：www.dol.gov/wb/；這個網頁提供了各種出版物、統計、政府政策，以及所謂非傳統類工作中的女性相關材料。它也有一份線上的通訊刊物。另外一個有用的網頁則是美國女性執行長協會：www.nafe.com。

第十節　管理階層中的少數族群

　　剛看過女性員工所面臨的不公平對待，你心裡一定不太舒服吧？但是別忘了，不只是女性，少數族群在工作上大都遭遇了同樣的問題！雖然現在少數族群的員工已經漸漸地能升上管理階層，但是他們依然得面對許多的刻板印象、偏見，以及獨特的問題與挑戰。正如女性經理人，不論是黑人、華人，或者其他少數族群的經理人，如果要晉升到高階，恐怕都會遇

---

[47] Ragins & Cotton (1999)

到玻璃天花板效應；而且這張天花板，恐怕比女性的還要更低！多數在管理職位上的少數族群，主要是黑人；另外，也有少數的拉丁裔和亞裔，而這類對少數族群的管理人事研究，則大多都以黑人為研究對象。

黑人通常得比白人更努力的表現自己，可是他們的績效評估卻老是更為嚴厲。他們可能會發現，白人對他們很憤慨，認為他們是因為公平就業的相關規定，而被放水、溜進來的。族群態度廣泛地發生在每天的互動過程當中，與主管、與同事、與下屬，以至於一些少數族群的經理人相當挫敗。Corning Glass 發現，黑人經理的離職率是白人的 3 倍；孟山都化學（Monsanto Chemical）則報告說，黑人經理們離職的主要理由是：與主管之間的相處、缺乏歸屬感，以及缺乏工作上的挑戰。少數族群的男性都已經受到不公平的對待了，那麼，少數族群的女性是不是更悽慘呢？很不幸的，你猜對了！來自美國勞工部的統計資料顯示，少數族群的女性相較於白人女性、少數族群男性，工作機會更少、薪資所得也更低。在一項對 30 個不同公司中 1,735 位黑人、亞裔、拉丁裔等女性的調查發現，超過一半的女性員工認為她們其實受到了歧視；即使大部分美國公司都有關於晉升和鼓勵人力多樣性的政策，但是這些受訪的女性認為，這些政策根本無法防治職場上微妙的種族主義與性別偏見，相較於五年之前，她們的工作機會並沒有清楚的改善。

將近 35% 被詢問的女性認為，人力多樣性方案帶來了一個更具支持性的環境，但是只有 25% 的人覺得，這些方案真的為她們開啟了更廣泛的生涯路。而當這些少數族群的女性員工被問到，什麼是她們生涯路上的最大阻礙？最常見的回應是：我們沒有良師益友，沒有顧問諮詢的導師，與同事之間的非正式聯繫也碰到了困難。

當一個黑人從同樣夠格的白人中被拔擢的時候，也會引發一些衝突。研究顯示，對升遷機會從自己身旁流逝的通常反應，就是認為黑人老是因為種族保護而獲得升遷。這種態度能引起雙方互相的敵意。另外一個頗大的問題則是，黑人經理可能在與其他少數族群員工之間的相處有困難。拉丁裔和亞裔通常相信，黑人會受到特別的待遇。這種知覺在黑人經理需要為部屬打考績的時候，就會出現。所有少數族裔的員工，都期待黑人經理比白人經理更寬容一點。而黑人經理則受到黑人部屬的壓力，得對他們有些特殊待遇，或是刻意忽略他們一些績效表現上的缺失。事實上，

關於經理這端，任何偏愛的知覺都會在員工身上引起對立，並且影響整個工作團隊的表現。

對美國陸軍 2,883 位主管—部屬對偶的研究發現，在關係初期，部屬對主管大多感到滿意，但是當主管和部屬分屬不同族群的時候，部屬的關係滿意就會逐漸地下降；而滿意度最低的，則出現在白人部屬和非白人主管之間[48]。

職場多樣性的訓練方案能夠有效地減少工作中的偏見與歧視，並且教導所有族群的員工們，對於全部族群團體的需求、價值與關注，都能夠有更大的敏感性。

⋯⋯⋯⋯⋯⋯⋯⋯⋯⋯⋯ 摘 要 ⋯⋯⋯⋯⋯⋯⋯⋯⋯⋯⋯

有一半的新興組織在兩年之內，因為糟糕的領導而倒閉。不適切的領導會造成員工績效的低落、低度的工作承諾、低度的工作滿意，以及高度的壓力。

科學管理哲學只關心生產力，而在 1920～1930 年間被人本取向所取代；後者則在維持生產力的同時，關心員工個人的成長需求與工作滿意。McGregor 所說的 X 理論，認為人們不愛工作，並且需要強制性的、直接性的，以及含括懲罰的領導；Y 理論則認為人們有創造力、能勤奮工作、願意負責，並且對決策的參與，能使他們有最佳的工作表現。

權變理論認為，領導者的效能是領導者特質與領導情境之間的交互作用。途徑—目標理論則強調領導的核心，在於協助部屬達成其目標。領導者—部屬交換論（LMX）關心領導者對於部屬的不同對待。內隱領導理論則主張，領導是部屬基於過去與不同領導者相處而發展出來、對領導者的知覺。

威權式領導和民主式領導的差異，主要在於部屬的參與程度不同。交易型領導聚焦在奠定日常的慣例和程序、遵循既定的規則，以提升組織的效能。轉化型領導者則是透過個人的特殊魅力、認知的刺激、關懷鼓舞，

---

[48] Vecchio & Bullis (2001)

　　來啓發部屬並且改變他們行爲的方向。五種領導的權力則是酬賞權、強制權、合法權、參照權，以及專家權。

　　透過畢馬龍效應，領導者的期待能藉由自我應驗預言來影響部屬的行爲。領導功能分爲兩類：體恤和主動結構型。體恤行爲關注部屬的情感，主動結構行爲則關注如何達成組織的生產目標。

　　領導的特質會隨著階級不同而改變：愈往高階發展，就愈不要求體恤功能，而愈要求較多的主動結構功能。成功的第一線主管是個人中心的、支持的、對組織和部屬忠誠的；他們表現了民主的管理風格。而有效能的執行長則需要決策力與技術力，更甚於人際關係的能耐。有良師支持的人，可能會獲得更多的酬賞與晉升，他們對工作也有更多正向的態度。人格因素——例如五大人格理論——與管理成功有高度的相關。執行長的失敗尤其主要源於人格的因素，而非工作表現；不成功的執行長，具有謬誤的思維，例如不切實際的樂觀、自我中心、自以爲全知全能、自以爲刀槍不入等。

　　領導的難題也會跟著組織的層次而有所不同。第一線主管所接受的督導訓練非常的少，以至於在組織要求與部屬要求之間，常常面臨兩難；而參與式管理、自主的工作團隊、電腦科技等，則帶來了不少的壓力。中階經理則由於參與式管理而失去了權威，中年生涯讓他們感覺自己正面臨淘汰。比起較低階的經理們，執行長們面臨嚴重的超時工作，但是卻沒有對工作感到不滿。

　　比起男性，女性經理人的薪水還是比較低，她們也被拒絕進入薪資的協商。女性經理人依舊得面對性別的刻板印象所造成的歧視，但是部屬則評估她們，跟男性經理人一樣能幹。黑人經理們面臨了類似的刻板印象與歧視的問題，在跟白人以及其他族裔的部屬之間，也有相處上的問題。

⋯⋯⋯⋯⋯⋯⋯⋯⋯⋯⋯ 關鍵字 ⋯⋯⋯⋯⋯⋯⋯⋯

- ‧ 科學化管理　　　　　　scientific Management
- ‧ X 理論／Y 理論　　　　Theory X/Theory Y
- ‧ 科層　　　　　　　　　bureaucracy

- 權變理論　　　　　　　contingency theory
- 途徑目標理論　　　　　path-goal theory
- 領導者－部屬交換論　　leader-member exchange
- 內隱領導理論　　　　　implicit leadership theory
- 威權式領導　　　　　　authoritarian leadership
- 民主式領導　　　　　　democratic leadership
- 交易型領導　　　　　　transactional leadership
- 轉化型領導　　　　　　transformational leadership
- 魅力型領導　　　　　　charismatic leadership
- 畢馬龍效應　　　　　　pygmalion effect
- 體恤領導功能　　　　　consideration leadership functions
- 主動結構領導功能　　　initiating structure leadership functions
- 自主性工作團隊　　　　self-managing work groups

••••••••••••••••••••• 問題回顧 •••••••••••••••••••••

1. 糟糕的領導者、惡劣的領導者，會對影響組織和員工有什麼樣的影響？
2. 請嘗試區分科學化的管理，以及人際關係取向的管理。
3. X 理論和 Y 理論對人有什麼樣的預設？這些觀點會如何影響領導者？
4. 在權變理論中，領導者的情境有利性是指什麼？
5. 根據途徑目標理論，有哪四種領導風格能促進員工達成其目標？
6. 請描述領導者－部屬交換論中，所討論的兩類員工，以及兩類的領導風格。
7. 領導的內隱人格理論與其他的領導理論有何不同？
8. 請嘗試區分威權式和民主式的領導，並且區分交易型和轉化型的領導。
9. 在所謂的高科技公司剛創建的最初幾年，你認為哪一種領導更為有效？

10. 轉化型領導有哪些重要的成分？轉化型領導在員工身上有哪些效果？

11. 請定義酬賞權、強制權和合法權；它們與參照權、專家權之間有什麼不同？

12. 哪一種領導的權力最有效？你為什麼認為這是最有效的權力？

13. 請設計一個實驗，來測試畢馬龍效應。

14. 高體恤的領導者與高主動結構的領導者，在行為上有哪些不同？

15. 一個優質的第一線主管，具有哪些特徵？

16. 哪些困難是第一線主管在工作上會遭遇、而高階主管碰不到的？

17. 學院的經驗與個人的性格如何影響經理人與執行長的成功與否？

18. 請描述那些失敗的執行長在思考上的一些謬誤。

19. 哪些問題是女性經理在工作中會面臨、而男性經理比較碰不到的？

20. 公平就業機會準則對少數族群的受僱者有哪些優遇？而這些準則又為少數族群帶來哪些困難？

第八章　動機、工作滿意與工作情況

本章摘要

　　如果有人問你，你是不是只爲了薪水而工作，你會很狠的給他一個白眼嗎？我們在第一章已經回答了，我們在工作中所獲得的，並不只是薪水而已。然而，這並非本章的重點，因爲除了問人爲什麼工作之外，我們得更進一步的知道，什麼會讓我們把工作做得更好？什麼能提升我們的工作滿意度？什麼能讓我們對組織有更高的承諾？這些問題都是組織所要面對的重要課題。

　　組織需要使用 I/O 心理學的理論，來招募、甄選、訓練員工，並且提供他們有效的領導。即使如此，假如沒有提升員工的工作動機，有些人就不會有好的工作表現。

　　工作動機有這麼重要嗎？當然！讓我們來看看這兩個理由：(1) 如果你常常對工作感到不滿意、心煩氣躁的，是不是就很容易做出瑕疵品？(2) 我們一天需要花上三分之一、二分之一的時間來工作，假如老是對工作感到不滿意或者挫敗，那可是煩人的事情呢。況且，你得工作四十到五十年，這可是好長、好長的一段時間；特別是這些感覺，很可能還會影響你的家庭、社交生活，以及身心的健康。

　　這樣看來，工作動機的問題可不能輕忽！I/O 心理學長期地研究工作動機、工作滿意、工作條件、組織承諾等課題，而且已經有了許多的理論；有些強調工作職場因素的影響、有些強調個人的特質。這些理論引發了大量的研究，而且找出了許多改善工作行爲的技術。或許這些理論也可以提供一些意見，好讓你對自己的工作更爲滿意、更有成就感。

　　接下來，讓我們來看看兩類不同的動機理論：(1) 內容理論（content）；(2) 過程理論（process）。內容理論認爲，工作動機可能在工作的本身，包含挑戰性、成長的機會，以及工作中的責任；過程理論則不認爲動機藏在工作本身，它們把焦點放在工作者個人的認知歷程。

第一節　動機理論的內容

　　以下說明四個理論模式，包括了：成就動機理論、需求階層理論、二因論，以及工作特性理論。

• 成就動機理論

什麼是成就需求、或者成就動機（achievement motivation）呢？動機是對某種事物的渴望，而成就動機則是渴望事情做到最好、願意盡全力去做的程度。你或許曾經有這樣的感覺：渴望，讓人把事情做得比自己所想像的還要更好。很多人像你一樣的認為，成就需求是來自於對完成某些目標的渴望，而且人們願意把自己投身在這個渴望之中。

在 1950 年代以前，早期的成就動機研究，是由 David McClelland 等人所開啟的[1]。他們研究了許多的國家，發現成功的企業經理人大多都有這種強烈的渴望，即便在不同的國家，也都有類似的情況，例如波蘭這個共產國家，高成就動機的人口比率，跟美國幾乎一樣高；McClelland 認為，這種需求的滿足與經濟的成長有關[2]。

McClelland 的研究注意到，某些人會有比較高的成就需求：

1. 喜歡自己的工作環境，能展現個人才華的人。
2. 喜歡完成目標的風險，能在自己的掌控之下。
3. 喜歡有協助察覺、回饋的機制，以理解自己目前的工作成果。

你猜猜看，經理人的成就動機和公司的財會表現之間，會有什麼樣的關係？答案是：高度的正相關。當經理們的成就動機愈高，公司的財會表現也會更好；研究結果也顯示，高度成就需求的經理，會給部屬比較多的尊重、接納，也比較傾向於參與式管理的風格。看來，會有愈來愈多人重視員工和主管的成就動機。

研究顯示，技術精熟（mastery）與績效表現（performance）這兩方面的目標，可以滿足成就需求[3]。所謂的技術精熟，是指個人透過知識與技能的學習，而感到自己對工作能有更好的掌握；績效表現則是指個人企圖在工作中表現比別人更好的能力與成果。

一項針對荷蘭某能源公司 170 位員工的研究顯示，員工對於工作精熟的企圖，比對績效表現的企圖，在績效表現的提升上更為有效；一樣的，

---

[1]　Atkinson & Feather (1966)；McClelland, Atkinson, Clark, & Lowell (1953)

[2]　McClelland (1961)

[3]　Barron & Harackiewicz (2001)

技術精熟取向的員工，在與領導者之間 LMX 的品質上也會比較好，這樣也就連帶影響了高度的工作滿意、內在動機。相反的，績效表現取向的員工，在與主管的 LMX 方面品質比較差，在工作滿意和內在動機方面，也相對的比較低落。

　　一般而言，成就動機理論提供了關於工作動機相當有力的解釋，也被廣泛地運用在職場上。

• 需求階層論

　　你可能會問，難道我們只有成就需求，沒有別的需求嗎？問得好。這就是 Abraham Maslow 所努力回答的問題，他並且提出需求階層論（needs hierarchy theory）[4]。他認為，我們都正在追求那些尚未滿足的需求，被滿足的需求無法成為渴望的動機，而會讓我們注意到更高一層的需求。需求層次由基礎到高層，如下：

- 生理需求：是人類的基本需求，包括食物、空氣、水和睡眠、性的滿足。
- 安全需求：身體安全與心理安全的穩定需求。
- 歸屬和愛的需求：社會性的需求，如愛、情感、友誼、親密關係，相互的包容與接納其他人。
- 尊重的需求：自尊的需求、需要讚美與其他人的尊敬。
- 自我實現的需求：自我實現的需求，實現個人的潛能與能力。

　　他認為這些需求的滿足是逐層向上的，也就是說，在滿足了生理需求之後，才會傾向於尋求較高層的需求，例如在經濟有困難、沒有工作的時候，大部分的人會傾向於先滿足生存的需求，而不會想去追求更高層的、像是自我實現之類的需求。

---

[4]　Maslow (1970)

你知道嗎？歸屬需求其實也是重要的工作動機。員工需要發展社會支持的網絡，在同伴之間相互接納；而滿足自尊需求的行為，則包括了工作的某些酬賞，像是老闆的讚美、個人的晉升，或者配備了一個有窗戶的辦公室，或是專屬的停車位等等。高薪、豪宅，以及新車，當然也能滿足自尊需求，因為它們能讓人覺得自己是成功的人。

雖然 Maslow 的理論在概念上相當複雜，也不容易實驗，比較難在科學上有效的證明，或者具體的應用，然而，還是有些研究支持了這個理論；尤其，你一定聽過自我實現的概念，因為這個觀點正在中高階的管理階層中流行。

• 二因論

二因論〔motivator-hygiene theory (two-factor) theory〕是由 Frederick Herzberg 提出來的，雖然研究的結論不見得全部得到支持，但是卻讓許多組織重新定義動機和工作滿意的關係[5]。

Herzberg 認為，動機需求有兩類因素：一類是激勵因子，屬於較高層的需求，能夠讓人對工作感到滿意，是工作的內在因素，內容包括了工作特性、責任、成就的表彰、晉升、生涯發展與成長等。激勵因子的需求就如同 Maslow 的自我實現，使人對工作感到刺激、挑戰，以及吸引，進而對工作感到滿意，反之，當工作失去這些因素的時候，就無法令人感到滿意了。

而工作上的不滿，則是由於保健因子。「保健」這個字與促進和維持健康有關。保健需求是指工作外在的事項，包括了工作環境，像是公司的政策、主管、私人關係、工作條件、薪資、福利等；保健因子比較像是 Maslow 理論中的生理、安全、歸屬需求，當保健需求沒有滿足的時候，人們會對工作產生不滿。Maslow 與 Herzberg 都堅持，需求的滿足乃是從基層走向高層的。

Herzberg 的理論著重於工作的激勵因子，讓員工的激勵因子得到滿

---

[5]　Herzberg (1966, 1974)

足，就更能提升工作的效率。如果你是公司的主管，你會不會讓工作中有更多的機會，來滿足員工們在動機因子上的需求？你也許會給予員工更大、更多樣的工作範圍，好讓他們去計畫、執行、評價自己的工作；這樣，聰明的你正好使用了工作豐富化（jobenrichment）的概念。現在，讓我們來看看，Herzberg 怎麼讓工作豐富化？

1. 給員工更多空間管理自己的工作，增加員工自己控制的職責、權力和自由。

2. 讓員工有機會完成工作的全貌，而不只某一個部分而已，例如：允許員工完成製作某個產品全部所需要的步驟，這會讓工作更具有意義感。

3. 持續提供正向的回饋，使員工們在工作中就能獲得直接的回饋；這比上司在事後才提供回饋要有用多了。

4. 鼓勵員工嘗試新的、具挑戰的任務，以及成為一個專業工作者。這整個計畫的目標，就是增加個人的成長，和滿足需求、責任感、提供新的認識及工作豐富化，這比單調的工作更能提升工作表現。有個調查了 1,039 位玻璃製造業員工的研究指出，工作豐富化可增加他們的自我效能感—他們相信他們可以勝任工作、更多機會負責任、自治、信心、學習更多知識技術，且工作更具有意義。

・工作特性模式

你是不是也覺得工作豐富化能給員工帶來很多的幫助呢？自己掌握自己的工作，固然很棒，但是特定的工作目標或是特性，也會有相當大的幫助。換言之，工作除了要豐富化，也要有特定的工作特性。J. Richard Hackman 和 G. R. Oldham 發展了工作特性模式（job-characteristics theory）[6]，認為特定的工作特性能影響員工特定的行為和態度；假若個體有較高的成長需求，他就比較能被具潛在成長特性的工作所激勵。工作特性並非直接改變員工的行為和態度，而是透過個人的認知過程來改變知覺，

---

[6] Hackman & Oldham (1976, 1980)

進而帶來高度的動機、績效表現，以及工作滿意。

好的工作表現，容易帶來好的感覺；然而，工作表現的背後，很可能有著相當高度的渴望或是需求。工作特性論正說明，外在的工作特性能夠帶來心理愉悅的感受。接下來，讓我們來看看 Hackman 和 Oldham 如何定義工作特性的核心：

1. **技能多樣性**：工作者在工作中會使用較多的技術和能力，工作的挑戰愈大，意義性和成就感也就愈高。

2. **工作完整性**：讓員工參與完整的製作或服務過程，而非只做其中的一部分。

3. **工作意義感**：工作本身讓人感覺有意義，不論是對同伴或者消費者，例如：飛安技師比起印刷工人，影響了更多人的生活。

4. **自主性**：提供員工自行安排、組織自己的工作空間。

5. **訊息回饋**：對於員工的工作表現給予一些回應。工作可以透過重新設計，以擴大這些相關的特性，正如 Herzberg 曾經建議過的：

- 把細瑣的、特定的作業整合成一個完整的工作單位；這將會提升技能多樣性與工作完整性。
- 在工作單位中安排自然的、有意義的作業，以使員工對於清楚的具體工作負責任；這將會提升工作的意義感與完整性。
- 讓員工直接負責與委託人或是終端消費者溝通互動；這將提升技能多樣性、自主性，以及訊息回饋。
- 給員工相關的職權、責任，以及對工作、作業的控制；這能夠促進技能多樣性、工作的完整性、意義感，以及自主性。
- 安排員工定期地了解有關他們個人績效表現的訊息；這能提升回饋性。

Hackman 和 Oldham 發展了工作診斷問卷（JDS），來測量這個理論模式所涉及的三個層面：(1) 員工知覺到的工作特性；(2) 員工的成長需求；(3) 員工的工作滿意。這份問卷屬於自陳式量表，簡要描述多種工作

特性，稍作修改之後，題目使用的詞句便更能接近真實的工作狀態。

關於工作特性模式大多數的研究結果，都相當的正面；在工作中若是能適當的增加挑戰、複雜度、責任感，則會使員工對工作感到更為滿意，對個人感受到更高度的自我效能感，以及更高的工作動機[7]。

正如你所知道的，動機的理論使工作更為豐富化，並且有了相當不同的定義；它們能夠讓員工更有責任感、更注重成長的機會，更傾向於自我實現、成就感，以及更高度的工作滿意。這樣，或許某些單調的工作也就難免讓你感覺興趣缺缺了，是吧？當你準備應徵下一個工作的時候，記得多注意一下自己的感受喔！

第二節　動機的過程理論

動機理論有兩類，我們已經介紹過內容取向的理論群，現在，讓我們一起來看看另外一類：過程模式；其中包括期望論、公平論，以及目標設定論。

• 期望論

有些人在工作中總在盤算，如果預期自己的努力將會獲得好的結果，他們就會努力地工作。這些人就是運用期望論（Valence-Instrumentality-Expectancy theory, VIE theory）的概念；這個理論源自 Victor Vroom，他認為，人們在行動上的選擇是基於他們覺得某一種選擇所可能的回報，是值得努力的，同時也是可以得到的[8]。

每個人心裡其實有許多的價值或者價（valence）的觀念，也就是說，你覺得這個回報到底值不值得，這會決定你的動機會有多強、是否將會付出努力以得到這個回報。也許某個工作的高薪和成就感，是相當重要而正

---

[7]　Campion & Berger (1990)

[8]　Vroom (1964)

向的價，而工作情境的危險性則可能是負向的價，如果你預期工作中可能有某種異常的危險，即負向的回報相當重大，你大概也就會放棄去繼續努力了。

期望論有三個的核心的概念：

1. **期望性**（expectancy）：員工必須要能根據工作中的條件，來預期自己可能的工作表現；像是工作時數、安全的流程、促進生產力的措施等等。

2. **工具性**（instrumentality）：員工必須自己努力的成果，能不能交換到對自己有益的後果，例如好的出席紀錄與獎金之間的關係。

3. **價值性**（valence）：員工需要知道自己工作上的努力，最終而言，是否能在價值性上得到回報，好讓他們藉由工作及其所達成的成果，來爭取、交換這些個人利益。

嗯，舉什麼樣的例子好呢？還好，你有在學校裡的經驗，可以舉一反三。如果你發現某一門課程的好成績，對你會有很大的幫助，因而對你而言，一個好的分數是相當重要的；你預期自己只要努力的研讀，就可以得到獲得高分的結果，這樣，即使你發現需要念的書比課堂上的多得多，你也會去做，因為只要你做了，結果或許就在眼前。但是假如是一門你並不需要在意的課，透過努力研讀在這課程上得高分，對你來說，價值性並不高，這不是一個有份量的價值！

期望論得到了大量研究的支持；另外，藉助你個人的經驗，應該不難理解。只要努力就能達成成果、工作成果能夠交換大量的回報、這些回報又的確對你具有價值性，你還不努力嗎？太奇怪了吧！

• 公平論

你也許又想到，有人在工作的時候，會找其他的人做比較，看看誰做得多、誰又得到公平的報酬？這種現象該如何解釋呢？J. S. Adams 因而提出公平論（equity theory）。他注意到，我們的工作動機常常受到我們是否覺得受到公平的對待而定[9]；他認為，在任何的工作情境，不論是辦

---

[9]　Adams (1965)

公室、工廠或者課堂上，我們對於自己所投入的心力（我們投入多少心力）和所得的成果（從工作中得到多少回報），都會不自覺地估計其相當關係，更會在心底暗自與他人做比較。假如我們認為自己收得少、付出得多，我們會感覺到緊張或者不平，假如我們覺得付出和收穫之間的相關關係正如同伴一樣，那我們就會覺得公平一些。

其他的心理學家則延伸了公平理論，討論人們對於不公平的三類回應[10]，包括：(1) 寬仁型（benevolent）；(2) 公平型（equity sensitive）；(3) 愛己型（entitled）。不同類型的人對於公平的知覺，會各自影響到工作動機、工作滿意和工作績效。

寬仁型，也被描述為利他型的人，比較不自私；當他們進行比較的時候，比較容易感到滿意，而且當他們被厚待的時候，也會有清楚的罪疚感；公平型的人則希望自己與他人的待遇都是公平的，只要一發生不公平，就會引起他們的不滿；愛己型的人則相信自己所得到的優遇都是應該的，他們只有在被厚待的時候會感到滿足，即使他們覺得待遇是公平的，也會感到痛苦，更遑論被虧待的時候了。直覺上，或許我們很容易地就相信，自己和他人都應該被公平的對待；假如有人待我們不公，我們就會降低表現以減少不公平的感覺，例如美國大聯盟的球員（內野手和外野手）來說，當他們成為自由球員的第一年而減薪或降低福利時，他們常常會在接下來的球季表現得特別差。或許，他們正是透過降低表現的水準、減少投入（打擊率和全壘打），來維持公平感吧！

並不是所有的研究都支持這個理論，但是某些研究已經顯示，當員工們知覺到不公平待遇的時候，他們在憤怒、缺曠、離職、倦怠方面的水準，都會提高[11]。

---

[10] Huseman, Hatfield, & Miles (1987)；O'Neil & Mone (1998)

[11] 參見 Cropanzano & Greenberg (1997)；Van Dierendonck, Schaufeli, & Buunk (2001)

・目標設定論

在學校或是職場中，某些人對於自己要做哪些事、達成哪些目標，可是非常清楚，例如：希望自己畢業後能為母校爭光，或是成為全公司的銷售冠軍。Edwin Locke 對這些現象很有興趣，並且提出目標設定論。他認為，我們一開始的工作動機，是受到個人目標的引導，有了目標，我們對於未來將要做什麼、怎麼做，就會漸漸地清晰起來了 [12]。

一個明確的、有挑戰性的目標，的確會引導我們的行為；研究顯示，目標導向的行為表現，會比起沒有目標的更好；困難的目標比起容易的目標，更能激發出動機。但是假若目標實在太過困難、完全超過能力的極限時，目標反而可能使我們沮喪、表現低落，而這比沒有目標的情況還要糟糕。

你也許已經看出來，目標設定論（goal-setting theory）的關鍵，在於你對目標的承諾。一項包括了 83 個研究的後設分析指出，對目標的承諾，是行為表現的重要原因 [13]。更進一步的，有三類因素會影響對於目標的承諾，包括外在的、互動的，以及內在的。外在的因素例如同儕支持、外部酬賞、順從權威、信任、加薪等，這些因素會正面地提升目標承諾的水準；互動性的因素則是指工作中的競爭性以及目標設定的參與度，這兩個因素對於目標承諾的影響，而承諾程度愈高，對目標的努力也會愈高；內在性的因素則是指個人的認知因素，心裡預期目標達成的機會愈大，考慮投入心力的程度也會愈高，如果個人預期達成目標的機會不高，對目標的承諾也就會跟著降低。

另外，個人的因素和情境因素，也會影響對目標的承諾程度。在個人特質方面，成就取向的、有毅力的、積極的、競爭性的（被稱為 A 型行為）、高自尊的、內控個性等等，對目標容易有較高程度的承諾；一項包括 65 個研究的後設分析發現，五大人格理論中的兩個因素（高度的謹慎、低度的神經質），也比較容易透過目標的設定來引發動機 [14]。

---

[12] Locke (1968)；Locke & Latham (1990)

[13] Klein, Wesson, Hollenback, & Alge (1999)

[14] Judge & Ilies (2002)

許多的研究結果支持目標設定論，這也影響了許多的組織和工作；有 I/O 心理學家回顧了過去三十五年的研究，認為目標設定論是對工作動機而言，最為實用且又最為有效的理論[15]。

現在我們已經看過了動機的歷程理論。它們討論幾個課題：(1) 我們如何計算個人的努力和回報之間的關係，以獲得最大的利益（期望論）；(2) 將努力之後的回報與他人的情況進行比較（公平論）；再者，我們也會設定一個明確的目標，並且承諾自己將會努力達成（目標設定論）。這些歷程模式都有一個共同的議題──就是我們對情境的知覺，會決定我們的表現。

自 1990 年代起，工作動機方面有更多的理論和延伸，然而，重要的科學期刊愈來愈少接受純理論研究的文章，反而增加了許多實徵研究的文章[16]。難道工作動機的理論研究不再受到 I/O 心理學的關注了嗎？不，儘管在本章當中，我們發現了這些理論的某些限制，但是大部分理論還是給了實務工作者關於工作動機不少的啟發。從這些理論所衍生的動機之多樣性，正在職場中廣泛的應用和驗證，我們對於動機的不同層面，也有更多的理解[17]。

第三節　工作滿意：有品質的工作生活

當你下班走在街上，看到許多人帶著疲憊的臉孔和氣憤的語調，談論著在公司所發生的大小事情，不滿的情緒愈來愈高，你心裡是不是覺得，工作滿意（job satisfaction）的確是一個重要的議題呢？在 I/O 心理學中，工作滿意是指，對於自己的工作有正向的感覺和態度；你一看就知道，這是一個依變項[18]。它可能由工作相關的外在因素所造成，例如工作情境、

---

[15] Lock & Latham (2002), p.714.

[16] Steers, Mowday, & Shapiro (2004)

[17] 見 Locke & Latham (2004)

[18] Kinicki, McKee-Ryan, Schriesheim, & Carson (2002)

活動空間、社會地位等；也可能來自內在的、個人的因素，像是年紀、健康、職場年資、情緒的穩定性、社會地位、休閒活動、家庭或者其他社會關係等。我們個人的動機、活力，以及是否從工作中得到這些活力與動機的補充，也會影響我們對工作的態度。

對某些人而言，他們的工作態度並不受到職位、薪水、工作條件等關於工作特性方面的變動清楚的影響，反而像是一種相當穩定的個人狀態；他們對於滿足或幸福與否的個人傾向，並不隨著時間跟情況而改變。

I/O 心理學家認為，根據雙胞胎研究的結果，人們對工作的態度，以及是否對工作感到滿意，很可能有某種遺傳性成分。換言之，環境或特性或許不是全部原因，有一部分很可能是遺傳因素所造成的。不論如何，某些人對工作更容易感到滿足，是相當清楚的；而容易感到工作滿意的人，生活上的滿足感、幸福感也可能比較高。

你一定有這個經驗，在工作中被上司稱讚，或是對今天工作的成果感到滿意，當晚回家的時候，好像對自己的生活也就充滿了美好的感覺；快樂的上班去，彷彿工作也變得比較可愛。大致上，我們都接受工作滿足與生活滿足之間有正向相關；然而，哪個是因、哪個是果？或者，它們都被第三個因素所決定？一項針對 804 位美國員工的面談與問卷研究顯示，短期而言，兩者之間有正相關而且彼此都會有所影響；然而，長期來看，生活滿意對於工作滿足的作用會更強，也是兩個因素中更有影響力的。一項包括了 479 名警察的研究也支持這個結果。對他們而言，生活的滿意受到更多非工作性因素的影響，而非工作滿意[19]。然而，這並不是說提升工作滿意是沒有用的，我們得記得，工作滿意與生活滿意兩者之間彼此關聯，前者對後者仍然有些作用。

• 工作滿意的測量

工作滿意目前最流行的測量，就是透過電子信，使用匿名問卷的方法來實施；因為是自願性的調查，所以不是每個人都完成了問卷，我們無從

---

[19] Hart (1999)

得知誰回應了什麼，因而也不知道有誰沒有回答。也許你會問，這有什麼關係呢？當然有。如果問卷大多來自表現良好的員工，結果呈現員工對工作的滿意度很高，我們就失去了表現較差者的意見，有了明顯的偏差。

工作描述指南（Job Description Index, JDI），和明尼蘇達滿意問卷（Minnesota Satisfaction Questionnaire, MSQ）兩者，是最為流行的工作態度調查表。JDI 測量了 5 個工作因素，包括薪資、晉升、主管、工作特性、同事關係；施測時間需要十五分鐘，也有多國語言的版本。而 MSQ 則從很滿意到非常不滿意，有幾個不同的回答水準；它包含了 20 個工作層面，例如升遷、獨立性、認可性、社會地位、工作條件等等，MSQ 需要花三十分鐘，另外有一份十分鐘的簡式問卷。這些問卷的建構效度都相當高。

有時候，我們會在問卷施測之外，還加上面談。面談會由員工的主管或是人力資源部的人員來進行，和員工一同討論與工作相關的議題。另一種測量工作態度的方法，是使用「句子完成」測驗，由員工來完成包含了某片語的未完成語句，例如：「我的工作是……」、「我的工作應該是……」。「關鍵事件法」也是可用的技術，要求員工根據自己在工作上的滿意或不滿，提出相關事件，且描述事件的時間、經過，以及他們個人的感覺。

·工作中不同層面的滿意

許多 I/O 心理學家認為，籠統地對於整體的工作滿意進行測量，其實並不適合，因為員工們很可能對某個層面感到滿意，對其他層面卻不然：例如你可能喜歡工作的性質、辦公室，但是不喜歡老闆或者健保的安排。一項對全國各行業 5,000 名各層級員工所做的調查發現，他們對於各個層面感到滿意的比例，從 22 ～ 58% 不等，如表 8-1。想用單一量尺去測量工作中的所有層面，是不切實際的，因此，心理學家著重於測量人們對於哪些工作情境、工作面向，感到多大程度的滿意；某些工作層面可以用在所有的工作和組織之中，有些則只能用在特定範圍或類別的工作。

● 表8-1　對個別工作層面的滿意水準

工作的層面	表達滿意的員工比率
工作本身的樂趣	58
督導者的素質	55
同事之間的關係	55
公司的休假政策	51
工作的安全性	50
公司對病假的態度	47
公司的健康計畫	40
薪水	37
彈性工時計畫	37
公司的升遷政策	22

資料來源：Survey reported in St.Petersbur (FL) Times , August 22, 2002.

• 工作滿意的資料

　　蓋洛普調查（Gallup Poll）每年都詢問美國員工：整體而言，你對於所做的工作感到滿意嗎？結果，每年都只有 10 ～ 13% 的比例，說他們不滿意。然而，若是你更深入的探詢與工作滿意相關的議題，有些回答就很有趣了，例如：工廠的員工們說他們很滿意於自己的工作，但是如果能換，他們可一點都不會遲疑。這很有趣吧！漸漸的我們發現，當人們說他們滿意的時候，通常是指，他們並沒有什麼不滿的地方。因而，當我們在看待工作滿意調查的時候，最好先看看，到底這個研究是怎麼問的。

　　有些調查研究了全國具代表性的樣本，有些則是調查特定的行業，甚或某些可能特別令人滿意的工作。這樣看來，行業性質與工作滿意之間或許有關？是的，例如：裝配線的工人很少滿意於自己的工作，政府官員則比企業的經理們，更不滿於自己的工作。

　　什麼樣的工作，或是哪些工作，會讓人有比較高的工作滿意呢？《財星》（Fortune）雜誌的百大企業總是讓員工滿意，並且歷久不衰；研究

還發現，員工的工作滿足與公司的財務表現之間，有高度的正相關[20]。

• 個人特質

不少工作和職場的特性，會影響我們的工作滿意。我們可以透過工作的重新設計，來提升工作滿意和生產力。我們可以讓工作盡量滿足員工的動機需求，例如成就需求、自我實現、個人成長等；也可以透過工作豐富化，促進個人的成長需求以及工作的核心特性，進而提高工作的責任性。

個人的特徵也與工作滿意有關，包括了年齡、性別、種族、智力、工作經驗、工作技能、技能適切性、組織正義、性格、工作控制性、職業層級等，許多因素都值得我們特別注意！

1. 年紀：年紀？這會是工作滿意的原因嗎？一份包括了白、藍領男女員工的調查資料指出，工作滿意最低的，常常是年輕的員工；他們對於第一份工作大多感到失望，沒有從工作中找到充足的挑戰和責任感。即使年輕人對第一份工作總是失望，為什麼隨著年紀增加，工作滿意也會增加呢？我們來看看三種可能的解釋：

(1) 那些對工作極度不滿的年輕員工，很可能會跳出職場，或者為了找到滿意的工作而不斷的離職，而這使他們不會出現在調查之中。因而研究樣本的年紀愈長，就會包含愈少這類老是不滿的樣本。

(2) 隨著工作時間，某種人會漸漸地調適於他們的工作感。他們可能不會再挑剔或是批評工作，而是從別處來尋求滿足，因此也就表現了比較低的不滿。

(3) 年長員工有更多機會去尋求工作的滿意和自我的實現。隨著年紀增加，經驗也會增加，也就更有自信、自尊，讓他們更有成就感。換言之，資深的員工比年輕員工更有機會擁有那些好的差事。

2. 性別：關於工作滿意的性別差異的研究，結果不太一致，也有些爭

---

[20] Fulmer, Gerhart, & Scott (2003)

議；心理學家沒有發現什麼特定的差異型態。或許不是性別本身，而是性別所造成的差異因素，才會有工作滿意上的作用。例如很多女性員工相信，他們要比男性員工更努力、表現得更傑出，才會有相同的報酬。很顯然的，這些原因會影響個人的工作滿意。

3. **種族**：一般而言，白人比非白人有明顯的工作滿意。為什麼呢？總是得先有工作，才有機會問滿不滿意吧！即使已經有很多的少數族裔擔任中階主管，但是有更多想要工作的人沒有工作、兼差上班，或是頂多從事一些基層的全職。對他們而言，恐怕工資才是更重要的議題，而這些往往只提供基本薪資的工作，怎麼帶來成就感與滿足感呢？

4. **智力**：智力又如何與工作滿意有關了呢？智力不能決定你對工作滿不滿意，但是有許多工作需要高度的智力，況且，如果智力比較高，也比較能應付較大的挑戰，擁有比較多的成就感，而讓你對自己的工作感到滿意。一項針對 12,686 位非裔、拉丁裔美國員工的研究指出，如果工作中沒有辦法提供某些智力的挑戰，員工們就很容易對工作感到某種程度的不滿[21]。智力的表現有時候會是因為教育程度的不同，而有差別。以剛剛的例子看來，也許教育程度的高低，可能影響工作的滿意；例如大學畢業的員工可能比沒有文憑的人，更為滿意他們的工作。事實上，某些研究有不同的意見，那些例子顯示，教育程度高的人通常預期自己的工作有更多的責任、挑戰和滿足感，但是許多的工作顯然不能滿足這些預期。

5. **工作經驗**：基層與新進員工很可能因為工作經驗（job experience）不足，而無法勝任自己的工作，進而對工作感到不滿。然而，情況也未必如此，因為這個時期的工作常常包含一些技巧與能力的挑戰，因而可能頗具吸引力，也讓人覺得滿意；幾年之後，你在現職中的技術和能力都學會了，工作的成就感降低了不少，反而令人沮喪。

工作滿足在工作的前幾年，隨著經驗的豐富而提高，之後則需要進一步克服；工作經驗與工作滿足之間的關係，以及年齡與滿足之間的關係相當類似，因而，或許這兩者可能只是同一個現象的不同標籤而已。

6. **技能的運用**：機械、理工科系畢業的人，或許會抱怨工作不能讓他

---

[21] Ganzach (1998)

們發揮在學校所學的知識和技能。雖然導致工作高度不滿的原因，包括了薪資、工作條件、主管、晉升機會等，但是一項針對機械系畢業的員工的研究指出，某些研究顯示，如果人們能在工作中充分運用自己的能力，表現出高品質的成果，他會很開心的工作並感到滿意[22]。

7. **適才性**：當你的能力與工作上要求的技能可以互相配合的時候，你是不是也會感到比較滿足呢？適才性（job congruence）指的正是工作上的要求與個人的能力互相符合的程度；相當自然的，兩者配合的程度愈高的時候，就會愈容易感到滿足。

8. **組織正義**：正義指的是員工認為公司所給他的對待，是相當公平的。任誰都不希望他所服務的公司會對他不公平。當員工覺得公司對自己不公平（也就是知覺到組織中缺乏正義）的時候，他們的工作表現、工作滿意和組織承諾，就都會跟著降低。而在這種情形之下，員工們會常常說自己感受到高度的工作壓力、提出抱怨，並且開始尋找其他的工作。

9. **個性／性格**：一路看下來，研究似乎常常顯示，若是對工作感到愈滿意，也就會有比較好的適應、比較高的情緒穩定度，然而，這樣的因果關係卻往往在研究上無法確認。你一定也在想，到底是情緒的穩定性影響了工作穩定性？或者，工作的滿意度才影響了情緒穩定呢？

我們嘗試在工作滿意的研究中加入兩個性格特質，一個是疏離感，一個則是內外控的因素。研究發現，低疏離感而偏向內控的員工，會有比較高的工作滿意、工作投入，以及組織承諾。一份包括了 135 個工作滿意研究的後設分析指出，個人的內控性和工作滿意有正相關，而工作的滿意則與個人的高自尊、自我效能，以及低度的神經質有明確的關係[23]。

另外，我們也研究 A 型性格跟工作滿意之間的關係。A 型性格有兩個向度與工作滿意有關，一個是對成就的追求，就是人們努力、認真工作的程度，這個因素與工作滿意、工作表現都有正相關；另外一個則是低耐性、易怒性，就是容易不耐煩、生氣、敵意、時間上的急促，這個因素與工作滿意呈現負相關，換言之，愈沒有耐心的人，對工作也就愈不容易感

---

[22] Eklund (1995)

[23] Judge & Bono (2001)

到滿意。

　　那些比較相信社會與組織公平的人，也就是相信人群或是組織基本上是公平的、有助益的、足以信任的那些人，工作滿意度也會比較高。那些在謹慎性以及正向情感（這個跟五大性格中的外向性是相應的）上比較高分，以及那些在負向情感（五大性格中的神經質）上比較低的人們，工作滿意的程度也會比較高[24]。

　　一份不太常見的長期研究，包括了 384 位成人員工對自我的評價，包括自尊、自我效能、內外控與神經質的測量；受試者在孩童時期進行了這些評估，並且在後來的成人階段再次進行測量。結果發現：高自尊、高我效能，低神經質、偏內控的人們，比起相反方向得分的人們，在他們中年的時候有比較高的工作滿意；想不到，孩童時期的性格因素與三十年之後的工作滿意的測量，竟有直接關係[25]。

　　10. **工作控制性**：這一點先前在動機理論中已經談過了。你一定可以想像，如果人們在工作中可以自主地做決定，大概會有比較好的工作表現，也會有比較高的工作滿意。在英國，一項包括了 412 位客服中心員工的研究結果，支持了這個觀點；他們進行了一份稱為工作控制性量表的測驗，而一年之後，比起得分較低的人，得分較高的人們有更好的心理健康、更好的工作表現，以及更高的工作滿意[26]。

　　11. **職業的層級**：工作的階級也與工作滿意有關嗎？是的，相較於基層主管，高階主管有更高的正向態度與感覺。這是因為高階工作提供比較多的機會以滿足個人的激勵因子，相同的情況，也發生在自主、挑戰與責任感等個性上；Maslow 需求階層中的自尊和自我實現的需求，也與職位階級的高低有關。

　　然而，工作滿意不僅與階級有關，在不同的工作類別當中也會有所差異。創業者（自僱者）的工作滿意比較高，技術人員、專業人員，以及管理工作，也會比較高；對工作最容易感到不滿的，則包括了製造業、服務

---

[24] Brief & Weiss (2002)；Ilies & Judge (2003)；Judge, Heller, & Mount (2002)

[25] Judge, Bono, & Locke (2000)

[26] Bond & Bunce (2003)

業，以及銷售業、零售業。

• 失業

雖然失業了就沒有工作滿意的問題，但是失業本身顯然是一個更需要關注的事情。你知道失去工作的影響有多大嗎？I/O 心理學家們研究了失業或是被解僱的感受，發現這件事對員工本身和他的家庭，其實壓力相當的沉重。在日本，解僱是一種創傷，甚至被稱為 Kubikiri，也就是「殺頭」的意思；失業常常帶來一些感覺，包括罪惡感、怨恨、沮喪、對未來的焦慮，同時也會有身體不適、酒精濫用、藥物濫用、離婚、虐兒或者虐妻行為，以及自殺企圖。

高階員工們似乎從失業中感受到更大程度的痛苦，低階員工調適得比較好；執行長們、經理們，以及專業人員，則更傾向於防衛與自責。顯然地，失業會帶來許多重大的改變，包括了生活的型態、期望、目標，以及價值觀。這些員工們所相信、存在於他們與雇主之間的心理契約，遭到了破壞。那些沒寫下來的共識說，假如你努力的工作、對公司忠誠，公司就會對你負起工作保障的責任，給你獎金、晉升等等，這些承諾已經不再能信任了；許多失業的人們都有某種遭到背叛的感覺。一個包括 756 名失業者的研究發現，在失業後的兩年之間，失去個人控制的感覺尤其具有殺傷力，在許多案例裡，這種感覺導致了慢性疾病以及情緒障礙的問題[27]。

如果雇主能誠實的說出解僱員工的原因，這些負面效應就能減少一些；被妥善告知的員工比較可能把解僱當成是公平的、比較願意繼續為公司說好話，也不會因為公司對他們的處置而提出控告。找到一份新工作，應該會改變一個失業者的負面效應；然而，那些與舊工作有關的新工作的特性，可能會帶來一些不同。一個包括 100 名員工的研究發現，那些對新工作感到不滿的員工，會持續地經驗到從前一個工作被辭退而得來的負面感受[28]。

---

[27] Price, Choi, & Vinokur (2002)

[28] Kinicki, Prussia, & Mckee-Ryan (2000)

　　一項對 202 位遭解僱員工的調查顯示，立刻就尋覓新職並不能改變他們找到工作的機會；那些事先處理失業帶來的負面情緒，像是焦慮、低自尊等，之後才開始找工作的人們，在接下來的工作面談中會有比較高的安全感、自信，也比較不會那麼緊張，事實上，他們對新工作的滿意程度也會比較高[29]。

　　當公司大規模解僱員工的時候，那些被留下來的人也會受到影響。他們常常擔心自己會不會是下一個。美國勞工局的報告提到了，那些被問到的留職員工當中，有一半的人壓力提高、士氣降低，工作承諾也降低了；而超過 60% 的員工說，他們因為仍然必須維持先前的生產目標，因而工作負荷增加了許多。相同的，留任員工因為自己的朋友和同事被辭退了，組織承諾的程度也明顯下降[30]。

　　一個包括 283 名經歷了組織重組的員工的研究顯示，來自因擔心被解僱的不安全感，與組織承諾的降低、壓力水準的提高，或健康問題的提高都有關；相較於工作投入較低的，那些投入較高的員工碰到比較多的健康問題以及更大的工作壓力[31]。一個對芬蘭 1,297 位員工的研究指出，那些擔心自己被裁員的員工，會感覺到工作動機降低、幸福感降低，而工作壓力提高；即使只是公司可能會裁員的謠言，就足以引發工作壓力相當可觀的提升[32]。一項包括 50 組樣本共 28,000 位員工的後設分析發現，工作上的不安全感與健康問題、對雇主的負面態度，以及另覓新職的意向之間，都有高度的相關[33]。

---

[29] Gowan, Riordan, & Gatewood (1999)

[30] Shah (2000)

[31] Probst (2000)

[32] Kalimo, Taris, & Schaufeli (2003)

[33] Sverke, Hellgren, & Naswall (2002)

第四節　工作滿意和工作中的行為

　　之前，我們已經談過了好幾個會影響工作滿意的因素。現在，讓我們來看看，工作滿意的程度，會影響工作行為當中的哪些層面。

　　1. **生產力**：大量研究顯示，工作滿意和工作表現之間，有明顯的相關：工作滿意愈高，工作表現就會愈好[34]。一個對某連鎖餐廳的4,467位員工、143位經理，以及9,903位顧客的調查顯示，員工的工作滿意不只會影響顧客滿意度，也會影響餐廳的獲利水準[35]。

　　大部分工作滿意的研究，都是針對個別的員工。而最近，I/O 心理學家開始轉向工作滿意的集體測量，換言之，就是研究企業中的團體單位，像是工作團隊、小組或是部門等等。一項對36個企業單位的7,939位員工的後設分析指出，集體層次的工作滿意，與顧客滿意度、忠誠度之間有正向關係，與員工生產力、工作安全之間也有正向關係；而且與離職率的降低也有關[36]。

　　2. **利社會行為和反生產行為**：高工作滿意與利社會行為（prosocial behavior）有關；所謂的利社會行為，就是那些有利於顧客、同事與主管，並且對於員工本身或組織都有幫助的行為。當員工對工作不滿的時候，反社會或是有礙生產的行為就會出現嗎？負面的員工行為卻會有礙於生產，並且導致不良的產品、差勁的服務品質、破壞性的謠言、偷竊行為，以及破壞設備等。研究顯示，在未滿三十歲的員工當中，工作不滿與妨礙生產行為之間，有正向的關係。這並不是說，那些中高齡員工的負面行為，比年輕的員工更多；事實上，三十歲以下的員工，這個情形才真的更嚴重。這份研究所顯示的是，只有在稍微年長的員工身上，這些妨礙生產的行為會與工作滿意有關。

　　3. **缺曠**：缺曠在組織中相當常見，也花掉了不少的成本。你相信嗎？在美國，每一天都有將近20%的人沒有到班。每一年，缺曠都會花掉美

---

[34] 例如 Judge, Thoresen, Bono, & Patton (2001)

[35] Koys (2001)

[36] Harter, Schmidt, & Hayes (2002)

國超過 300 億美金呢！自從發明機器之後，缺曠的問題就一直存在：1840 年代在英國威爾斯的紡織業，缺曠率就幾乎到了 20%；在發薪日之後的兩週之內，缺曠率甚至可以高達 35%。十九世紀的英格蘭，工人們很習慣把禮拜一當作「神聖的禮拜一」，好從週末的宿醉當中醒過來。工廠祭出罰金的手段，甚至因此辭退了許多員工，然而，這對出席率似乎沒有任何的影響。

許多缺曠資料都是由員工自己報告的。請你想像一下，你收到了一份問卷，其中要你填寫過去這一年，你到底有多少天缺曠；你會準確的回答嗎？或者，你會少報一些缺曠的時數嗎？你會不會說大概是兩天——即使事實上的數字可能高達十天呢！對不同團體的員工研究指出，平均少報的缺曠日數大概是四天；而超過 90% 以上的人都說，他們的出席率高過了平均的情況。顯然的，我們對於在工作中到底缺漏了多少時間，其實並不那麼誠實。

如果自陳報告不那麼準確，我們為什麼不使用公司的人事記錄呢？理論上，這是個好點子；但實際的作業上，這卻未必行得通，因為很多公司並沒有系統性的蒐集員工們出席的資料。對於經理們，以及像工程師、科學家等等的專業人員而言，這些資料根本就很少蒐集；這樣，當你閱讀有關缺曠的研究，了解資料是透過自陳而來的時候，你應該知道，實際的缺曠情況比其中所報告的要多得多。

這可一點也不意外，假如公司的病假政策比較寬鬆，缺曠的情況就會更高；假如公司不要求病假證明，例如醫生所開的便箋之類的，缺曠率也會更高。高薪資的製造業比低薪資的，有更高的缺曠率；工作比較制式的，缺曠率也比那些從事比較有趣、有挑戰性工作的員工要來得更高。

社會的價值觀也會影響缺曠率；不同的國家有不同的缺曠率，就是證據之一。在日本和瑞士，按時上班被當作一種責任，因而缺曠率比較低；然而，在義大利，因為對於工作的社會態度比較消極，因而常常僱用了超過實際需求的 15% 的人，以確保每天有足夠的人力來完成預定的工作。

管理階層常常由於未能執行公司的政策，而形成一種組織氣氛，進而影響了員工的缺曠率。如果管理階層被認為對於缺曠比較容忍，員工們就很可能在這種情況下占公司的便宜。經濟條件也會影響曠職率，一般而言，假如公司正在解僱員工，員工們的缺曠率就會比較低，而當整體的僱

用率相當高的時候，或者員工們感覺自己的工作相當有保障的時候，缺曠率就會跟著提高。一樣的，相較於年長的員工，年輕員工們比較容易從工作中蹺班。

　　個人的特質也會影響缺曠，例如：一項對澳洲大利亞某汽車廠 362 位員工的調查發現，正向情感（包括了高活動性、熱情、社會性、外向性等特徵）比較高的人們，比起低度的人，明顯地有較低的缺曠率[37]。對英國 323 位健康產業員工的研究顯示，與工作有關的那些心理壓力和沮喪，也明顯地與缺曠率有關[38]。研究也建議，缺曠率可以透過公司所提供的酬賞計畫，以及出席情況的良好紀錄方法，來加以改善；換言之，對出席紀錄良好的某些員工，頒發一些獎金以資鼓勵，會有些幫助。某成衣製造廠設置了一個辦法，每月、每季、每年對缺曠率低的員工提供獎勵。舉例而言，每月全勤的員工，就在公布欄貼榜公告表揚；更長的時間都能保持全勤紀錄，則提供像是金項鍊、拆信刀之類的貴重禮物；這個獎賞機制使缺曠率有了相當明顯的改善，員工們也對整個誘因系統相當滿意[39]。

　　4.離職：員工離職的成本相當大，如果有人離職，就必須有人遞補，但是遞補一個人可不是件容易的事，我們得甄選、訓練，並且提供新進員工時間以吸取經驗等，這些成本其實是相當可觀的。工作滿意與離職之間的關係相當清楚；研究顯示，由於酬賞不足或是糟糕的領導等各種層面所導致的工作不滿，可以引發離職意願、離職行為這兩方面的後果組織承諾也跟離職有強烈的關係。假如員工對於工作和公司有高度的承諾，他就比較不會考慮離職。年齡似乎不是一個影響離職的因素；在待業人口較少、工作機會較多的時候，離職行為相對比較高；在待業人口較多或是工作機會比較少的時候，則有相反的現象。當人們知覺到經濟景氣比較好、經濟現況在進步的時候，他們會發現，找到一份工作來讓自己對工作比較滿足，其實並不是一件太難的事情。

　　那些要求高度創意的工作，可能會比較具有挑戰性、複雜性、自主

---

[37] Iverson & Deery (2001)

[38] Hardy, Woods, & Wall (2003)

[39] Markham, Scott, & Mckee (2002)

性，也會有比較低的組織控制、比較寬鬆的督導。一項對 2,200 位員工的調查研究指出，在高創意、高挑戰的工作上任職的員工，會有比較高的工作滿足，以及比較低的離職意願[40]。

缺曠和離職之間有相當大的差異；對公司而言，曠職幾乎可以說是全然有害的事務，離職卻未必如此。有的時候，那些公司並不滿意的員工願意主動離職，其實或許是一種解脫。I/O 心理學家區分了兩種離職的情況，一種稱為有益的離職（functional turnover），就是表現不良的員工離職；另一種是不利的離職（dysfunctional turnover），即表現良好的員工離職，而這顯然不是企業所願。

另外還有組織瘦身、減員（Reduction In Force, RIF）的離職型態，這是公司為了要減少開銷的緣故。我們前面已經提過，解僱員工對公司是難免有害的。一項包括了美國公家 31 個財會單位的研究顯示，非自願性離職對留任員工的績效表現和生產效能，有相當大的負面作用。因此，組織瘦身與生產力之間有相當明顯的關係[41]。

第五節　動機、工作滿意和薪資

許多研究顯示，薪資與工作滿意之間有正向的關係；事實上，它也會影響績效表現，例如：一項針對加州 333 所醫院的研究顯示，醫院裡不論哪一科、或者是不是醫生，那些薪資較高的員工對病人會有比較好的照顧，也替醫院賺進較多的利潤[42]。

・薪資的公平知覺

人們不僅在意薪資的多寡，事實上，人們更重視的是薪資是否公

---

[40] Shalley, Gilson, & Blum (2000)

[41] McElroy, Morrow, & Rude (2001)

[42] Brown, Storman, & Simmering (2003)

平。研究指出，假如人們相信跟與自己資格相當的人、卻得到了更高的薪酬，他們就會對自己的薪水非常的不滿。換言之，他認爲自己實際上所得的，比應該拿到的要少。這並不令人訝異，我們可以想像，人們得拿到比同事更高的薪水，才會對薪水感到滿意。從先前在動機理論所提過的公平論來說，我們到底能不能滿足於自己的薪資，恐怕不只是相信自己該得到多少，而是得跟同事比較之後才能算數。

大部分的人對於自己的薪水該有的標準，乃是基於個人能接受的最低薪資、這份工作應該值多少錢，以及我們認爲同事的薪資大概是多少等等因素。而我們對於個人薪資的滿意與否，則取決於我們對薪資的預期水準與實際經驗之間的差距。

在美國社會裡面，某些團體的薪水可能會被虧待，不論是感覺上或實際上，都是這樣。一般而言，在相同的工作上，女性的薪水比男性差，少數族群的薪水則比白人要差。你或許會想像，家族企業裡的 CEO 假如是自家人，薪水應該會比非自家人要來得高吧？然而，事實並非如此。一項針對 253 間家族企業追蹤四年以上的研究指出，與家族有關係的 CEO 在薪資與福利上，比非自家人的 CEO 要來得少[43]。

• 工作獎金

工作獎金（merit pay）指的是，因爲表現得比較出色，而獲得的薪水。理論上，這樣的薪資系統比較完善，但是在應用到職場上的時候，往往不甚順利。I/O 心理學家研究了獎金制度在薪資中占的比例所造成的各種影響，發現：不同的經理在考慮要酬賞哪些工作行爲的時候，往往有相當大的歧異。在一個部門當中獲得重大獎賞的行爲，到另外一個部門，很可能根本就不被承認；而那些獲得了實質薪資鼓勵的主管們，比那些加薪比較少的主管們，更傾向於爲自己的部屬爭取更大幅的加薪。

加薪也跟經理對部屬專長技能的依賴、對部屬支持的依賴，以及把這種依賴當成一種威脅的感受有關。舉例而言，一個自尊心比較低的經理，

---

[43] Gomez-Mejia, Larraza-Kintana, & Makri (2003)

可能爲了想要得到部屬的讚美或正向的回饋，而不敢給部屬比較微幅的調薪；因爲他擔心，部屬如果沒有得到足夠的薪資，或許就會不那麼支持他，或者降低生產力而給他這個經理難看。

然而，並沒有證據能證明，一個人獲得了績效獎金，就會有更好的表現。一項對 1,700 個以上從清潔工到醫生等各階層的醫院員工、追蹤了超過八個月的研究顯示，相較於正向情感得分較高的，得分較低的員工的薪資提升，對於工作動機和績效表現有比較明顯的作用；換言之，對於那些個性上比較內向、悲觀、沒有活力的人而言，因爲績效表現而得到的獎金所代表的價值更高，相較於那些正向情感比較高的員工來說，他們更需要由獎金而來的認可與讚許；至於正向情感比較高的人，則比較不受環境因素的影響[44]。

• 薪資誘因系統

薪資誘因系統是一種生產員工常用的薪資結構，完全根據生產的數量來敘薪。這種系統並不是完全沒有問題。這個系統必須先對生產性的工作進行某種時間—動作分析，即計算各種動作所需要的時間，計算出平均的產量水準；員工的實際薪資，則根據他的表現跟這個標準之間的比率。理論上，薪資誘因系統（wage-incentive systems）對高績效表現提供了具體的誘因，也就是做得愈多、領得愈多，但是實務上並不眞的有效。事實上，很多作業團體都是根據自己的情況來設定生產標準。他們不會因爲這個誘因系統而做得更多，而是將所預備完成的產量分配到全部的工時當中。調查顯示，大部分的作業員比較喜歡簡單的時薪制。

第六節　工作投入和組織承諾

工作投入跟工作動機、工作滿意之間有關。所謂的工作投入，就是個人在心理上對工作的認同之強度。通常，個人對工作的認同程度愈高，

---

[44] Shaw, Duffy, Mitra, Lockhart, & Bowler (2003)

工作滿意的程度也就會愈高。而工作投入與很多個人的、組織的變項都有關。

• 個人因素

與工作投入有關的個人因素，包括了年齡、成長需求，以及傳統工作倫理的信念等。中高齡員工的工作投入往往比較高，這或許是因為他們通常有更大的責任、更多的挑戰，也有更多機會來滿足一些個人的成長需求；他們也比較可能更為相信勤奮工作的價值。年輕的員工則典型的還停留在初階的工作，比較沒有太多的刺激跟挑戰。

由於成長需求對工作投入而言相當重要，我們可以推論，某些工作特質與工作投入之間更有關，包括了刺激性、自主性、多樣性、完整性、回饋性、參與性，以及那些能夠滿足成長需求的其他特性。

社會因素對於工作投入也有影響。相較於那些單獨工作的人，團隊中的工作成員對工作的投入程度比較高。對於決策歷程的參與程度、被期待對於組織目標有所貢獻的程度，甚或個人在工作上的成功或者成就感，也都會影響工作投入的程度。

工作投入與工作績效之間的關係，其實並不清楚。相較於那些工作投入比較低的員工，工作投入愈高的，對於工作會愈滿意，也在工作上更為成功；他們的離職與缺曠情況都會比較低。然而，我們不能因此就斷定，工作投入跟高績效表現有所關聯。

另外一個跟工作動機、工作滿意有關的變項，是組織承諾；也就是，一個人對於他所服務的公司，在心理上認同或者依附的程度。組織承諾包括了以下幾個要素：

- 員工們接受組織的價值和目標。
- 員工們願意為公司努力付出。
- 員工們對於與組織保持友好，具有強烈的渴望。

組織承諾也跟兩類因素有關，一是個人因素，另外則是組織因素。在公司服務滿兩年以上，以及成就需求比較高的員工，在組織承諾的得分上

也比較高。一項包括 27 個研究、3,630 位員工的後設分析指出，個人在公司任職的時間愈長，在組織承諾與績效表現之間的關係，也就愈清楚；研究者認為，新進員工身上的組織承諾愈高，可能帶來未來更好的績效表現[45]。而相較於其他的職業團體，科學家、工程師的組織承諾顯得比較低；另外，公務員的組織承諾也比私人企業的員工來得低，事實上，他們的工作滿意也比較低。

• 組織因素

與高度的組織承諾有關的組織因素，包括了工作豐富化、自主性、使用技能的機會、對工作團體的正向態度等。組織承諾也受到員工對組織提供了他們多大程度的承諾的知覺所影響；他們感受到組織提供給他們的承諾愈高，他們就愈會相信，只要自己能滿足組織的目標，就會獲得公平的待遇。

一項針對某大學 746 位員工的研究顯示，相較於組織承諾比較低分的，那些得分較高的人，會更願意參與公司所提供的、用以改善工作品質的課程[46]。個人所感受到的組織支持，與組織承諾之間有正向關係，與個人勤勉性、創新的管理、績效表現、出席表現等，也都有正向關係。組織承諾也與個人從主管、同事那裡所感受到的支持程度，以及對主管的滿意程度有關[47]。

研究已經證實，組織正義與組織承諾之間有正向的關係。相較於感受到不公平對待的人們，那些認為自己受到公司公平對待的，比較可能有較高的組織承諾[48]。

性別似乎也與組織承諾有關。在同一個團體當中的女性比例愈高，男性的組織承諾就會愈低；然而，對女性而言，他們的反應剛好相反。在同

---

[45] Wright & Bonett (2002)

[46] Neubert & Cady (2001)

[47] Bishop & Scott (2000)；Liden, Wayne, & Sparrowe (2000)

[48] Simons & Roberson (2003)

一個團體當中的男性員工愈多，女性的組織承諾會愈高。

• 承諾的種類

I/O 心理學家把組織承諾分成了三種：(1) 情感性承諾；(2) 行為或者繼續性承諾；(3) 規範性承諾[49]。情感性的承諾，就是我們已經討論過的，指的是員工認同於自己的組織，將組織的價值觀、態度內化到個人的內在歷程，並且願意為了組織而努力。這種承諾跟組織支持的知覺有高度相關，正如一項針對零售業的 333 名員工追蹤兩年、226 名員工追蹤三年的研究的發現[50]。研究結果顯示，員工對於組織支持的知覺，是情感性承諾的發展過程中最主要的因素。

一項超過 70 個研究的回顧與後設分析發現，組織支持性與情感性承諾之間，有相強烈的正向關聯[51]。一項針對 211 對員工―主管對偶的研究則指出，主管的支持及認可與組織支持知覺之間有正向關聯，這樣，也就與組織承諾之間有正向的關聯[52]。主管支持對於提升組織支持知覺的重要性，也可由另外一個針對 493 位零售銷售員的研究得知。該研究發現，高度的組織支持的知覺，與降低離職率之間有強烈的關係[53]。

另外一個包括 413 名郵局員工的研究則發現，在組織支持的知覺以及情感性承諾之間，存在著互相影響的關係（reciprocal relationship），彼此都會對彼此有所作用。員工們愈是相信組織會照顧他們、滿足他們的需求，他們就會愈認同於組織，將公司的價值觀和態度內化為個人信念，反之亦然，即情感性承諾愈高，他們就愈相信公司關心、照顧他們[54]。在行為或者繼續性的承諾中，員工所以留在組織，只是因為邊緣的因素，像

---

[49] Esnape & Redman (2003)；Meyer & Allen (1991)

[50] Rhoades, Eisenberger, & Armeli (2001)

[51] Rhoades & Eisenberger (2002)

[52] Wayne, Shore, Bommer, & Tetrick (2002)

[53] Eisenberger, Stingchamber, Vandenberghe, Socharski, & Rhoades (2002)

[54] Eisenberger, Armeli, Rexwinkel, Lynch, & Rhoades (2001)

是為了退休或是累積年資之類的，一旦員工離職，這種承諾也就不復存在了。其中，並不包括個人的認同，或是價值觀、態度的內化等因素。研究顯示，情感性承諾與工作表現之間有正向關係，但是行為承諾、繼續性的承諾，則與工作表現有負向的關係。

規範性承諾則是員工對於老闆有一種義務感、責任感，感覺自己受到了照顧而應該有所回報。往往，假如員工曾經接受學費的補助，或是接受了特別的訓練計畫，這類的感受就會特別清楚。

• 組織公民行為

組織公民行為是指，員工願意為了雇主付出額外的努力，而不只是滿足工作上那些最低要求而已。它包括了某些行為：願意承擔額外的工作、主動幫助其他的員工、持續在個人專業上精進、即使沒人監督也會恪遵公司的規定、宣揚和保護公司、保持正向的態度，以及容忍工作上的不便等[55]。好的組織公民是員工之中的模範生，他們的行為有助於組織的成功。在各行各業的研究，包含了保險業務、造紙業、快餐連鎖業等，都指出了高組織公民行為的員工，在生產力、服務品質方面都更高，而這些與更好的顧客滿意、更高的組織利潤之間，都有關係[56]。

有些研究顯示，具有組織公民行為的人，在某些因素上的得分也比較高，包括謹慎性、外向性、樂觀性、利他性等；同時，也比較團隊取向。在加拿大，一項包括 149 位護士的研究，發現了一個組織公民行為中的認知要素；這些優秀組織公民的行為，常常是基於自己所表現的行為將幫助他們從組織中獲得多少利益而定[57]。基本上，他們好像正在說：「如果我在工作中表現了這個行為，我能從這個行為中獲得什麼好處？」但是請考慮這一點：我們的工作動機、工作滿足、工作投入又是如何地受到實用的（某些人稱之為自利之類的）計算所影響？

---

[55] Bolino & Turnley (2003), p.60.

[56] 參閱 Bolino & Turnley (2003)；Koys (2001)；Walz & Niehoff (2000)

[57] Lee & Allen (2002)

.... 摘　要 ....

　　動機的內容理論認為內在的需求影響了行為；過程理論則是著重在個人如何在認知歷程中做出決定。成就動機的理論是指，我們企圖並且盡量地做好某些事。需求階層論則提出了五大需求（包括生理的、安全的、歸屬的、自尊的，以及自我實現的需求），必須在某階層的需求被滿足之後，才會提升到更高層的需求。激勵與保健的二因論，則強調了激勵因子（工作本質、成就感、責任感）、保健因子（如薪資、監控等工作條件）；二因論還導出了工作豐富化，也就是盡量擴大激勵因子的工作再設計。工作特性論則主張個人在成長需求上的差異，並且認為員工所知覺到的工作特性會影響工作動機。

　　期望論（VIE）說明了員工所知覺到的酬賞，如何地引導個人的行為。公平論則是處理個人在衡量付出與收穫之間，如何與其他同事比較。目標設定論認為，動機應該由個人企圖達成特定目標的程度來界定。

　　工作滿意可以透過問卷和面談來測量。他可能是生活滿意的一部分，工作滿意會隨著年齡、工作年資、職業層級而改變；工作滿意的性別差異，則有不一致的結果。只要個人的能力能夠負荷工作的要求，智力似乎不影響工作的滿意與否。影響工作滿意的其他因素，則包括了適才性、組織正義、技能使用性、工作自主性等。失業會破壞自尊和健康，大量裁員則會同時影響到留任員工。

　　研究顯示，工作滿意和績效表現之間有明確的關係；工作滿意愈高，績效表現也會愈好，這種關係存在於個人層次，也存在於工作團隊之類的企業單位。工作滿意會影響利社會行為，對工作的不滿則會帶來反生產行為，進而妨礙組織的目標。年輕的員工比較容易缺曠；病假政策過度寬鬆，缺曠也會跟著增加。基層的、高薪的，個人缺乏正向的情感，或是感受到高度壓力和沮喪的，缺曠情況都會比較嚴重。離職行為則跟許多因素有關，包括組織承諾偏低、晉升機會有限，以及對薪資、對監控的不滿。在有益的離職中，走掉的是表現不良的員工；假若走掉的是高績效的員工，就稱為有害的離職。

　　薪資和工作滿意之間有正相關。而薪資滿意的重要因素，在於公平

知覺，以及薪資與績效表現之間的關係。藍領員工對薪資酬賞系統（wage-incentive systems）、經理們對績效獎金系統（merit pay），都反而不滿；績效獎金可能因為不公平的知覺而降低了工作動機；個人的能力或許並沒有獲得充分的酬賞。

工作投入是指個人認同於工作的強度，與工作滿意有關，受到某些因素的影響，包括了年齡、成長需求、工作倫理等個人特質，以及像是工作挑戰性、員工參與的機會等工作因素的影響。

組織承諾與工作動機、工作滿意有關，而且，資深的、成就需求比較高的員工，組織承諾會比較高。而工作豐富性、自主性、組織支持的知覺、組織正義，以及對於工作團體的正向態度，對組織承諾都有貢獻。組織承諾分成三種，包括了情感性承諾、行為或者繼續性的承諾，以及規範性承諾。

組織公民行為是指，願意為了雇主做的比工作上的要求更多。它受到個人性格以及利己思考的影響，並且能帶來更高的績效表現的後果。

關鍵字

· 成就動機理論	achievement motivation
· 需求階層論	needs hierarchy theory
· 二因論	motivator-hygiene theory; two-factor theory
· 工作豐富化	job enrichment
· 工作特性論	job-characteristics theory
· 期望論	valence-instrumentality-expectancy theory; VIE theory
· 公平論	equity theory
· 目標設定論	goal-setting theory
· 工作滿意	job satisfaction
· 適才性	job congruence
· 利社會行為	prosocial behavior
· 績效獎金	merit pay

· 薪資誘因系統　　　　　　　wage-incentive systems

···················· 問題回顧 ····················

1. 說明動機的內容理論和過程理論之間的不同，請各舉一個例子。這些理論之間有什麼共通點？

2. 哪兩種目標能夠滿足成就需求？

3. 請描述那些有高度成就需求的人，具有哪些個人特質？

4. 什麼是 Maslow 的需求階層理論（needs hierarchy）？工作可以滿足哪些需求？

5. 請區分激勵需求和保健需求；它們會如何影響工作滿足？

6. 你能如何豐富汽車裝配線員工的工作？

7. 激勵─保健理論與工作特性論之間有何不同？又有何相似？

8. 以你自己做為一個學生為例，說說看，期望論能夠如何運用？

9. 根據公平論，當人們知覺到公平或不公平的時候，有哪三類不同的反應方式？你自己又是屬於哪一類？

10. 目標設定論在職場上會有用嗎？如果可以，請舉例來說明它到底有什麼用？

11. I/O 心理學家如何測量工作滿意？哪些個人特質會影響工作滿意的水準？

12. 請描述失業的某些效應；它對那些被留任的員工，又有哪些影響？

13. 什麼是利社會行為（prosocial behavior）？它跟工作滿意有什麼關係？

14. 請討論工作滿意和績效表現的關係，包括個別員工與工作團隊的層次。

15. 缺曠的研究為什麼不好做？組織的哪些政策很可能會帶來高度的缺曠率？

16. 請區分有益的以及有害的員工離職。

17. 績效獎金（merit pay）與薪資誘因系統（wage-incentive systems）有什麼不同？它們各有哪些問題？

18. 工作投入與組織承諾之間，有何不同？

19. 請討論影響組織承諾的個人因素，以及組織因素。

20. 請描述三種不同的組織承諾。

21. 什麼是組織公民行為？請舉兩個例子來說明。另外，你認為組織公民行為為什麼會發生？

第九章　組織的組織

本章摘要

　　我們每一個人都生活在某種組織架構下，在其中，我們會遇到各種文字的或非文字的，正式的或非正式的各樣規則，這些規則導引我們，應該如何恰當地表現自己的行為，例如：自你我有意識以來，就身處於稱為家庭的某種組織之中；父母們會在家裡建立一套生活規則，例如：你應該有哪些態度、價值觀跟行為，另外，又有哪些是你我不被允許的。

　　有些家庭的文化，是以傳統的宗教信仰為基礎的，它們會嚴格地限制家中成員的各種行為；另外有些家庭，可能就在隔壁而已，在信仰上比較溫和，對小孩的教養也有比較大的寬容度；顯然地，不同的家庭在組織型態上有所不同。正如每個組織一樣，每個家庭都會根據一組特定的期望、需求、價值觀，來奠定某種組織架構，而家中的每個成員則期待必須遵循這個架構。

　　除了家庭，你也看過不同的組織型態，大學課堂就是一個明顯的例子。有些教授比較嚴厲、獨裁，不讓學生在課堂上彼此討論；有的教授則比較民主，鼓勵學生提出關於課堂內容與評量標準的各種建議。

　　職場上則有各種不同的組織型態，從像軍隊和政府那樣，某種嚴格的、階層的科層體制，到追求員工高度參與的開放、參與取向的組織都有。科層體制要求並且規範員工們做些什麼、要怎麼做，比較不太容忍某些偏差或變異。

　　現代組織的型態則傾向於讓職場比較人性化一點，而這也讓傳統的科層體制有了許多的變化。愈來愈多的組織將員工當成了不可或缺的成員，要求他們必須參與公司的長期發展計畫、參與各種可能的決策。這種轉變對工作該怎樣組織、執行，帶來了激烈的變革，並且帶來員工們的工作生活品質相當大的改善。

　　組織心理學家們研究這樣的改變，以了解它們對員工的工作滿意、行為的影響。在前幾章，我們討論了領導、工作動機等因素，如何影響員工的工作滿意、績效表現，以及組織效能。在這一章我們則將檢視，哪些組織因素也會有所作用。

第一節　古典組織型態：科層組織

　　科層取向與參與取向，代表了兩種截然不同的、極端的組織型態。我們傾向於把科層體制（bureaucracies）當成負面的術語，指那些大型的、缺乏效率的結構，在基層之上有重重管控，被幾哩長的膠帶綑住大腦、根本不可能有什麼創意發揮的那種情況。

　　就我們日常生活當中對組織的體驗，這樣的描述儘管眞的有點嚇人，卻也不無眞實之處。相較於這樣的科層組織，現代的參與式組織在基本的企圖上，則比較人文主義一點。然而，早期的科層組織，其實正是爲了修正工業革命所帶來的各種不平等、偏私主義，以及不甚人道等的特性。當時，組織完全屬於創建者，爲其所管理、擁有；他們對於工作現場的全部，都擁有絕對的控制權，員工們只能屈服於他們一時的偏見、寬容與權力。

　　試想，在這樣的環境當中工作，是不是很不舒服呢？會不會覺得，一點都不自由、不公平呢？爲了矯正這種不當的對待，Max Weber（一個德國社會學家）提出了一種新的組織型態，以減少社會與個人對於員工的不義[1]。科層制度是一個根據非個人化的、客觀的思考，而衍生出來的理性的、形式的組織結構；這是一種有次序的、可預測的系統，如同一個機器般，有效率的運作，而不受制工廠老闆個人偏見或情緒的影響。員工有機會可以根據自己的能力，從原本所在的階層晉升到上一個階層，而非由於自己的社會階級，或是老闆對他們的喜愛與否。這樣看來，科層式組織在早期，可以說是改進了社會的不公，提供了更具人性化的工作環境。

　　事實上，第一個將科層概念實際付諸行動的，正是美國，而這甚至比 Weber 把科層體制的想法付諸出版還要更早。組織圖（organizational chart），或許是科層概念中最有名的象徵，最早出現於 1850 年代；紐約與伊利鐵路（New York & Erie Railroad）公司的老闆 Daniel McCallum 準備了一份圖表，每個員工都在這個階層結構的圖中被正式給定一個位置，且必須遵守這個職務位置。McCallum 的這個想法很快就流行了起來，並

---

[1]　Weber (1947)

且被大部分的美國公司所採用。因而，當 Weber 正式地宣傳科層組織時，他所描述的組織型態早已廣泛地被美國所接受了。

Weber 對科層制度的想法，正如組織圖中所描繪的一樣。整個組織被化約成各個部門，部門則化約成各個職位，個別的成員則依據個人職務的位置來執行工作。每一個職務都會有一連串的、與控制有關的階級，也據此與其他的成員彼此連結。每個職位的責任或是權力，都是透過上一個階層將命令層層授權下來，而各種訊息則透過同樣的管道，層層地互相傳達。這種安排能夠有效的區隔員工們，與其他的層級或者組織中的其他部門有所不同；而員工們的工作，也能透過科學管理而予以簡化，進而開始有了分工的形式。

這樣看來，借用組織圖的概念所表現出來的科層精神，好像的確使得工作變得更為公平，也更為有效率；而這也讓管理者認為，員工們都正在適當的工作條件下努力，組織運作得相當順利。然而，組織圖上整齊的線條和方格並非總是反映出日常工作中的實際情況。正如我們所知，任何一個組織中的非正式社群，其活動的複雜度是無法用簡單的圖表來呈現的；或許，大部分的獨裁型組織能有最為嚴格的規則和約束力，但是通常，組織中的各種常規其實是藉由非正式團體和網絡，而能發揮作用的。

另外，科層組織企圖讓人們有更具正義性的環境，然而，它亦有些問題。科層制度忽略了人們內在的需要和個人的價值，它對員工的對待，彷彿他們是沒有生命、沒有感覺、沒有互動的機器那樣。科層制度並不認為人們需要一些動機或需求，例如個人成長需求、責任感、自我實現，以及渴望參與決策等等。

在科層制度中的員工，沒有個人的身分，亦沒有對工作有無控制感的問題；在科層制度下的最理想員工，恐怕是一個聽話的、溫順的、被動的、依賴的，並且被認為不能為自己做決定的人。

在科層組織之中，每一個員工的每一件工作，都在主管的監控之下，亦都是由主管來下達命令；而且，員工與高階主管之間是完全隔離的，他們也沒有任何機會或權利來對公司提出任何建言。在這種組織情境下的員工，不論是工作滿意、績效表現，或是組織承諾的測量，都是得分較低的一群。

試想，如果你在這樣的科層組織中工作，會不會喘不過氣、感覺快要

窒息了呢？事實上，這種型態對組織也會造成一些傷害，不只是員工的個人成長降低，同時也會因爲向上溝通的障礙，使得組織成長的機會降到了最低。科層制度不僅讓組織氣氛變得死板而僵化，工作設計也傾向於結構化的型態，於是，工作將會一成不變。然而，當代的社會情境正在不斷的變動，科技水準也快速變遷，這種僵化的組織無法適應環境變化，反而很容易將新的發展當作威脅。這樣，科層組織不僅無法滿足人類的需求，也將無法適應時代的演進。

第二節　現代參與式組織風格

對科層組織的最大批評，在於它傾向於將員工們視爲聽話的、被動的、依賴的，甚至是懶惰的。現代參與式的組織型態，則對人性採取了相當不同的假定；我們可以用第七章所說 McGregor 的 X 理論和 Y 理論，來總結說明這件事（見第七章）。

X 理論對人性的看法與科層制度的僵化觀點，彼此是相容的，它們認爲人並沒有成長的動機與需求；於是，員工需要嚴格的督導，因爲他們沒有辦法靠自己，來主動地投入工作。這種傳統的、低投入的組織取向，讓基層的員工負責工作，中階經理們負責控制，並且只有高階主管們才會涉入決策、計畫，以及大幅度的領導。

相反的，Y 理論認爲員工們會主動地尋求、並且接受工作上的責任；它對人性有正面的假定，認爲人們有高度的創造力，對個人的成長也有高度的承諾和需求。Y 理論和其他若干動機觀點，都傾向於參與式的組織取向，降低員工們對組織的依賴、提升他們的自主性，以協助他們更進一步發揮個人的潛能。在這樣的假定之下，組織與工作的設計就會變得更有彈性、更爲豐富，以提升其中的挑戰性和責任感，允許員工們參與和提升績效表現有關的決策。領導者會傾向於較爲民主的風格，對於各個階層員工的意見，也會有更多的回應和採納。

這種讓員工高度涉入的管理風格，其實是建立在關於人、關於參

與、關於績效表現的三個假定之上的[2]：

1. **人類關係取向**：認爲人們都應該得到平等、尊重的對待。人們會想要參與組織和工作的相關決策，並且當他們眞的參與其中，他們也會更容易接受相關的改變，對組織也會有更高度的滿意和承諾。

2. **人力資源**：這是將員工視爲一種有價值的資源，他們有知識、有概念，而非被動的、無能的人；當他們參與了組織的決策，他們的觀念也能爲問題的解決帶來一些機會。因而，組織必須關注員工的發展，因爲這些人員的提升意味著爲組織帶來更大的、更多的資源。

3. **高度投入**：相信人們可以發展自己的知識和技巧，以對個人工作的管理進行重要的決策；當人們被允許進行決策的時候，常常能增進組織的效能。

這種讓員工高度涉入工作的管理方式，被稱爲「責任制」。在這種情況底下，責任制是指員工自己決定要工作的方法、工作的時程，並且按照所定的計畫來完成工作。一個包括 275 位白領員工的研究發現，當他們認爲主管們對於他們的建議保持比較開放的態度，他們亦會傾向於表現責任制的行爲；而愈願意承擔責任制的員工們，自我效能感會愈高，並且會愈願意承擔關於改變的責任[3]。

一份對全英格蘭上千名工作者的調查發現，高度涉入的管理風格與更高的薪酬之間有正向的關係[4]。而對美國某大型零售組織215個工作團體、2,775 名員工的研究則發現，強調個人自我決定、參與式管理，與組織認可的組織氣氛，能夠促進「心理上的所有權」；這種在心理上覺得自己擁有這個公司的感覺，與員工對組織的正向態度，或者組織在收益方面的改善，都有正向的關聯[5]。

高度涉入的管理風格鼓吹各個階層的員工們，都積極地參與決策和政策的制定；這不僅帶來關於個人的成長與實現更多的機會，且提升了組織

---

[2]　Lawler (1986)

[3]　Morrison & Phelps (1999)

[4]　Forth & Millward (2004)

[5]　Wagner, Parker, & Christiansen (2003)

實際的效能。這些在組織型態方面的改變，透過各種不同的工作生活品質
方案，都已經呈現了出來。

第三節　全面品質管理

全面品質管理（Total Quality Management, TQM）大致而言，就是前
面我們所討論的參與式管理當中的一種。其特色在於，提升員工們在已然
擴張、豐富化、擴大化之後的工作中，能有更大幅度的涉入、責任與參
與。

它在領導上也依循了 Y 理論，也就是相信員工們對於組織的運作效
能具有相當活潑積極的作用。整體而言，TQM 的目標就是藉由改善員工
們在工作生活品質上的改善，來提升其工作品質。也是這樣，TQM 方案
有時也被稱為工作生活品質（Quality-of-Work-Life, QWL）方案。在大部
分的經驗中，這類方案都能成功地將領導哲學從 X 理論轉變成 Y 理論，
並且有效地改善員工們在第八章我們所討論的諸如工作動機、工作滿意、
工作投入、組織承諾等議題。

General Motor（通用汽車）在公司高層與全美汽車業總工會（the
United Auto Workers union）的支持下，實施了一個頗具企圖心的工作生
活品質（QWL）計畫；這個計畫得到公司跟工會幹部同意，組成一個勞
工管理委員會，來評鑑 QWL 的方案群。每個方案都必須考慮外部因素
（物理性的工作條件）與內部因素（員工們的工作投入與滿意）。而由 I/
O 心理學家、經理與員工們所組成的團隊，則被賦予工作擴大化、生產設
備重組化，以及檢視並修正過去那種員工低度涉入的科層組織結構的權
力。

他們從 GM 在加州 Fremont 的一個裝配廠開始，這間工廠過去因為組
裝汽車的品質太差而關閉了。員工的曠職率高達 20%，上班的時候也隨處
可見各種酒精和藥物濫用的情形；並且有超過 800 則員工和客戶抱怨的紀
錄。這間工廠原本預計在三年之後，以 New United Motor Manufacturing,
Inc.（NUMMI；新聯合汽車製造公司）的名義重開，這個新公司由 GM 和
TOYOTA（豐田）合資，後者也答應參與部分的管理工作。

　　NUMMI 的生產線大部分都維持了過去的生產方式，主要的不同，在於員工們以 4～6 名組成一個小型團隊工作；他們被要求必須在一週內完成一連串的任務，然後進行工作輪調，以熟悉新的生產技術。結果，這些員工並不需要督導們來告訴他們應該如何工作；事實上，他們靠著自己所設計出來的方法，提升了汽車生產的產能，解決了過去在技術上的瓶頸。

　　他們也有效地消除了表面地位上的各種屏障。員工們和主管們在同一個自助餐廳吃飯，並且一同參與在團體工作當中；大多數的資深員工都比較喜歡這種高度涉入、參與式的組織型態，生產的品質也有了相當顯著的改善。

　　Saturn Motors（土星汽車）採用參與式組織型態。工人們以 12 個人組成一個小組，決定與自己的工作有關的各種事物，包含應徵新進的成員；公司也鼓勵員工們跨層、跨部門的進行溝通，而不需要事先獲得主管或工會幹部的允許；主管的某些管理津貼，像是專屬停車位等，被刪除了。不久之後，員工的曠職率降到小於 1%，幾乎與日本的汽車工廠相當，而這甚至低於其他美國汽車工廠的十分之一。

　　GM 所有參加 QWL 計畫的工廠，生產力都有相當顯著的增加；這些重大的改變當然不會只發生在 GM 而已，Ford（福特汽車）和 Daimler-Chrysler（前身是 Chrysler；克萊斯勒）也開始了相似的計畫之後，結果顯示，生產力也有大幅的提升。這股風潮讓當時美國的本土汽車工業，終於開始迎頭趕上日本；直到 1999 年，Ford 在喬治亞 Atlanta 的一個汽車工廠起造 Taurus，而這是美國汽車業第一次在生產力上超越日商汽車工廠的紀錄。

　　在汽車工業以及其他的經濟部門當中，能驅動這麼重大進步的主要因素，正是員工的涉入與參與；管理階層終於看見了，假如我們肯傾聽員工們的聲音，將會獲得何等重大的回報。

• 為什麼有些計畫會失敗

　　成功的案例常常吸引了我們的目光，但是不要忘記了，失敗的個案往往能夠讓我們學到一些教訓。讓我們來看看 Volvo（富豪汽車）的例子，他們使用團隊工作的方式，已經數十年了。儘管生產力低於其他的標準裝

配廠，但是參與式型態導致了品質方面的重大提升，以及缺曠和離職方面的降低。1988 年，Volvo 在瑞典的新車裝配廠中，延伸員工參與的概念。以往，一個團隊負責裝配汽車的一部分，之後轉給下一個團隊，以進行另外一個部分；然而，這次的方案，卻是由一個團隊完成一整部新車的組裝。結果相當地令人沮喪；這個車廠過去組裝新車要 37 個小時，新團隊得花上 50 個小時，事實上，比利時的傳統車廠只要 25 個小時；另外，新廠的曠職率也高出了許多。研究發現，因為員工不能了解重新設計組裝工作到底需要有哪些考慮；此外，提供員工新技術的訓練期程也比預期的要長得多，因為他們並不是組裝一部分，而是得學會組裝一整部新車。

其他的一些 QWL 計畫失敗，則可能是因為員工們缺乏參與決策的渴望、缺少為自己工作負責的決心，或者拒絕為自己的工作找出最佳的工作方式。的確有些員工比較喜歡，或者需要比較多的直接監督。另外，假如主管們還是繼續控制部屬、不願意授權給員工，或者高階主管未能支持、倡導這個方案，甚或主管和工會幹部們將 QWL 計畫視為個人權力的威脅之時，都可能使 QWL 計畫注定了終將失敗的命運。

「主管」這個職務並不容易。它需要有某些具體的調整，像是學習以把自己的權力和權威分享出去的方式，來對部屬進行控制；願意擔任教練、嚮導、導師、資源人士；為了使計畫能夠具體地發生作用，他們必須強而有力的支持和承諾。對很多的經理人來說，這些改變真的很不簡單。

當前職場的兩個重要趨勢，使 QWL 面對了特別的挑戰，一個是愈來愈多的多樣性人力，另一個則是臨時或派遣人員的趨勢。為什麼呢？在多樣性的人力逐漸成為事實之前，事實上，在組織的運作上，大多仍是以白人男性為主；他們有自己的網絡，不論是分享資訊，或是建立具有支持性的社會網絡。因而，當愈來愈多的差異人力，不論是種族的多樣性或是性別的多樣性，這些新進的人力同樣需要分享工作相關的各樣資訊，也需要社會支持的網絡，然而，他們因為與主流人力之間的差異或隔閡，常常就被遺漏掉了；因而，他們在決策的參與、重構或重組個人工作等方面的機會也就更少。而除此之外，組織中專職、全職的員工，很可能會主動地將臨時或派遣人力（像是短期或者合約制的員工，或是虛擬員工等等）排除在 QWL 相關的活動之外。

• 工作自主團隊

工作自主團隊（self-managing work groups）是指，容許團隊成員管理、控制和監督其工作中所有的面向，不管是招募、僱用、訓練新進的成員，甚或決定自己什麼時候可以休息。這種工作自主團隊，在今日的商業、工業環境中，相當地受歡迎。

早期對工作自主團隊所進行的研究，發現了一些行為特質[6]：

1. 員工們能對自己工作的成果負起責任。
2. 員工們可以自我監督並且提供自己一些關於工作表現、任務完成水準、是否達成組織目標等等的相關回饋。
3. 當個人或者團隊成員的工作表現不足的時候，員工們會採取自我管理與自行修補的行動。
4. 當工作中缺乏了進行工作所必要的資源時，員工們會尋求組織的輔導、協助與資源。
5. 員工們會協助團隊成員，甚至其他團隊的成員改善工作表現，以提升整體的生產力。

工作自主團隊的成員需要具備在傳統式團體中未必需要的那種成熟度和責任感，他們需要組織提供明確的引導，包括生產目標、專業技術的支援人力，以及適當的物資與資源等。在某些情況下，我們會在團隊中加入工程師和會計人員，幫助他們處理一大堆問題、作業等，使他們好像大組織裡的小公司一樣。

工作自主團隊的成功，也相當依賴於經理的成熟度與責任心；他們必須願意拿出自己的權威給部屬。在大部分的情況之下，經理方面的支持在自主團隊的效能上，是最為關鍵的因素。這個方面的強度，也最能預測團隊成員的工作滿意度。

其實，「工作自主」這個術語並不那麼準確，因為團隊需要一個外部領袖，一個在同一個組織中、卻不是團隊成員的人員，來擔任團隊和組織之間的調節者、聯絡者和緩衝者。針對《財星》五百大企業當中 19 位外部領袖與 38 位團隊成員所進行的深度關鍵事件訪談發現，成功的外部

---

[6] Hackman (1986)

領袖部必須表現兩類的行為：一類專注在組織，另一類則是專注在團隊[7]。組織取向的行為包括了高度的社交能力，以及關於需求、價值觀、管理階層的關注等政治覺察；外部領袖必須讓團隊成員注意到這些面向，並且鼓勵他們對這些期待做出回應。團隊取向的行為是在成員之間建立感情的聯繫，包括彼此信任、彼此尊敬，以及互相的關懷和關心。因而，對工作自主團隊而言，某種領導行為風格是必要的，僅僅放手或授權，並不足以運作一個成功的團隊。

許多針對工作自主團隊的生產力、工作品質、離職和工作滿意的研究都顯示，其具有正面的效能。但是工作自主團隊並不是沒有問題的，例如一個原本實施科層制度的組織想要轉型為工作自主團隊時，會遭遇到一些困難，不只花費相當昂貴，而且在建立過程中需要不斷的檢視，而這得花費許多的心力和時間，尤其不能低估了所需要的訓練時間及會議時間；如果不切實際地想要在短期內就完成轉型，結論很簡單：這完全是不可能的。

・虛擬自主團隊

工作自主團隊有一種新的型態，稱為虛擬自主團隊。團隊成員可能在不同的辦公室，甚或在家中辦公；他們可能在同一個公司的不同部門，更可能在不同的公司，但是因為同一個計畫而一起工作。他們可能無法常常在同一個會議室開會，但透過網路視訊，例如影像會議系統（DVCS），他們可以召開會議，互相溝通訊息。

正如你個人的經驗一樣，視訊設備使團隊成員能有視覺的接觸，有生動的臉部表情以及肢體語言，這一點相當重要，因為除了文字之外，這些肢體語言和表情、聲音都是溝通上相當重要的元素。這樣看來，透過使用網路視訊、電子郵件，或者其他的網路溝通工具，我們正創造出一種新型態的面對面互動、進行會議的方式。

虛擬工作團隊似乎有相當大的潛力，可協助員工提升其生產力、工作

---

[7] Druskat & Wheeler (2003)

滿意、工作投入，以及對組織或團體的承諾等；團隊成員們在專案計畫上完全的自我管理，並且自我評估，主管則透過各種管道，讓團隊成員之間充分地互相溝通，確保每個成員都有參與的機會，能夠涉入運作的迴圈之中。

第四節　組織變革

我們之前所討論的各種員工參與計畫，都呼籲一種組織型態的激烈變革。然而，科層組織在預設上就是要追求穩定而抗拒變革的。因而，當一個與結構不同的方案，要導入到組織中的時候，常常會面臨各種阻抗、敵意、生產力下降、罷工，或是曠職率和離職率上升的情況；事實上，不論這個方案到底將要改變哪些地方，例如：使用新設備、新的工作製程、新的流程、新的辦公擺設，甚或人事的重新分配，都同樣會面臨到抗拒的情況。

藉由員工們與管理階層之間的支持與合作，某些組織順利的啟動變革。我們該注意到，倡議變革的手段本身，可能正是變革究竟被視為正向或負向的決定因素之一；假如以專制的態度強加在員工身上，而且過程中並沒有解釋變革的目的、員工也沒有機會參與，他們便很有可能給予負面的反應；然而，假如管理階層願意努力地解釋變革方案的理由，以及員工們和管理階層可能從中獲得的利益，那麼員工便可能給予正向反應，接受變革的可能性也會更大。

一個針對國宅業務 130 位員工的研究顯示，他們對變革的開放性，會受到他們從管理部門接收到的訊息影響，和他們在過程中參與的程度也有關係；變革接受度最低的員工傾向於較低的工作滿意、較高的離職可能性，也對工作顯得更為易怒[8]。

一個對兩家公營事業的研究，也有類似的發現。這個變革方案的目的在於盡量減少成本開銷，並且提供客戶更為快速的服務，因而必須大量地

---

[8]　Wanberg & Banas (2000)

改變工作方式。員工們推派代表，參與了一個與管理階層之間有密切互動的推動委員會；在變革之間和執行期間，共有超過 100 位以上的員工參與了調查研究。最重要的發現是：員工們在調查其間對於管理部門的信任有所提升；研究者認為，更高度的信任與兩件事情有關，一個是員工們相信自己在變革期間享有了參與變革計畫的充分機會；另一個則是，管理部門對這些變革的方案做了相當充足的說明與修正[9]。

在另一個變革的個案中，公司合併造成了因資遣而來的失業。調查資料顯示，對於那些沒有被資遣的員工而言，同事之間的支持是面對變革衝擊最重要的資源；另外一個發現則是，在變革初期，就是裁員行動還只是謠言、尚未實施的時候，員工們所知覺到對於個人留任的控制感是最低的，而一旦遣散確定了，留任員工們的控制感便馬上有所提升[10]。

並非所有員工對變革的接受度，都受到外部因素的影響，例如管理部門的充分解釋與說明；對變革接受度有時也會受性格因素的作用。我們當中某些人，本來就比其他人更容易去嘗試新的工作方式。在一個包括美國、歐洲、亞洲、澳洲等地六個公司的 514 位員工的研究，員工們接受了正向自我概念的測量，其中包括內外控性、正向情感（也就是幸福、自信，以及活力）、自尊、自我效能等。另外，也測量風險容忍度，其內容包括對經驗的開放性、對冒險的低度厭惡、對模糊情境的容忍。結果發現：正向自我概念和風險容忍度得分較高的員工，對於變革的因應比較成功，而且他們的工作滿意、組織承諾以及績效表現，也都比較高[11]。

一個對 265 位護士的研究指出，變革的順利與否與組織承諾的水準有關；調查結果顯示，就員工對於組織變革的支持而言，情感性的、規範性的承諾，比行為性的承諾更為重要[12]。

員工參與規劃和執行變革的效果會繼續持續，或者，只要研究者前腳一離開辦公室或工廠，這些效果馬上就又變回原來的樣子了呢？為了研究

---

[9] Korsgaard, Sapienza, & Schweiger (2000)

[10] Fugate, Kinicki, & Scheck (2002)

[11] Judge, Thoresen, Pucik, & Welbourne (1999)

[12] Herscovitch & Meyer (2002)

這個問題，兩位 I/O 心理學家在一個工廠從集權的、科層的組織轉變成彈性的、創新的、參與式民主組織的激烈變革之後，持續地參訪這家工廠超過四年之久。這個公司的變革行動仍然在總裁（剛好是一個心理學家）的掌握之下，全體員工都參與其中，並且因為企業獲利、生產效能以及員工滿意，而被認為是相當成功的案例。

負責諮詢的心理學家在這個當代經典的案例中發現，即使四年了，變革的好處仍然相當清楚，而且某些效果甚至比變革當時或稍後，還要更為進步。隨著對於如何維持有效的產能，工作滿意亦相應提升[13]。顯然地，不管是工作流程的改變或是在整個組織氣候的變革，只要能順利地導入，都將有長遠的正向效應。

• 組織發展

I/O 心理學家關心組織中的變革活動，尤其是整個組織的改變，或者說，以計畫性的、系統性的方式來推動變革，而這稱為：組織發展（Organizational Development, OD）。這種活動需要一些技術工具來輔助，例如敏感性訓練、角色扮演、團體討論、工作豐富化、調查回饋或團隊建立等，都是適當的工具之一。

在調查回饋法中，調查活動乃是定期性的進行；調查員則負責評估員工們的感受和態度，然後將評估的結果回饋給組織中的員工、經理與工作團隊。他們的任務是透過問卷中的發現來產生一些可能的解釋，提供高層主管一些回饋，包括建議某些方式來匡正所發現的那些問題。

團隊建立技術，則是考慮了組織常常是由許多的小團隊或者小組，來執行工作上的各種任務；因而，為了提升團隊士氣或問題解決能力，便由組織發展顧問，或者稱為變革代理人（change agents）參與團隊，與成員們一起工作，以發展他們的自信、團隊凝聚力，以及工作效能。

外部顧問或變革代理人，通常比內部的管理者更能以客觀的角度看見組織在結構上、功能上的問題。他們進入組織後的第一個任務，乃是診

---

[13] Seashore & Bowers (1970)

斷，也就是利用問卷和訪談等方式，來找出組織的問題和需求，並且評估組織的各種優點和缺點；然後，便是開始與組織的內部成員共同協商，找出組織發展的策略，以便解決具體的問題，或者因應外部的變化。

執行策略的過程，稱爲「介入」歷程。組織變革在開始之前，非常需要最高管理階層的支持，否則，成功的機率便相當小。組織發展的歷程相當有彈性，需要依照情境需求、問題本質、組織氣候等條件，來決定介入的方案；假如要協助組織由典型的科層組織轉型成參與式組織，則不論使用什麼樣的技術，都將組織從其刻板、僵化的特性中釋放出來，以容許更多的響應與更開放的參與。

組織發展的技術已經被廣泛地應用在很多公共的或私人的組織之中。雖然相關的研究結果相當混亂，但是其中的某些的確證明，組織發展能有助於生產力的提升。工作滿意則似乎與組織發展呈現負向相關，或許原因在於，組織發展的焦點常常在於生產力的提升，而非對於員工的體恤。

第五節　新進成員的社會化

組織總是不斷地有新進成員加入各個階層之中，也因而有不斷的改變。新進成員帶著各種不同程度的能力、動機、價值觀、信念進到組織，他們身上的需求與價值也會帶到工作之中；在此同時，組織文化也會影響新進成員。在工作所必要的技能之外，新進成員顯然還有太多東西得學，包括學習自己在組織階層中的階級角色、公司的各種價值觀，以及在自己部門中表現出符合期望的各種行爲。這些學習與適應的歷程，稱爲社會化（socialization），而這跟進入一個新的社會學習新生活，其實也沒什麼兩樣。一般而言，那些在調適歷程上比較成功的人，也會成爲比較快樂跟比較有生產力的員工。對組織而言，社會化不足——也就是組織忽略了或者未能協助新進成員，順利地了解公司的政策和各種常規——會使組織中最爲繁複的員工甄選系統，失去了難得的成果。怎麼說呢？公司希望能夠招募、僱用適任的員工，但是由於提供新進成員的導引不足，或者不夠適當，而讓新進成員感到挫折、焦慮或者不滿，進而導致了低度的工作投入

與工作承諾，甚或低度的工作動機、生產力，乃至憂鬱或離職。

社會包括了若干的組織策略。理想上，公司應該提供新進員工具挑戰性的工作，這類工作比較有機會來提供成長與發展、技能精熟化、提升自信、成功經驗、與主管有正向互動、工作回饋、對公司具向心力和正向態度的同事等。

一項針對 154 位新進會計人員的研究發現，與主管有關的早期社會化（而非只跟同階層的同事有所互動的情況），能有效地協助新進成員學習工作、社會角色，並且奠定對組織的承諾[14]。另外，一個針對 101 位新進成員的長期研究，在他們從學校畢業、畢業之後六個月、畢業之後兩年所作的調查發現，當他們從一些做為角色楷模的資深同事身上受到了正面的社會支持的時候，他們會更傾向於將雇主們的價值觀內化在自己身上[15]。

儘管組織中制度化的社會化策略，看起來是有效的，但是新進成員在這個進入儀式的過程中，未必都是被動的接收者。事實上，很多人是高度主動的、熱情的去尋找他們在適應環境上所需要的各種資訊。一項針對 118 位新進成員前三個月的在職表現的研究發現，在外向性、經驗開放性上得分較高的員工，在主動社會化的行為上明顯地有更高的傾向；外向的員工也更可能一步一步地與同事、主管建立關係，並且從他們那裡獲得一些回饋[16]。

一項針對 70 位高科技專案團隊新進成員的研究發現，在自我效能上得分較高的員工，對於自己在新職上的表現有比較高的期待；研究也顯示，假如他們具有早期的成功經驗、具挑戰性的目標、正向的角色楷模等，以奠定自己的工作行為，也會提升他們對於自己表現的期待[17]。

當新進員工與在任員工之間有活潑互動的時候，社會化就會發生得更為順利。這些互動包括了非正式的提些問題、有些談話、一起休息喝咖啡，也包括某些正式活動，例如諮詢開導、績效評估等。然而，某些證據

---

[14] Morrison (2002)

[15] Cable & Parsons (2001)

[16] Wanberg & Kammeyer-Mueller (2000)

[17] Chen & Klimoski (2003)

指出，社會化計畫不該依賴被新進職員所替代的原任員工，因爲他們很可能教導這些繼任者，使用原先那些根本無用的方法，而這反而阻斷了創新的可能性。

I/O 心理學家指出兩類與社會化有關的因素，一個是角色模糊（role ambiguity；員工的工作角色沒有適當的結構化與定義），另一個則是角色衝突（role conflict；工作要求與員工個人的標準之間有所落差）。高度的角色模糊和角色衝突，會帶來低度的工作滿意、主管滿意，以及組織承諾，並且會提高離職率。而爲了解決角色模糊和角色衝突的問題，許多的新進成員得靠自己的行動，從同事和主管那裡獲得有關工作和組織的相關資訊。

• 再社會化

我們在先前所引用的參考文獻，大部分的研究對象都是剛畢業的大學生，他們是第一次進入全職的工作。然而，你應該知道，當前的職場中，許多人在他們的職涯之中很可能轉換了好幾次的工作，換句話說，有些人可能必須經歷好幾次的新人經驗，以及另外的社會化歷程（或是再社會化）。有趣的是，一般人都會認爲，如果你先前已經有過一次工作經驗，下一個社會化經驗應該會更爲容易些，而且，也會對於現在的工作表現有比較高的期待，在工作滿意、組織承諾方面也會比較高；然而，這些看法並沒有得到研究證據的支持。這顯示了 I/O 心理學研究的謹愼性，也讓我們發現，我們的常識和直覺未必受到科學研究的支持。

你或許也會想到一種狀況：假如是在同一個公司從這個職位轉換另外一個職位，這樣也需要再社會化嗎？是的！因爲組織中的不同單位，也許會有自己的價值觀、各種期待，以及能夠接受的行爲。雖然組織對於這些轉職的人員通常並沒有提供正式的社會化歷程，但是在非正式歷程當中，他們也會透過同僚和上司的協助與回饋，在新環境中試驗自己的行爲是否適切。

一項針對 15 個組織的 69 位轉職員工的調查發現，在到新任職地點一年內，尋求同僚回饋的行爲會顯著地下降，但是從主管那裡尋求回饋的行爲則相當的穩定，因而，主管提供的回饋對再社會化歷程而言，較諸同僚

回饋，其實更為重要 [18]。

第六節　組織文化

　　新進成員在社會化歷程中必須面對的一個主要因素，就是組織文化（organizational culture）。正如國家有其文化特色，像是特定的信念、風俗和行為，以使他們與其他國家有所區別一樣，組織也是如此，擁有自己的文化。組織文化可以被定義為用以導引組織成員表現其行為的一組信念、期望與價值觀，某些是意識的，某些則是潛意識的。

　　一個組織的文化受到所屬的產業型態影響，相同產業中的不同公司，很可能有類似的文化，例如鋼鐵製造業，可能都有相同的某些文化特色，而與出版業、壽險業、醫院、網路產業，或是製片業等，則顯然不同，因為它們有完全不同的市場條件、競爭環境，以及顧客期待。相同的，社會對於電力公司和家具公司也會有完全不同的期待；我們對前者有高度的持續性、不受干擾的社會需求，至於後者，在這方面則比較沒那麼受到重視。另外，同一個公司的不同部門，像是研發、工程或是行銷，也會發展出不同於公司主文化的次文化或是部門文化。

　　有些 I/O 心理學家會交替使用「組織文化」和「組織氣候」這兩個術語，認為這兩個概念共有一些基礎的相似性。另外一些學者則主張，組織氣候只是組織文化的外顯表層或表現。組織氣候是觀察一個公司運作的方式時，我們在表面上所知覺到的那些經驗，而組織文化則關係到某些比較深層的議題，它們是組織運作型態所以如此的根本原因。

　　從我們對於參與式管理方案的描述來看，你可以發現，組織文化對於公司的效能具有何等的影響，例如：高參與、高涉入文化的公司，比起比較不歡迎員工參與和涉入的公司，在表現上實在好得太多了！

---

[18] Callister, Kramer, & Turban (1999)

• 人與組織契合

人與組織契合（person-organizationfit）的概念，指的是個人價值觀與組織價值觀之間相合（congruence）的程度。透過招募甄選以及社會化歷程，這種價值觀的同意度能夠達到最大的程度。

當新進成員的價值觀與其主管的價值觀之間相合的時候，個人與組織的契合也能夠有所提升。一項針對位於荷蘭的 68 家歐洲公司中 154 位新進成員和 101 位主管的研究，支持了這個觀點。高度的融合性與低度的離職意願之間有相關；同時，員工價值觀與主管之間不相合程度的水準，則與員工的低度組織承諾之間有關[19]。

性格也是一個相關的因素。個人與組織之間的契合，應該不只價值觀的層次，同時也包括了性格的層次。大部分的組織都透過在經理方面安排典型的性格，來促成組織中相對的同質性。這裡有一個自我選擇的因素：公司往往因為結構、使命，以及所偏好的態度，而特別注意到某些求職者。試想，一個高科技公司常常在員工二十幾歲、穿著得很休閒的時候僱用他們，這些人整天泡在電腦前面，甚至帶他們的狗來上班；換作另外一個投資銀行，你恐怕不可能這麼隨性，你得穿著頗為拘謹的深色西裝，老用壓低的嗓音來做生意。這種性格上的差異，再清楚不過了。

因而，有些組織心理學家便呼籲修正典型的員工甄選策略，認為甄選上不僅要注意申請者的知識、技能和能力對工作職位的適合程度，也應該同時注意申請者的人格特質，是否能與公司的組織文化及性格方面彼此相容。

第七節　勞工工會

在組織生活中，出不出席工會，是另外一個可以協助定義組織文化的面向，因為工會是工人們彼此集合起來，以保護和提升集體利益的手段。工會成員能夠在更大的組織文化中，形成某種次文化。工會的會員身分有

---

[19] Van Vianen (2000)

助於工作滿意、生產力，也對員工對於工作或組織的正面態度，有相當大的作用。進入工會所歷經的社會化過程，正如組織社會化一樣。工會提供了制度化的社會化歷程，也提供非正式的社會化歷程；前者包括導向演講、訓練課程；後者則包括了與同事一同參加工會會議、介紹給廠區內的商店助理，或者在工會協助下解決問題等。兩者對於員工在工會社會化的過程都有助益。在新加坡，一項針對 322 位工會成員的研究發現，透過工會社會化歷程所培養的、對工會的忠誠性，是一種強大的動機，引導成員努力地提升工會和其他成員的利益[20]。

　　一個關於美國薪資水準的回顧研究指出，參與工會的員工比非工會員工的薪資高出了 33%；不僅薪資，工會員工在工作條件、工作安全感、福利待遇等方面，都比非工會員工來得更好、更安全，這樣，也就有助於滿足 Maslow 所說的低階需求。工會的會員身分也能滿足諸如地位、歸屬、自尊等較高階的需求，並且透過對於工會乃是與資方談判的工具的了解，員工們也感受到了某種權力或力量。某些員工對工會的忠誠，甚至高過了對公司的忠誠。

　　工會起先是抗拒 QWL 計畫的，因為他們擔心這類計畫會降低工會忠誠度。但是當工會中愈來愈多的成員參與或者支持 QWL 的計畫方案之後，這種抗拒就漸漸的降低了。

　　工會眼前正面對成員衰退的嚴重問題。在二次大戰於 1945 年結束的時候，全美勞動人力中有 35% 參加工會，但是到 2003 年，只剩下12.9%，算來算去，只有大約 1,580 萬的勞工而已。就眼前來看，男性比女性，黑人比白人、亞裔或拉丁裔，都更可能加入工會。政府機關員工參加工會的大概有 40%，私人公司的比例則只有 10%。如果你想從工會的立場來了解各種職場上的議題，請上 AFL-CIO 的網站，網址：www.aflcio.org。

---

[20] Tan & Aryee (2002)

• 工會牢騷

如果你在職場上遭遇了一些不適當的對待，而想要發發牢騷的話，工會也許是一個不錯的地方；從這個角度來看，工會對員工的影響面向之一，就是這個發牢騷的歷程；工會合約可是清楚地載明，工會必須協助員工們解決這些抱怨。員工們的抱怨次數與問題所在，不僅是員工對工作不滿的重要指標，也可能指出了職場上各種問題的原因。投訴程序提供員工們一個向管理階層反應意見的管道，同時也是一個宣洩挫折情緒的合法出口，否則這些情緒難免轉化成工作進度的低落、停頓或者破壞。也就是說，投訴機制對於員工、對於管理階層，其實都是相當有益的。

不同的工作中，員工的投訴次數也會有所不同。單調而重複的裝配工作、不舒服的工作環境、工作上的新手等，都與更高的投訴率有關。社會因素也會有影響，高向心力的團體比缺乏一體感的團體，提出了更多的投訴；缺乏體恤的基層主管，比起高體恤的主管們，更容易成為投訴的對象。

一般而言，當一個抱怨按照員工的想法被解決了，員工們就愈覺得投訴系統是公平的、沒有偏私的，工作滿足也能提升；而當投訴是以管理階層的角度來考慮的時候，勞工與管理階層之間的關係，則常常因此而惡化。

第八節　非正式團體：組織內的組織

每個組織都會發展出非正式的團體，這些團體不會出現在組織圖上，管理階層也管不到他們。然而，這些團體具有強大的力量，型塑員工們的態度、行為，以及生產力。員工們非正式地湊在一起，以奠定並且宣傳一整套的規範、價值觀，成為一種在更大的組織文化之內的次文化。

非正式團體為新進的成員們決定，應該如何了解管理階層，以及組織文化的各個層面。這些非正式團體可能鼓勵新進員工與管理階層合作，而扮演了公司的好幫手；也可能降低組織的生產力、使組織目標受挫，而變成組織的敵人。

• 霍桑研究

古典的霍桑研究可以提供非正式工作團隊的實徵證據。在一項針對 Western Electric（西方電器）工廠 14 名電報室員工進行六個月觀察的研究中，觀察者發現，這些員工發展出一個非正式團體，有自己的行爲與生產力的標準；他們分享了各種利益，友善地彼此嘲弄，並且隨時準備協助其他的夥伴；他們珍視彼此的友誼、接納，並且表現出很多家人互動般的行爲特徵；他們也盡量避免做出任何不被團體認可的行爲。

在生產力方面，儘管管理部門曾經對他們設定一些目標，並且給了一個酬賞系統，誘使他們達到、甚或超過這個目標，然而，他們自己決定了他們認爲公平而且安全的每天生產量，比管理階層的水準要來得低。員工們相信，假如他們達成了、超過了管理階層的標準，公司一定會把標準再提高，而這將導致他們必須更辛苦的工作。於是，這個非正式團體給了一個比較輕鬆的、容易達成的生產目標，而放走了那些能夠獲得獎金的機會。員工們對觀察者坦承，他們其實可以做得更多，但是這樣做將會違反團體的常規；顯然的，對成員而言，這個團體在他們的生活中具有優越的地位，以至於他們必須考慮團體的接納，甚於那些額外的薪酬。

• 社會閒散

非正式團體的另一種效應，就是社會閒散（social loafing），這是指人們在團體中工作的時候，會比獨自工作時要來得差一些。一個可能的解釋是，因爲他們相信自己在團體中可能是隱沒的，因而就算自己的表現稍微差一點，也不會有人注意到。相同的，人們也可能基於過去的經驗，認爲團體中的其他成員也會打混，因而自己應該也可以一起摸魚。

但是，當員工們相信他們的主管們正在監督、注意他們個人的一舉一動，這種社會閒散的現象就比較不會發生。假如員工們相信他們在團體中的努力，並不被主管所發現或認可，社會閒散就很有可能發生。男性比女性更容易發生社會閒散；傾向於個人主義文化的西方世界，相較於集體主義文化的東方，亦更可能發生社會閒散。

在下列的這些情況中，員工比較容易發生社會閒散的狀況：

1. 當個人的工作成果不太能被清楚地指認、發現的時候。

2. 當工作的作業不是很有意義、或者個人涉入的時候。

3. 若與陌生人一起工作的時候。

4. 當他們認為同事會表現得比他更好的時候。

5. 當他們的工作團體比較沒有向心力的時候。

• 團隊凝聚力

各種組織之中，都會有非正式團體的存在。這些團體乃是以人際互動的歷程為重要特徵；並且，只要成員們彼此有共享的互動歷程，就會有機會發展出某種親密感，稱為團體凝聚力（group cohesiveness）以及共同的利益。團體也必須有共同的焦點，例如：在同一個部門工作的夥伴會分享同一個空間等；團體也不能太大，否則很容易失去某種個人感，以及彼此的直接接觸。

大部分的人都有親和需求，需要同伴的陪伴，而非正式團體正可以滿足人們的這種需要；團體也可以是一個提供工作程序、產量標準的訊息來源；團體的親密感也會影響員工對於組織議題的知覺，例如：同一個團體的成員，常常用類似的觀點來解釋組織中的事件；而凝聚力比較差的團體，其成員們就比較容易對同一個事件有相當不同的解釋觀點。

在組織和個人的生活中，處處可見團體的規範和標準。團體可以影響對政治、種族的態度、衣著打扮，甚至到哪裡去吃飯或度假等。由於團體身分能滿足很多的需求，因而我們會願意為了被團體成員們接納而努力；違反常規的行為很少發生，除了那些新進成員之外，因為他們還需要時間來了解這些團體文化。

非正式團體會吸引性格相似的人們，以產生較為一致的情感、情緒氣氛；最後，團體成員們很容易對工作有著相似的心情和感受；而團體的情感氣氛會影響團體的績效表現。負面的情感氣氛，通常會伴隨著低度的互助行為，出現粗魯、不合作的行為；正向的情感氣氛則與低度的曠職行為有關。

正向的情感氣氛與組織中的自發性有正向的關聯，自發行為包括了幫助同事、維護組織、提出建設性意見、發展個人技能專長、散播善意等。

而當團體的規模比較小，彼此的鄰近性比較高的時候，團體中的正向情感情感狀態所影響[21]。

我們已經說過，團體親密感的程度，稱為團體的凝聚力。當團體凝聚力愈大的時候，團隊對於成員的權力也就愈大，成員所感受到必須屈服的壓力也愈大。而當團體的規模愈大、彼此的互動愈少的時候，凝聚力也會下降。大規模的團體通常會切割成幾個較小的，或彼此競爭的團體；而成員在個人背景、興趣、生活型態上的各種差異，則會降低團體的凝聚力。

工作條件也相當重要。在薪資誘因系統下的員工，因為酬賞乃是以個人的表現為基礎，因而，員工彼此之間的競爭，很可能降低團體的凝聚力和親密性。以團隊表現為基礎的酬賞系統，則因為大家都為了同一個目標而努力，因而可能強化團體的凝聚力。

外部的壓力與威脅，也會影響團體的凝聚力。正如遭受攻擊的國家的公民們，面對了外在威脅的時候，就會忽視彼此原本的差異和衝突；組織中也是這樣，尤其當成員們遇到了不公平的主管或是差勁的政策時，同仇敵愾而來的凝聚力可想而知。一項包括了 64 個研究的後設分析，指出了團體凝聚力的三個要素，包括：人際吸引力、工作承諾、團隊的驕傲。這個研究也發現，高度的凝聚力與高度的績效表現之間有強烈的正相關[22]。

第九節　科技的改變與組織結構

正如你所知道的，因為科技的進步，不論是生產過程、辦公系統，都開始大量使用電腦輔助的設備與程序，而這也正逐步地改變工作和組織的結構。電腦科技大幅擴大了個人在組織中的活動，讓個體與組織之間有了全新的聯繫；舉例而言，一個工程師因為電腦化作業，能直接地與行銷部門聯繫，而這是他從來不曾有過的經驗。這種改變，讓客戶的需求、產品研發的聯繫或溝通，都縮短了許多，也方便許多。

---

[21] 參見 Brief & Weiss (2002)

[22] Beal, Cohen, Burke, & McLendon (2003)

電腦科技需要工作程序方面更為資訊化；表單的填寫必須更為精確，不能出現判斷上的誤差；而資訊化之後的工作程序，會減低員工們在工作的結構化、組織化方面的個人性。訊息進入了電腦與網路中，傳達的速度會比較高；而在這種情況下，個別員工的心情狀態將會持續性受到團體的大幅改善，這打開了以往階層之間並不彼此溝通、傳播的情況；第一線員工和高層的決策者，如今有機會同時了解產品的生產和銷售的狀況。事實上，儘管方向並不清楚，但是電腦減少了決策介入的空間。

實務上，辦公室或者工廠的自動化，導致了決策更為集權化，能參與決策的階層範圍變得更小；但是也有些去集權化的例子，它們給了能充分掌握資訊的員工們更大的決策權。透過視訊會議，主管們可以把決策權轉移到第一線的員工，以解決科層組織過度集權的缺點；另外，這類會議也比較不會偏離主題，因而浪費時間；當然，它也節省了前往開會地點的交通時間費用。網路視訊會議也改變了開會的方式，以往參與者得圍著桌子、坐成一圈，現在則解除了面對面溝通的壓力，可以盡情地表達自己的意見，假如還是害怕表達，甚至可以使用匿名的方式來參加討論，以避免互相批評的尷尬。像是銀行、飯店、塑膠工廠、飛機製造商等，各種不同的產業與公司，都已經開始使用這類的會議型態。

電子型態的腦力激盪，最多可以包括 12 個參與者；他們可以跟隨著會議指示，盡量提出自己的觀點，避免互相批評，並且結合彼此的創意；而且，不僅可以在自己的團體內交流，也可以結合其他團體的過程與成果。這種型態改善了傳統面對面式腦力激盪的兩個難題：一個是點子容量（production blocking）的問題，在傳統法中，同一時間只能有一個人說出想法，現在的型態容許大家自由地留下自己的想法，不會受到任何干擾，而且自動記錄功能也可以讓成員對於感到興趣的想法，再三思考；另一個則是害怕評價（evaluation apprehension），或許參與者因為害怕被公開批評，而不願提出想法，電子型態則可以提供網路匿名功能，避免這類困窘的情形。顯然地，網路腦力激盪比傳統面對面的型態，更能激發出大量而優質的點子[23]。

---

[23] Kerr & Tindale (2004)

透過打斷傳統的溝通與權力的路線，電腦事實上帶來了組織非正式結構的改變，例如：在公司裡頭，工作上彼此相關的同事們常常位置相鄰，因而，他們可以輕易並且自由地交換各種與工作有關的、無關的資訊；然而，假若工作都變成自動化了，工作者常常可以在物理距離上相遠，因而，也就減少了談話、交際的機會。

人際互動的減少，同時也就降低了團體的凝聚力；即使員工們可以利用電腦進行一些非正式的溝通，這種方式仍然缺乏面對面的溝通所能提供的親密感和個人隱私，也缺乏非語言的線索，例如聲調、表情、手勢、肢體語言等等；再加上，許多公司會監控員工們之間的電子信箱，這也會使員工們減少用電子信箱來進行個人的、社交的互動。顯然的，這種型態會帶來團體凝聚力的下滑。

伴隨團體凝聚力的下滑，工作上使用電腦也會導致個人的孤立感，不論是工作中或是休息時，例如：你不必走進旁邊的辦公室或是走到樓下去，就可以向同事請教一些事，這麼一來，那些有意義的人際互動就會減少。另外，你不再需要到茶水間，就可以跟人家聊八卦，因為你可以用網絡跟別人聊天；甚至中午休息的時間，大家也很少再一起去吃吃飯、聊聊天，反而愈來愈多的員工停在電腦前跟同事敲鍵盤。一項包括了 1,000 位員工的調查發現，有 14% 的員工在自己的辦公桌前用餐，因為這是他們可以自由上網的時間 [24]。

因為這樣，藉由非正式的聚會或是自發性的聊天，員工之間原本能建立的社會支持就逐漸地減少了。最嚴重的是日益增加的在家工作者，因為他們只需要透過網絡，就能跟辦公室聯繫全部的工作事宜，於是整天在家工作，與其他人之間的溝通，完全依賴電子通訊。

虛擬世界的交易，與真實世界之間是一樣的嗎？一個對員工的調查發現，當人們在做生意的時候，會比較信任真的見過面的人，而非只透過網路碰面的人，因為面對面的互動有比較多的機會交談一些關於家庭、個人資訊等的話題，能認識彼此、建立信任和友誼，而這種關係與只透過傳真、電郵、視訊會議等管道有所不同，他們說那種互動比較缺乏真實感、

---

[24] Fickenscher (2000)

比較不人性[25]。

然而，網路溝通非個人化的特性，真的會影響商業交易嗎？答案是肯定的。對於只在網路中了解的人，我們的信任會降低；而這種不信任會扭曲談判協商的歷程。對於國際間各銀行的調查發現，這些銀行行員們相信，相較於只透過網絡來談判交易，電話溝通是一種在個人與工作關係的建立上，較為適合、也較為有益的方式[26]。

另外一個使用網路溝通的問題，是上網的時間會大量增加。心理學家警告，過度地使用網路，可能會成癮。網路研究中心調查了 18,000 名網路使用者，發現有將近 6% 的人符合了強迫性網路使用的標準，這些症狀與強迫性賭博行為相當類似[27]。這些人特別流連於網路聊天室、色情網站、線上購物，以及電子郵件當中，並且無法自拔；有三分之一的人說他們習慣性地上網，是把這當成了一種逃避或轉換心情的方式。

雇主們或許會為了避免電腦和網路可能帶來的負面作用，而對電腦使用實施監控，但是這種做法很可能危害員工和雇主的關係，最終則是影響了整個組織；因為員工們很容易把老闆當成看門狗，整天監控他們的行為。為了研究職場中這種監視行為的流行性，美國管理學會（AMA）調查了超過 1,000 個大型公司，發現在過去幾年之中，這種行為正快速地增加；大約 78% 的公司曾經調閱過員工們在工作上的電話、語音信箱、電子郵件、網路連結，以及電腦檔案等；還有超過一半以上的公司，會使用阻擋軟體，來禁止員工打公司沒有授權的電話；三分之一的公司禁止員工上一些不當的網站；約有 43% 的公司會檢查員工花在電話上的時間，甚至調查這些號碼跟工作到底有沒有關係。

另外，網絡研究中心調查了 224 個中型公司發現，有 60% 的公司曾經因為網路濫用而懲罰員工，甚至有 30% 的公司因此而開除員工；而兩種最常被提到的網路濫用，則是在上班時使用電子信箱，和上色情網

---

[25] Olson & Olson (2003)

[26] Bargh & McKenna (2004)

[27] DeAngelis (2000)

站[28]。另外，一項對 1,000 位網路使用者的調查發現，10% 的人認為他們因為花太多時間上網而妨礙了工作，13% 的人則認為，他們不能專心工作是因為上網太容易了[29]。

儘管如此，其他的一些研究卻顯示，相較於那些不知道自己的電腦受到監控的人而言，知道受到監控的員工們，並不會因此就停止那些與工作無關的網路活動[30]。或許對這些網路成癮的人而言，即使知道行為的後果，也沒辦法停下他們的行為，這種情況跟賭徒或者酒鬼，其實沒有兩樣。有些員工在知道網路被監控的時候，會比較憂鬱、緊張、焦慮，生產力則會比較差[31]。

某些公司，尤其是餐飲業、醫療保健業的公司，員工們就連在廁所都沒有隱私，因為廁所裡有相關的探測器，可以透過為員工洗手，來偵測他們是否遵照公司的各種清潔規定與實務。一位員工說：「假如有一個人沒有洗手，他的名牌會立刻閃爍，電腦主檔中還會立刻出現一個缺點。高達35% 的大型公司使用錄影監視器來當作保全設備，以避免員工或顧客的偷竊，或是用來了解員工的工作表現。

有一個針對 370 位暑期工讀的高中、大學生的研究，調查他們對於自己在工作中被攝影監控的感覺。那些被事先告知公司使用監控系統的學生們認為，雇主這樣做並沒有什麼不公平，而且他們也因而覺得受到老闆的重視；但是對於那些沒有被事先告知的人來說，他們覺得這樣很不公平，也覺得自己被老闆貶抑了價值[32]。

那些受到任何管道、任何形式監控的員工們，常常抱怨他們的隱私、尊嚴受到了侵犯，然而，雇主們說，他們得確保自己的員工們不會忘了工作，整天遊手好閒。你認同哪一邊呢？

---

[28] DeAngelis (2000)

[29] Fickenscher (2000)

[30] Everton, Mastrangelo, & Jolton (2003)

[31] Rosen (2000)

[32] Hovorka-Mead, Ross, Whipple, & Renchin (2002)

·················· 摘　要 ··················

　　I/O 心理學家會研究組織的氣候和型態，以及這些是如何影響員工的。古典的組織型態是科層體制（bureaucracy），這是一種理性的結構，在其中，行為的規則與權威的路線都是固定的，而個人的主觀性和偏誤則受到了限制。科層體制忽略了人性的需求，而且無法輕易地適應社會與科技的變遷。

　　現代的組織型態則是一種讓員工們高度涉入、參與的取向，它考量了更多員工們在智力上、情緒上和動機上的特質。各個階層的員工都能參與決策的制定。全面品質管理（QWL）方案重新建構了工作和管理的方式，以因應員工參與的新趨勢。自主工作團體（self-managing work groups）則透過外部領袖，也就是團隊和組織之間的協調者，由工作團隊自身承擔起各種工作層面的議題。虛擬自主團隊的成員們可能永遠都不會彼此碰面，可是透過網路設備，他們可以把彼此的工作串連起來。

　　員工們和經理們可能會抗拒工作方法、設備或政策方針等的改變，但是假如容許他們參與變革相關的策略制定，他們很可能會轉而支持。組織發展（OD）是指大規模變革的技術，這個過程乃是由變革代理人（change agents）去診斷問題、建議一些適當的策略，並且實際地執行介入。

　　社會化歷程（socialization）是指新進成員適應組織的調適歷程。一個好的社會化方案應該要包含具挑戰性的工作、適當的訓練、回饋、體恤的督導、有士氣和承諾的同事，以及適當的導向訓練等。一位有經驗的員工進入任何一個新組織的時候，同樣地需要協助；這個歷程稱為再社會化。

　　組織文化（organizational culture）是一組信念、價值觀，以及引導成員行為的種種期待。人與組織適配（person-organization fit）是指員工們的性格和價值觀，與組織的文化、價值觀之間相互的適配、契合。

　　工會會員身分會影響員工的工作滿意和生產力，並且透過薪資、工作安全與福利照顧，來滿足一些低階的需求；另外，也能滿足歸屬、自尊，以及權力等需求。

　　管理階層所能控制之外的非正式團體，事實上，也會影響員工的態

度、行為和生產力；他們對於生產力、主管關係等，有他們自己的一套標準。人們在團體中工作，會比獨自工作的時候閒散些，稱為社會閒散（social loafing）；團體凝聚力（group cohesiveness）則是指一個團體內彼此親近、緊密的程度，團體凝聚力愈高，工作表現就愈好。

　　使用電腦已經讓組織的權力，由領導者轉移到員工們的身上。現在會議可以在網絡上召開（virtual meetings），這會降低團體凝聚力、升高員工們的社會孤立感。網路監控則會減少員工們對組織的信任感。

關鍵字

- 科層體制　　　　　　　bureaucracy
- 全面品質管理　　　　　total quality management (TQM)
- 工作生活品質　　　　　quality-of-work-life (QWL) program
- 工作自主團隊　　　　　self-managing work groups
- 組織發展　　　　　　　organizational development (OD)
- 變革代理人　　　　　　change agents
- 社會化　　　　　　　　socialization
- 角色模糊　　　　　　　role ambiguity
- 角色衝突　　　　　　　role conflict
- 人與組織契合　　　　　person-organization fit
- 團體凝聚力　　　　　　group cohesiveness

問題回顧

1. 為什麼科層組織的出現，被認為是職場上一種革命性的、人文主義的變革？
2. 請從個別的員工、組織等兩方面，來描述科層制度的一些問題和缺點。
3. 根據 McGregor 的 Y 理論，員工們是什麼樣子的？那麼，X 理論又

是怎樣看待員工的？兩者有何不同？

4. 假如你的公司要應徵 2 位經理和 50 位員工，來生產登山腳踏車，你會怎樣努力地促成一個員工高度涉入的管理系統？

5. TQM 方案的要件以及利益何在？為什麼有些 TQM 方案會失敗？

6. 如果自主工作團隊是設計來自動運作的，為什麼還需要外部領袖？外部領袖又該做些什麼？

7. 當自主工作團隊的成員們並不在同一個辦公室的時候，他們要怎樣運作？

8. 哪些因素能夠幫助員工們接受組織變革？

9. 組織發展包括了哪些歷程？請說明變革代理人的角色是什麼？

10. 組織可以透過哪些方法來幫助新進成員的社會化？如果新進成員的社會化歷程失敗或者成效不彰的話，又會有哪些後果？

11. 請定義什麼是角色模糊，什麼是角色衝突；它們和社會化又有什麼關係？

12. 組織文化是什麼？請舉例說明，組織文化如何影響員工的工作滿意和績效表現。

13. 怎樣可以讓員工投訴變成員工和老闆都受益的過程？

14. 什麼樣的情況比較可能導致社會閒散？員工們獨自工作的時候，會不會比在團體中工作的時候，更容易發生社會閒散？

15. 團體凝聚力有哪三個要素？大型團體會比小型團體更可能有高度的團體凝聚力嗎？為什麼？

16. 電腦科技如何影響工作流程、會議行為，以及腦力激盪的過程？

17. 職場中的電子監控有多麼廣泛？請舉例說明，這些監控是如何進行的。

18. 當你知道了老闆正在監控你的電腦使用情形，你會有什麼反應？你會改變你的行為嗎？假如會改變，你會怎麼改變？

第四篇

職場上的各種特徵

我們已經討論過職場上的某些社會與心理氛圍的效果。組織的結構、領導的風格與員工的動機等等，都會影響生產力與工作滿意。現在，讓我們來看看職場上一些更為廣泛的層面，包括：物理條件、工作時數、安全議題，以及對生理與情緒健康的關注。

第十章，處理工作的物理條件，包括照明、噪音、顏色、溫度與音樂；我們將討論工作時數、工作排程的問題，同時討論諸如疲勞、單調，以及性騷擾的問題。第十一章則探討意外、暴力、酗酒，以及藥物濫用的問題；心理學家幫忙找出職場上意外與暴力的原因，以及預防這些情況的方法。對酒精與非法藥物的依賴，不僅是個人的悲劇，也是人事方面的問題。心理學家為了各個階層當中遇到麻煩的員工們，設計了員工協助計畫。第十二章探討工作的物理、心理條件所產生的各種壓力，心理學家發展一些預防與治療這些壓力的方法，有些在工作現場實施，有些則是在職場之外。

第十章 工作條件

本章摘要

第一節　物理的工作條件

看看周遭，你現在正在宿舍裡？還是在圖書館？或者在辦公室裡？感覺怎麼樣？舒適且安靜嗎？是嘈雜地令人無法專心？還是明亮而且能夠專注呢？抑或者，冰冷而無生氣呢？這些都是影響著我們能否專注工作的物理特性（physical characteristics）。不論你的工作是什麼，不論是準備進修、修理引擎，或者是賣電腦，這些環境條件都能影響我們的技能、動機，以及工作滿足。

一個公司可以選擇並僱用最好的員工，完整地訓練他們，提供傑出的領導者，以及最為理想的公司氣候，來達成員工的最大表現；然而，假若物理的工作條件（physical working conditions）讓人覺得不舒服，生產力就可能變得比較糟。不適當的工作條件會導致產能減低、工作滿意降低，錯誤與意外事故增加，以及缺曠與離職提升的情況。

當工作環境變得舒適，或者工作時間比較彈性的時候，產能通常就會提高，至少短期內能有相當明顯的變化；然而，I/O 心理學家必須小心解釋這些在成果上的改變。到底是什麼引起了這些巨大的產能？是某種氣候控制系統（climate-control system）嗎？是照明方面的改善，或者是比較好的隔音設備呢？又或者，是員工們對管理部門有了更為積極正面的態度之類的微妙心理因素呢？

即使不論原因如何，結果都對公司有利，管理部門仍然必須具備解釋這些生產力與工作滿足到底為何能以改善。即或是由於員工對於被人性化的對待勝過被當成機器裡的齒輪而感到愉悅，我們也應該問題，在那些涉及昂貴開銷的物理條件之外，是不是還有其他人性化的對待可以提高生產力和滿足感。

許多企業裡的員工們其實是在一種難忍的環境下，創造出了最大的工作效率，同時也有許多公司極盡設備之完善與布置之奢華，卻只能有糟糕的工作成果以及低落的鬥志。改變這些物理工作條件的效果，可能受到員工們對這些改變的知覺、接納與調適的程度所影響；這樣，我們得透過複雜的心理因素的觀點，才能夠透視職場上的物理特性的具體作用。

• 工作場所

　　物理的工作環境包括了許多要素，從停車場大小、建築物的地點，以至於辦公區的自然光線、噪音，停車位不當或是離辦公室太遠，都可能使員工們在到達工作地點之前，就已經對公司產生了不悅的感覺。

　　工作地點不管是大城市的市中心，或是在較為遙遠的市郊，都會影響員工的工作滿意。舉例來說，郊區的辦公園區通常都距離城市裡的商店、餐廳，以及其他的服務業比較遠；調查發現，一般典型的年輕且單身的員工，比較喜歡在市區裡居住和工作，相反的，已婚員工們則傾向於在比較安靜的郊區工作，和撫養他們的小孩。

　　許多公司也提供多樣的福利措施，來吸引和留住忠實的員工；有些公司甚至把自己設計成一個具有水療館、健身房、幼兒園、商店、銀行與診所的度假村。為什麼這些公司要花這麼大的一筆錢，在以前認為根本多餘的地方呢？正在佛州 Tampa（坦帕）大學的 luxury-laden Citicorp 裡的一位員工說：「人的一生中，很長的時間都花在工作上，如果可以提供健身房、幼兒園這些很棒的設施，對我來說，就會有高度的忠誠。」而員工的忠誠度高的話，自然就比較不容易辭職、請假，或者在工作上懶散。

• 辦公室與工作場所的設計

　　一進到工作的地方，我們就可以發現足以引發員工不滿、挫折的物理條件。在以落地窗為主的建築物裡，空調系統的散熱性就是主要抱怨之一；通常，在鄰近陽光的一邊，溫度會高得令人受不了，而在陰影的那一端，又會讓人覺得太冷。其他令人感到不舒服的因素，還有辦公大樓的電梯速度太慢、公司供餐的品質太差，以及洗手間的設計不當與維修不良。

　　辦公室的大小、布置，都與員工的工作滿意、產能有關。辦公室的布置與陳列可能影響主管是否想跟員工們自然地碰面或者交談。彼此的辦公位置愈相近，一天中彼此遭遇的頻率就會愈高；物理上的區隔，例如：將主管辦公室設在其他的樓層，即可減少碰面的機會。

　　辦公大樓的規模也可能影響工作關係。建築物愈小，員工之間的關係就愈親近；在規模較大的辦公大樓，員工之間的互動也會比較少，彼此的

關係也更傾向於表面化、冷淡；這些因素與實際的工作完全無關，但是卻可能影響生產效率。而大家不喜歡的位置、設計不良、不方便的擺設等，都會降低工作士氣，助長負面的情緒。

工作場所的設計與位置，對於行動不便的人來說，更是重要；他們很可能不是因為能力不足，而是因為無法順利地進入工作場所，而失去某些工作機會。陡峭的樓梯、狹窄的通道，以及空間不足的洗手間，都有可能促使他們被拒絕錄用。1973 年的職業復健法案（Rehabilitation Act）與 1990 年的殘障法案（Disabilities Act），都要求空間必須無障礙化，建築物的每個地方都必須可供輪椅順利通過。這個法規要求修改硬體設施，例如自動門、輪椅坡道、電梯、扶手、加寬的門口與通道，並降低公用電話的高度。調查顯示，60% 的改裝花不到美金 100 元，90% 不到 1,000 美元。許多的殘障員工甚至根本不需要任何工作場所的改裝。IBM 僱用殘障員工已經四十多年了，他們是最早為了提供殘障者工作機會而進行改裝的公司。

• 環境心理學及開放式辦公室

環境心理學（environmental psychology）這門學科，討論人與環境之間的關係，綜合了建築與心理學，環境心理學者著重在自然和人為環境對於行為所產生的各種衝擊。舉例來說，研究辦公室的設計與擺設對於部門內與部門之間的溝通、對於小組之間的任務流通與串連、對於主管和部屬之間的關係，以及對於工作小組的凝聚力等作用。

一個早期的環境心理學的研究成果，即是開放式辦公室（landscaped offices）。與高度隱私、隔開的辦公室正好相反，開放式辦公室是某種在各區之間沒有高牆阻擋的大型辦公空間，所有的員工，從基層文員到業務主管，都擁有自己的隔間，在不同的工作單位之間，只有盆栽、螢幕、隔板，或者櫥櫃、書櫃等，做為辦公空間的隔間。

開放式辦公室在建造和維護上都比較低廉，也被認為有利於促進人員之間的溝通和工作上的流通。開放式空間能幫助提升團體的合作與凝聚力，降低員工們與經理們之間的心理障礙。對員工反應的研究，指出了這種設計的優缺點；員工們一般都認為，開放式辦公室比較令人愉快，也

比較適合社交工作。管理階層也說，這有助於改善溝通。通常，比較多的抱怨會發生在缺乏隱私、噪音，以及不容易專心；因為隔間通常都只用低矮的隔板，於是，可能會少掉很多有助於個人感與心理安慰的東西，像照片、盆栽、海報，或者紀念品等。雖然開放式辦公室有這些問題，許多公司還是願意投資，而不去花更多的金錢來建造個別辦公室。對於大量地需要電腦來工作的公司而言，開放式辦公室已經變成一種標準的設計。

　　房地產不斷上漲，於是，公司也試著壓縮員工的硬體設備。典型的工作隔間和個別的工作室，都正在慢慢的縮水。有些經常出差的員工，已經不再享有固定的辦公區，反而只剩下一些暫時性的空間而已。舉例來說，常在客戶端工作的顧問們，只要打電話回主辦公室預訂自己的下一個小隔間；這樣的習慣已經不太像是登記一間飯店套房，而比較像是「借住一下（hoteling）」。

• 照明

　　為了廣泛地進行關於工作空間設計議題的研究，I/O 心理學家針對許多的環境因素都做了相當廣泛的研究，包括光線、噪音，以及溫度。這些因素都屬於 Hertzberg 所說的保健因素，而且對工作滿意有所影響。

　　長時間在光線不足的情況下，從事閱讀或精密操作的工作，會對視力產生傷害。研究證實，光線不足的確是一個壓力的來源。光線太強、不足，或是缺乏自然光，都會對績效表現產生負面的影響。

　　1. 強度：光線的強度，或是亮度的高低，是與照明最為相關的因素。理想的強度會隨著工作性質與工作者年齡而有所不同。中高齡的員工比起年輕員工，需要更明亮的光線，才能在相同的工作中達到相同的滿意度；牽涉到小零件精密操作的工作，例如電子廠的生產線，會比瓶裝廠的生產線需要更明亮的光線。照明工程師對辦公大樓內各區域所需的最低照明，提出具體的範圍，參見表 10-1。

　　2. 照明廣度（distribution of light）：另一個影響照明的重要因素，是工作區域裡光線的廣度。理想的照明應該要將光線均勻地分布到視野可及的各個角落；當光線集中在某一點的時候，眼睛必須不停轉動並且因而造成疲勞，光線在這方面的程度，就要小得多。人們的視線由亮度高的地方

● 表10-1　各種空間照明水準的建議

空間描述	燭光的範圍
一般辦公室與個人辦公室	56 ～ 70
會計部門、圖書部門、製圖部門	120 ～ 150
會議室	10 ～ 70
迴廊、電梯、手扶梯、樓梯間	16 ～ 20
大廳、接待區	10 ～ 30
浴室	24 ～ 30

註：1 燭光（一支蠟燭在 1 英呎左右的距離所照出的亮光單位）差不多跟你頭上 10 呎遠之處的
　　100 瓦燈泡所產生的光線一樣。
資料來源：Common wealth of Pennsylvania Lighting Recommendations. www.pacode.com/secure/
　　　　　data/034/chapter27/chap27toc.html

轉到亮度低的地方，眼睛的瞳孔會略為擴張；假如再回到光線集中的地方，瞳孔則又縮小；如此連續不斷的移轉，眼睛就會感到疲勞。當你坐在書桌前面的時候，最好你的頭頂上、書桌上都各有光線，這樣，才能讓光線均勻分散。相同的，當你看電視或者緊盯著電腦螢幕的時候，那些多餘的外緣光線，能夠使你的眼睛比較不會疲勞。

　　工作區裡的均勻照明，可以藉由間接反射的光線來提供，如此一來，光線就不至於直射眼球。相反的，天花板上的燈泡，假如直射到眼球的特定區域，反而會引起亮點與眩光（bright spots and glare）。

　　3. 強光（或眩光，glare）：強光會降低能見度，並且導致眼睛疲勞。眩光是由眼睛無法適應的強度過高的光線所產生的。這種亮度可能是光線本身，或者經由鏡面反射所產生的。眩光可能就在短短的二十分鐘之內，導致精密工作的錯誤大量增加。這種情況會讓視力變得模糊，就像深夜開車時被來車的遠光燈刺入眼簾一般。眩光也是電腦終端機在影片放映的一個螢幕問題。

　　許多方法可以降低或者減少眩光。我們可以把極度的強光阻擋在視線範圍之外，例如：讓工人們使用防護罩或者眼罩或者在反射面、光滑面塗上一層無光澤的銅漆，都有這種效果。

　　4. 自然光：相對於人造的光線，視力可及（full-spectrum）的自然光扮演了一個心理層次的絕對角色。研究顯示，沒有窗戶和自然光線照射的

辦公室裡的員工，表達了對窗戶強烈的慾望；不論辦公室裡人造的光線充足與否，大部分的員工都希望能看到外面，而且他們覺得，自然光遠比人造光對眼睛要來得好。人們對於眼力可及的範圍或者自然光線，在心理上有某種程度的需要。許多歐洲國家都訂立相關法令，要求雇主必須確保員工們在工作區域裡，有機會接觸到自然光。

● 噪音

　　噪音是現代人最常見的抱怨之一。噪音會讓人易怒、緊張，而且影響睡眠，甚至產生若干生理上的影響，比如聽力的減退。噪音已經被證實會造成許多職業傷害，例如鉚工、蒸氣鍋製造工、航空技工、鑄鐵工，以及紡織工等。企業則每一年至少得花費上百萬元，來處理工人們對於聽力受損的抱怨。

　　國家職業安全與健康局（The National Institute of Occupational Safety and Health, NIOSH）指出，有 3,000 萬美國人慣性地暴露在噪音環境而影響聽力。他們也估計，至少有 20% 的美國員工在對聽力有害的環境中工作，例如：90% 以上煤礦工在 50 歲之前失去聽覺，至少 75% 的農夫在長期的農機噪音下導致聽力損傷。國家聽力保護協會的會長則說：「聽力減退是最常見的職場疾病之一。」[1]

　　噪音的單位是分貝（db），以測量聲音強度。0 分貝是聽力的門檻，是我們能聽到的最微弱聲音。表 10-2 標示了類似情況下的 db 指數。有些響度會對聽力造成若干威脅；長期暴露在 85db 以上的工人，會造成聽力損失；身處 120db 以上，則會造成暫時性失聰；短期間處在超過 130db 的環境，會造成永久性的失聰。美國政府已頒布工業員工可允許之最大音量：一天工作八小時者為 90db，每兩小時為間隔者，可擴至 100db，每 30 分鐘為單位的，則可至 110db。

---

[1]　Kluger (2004), p.56.

❀表10-2 各種聲音約略的音量水準

噪音的來源	音量水準
呼吸吹氣的聲音	10
在 5 呎遠的地方的呢喃聲	30
安靜的辦公室	40
在 3 呎遠之處的日常談話	70
城市中的公路交通	80
正在使用中的廚房	95
一般的工廠	100
發電機	110
哭嚎的嬰兒	110
吵雜的餐廳	110
3 呎遠之處敲打榔頭的聲音	120
擴音之後的搖滾樂團	140
正在起飛的噴射機	150

身處 95~110db 一段時間，血管會壓縮，改變心律，眼睛的瞳孔也會擴張。在接觸噪音一段時間之後，血管持續不斷的壓縮，會使全身的血液供給產生變化。長期接觸噪音則會形成高血壓和肌肉緊張。高度的噪音也會損害情緒的安定性，並導致壓力。一項對 40 位女性辦事員的研究顯示，只要處在典型開放式辦公室的環境中達三個小時以上，就可能產生可預見的心理壓力的徵兆；噪音也會減低員工的工作動機[2]。在以色列，一個長達四年、探討高度噪音對血壓改變的研究中顯示，工作複雜度愈高的員工，其血壓提升的程度比工作複雜度較低的人員要高出許多[3]。

噪音也會影響溝通。假使辦公室的背景音量小（介於 50 ～ 60db 之間），那麼相隔 5 呎而交談的兩人，就不必提高音量；當背景音量提高的時候，交談音量就得提高，或者必須離開工作位置而到接近對方的地方。

---

[2] Evans & Johnson (2000)

[3] Melamed, Fried, & Froom (2001)

一般工廠的平均 db 數會逼得工人與督導之間必須大聲叫喊，如此一來，便很可能會在溝通過程中流失掉重要的訊息。

● 顏色

　　有些誇張的主張認為，色彩對居家、辦公室，以及工廠是有益的。某些顏色可能可以提高生產力、減少意外的發生、提高員工的士氣等，然而，這些特定的顏色與生產力、疲勞度或工作滿意之間的關係，並沒有確切的證據可以證明。

　　即使如此，色彩對於工作場所來說，仍是不可或缺的角色。顏色可以提高工作環境的愉悅感，也可當作工作安全的一種助力。在許多的工廠裡，顏色被當成一種識別系統；消防器材是紅色的，危險區域會標上黃色，救護站則是綠色的；顏色區別使我們能夠迅速地辨認這些區域。顏色也可以避免眼睛的疲勞，因為不同的顏色有其個別的反射區域，白色的牆比深色牆反射出更多的光線；因此，適當的使用顏色可以讓工作場所或辦公室更顯明亮或者深沉。顏色也會令人產生視覺上的尺寸幻覺，例如：漆上較暗色的房間，會比實際的大小要顯得較小，而淺色的牆則能給人一種空間上的開放感。

　　在美國海軍 24 艘三叉戟潛艇上，每一艘都有四層甲板，都塗上了血橙色，並且在不同端漆上深淺不同的色漆，以製造深度錯覺，如此，可以讓狹窄的角度顯得比實際的要廣闊些。田納西號的艦長告訴記者：「這是心理學家幫我們想到的（That's the psychologists looking out for us.）。」室內設計師主張，藍色與綠色屬於冷色系，而紅色及橙色則屬於暖色系。在一些有趣的經驗中顯示，這些顏色的確會影響人們對溫度的知覺。舉例來說，某個辦公室將原本的淺色漆成了亮藍色，一到冬天，員工們開始抱怨辦公室很冷，然而，室內溫度其實跟前幾年一模一樣，即使將溫度調高了 5 度，他們仍是怨聲載道；後來又將辦公室漆成了暖色調，結果員工覺得太熱，只好又將空調溫度調低 5 度，才終於止息了這些抱怨。

　　假使工作區域相當昏暗，那麼，重新漆上新的顏色，或許可以提振員工的士氣；不管漆上什麼新色，都能夠讓員工們對工作周遭的感覺，變得比較好。然而，願意肯認顏色的確會對員工行為有所影響的 I/O 心理學家

仍然相當有限。

● 音樂

人們工作了多久，音樂就存在了多久。即使在工業革命的時代，工人們也會在嘈雜的工廠裡邊哼歌、邊做事。在十八世紀末至十九世紀初期，靜謐的製菸廠裡工人們被鼓勵邊工作、邊唱歌；有些公司聘請樂手到工作現場演奏或唱歌給工作中的工人們聆賞。到 1930 年代，許多公司甚至開始培養自己的樂團、或者是歌唱團體。

許多的主張都提到了音樂對於生產力和員工士氣的影響。員工們在工作時如果有音樂相伴，能讓他們做得更加愉快、更有效率。由資助錄製音樂的公司所進行的一項研究，支持了這項說法；然而，並不是每一種工作都有一樣的效果。早期研究顯示，大部分員工喜歡在工作時有音樂，並且認為音樂可以幫助增進生產力。但研究發現，這種效果其實因工作的性質而異，例如：在裝配線這類既簡易又反覆的工作上，音樂真的能微幅地提升了產量。作業員們說，這項工作單調無奇，無法讓他們專注，而音樂則轉移了他們的注意力，並且使一整天都在有趣的時光中度過。然而，在工作性質上比較有高度要求的，音樂就沒有顯著的幫助，因為員工們需要高度的注意力，來處理複雜度較高的工作。

大量的工廠、辦公室、走道上、電梯，以及等候室所播放的音樂，都由 Muzak 公司所提供；它們成立於 1934 年，估計目前在 12 個國家中、超過 25 萬個公司的 1 億名員工，都可以聽到他們所製播的背景音樂。資料庫裡有 100 多萬首歌曲旋律和自製搖滾樂曲，提供給 Gap、Old Navy，以及 Harry Winston 等品牌的店家。另外一家音樂播放公司 Play Network，則提供了 Starbucks、TGI Friday's 等餐廳的音樂。Muzak 式的音樂類型傾向於情緒上的昇華，以使得工作環境能夠更為人性化；它們針對了不同的公司行號，播放不同的音樂類型，在晨間、午間時分，以適合的節拍來呈現心情與活力，進而激勵員工的精神。然而，樂評們卻認為，這種音樂根本無用，甚至是一種噪音。

• 溫度與濕度

　　大家都經歷過被溫度與濕度影響了工作士氣、效率，以及身體的狀況。有些人在寒冷的天氣裡顯得開心又有活力，相反的，有人則比較喜歡炎熱的夏天。有些人在雨天會變得憂鬱，不，也有些人根本就沒有注意到下不下雨。大部分人們工作的地方，都有中央溫度與濕度的調控系統，然而，像建築業或造船業的工人，以及其他類似領域的人們，則多半會直接感受到溫度與濕度的影響。

　　在許多公司裡，員工們都會抱怨不是太冷、就是太熱。但是如果有人試著去調整溫度，就會發現，其實辦公室裡的調溫器根本形同虛設，只是提供一個可以控制的幻覺而已。員工們很可能以為藉著這個動作，就可以改變溫度的高低，即使溫度根本沒變，他們還是滿足了。研究結果也顯示，對於在室外或者缺乏空調的場所，例如：倉庫或汽車維修廠的人們而言，通常高溫並不會在他們的心理上產生什麼影響，不過卻可能感覺身體比較吃力，而使得工作表現變得較差。即使生產力仍然呈現了某種穩定的狀況，但工人們其實正在困難的氣候裡、花費更多的體力，來維持相同的產量。通常在這樣的情況下，他們會需要更頻繁的休息。動機也是其中一個影響的因素。動機高的員工會比動機低的員工，在極端的溫度下仍然保持平穩的生產力。

　　自動化的辦公設備，也會對溫度控制系統造成干擾。一部電腦所排放的熱氣，其實不太嚇人；但是當幾十部電腦、印表機、傳真機都放在同一個區域的時候，熱氣跟靜電的水準就會提高；乾燥的空氣也會讓那些戴隱形眼鏡的員工們有些抱怨。

第二節　工作排程

　　工作時間的長短，是工作環境裡一項不可缺少的部分。各國之間並沒有所謂的標準工作時間。在美國，一個星期 40 小時的工時，並不是其他國家常見的情況；事實上，美國人的工時比其他的工業國要多。美國人每一年平均比日本人多工作兩週、比挪威人則多十四週。不僅工作時間比別

人長，連年休都比別人少；一份對 Expedia 這家網路公司 1,000 名員工的調查中發現，有 12% 的員工根本沒有打算休假。相較於其他國家的年休制度，像義大利 42 天、法國 37 天、德國 35 天、英國 28 天、日本 25 天等，美國員工的平均年休是 16 天，而且只用掉了 14 天。

　　一般來說，經理們比一般職員的工作時間要來得長，而相較於他們所付出的勞力與時間，薪酬所得也比較多。一項針對 47 位經理的調查發現，他們每週平均工時為 56.4 小時，而其中有 28.6% 的人每週工作超過 61 小時；這些付出極多時間的人，得到的薪資是相當可觀的，他們的平均年收入為 204,993 美元，員工們則只有 162,285 美元；他們的工作滿意比較高，工作投入也比較高；而過度工作的負面影響，則是與家人之間的關係疏遠，工作與家庭之間也產生了高度的衝突[4]。

　　儘管美國人仍然持續性的長時間工作，他們也改變了跟上一代不同的工作方式。傳統上，每個禮拜工作 5 天、40 小時；然而，員工們同時上下班的方式，已經被彈性工時制度所替代了。我們將在以下的章節繼續討論每週工時、輪班，以及彈性工時的問題，彈性工時則包括了長期兼職、每週四天，或者彈性時間（flextime）等方式。

• 工作時間

　　在美國曾經有段時間，每週工作六天、每天 10 小時。1938 年，由於勞動基準法（Fair Labor Standards Act）通過，改訂為每週五天共 40 小時的工時標準；這使美國成為第一個為標準工時立法的國家，然而，這卻未必是最有效率的工時制度。員工們只是把這個當成了新的標準，正如以前的 60 小時，或是之後的 48 小時之類的。

　　在名義工時（nominal working hours：員工被規定的工作時間）與實際的工作時間（員工花在工作崗位上的時間）之間，其實是不一樣的。事實上，這兩者幾乎完全不相符合。有些研究顯示，員工花在實際工作上的時間，根本不到半個禮拜的工作天，而這些漏掉的時間除了公司所規定的

---

[4]　Brett & Stroh (2003)

休息時間之外，大部分都是非明文規定而且公司管不到的。員工到了工作地點之後，可能需要一些時間才能開始工作，他們會整理一下報告、削個鉛筆、上網看一下今日頭條，或者先幫機器上個油之類的（不管到底需不需要）。在一天之中，他們也會跟同事互相交際一下、上上網，稍微耽誤一些午休，或者在咖啡機旁消磨掉一點時間。經理們則浪費時間在等開會、打重要電話，或是傳送電子郵件。

　　規定工作時間與實際工作時間之間，有一項有趣的關係。當規定的（prescribed）工時增加，實際的工時就會減少；也就是說，每天或每週的工時愈長，員工的生產力就會愈低。即使是動機很高的員工，這項發現仍然是適用的。在第二次世界大戰前期的英國，愛國熱忱達到了巔峰；由於嚴重的補給與裝備不足，他們只能為了生存而奮鬥。政府將國防工廠的員工工時由每週 56 小時增加到 69.5 小時。剛開始的時候，生產力增加了10%，但是很快的，就降低了 12%，比原先的水準更低；規定工時的提供還帶來其他的負面後果，包括了曠職率大增、意外事件更加頻繁等。這種水準與 51 小時的實際工時相當，相對的，當初 56 小時的規定還能有 53 小時的實際工時。美國在二次世界大戰的時候，由勞動統計處所做的統計結果顯示，公司行號在大戰期間將工作時間提高到每週七天，其生產力並沒高於每週六天的時期，於是，多的這一天反而只是浪費時間而已。

　　規定與實際的工作時間之間的關係，也發生在加班上面。員工們在正常的工作時間之外工作，並且得到了額外的酬勞，然而，較長的工作時間並沒有增加生產力，因為員工們只是以較慢的速度填滿一天的時間而已。如果由於工時增加而降低了生產力，那麼我們是否應該減少工作時間呢？部分的研究顯示，的確如此，但是其他的一些研究卻認為，規定工時的減少與實際的工時之間，並不會互相影響。在 1930 年經濟大蕭條時期，某工廠將規定工時每週減少了 9 個小時，然而，實際工作只少了 5 個小時；另一個工廠則每週減少 10.5 小時，每小時單位生產量卻增加了 21%。

• 長期兼職

　　兼職與半職，是兩種最常見的變動工時型態。超過 25% 的美國勞動人口都是兼職；兼職人口快速成長，而且已經超過了正職的人口，特別是

在服務業、零售業等方面。藉著僱用兼職人力，公司可以減少僱用全職員工的各種開銷，同時，這些人力也使排班的彈性大幅提升。

我們也注意到，全職並不代表花上一整天的時間在工作上。再者，管理階層也注意到，許多工作，例如寫作或是獨立實驗等，兼職人力反而會有較高的工作滿意。低階的裝配或者文書工作，可以由兩人、各半天的方式，來交替完成。

美國衛生部（Department of Health and Human Services）發現，兼職主管比較喜歡僱用兼職員工。在美國麻州的一項研究中發現，每週工作20小時的社工員相較於全職的員工，流動率更低、承辦件數較高。威斯康辛州州政府亦發現，兼職社工員、律師、研發人員的實際工時，常常等同或超出全職員工的實際工時。

兼職工作亦吸引那些家庭責任比較迫切，以及行動不便的殘障人士。大部分兼職員工都是女性，他們大多集中在低階工作，也只能領取比全職員工為低的薪資。然而，愈來愈多專業、管理階層的人士，選擇兼職工作，因為這讓他們有比較多的機會可以回到校園進修，或者試探其他的工作機會。

一項針對 794 位連鎖超商員工、200 位醫院員工，以及 243 位零售店員所做的大規模研究中發現，自己選擇兼職的，比被迫兼職的員工們，對工作的滿意程度較高，工作表現較佳，對於公司的貢獻程度比較高[5]。

• 每週工作四天

另一項選擇是每週工作四天。這包括了每天工作 10 小時、每週仍然40 小時，或者每週工作四天，而每天 9 小時，儘管一週只剩下 36 小時，但是薪水不變。嘗試過這種方法的工會領袖、管理顧問，以及許多的公司，都對它充滿熱忱。最早提倡這種排程的人並不是一般員工，而是來自管理階層，理由是為了提升員工們生產力與生產效率的潛能，而減少工作天數也可以吸引新人，以及降低在許多公司禮拜一、禮拜五缺席率太高的

---

[5] Holton, Lee, & Tidd (2002)

問題。

　　每週工作四天已得到經理們及員工們的正面迴響，這表示，這種工作方式已經改進了工作滿意、生產力，降低了缺曠率，這種工作排表也更為簡單。全美的蓋洛普民意調查，也支持這個與工作有關的訴求。某項調查指出，45% 的男性希望可以參與這類的工作排表；在家工作的女性當中，反對的比率大約是二比一，而在外工作的女性則比較偏好這類的排表。

• 彈性工時

　　另一項替代性的工作排程，則允許員工們自行決定上下班的時間。1960 年代在德國，有幾間公司使用這種方式（彈性工時，flextime），來避開上下班的交通尖峰時間。這種排程將每天分為四個等份，兩個是強制性的、兩個是選擇性的（參考圖 10-1）。

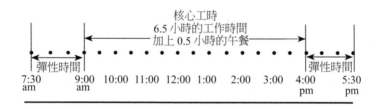

⊛圖10-1　典型的彈性工時

　　在以上的例子當中，員工們只要在早上七點半至九點之間報到，在下午四點至五點半之間離開，都是可行的；至於強制工作時段，則是介於早上九點至午餐，以及午餐之後至四點之間，因此，員工每天工作至少 6.5 小時、至多則是 9.5 小時。每個員工的每天工作時間，則是建立在公司對其職務的需求上。

　　彈性工時提供了幾項優點。首先是降低了工廠、公司附近尖峰時間的交通阻塞情況；因為花費了較少的時間及精力在交通上，員工們對工作會感到比較放鬆，對工作滿意的程度較高，亦能迅速投入工作。彈性工時的員工在工作習慣上，比較不需要大幅變動；相反的，固定時制的員工得處理汽車共乘制、通勤時刻表的問題，僅有的彈性時間也難免被家庭生活所

占據。員工們相信，自行選擇上下班的時間，將提升他們的個人自由。研究發現，彈性工時降低了缺席率、改善員工的生產力，以及員工對於工作和工作排程的滿意程度。

彈性工時似乎更適合某些工作，例如研發部門、文書與資料輸入，以及輕型或重型製造業。對於某些裝配線的、輪班性的工作而言，彈性工時比較難以實行，因為這些工作需要依賴其他員工一起來完成工作。總體來說，彈性工時是一個公平、合理且成本低廉的工作排程，並且，它受到了員工們與雇主們的歡迎。

家庭與工作研究中心（the Families and Work Institute）的調查指出，在彈性工時選擇計畫下的員工們，比較不容易離開公司，而且生產力比較高。這項調查顯示，在無彈性工時制度下，有 72% 的低收入勞工，當他們需要時間處理小孩子的看顧或者家庭危機的時候，最容易以請病假為由。相反的，彈性工時排程下的勞工們，不需要以生病為藉口來處理個人的需求（請參見：www.familiesandwork.org）。

• 休息時間

自從 Hawthorne 研究之後，管理階層開始明白安排休息時間的重要性。在許多的例子當中，都已看到了這些優點，然而，我們還有更多的理由。為何要休息呢？事實上，無論公司是否准許休息，員工們總是需要休息；既然如此，為什麼公司不肯以一種仁慈的表現、當作福利待遇來提供呢？

當公司能給員工們合理的休息時間，儘管不恰當的休息仍然或多或少都會有，但是實際上來說，可降低了不少呢！休息時間的優點相當多，包括：提升工作的士氣和生產力、減少疲勞以及乏味。我們來看另外一個減少了規定工時，卻反而提升了工作效率的例子。

需要使用大量勞力的員工們，更需要充足的休息時間，因為在持續使用肌肉的情況下，很容易就會產生疲乏，也就是失去功能。休息時間同時也可以減少對手部、腕部重複動作的傷害；對於久坐以及需要使用腦力的工作而言，休息可以帶來一些刺激。休息時間可以消除工作上的無聊感，並且提供思考其他事情或與同事互動的機會；再另外，它也可協助員工

們，用正面的態度去看待資方。休息計畫的推行，會令員工們覺得這個是資方對他們的一種關懷表現。

研究顯示，文書處理員與電腦使用者，對工作有比較高的疲乏感、厭倦感，同時也需要比較長的休息時間。再者，心理學家發現，電腦工作者如果能在休息時間做一些手部、肩膀的舒緩運動，會比那些在休息時段沒做任何肢體運動的人，有更好的工作表現[6]。

在加拿大一項對於打字輸入員的研究發現，如果每工作 20 分鐘，能休息 30 秒，會比那些想到才休息或甚至不肯休息的員工，大量地減低背部、肩膀，以及前臂肌的不適感；研究也顯示，提供規律的休息時間表，並不會減少生產量[7]。

較長的休息時段，也就是下班時間，也成為了另一項研究主題。一項調查 147 位德國員工的研究顯示，如果他們在前一天工作結束之後，能得到充分的休息，隔天就比較能更為投入工作；那些在工作上的壓力比較大的人，在下班之後，也需要更長的休息時間[8]。

• **輪班制**

許多工廠都是日以繼夜的運作。在電力與天然氣的公營事業、運輸鋼鐵業、汽車零件廠、醫院、電信公司裡的員工們，通常都需要輪三班制：早上七點到下午三點一班、下午三點到晚上十一點一班、晚上十一點到早上七點另外一班。有些公司會讓員工長期在某個固定的時段，有的則需要輪班，或者每個星期、每個月調換不同的時段。如果員工是大夜班或小夜班，通常會有額外的補貼；大約有 52% 藍領、白領階級的員工們需要輪班工作。

輪班制如何影響工作表現呢？研究發現，晚班員工比日班員工的生產力要差，同時，他們在工作上也比較容易出現狀況，包括較為嚴重的意外

---

[6]　Jett & George (2003)

[7]　McLean, Tingley, Scott, & Richards (2001)

[8]　Sonnentag (2003)

傷害。美國、俄羅斯的核能電廠意外，通常都發生在晚班。美國賓州的核能電廠因為控制室的晚班人員被發現在上班時睡著了，因而在原子能委員會（Nuclear Regulatory Commission）的指示下，被迫關廠。

另一項在英國針對 1,867 位煉油廠員工所做的研究發現，相較於正常上下班，輪班制的員工們有比較高的壓力感，他們也更容易暴露在不利的、有害的工作環境；他們對於工作的控制感比較低，與主管之間的社交互動比較少，在工作上發生衝突的機會也比較高[9]。

不正常的生理時鐘，對人們的身心會造成影響。人類一天二十四小時的身體活動，有一定的作息規律；當這個規律被打亂的時候，人體就會產生重大改變，因而變得難以入眠。晚班員工最常抱怨的，就是睡眠問題；在白天，他們因為日光與日常家務而無法順利入睡，家庭生活也受到影響，日常活動像是逛街、買菜等，頓時都變得難以安排。報告顯示，晚班制與輪班制的員工們，相較於正常班，有比較多的胃病、失眠、心血管疾病、婚姻問題，而且易怒。

固定班比起輪班制，比較少出現問題，即使是固定在晚間。長期在某一個時段工作的員工，比較容易調整自己的作息狀況；相反的，輪班制的員工則必須每星期不停地進行調整，以配合工作排程，然而，在他們被迫改變到下一個新的排程之前，並沒有任何的時間來讓身體適應或調整。

有一些方法可以減輕輪班制所帶來的問題。如果一定得輪班的話，應該盡可能減少班別變動的次數，例如：每個月變動一次，就會比每週變動來得好一些。另一項可以降低問題的做法，則是拉長輪班與另一次輪班之間的休息時間。較長的間隔時間可以讓員工們在換到下個班表之前，獲得充分的休息。因為晚班對員工來說最為辛苦，對雇主來說也是產能最差的，因而，縮短晚班的時間對大家來說，都會比較輕鬆些。

輪班制的潛在性傷害之一是，許多人都失去穩定的排程，例如民航機飛行員，他們有時晚班、有時日班，不規律的睡眠時間打斷了他們的生理時鐘。一項對民航機與軍機駕駛員、空服員所做的研究顯示，長期不定時的工作（例如連續十到二十四小時），對日間作息有很嚴重的影響。航

---

[9] Parkes (2003)

空服務人員說他們自己常常感到疲勞，工作後的睡眠品質不佳，在駕駛艙裡會私自休息兩小時，航空飛行器紀錄調查表（即所謂「黑盒子」）揭露了，許多航空偏差事件都與飛行員本身的疲勞有關。

心理學家們爲了美國太空總署的疲勞對抗計畫所進行的研究發現，如果允許飛行員在長途飛行的低工作量時段能休息四十分鐘的話，可以大幅提升他們的靈敏度。飛行員們在學習飛行期間（study period）其實不該打盹，然而，即使他們甚至沒有察覺到自己在飛行過程中打盹，他們還是這樣做了。

假如你對睡眠與警覺性之間的關係有興趣（包括：時差、失眠、輪班與咖啡因的作用……等），請見國家睡眠研究基金會（National Sleep Foundation）的網頁：www.sleepfoundation.org，英文與西班牙文都可以通。另外，你也可以參與美國睡眠（Sleep in America）的民意調查。

第三節　心理與社會議題

和工作本質有關的其他工作環境因素，也會對員工們造成影響。你在工作中，到底是得到了滿足、成就？還是讓你覺得疲累，乏味，以及不舒服呢？我們發現，工作本身的設計會影響工作動機、工作滿足。有些QWL（quality-of-work-life，工作生活品質）計畫，已經成功地提升了工作士氣與動機，然而，工作如果被設計得過於簡單，甚至簡單到不需要使用你的智慧，你就不會有成就感，因爲不需要專注，因而也將導致疲乏、無趣，以及缺乏效率。

• 工作簡易化

簡化、零碎、重複的工作，會影響心理的、生理的健康。舉例來說，裝配線的作業員比工作性質重複性較低的員工，更常抱怨自己身體上的不適，也更常使用公司的各種醫療設施。心理學家認爲，這類工作性質的員工們如果在排班較沒變化的情況下，會比工作時間彈性的人，更容易發生焦慮、憂鬱，以及易怒的狀況。伴隨著年齡的增長，工作簡易化、重

複性高的工作，通常也容易導致認知功能的退化；這類勞工很容易會有心不在焉，恍神的狀況發生。

工作簡易化（job simplification）起於二十世紀初期的大量生產系統（mass production systems）。汽車製造業這類商品價位相當高，同時必須滿足消費者需求的行業，在成本效益的考量下，傳統的人工組裝方式必須改變。大量生產需要規格的一致化、標準化，這樣零件能夠互相替換；另一方面而言，職責也必須分工，因為每項工作都需作業員獨特的精密作業，經濟上與技術上由一人製造整個產品，已經不再可行。這樣，在概念上，就必須製造流程極簡化，才能順利導入無技術性或半熟練的員工，來從事生產。

工作簡單化為業者、消費者都帶來了巨大的利潤，因為根本上，是盡可能地降低單位成本。當 Henry Ford 建立了自己的自動化生產線的時候，他就能賣汽車給那些以前根本負擔不起的人。其他的民生消費品，也是這樣。工廠製造的椅子，相對的，也比一個優秀工匠的手工品要便宜許多。

工作簡易化之後的另外一個優點，就是工廠不再依賴技術性人才，因為有了幾年學徒經驗的員工，很可能要求比較高的薪水，而且也比較容易傾向於獨立作業。然而，生產線的勞工只要些許技術，就可以迅速地進入自己的工作情境。這種工作流程，使員工們可以輕易地教導與管理，因為他們了解自己的技能並沒有什麼市場性，這些工作很容易被取代，正如他們所生產出來的零件一般。

不可否認的，工作簡易化對於美國的經濟造成了一股刺激性的衝擊。因為更多的工作機會，人們也就有更為充裕的金錢，來購買許多的消費品。而買得愈多，就需要建立更多的工廠來生產，而這也就等於有了更多的工作機會。新的產品需要更多的商業行為來廣告、推銷並且提供服務。因此，如果生產方式依然停留在過去的手製階段，這種經濟的成長根本不可能實現。

生產線的員工們在工業發展上，已經為他們所扮演的角色付出了代價。員工們從完成產品的過程中被抽得愈遠，他們對於工作上所感受到意義與價值也就愈小。當木匠從一塊木頭完成了一張桌子，他能體會對於個人技能和想像力的使用，也能夠產生充分的成就感與驕傲。然而，工人日

復一日、年復一年的，只是將保險桿裝到汽車上，便很少能有成就感、挑戰感。工廠員工對於機器來說，其實也只是附加的，只要按鈕、拉操縱桿，或者小心注意不要犯錯就好，這種工作感受不到意義，而且很快地就會覺得沮喪而單調，不久之後，員工們就會對工作感到冷淡、士氣低落，致使產品的品質與數量都出現瓶頸。

工作簡易化同時也影響到白領與管理階級的人員，因為電腦已經使辦公室變成了電子生產線，白領員工的工作內容愈來愈片段化、簡單化，結果是，連辦公人員也變得愈來愈容易訓練、容易取代。

我們在第九章曾經注意到，工作的擴大化、豐富化，以提供員工們更多的責任感與挑戰；我們也探討過 QWL 計畫，這些都是在實際的生活中致力於工作的複雜化，而非簡單化。工作的擴充為雇主與員工們提供了更明確的利益。

• 無趣及單調

工作的零散與簡化，帶來了兩項不可避免的結果：無趣，以及單調。這兩項是當代工業生活當中，最重要的心理環境因素。無趣感來自於持續從事重複的、無趣的活動，而且可以引發不安與不滿，也能消耗精力、使人失去興趣，然而，同樣一件事對某個員工來講或許有趣，但對其他的員工來說，則未必如此。雖然大多數的人都覺得生產線的工作很單調，但是某些人並不以為然；對某些工作具挑戰性的員工來說，他們也常感到工作無趣。對於工作性質而言，最重要的因素還是動機；比較不犯錯的文書處理員，跟容易犯錯的人之間最大的差別，在於前者的工作動機比較強烈。

減低無聊感的有效方法之一，就是擴展工作的領域，也就是使工作能夠更充滿複雜性、刺激性，以及挑戰性。管理階層同時也可以改變排程、改變工作場所的設施、改變社交的條件，以減少無趣感。減低噪音、提升燈光，提供愉悅的工作環境，都可以改善因為重複性的、單調的工作，所帶來的各種負面影響。意氣相投的非正式團體，也會有些幫助，例如在休息時間提供一些活動。事實上，在休息時間或者午休時段提供多元性的活動，可以大大地減少無聊感，及其負面效應。

• 疲勞

心理學家將疲勞分成了兩種：心理上的疲勞，類似無趣感之類的；生理上的疲勞，通常是因過度使用肌肉所造成的。這兩種疲勞都會影響工作表現，以及導致錯誤、意外和缺曠行為。長時間的或大量的使用勞力，會帶來很多生理上的改變。如果在工作上需要大量地搬運或者拖曳重物，就很容易出現心血管疾患、血液循環不良、肌肉疲乏等健康問題，以及生產力降低的現象。

心理及主觀上的疲乏對員工來說，是非常困擾的，而且很難以評估。當我們極度疲倦的時候，會意識到自己身心的緊張與疲憊、易怒、無力，同時也會發現專注力變得比較差，無法做連貫性的思考以及有效的工作。

職場上的研究顯示，生產力和員工所報告的疲勞感，是平行發展的。然而，很多的報告顯示，高度的疲勞是生產力快速下降的有效指標。大量勞動的員工們說，他們在工作剛開始時、午餐前，以及接近下班左右的時間，最容易感到疲憊。因而，疲勞在工作期間中的出現，可能是不定時的，而非與工作時間的長短有關。也就是說，勞力之外的其他因素，很可能也會影響到疲勞感的產生。疲勞通常發生在員工結束了一整天工作、正要離開之時，但當到達家門或是參與娛樂活動時，疲勞就立刻消失了。在荷蘭，一項對 322 位勞工、555 位護士的研究指出，即使工作需求量有所增加，假如對工作的控制感能夠增強，疲憊感就會減少；同時，假若工作需求量增加、且因而感到疲憊的時候，往往工作滿意的程度也會降低[10]。

心理疲勞方面所做的研究顯示，如果工作的步調和緩，勞工們可以從事比較多的勞務工作；如果勞工們必須短時間內迅速的使用勞力、完成工作，那麼他們將會消耗大量的體力，結果反而得不斷地提醒進度，最終使得工作的速度變得更慢。針對長跑選手所做的分析也發現，他們得用一定的步調來跑步，才不至於在到達終點之前，就把自己的體力完全耗盡。

休息時間對於勞力工作的員工而言，不僅必要，而且必須管理，最好

---

[10] Van Yperen & Hagedoorn (2003)；Van Yperen & Janssen (2002)

是在疲勞發生之前就實行休息。休息時間的疲勞愈嚴重，恢復體力所需要的時間也就愈長。某些工作需要更加頻繁的休息。而在休息的時候，必須能讓勞動者完全的放鬆、伸展，而不只是暫停一下而已。勞動性的人力比對辦公室裡的員工們，更需要一個舒適的餐廳可以好好地放鬆自己。

• 種族歧視

工作上的騷擾事件，是影響生產力、工作滿意，以及情緒與生理健康的另一個職場上的社會心理狀況。這些騷擾包括了種族、習俗、性別，以及其他的個人特質、並且可能來自於同事、主管，或甚至是公司的文化。

職場上的人口問題正如一個小型國家，自然的，族群也愈來愈多元化了。當公司僱用了來自不同種族、習俗的員工時，騷擾事件也在逐日的增加中。種族歧視顯然是一種壓力的來源。它起初可能只是一種汙衊、貶抑種族或習俗背景的言論出現，最後則會演變成在工作團體或社交活動中，對於特定族群的排擠。

一項針對 575 位拉丁裔男女的研究，邀請受試者提供在工作中受到歧視的證據，結果發現，口頭汙辱、貶低言詞，也就是具有冒犯意味的種族玩笑，取代了在行動上將某些人排擠在外的情況，而且變得更為普遍；被攻擊的對象則顯示出，心理上的安全感有相當明顯的下降。

• 性別歧視

女性不管處在什麼職級，都會受到言詞的挑逗，以及具有性意味的玩笑所騷擾，甚至對工作有所威脅、或者身體上的襲擊。這裡可以區分性別歧視與性騷擾的不同之處。性騷擾，是指在性別上令人不舒服的眼光和壓迫感；性別歧視則是指，行為上對女性表現出汙辱的、敵意的，以及輕視的態度。因此，性別歧視未必包括了性騷擾。性別歧視專指對所有的女性，反之，性騷擾則是只鎖定某一位特定的女性。如果有性騷擾事件需要舉發（譯者按：此處依本地情況提供資訊），在中華民國境內，依其所訂定頒布的性騷擾防治法，各企業組織超過 30 人以上，均需訂定相關的防治措施並接受申訴；倘若你的公司在這方面過於消極或忽略，你可以直接洽詢各縣市政府的勞工局，諮詢有關兩性工作平等、性騷擾防治的問題；

中央主管相關業務的機關是勞動部，他們在官網業務專區欄位下設有職場平權專頁：https://www.mol.gov.tw/topic/6026/，在便民服務欄位下則中則有性別平等工作專業區：https://www.mol.gov.tw/service/18506/。臺灣目前在這方面的立法相當先進，你可以得到相當充足的尊重與保障。

性別與性騷擾的事件，在許多工作場合都會發生；而這也導致了許多著名的公司行號，都出現了不少相當昂貴而且令人尷尬的訴訟案件。美國Chevron 公司曾發生四位女性員工在她們指控受到職場性騷擾之後，還繼續受到騷擾，最後公司必須償付 220 萬美元，來解決這件案子。三菱汽車也曾經花過 3,400 萬美元給上千位女性員工，因為她們聲稱三菱的伊利諾廠對他們的性騷擾投訴，沒有任何的正面回應。

由公平任用委員會（Equal Employment Opportunity Commission, EEOC）所主管的騷擾事件發現，許多不同類型的公司幾乎都是這類訴訟案件的對象，因為他們對於騷擾的抗議事件過於忽視；這些公司包括了家族企業、未設人力資源或人事部門的中小企業、偏遠地區的工廠，或者像是建築業這類常由男性所主導的產業。低階層的年輕女性職員、單身或離婚的女性，以及身在男性主導的公司裡服務的女性員工，申訴性騷擾的案件，比起中年的或年長的已婚女性，以及處在非由男性主導的公司行號裡，要多得多。

民意調查中所使用的文字用語，也會影響到性騷擾事件的報告。針對 55 組研究樣本、共 86,578 位參與者所做的後設分析發現，性騷擾事件的衡量可以分為兩類：第一類是直接調查（direct query survey），由回應者自行對性騷擾下定義，並且自由地形容他們的經歷；第二類則是經驗調查（behavioral experiences survey），由研究者提供回應者一份關於性騷擾事件的例子，然後邀請回應者從選項中選擇一個跟他們的情況最為相近者。

以上兩種方式所得到的性騷擾事件調查，結果截然不同。以第一種，即直接調查法所得的，35% 的女性表示曾經遇過性騷擾；而以第二種，即經驗調查法所得的比例，則高達了將近 62%[11]。這證明了，提問與

---

[11] Iies, Hauserman, Schwochau, & Stibal (2003)

調查的方法對於這個問題的評估和結果，有相當大的影響。

同樣的，以後設分析比較四個工作環境的性騷擾事件，包括學術界、私人公司、政府機關，以及軍隊。結果發現，性騷擾事件發生率最高的地方是軍隊，不論以哪一種調查方法而言，結果都一樣；軍隊中的女性報告性騷擾的事件增高，並且是所有工作環境當中最高的；比率最低的，則是學術界。

針對美國陸軍 22,372 位女性的調查顯示，4% 的女性軍人曾遭遇同僚實際的騷擾，或者企圖強暴；而遭害控訴的，通常是地位上或是權力階級上比較低的人 [12]。

一項包括 62 個有關性騷擾之定義的性別差異研究的後設分析指出，比起男性，女性視更多的行為為潛在性的侵擾，比如 89% 的女性認為，兩性之間的身體觸碰是一種騷擾行為，但只有 59% 的男性同意這個看法；多數的男性認為女性主動的身體接觸，其實是一種恭維；但是對女性而言，男性主動的身體接觸則是一種威脅與騷擾 [13]。因此，兩性之間對於侵擾行為的看法，有許多相異之處。另外值得注意的是，並非所有職場侵犯的事件，都能順利被報告出來；我們來看看以下的例子。

在紐西蘭一項針對 315 位男性、262 位女性警官的研究發現，性別的騷擾對女性會造成心理上頗大的不安。研究指出，女性在傳統上以男性為主導的職業裡，可能受到更多的騷擾，警察部門就是一個典型的例子，因為其中的女性們認為，他們必須表現得比男性更為傑出，才可能在工作上獲得接納與認同；在這種情況之下，女性當然會有更多心理上的壓力與不安 [14]。

正如種族歧視，性別歧視也可能導致身體上的疾病（像是腸胃疾患、頭痛，以及體重減輕），以及心理上的問題（例如恐懼症、憂鬱症、躁鬱症，以及缺乏自信等）；同時，也會對工作滿意、生產力等，造成負面的影響。許多的研究報告，都將騷擾與低度的工作滿意、高度的壓力串連在

---

[12] Harned, Ormerod, Palmieri, Collinsworth, & Reed (2002)

[13] Rotundo, Nguyen, & Sackett (2001)

[14] Parker & Griffin (2002), p.13.

一起。調查發現，70% 的辦公室員工都曾經碰過工作騷擾的狀況，然而，在發生的頻率以及騷擾的後果方面，白人女性和非白人女性之間，並沒有什麼不同[15]。

許多性騷擾的案件都因為害怕報復，而被隱瞞下來。一項針對美軍6,417 位男、女軍人所做的研究顯示，向上級報告性騷擾事件之後、所可能面對的報復，反而會令他們心裡產生更大的不安，並且減低他們對工作的成就感；被控的嫌疑犯在職級上愈高，組織對他們採取的懲處與制裁的手段就愈輕[16]。

即使社會上已經不斷地注意到性別歧視、性騷擾的事件，在許多的工作場合裡，仍然存在著很多類似的嚴重問題。訴訟事件也使得許多公司必須花不少金錢，來處理類似的案件。在訓練課程裡教導員工們，對於他人的感覺以及與他人之間的互動能更為敏感、更為覺察，是相當重要的；然而證據顯示，這些訓練的效果相當有限。一個具有強勢的文化，並且對於性騷擾事件有相當明快、果斷處理的公司，可以降低這類事件發生的機會，但無法根除。一個關注這個議題的領導者，是相當重要的。一項針對2,749 位軍中的男、女性所做的研究指出，當女性認為長官們將會誠實而認真地處理性騷擾事件的時候，他們會比較願意投訴，比較信任並且滿足於投訴的機制，也對他們的組織有比較高度的承諾，勝過面對那些對騷擾事件比較容忍的長官[17]。

另外一個針對大學裡 2,038 位包括男性、女性教職員工所做的研究也顯示，在工作中經歷過性騷擾的人們，比未經歷過的人，更想尋求心理健康的輔導；男性員工比女性性騷擾事件後，更傾向於以酒精做為慰藉[18]。假若你對美國的性騷擾事件有興趣，請上美國女性組織（National rganization for Women, NOW）的官網：www.now.org/issues/harass。至於美國聯邦政府對性騷擾的相關政策與面對工作歧視的適當處理方式，請見

---

[15] Munson, Hulin, & Drasgow (2000)

[16] Bergman, Langhout, Palmieri, Cortina, & Fitzgerald (2002)

[17] Offermann & Malamut (2002)

[18] Rospenda (2002)

www.eeoc.gov/facts/fs-sex.html。

• 電傳工作：居家虛擬的工作場所

我們注意工作時間的彈性問題，已經好幾年了。而眼前，則在工作場所方面，出現了另外一種彈性。由於個人電腦、網路與傳真機的發展，愈來愈多的人開始在家工作。電傳的進步也導致了電傳工作。透過電傳而來的工作分散化，已經影響到全美數以百計的大型壽險、資料處理、金融服務業、航空與飯店的訂位、訂房系統，以及郵購業者。美國人事行政局估計，至少有 2,360 萬的人口，每天以電傳方式工作。人們在四十歲左右，就用掉了 65% 的勞動力；電傳工作則特別吸引那些需要撫養小孩和老人，以及身體行動上較不方便的人群。

提供電傳工作的公司，在生產力方面會有所提升。因為它減少了一般辦公室的日常花費，而且更明顯的是，降低了缺曠率。在家工作比在辦公室工作，更不會受到各樣干擾，也比較容易專心。不論天氣或者心情好不好，他們都照樣工作，反之，如果每天都得到辦公室，或許就難免猶豫了起來。在 IBM 所做的研究，比較了虛擬工作與現場辦公兩種方式，發現前者可以帶來更高的生產力；另外，虛擬工作的女性的生產力又比男性為高，不過他們都很高興不用花時間通勤，也比較能自己安排、避免與傳統的上班時間相衝突，而且干擾較少、工作環境也比較舒服。在瑞典，一項針對 26 位受過高等教育的白領員工的研究發現，不管男性或女性，現場辦公的員工們的血壓，都比在家工作的人要高；另外，居家工作所帶給員工的壓力要小得多 [19]。

洛杉磯郡的官員估計，他們現有 2,600 位電傳工作者，每年節省 1,100 萬美元，而且生產力提升、缺席率降低、加班費減少，同時節省了更多的辦公室空間。他們聲稱這個計畫省下了一百四十萬小時的通勤時間，並且減少了 7,500 噸汽車所排放的一氧化碳。一份 AT&T 對員工所做的意見調查顯示，1,005 位居家工作者中，有 80% 的人相信他們比在公司工作時的

---

[19] Lundberg & Lindfors (2002)

生產力還大；除此之外，有 61% 的人覺得他們比較少生病了，而有 79% 的人為了可以在工作的時候穿便裝而感謝。在另外一家公司所做的調查，也發現了居家工作比起在辦公室提升了 30% 的生產力，同時減少了花在社交互動上的工作時間。研究也顯示，電傳工作的方式並不會影響到員工升遷的機會。

　　一項針對某娛樂廣播公司 549 位員工所做的大規模調查發現，在家裡的虛擬辦公室工作的員工對電傳工作的工作動機與接受程度，都比僅僅坐在家裡的書桌前上班，要來得更高；電傳工作是透過電子方式保持與公司之間的直接聯繫，而虛擬辦公室則是將電腦環境布置得像辦公室一樣，甚至還有同事一起工作。研究者這麼形容：「虛擬辦公室裡包括了辦公室通道、私人辦公室，以及同事們的討論區。因此，『去上班』的意思就是穿過虛擬通道而到辦公室去；『去開會』則是到另外一個虛擬會議室裡。建構這些空間的概念與許多有名的個人遊戲機、任天堂的 PlayStation 裡的 3D 人物與空間感，是十分一致的[20]。」以上所提到的虛擬辦公室，與實際辦公室的工作情況十分相似。研究人員總結，虛擬辦公室彌補了一般在電傳工作所缺乏的人際互動。經過了一年對於這兩種工作系統的試驗，員工們比較偏好虛擬辦公室，他們形容在電腦桌面上的工作，真的很「空洞、沉悶無趣」，因而，並非所有的員工都喜歡在家裡工作，尤其是僅僅坐在書桌前對著電腦桌面工作。不僅有些人想念與人之間的互動，同時，有些人其實沒有辦法在缺乏督導的情況下持續工作。有些夫妻不喜歡另一半在家工作。小孩也是另外一個可能造成工作干擾的原因。有些經理認為，如果下屬在上班的時候沒有出現在身邊，似乎就對下屬失去了權威。同時，工會也會擔心，如果員工們沒有一起在崗位上工作，他們可能會漸漸失去對工會的忠誠性。

　　一些電傳工作者覺得，在家工作比在傳統辦公室裡，有更大的壓力；另外一些人則認為，在家工作並沒使他們感到真正的自由；在工作完之後，如果有電話、傳真或電子郵件的聲響，他們就覺得自己有義務得回應。將近 20% 的電傳工作無法持續，正是因為這些因素。另外一個使電

---

[20] Venkatesh & Johnson (2002), p.674.

傳工作無法成功的原因，是一些電傳工作者無法從公司方面獲得技術上的協助。除了這些問題以外，許多員工還是偏好在家工作；人力資源管理者已經視電傳工做為本世紀最重要的工作方式之一。

摘　要

物理的工作條件包括了幾項要素，例如工廠或者辦公大樓的地點、停車場設施、冷暖氣空調系統、電梯、幼兒園、自助餐廳，以及盥洗室。環境心理學正是研究這些職場的特徵，對於員工的行為與態度的作用。開放式辦公室裡的員工，在沒有受到高牆阻隔的環境下，依其功能性組成不同的工作區域。

工作場所的燈光照明設計，必須考慮到燈光的分配與眩光問題。工作場合的噪音會導致耳聾，以及生理上的影響，例如肌肉緊張、血壓上升等。顏色是一種相當有用的識別方式，而且可對尺寸、溫度等創造出不同的假象，並且改善工作場所的視覺美感。有些員工喜歡在工作的時候聽點音樂，但是研究顯示，音樂並不會對生產力有所影響。不同的工作場合會設定理想的溫度與濕度的範圍；工作場合的舒適程度，也會受到濕度與空氣流通的影響。

時間性的工作條件包括了工作時數，以及這些時數如何排程。許多規定工時在管理不足的情況下流失掉了；然而，當規定的工作時數減少，生產量可能反而增加了。兼職工作提供了結合職業、家庭、教育、休閒，以及其他職業，同時創造出較大生產力的機會。一週工作四天制的排程似乎有較小的缺席率，以及較高的工作士氣，但對生產力並沒有多大的影響。彈性的工作排程受到員工的歡迎，但是對生產力、工作滿意的影響並不大。關於休息時間，不管公司是否有書面上的允許，員工還是會自行休息；對於以勞力工作的員工來說，休息是相當必要的，因為這可以使他們的肌肉獲得休息。對需要久坐的員工來說，休息時間提供了改變步調、減少無聊感的機會。輪班工作打斷了身體的作息規律，而且導致社交及心理問題。大致說來，晚班的生產力較差，有較嚴重的意外，錯誤發生率也比較高。

　　社會－心理工作條件，是指工作的設計及其對於員工的影響。工作簡易化使許多的工作挑戰性太低，而導致無趣感，以及心理與生理的疲乏，進而降低生產力。重複而無聊的工作，也會使員工感到疲倦。藉著擴大工作視野、改善工作環境，以及安排休息時間，可以減少員工的無聊感。種族、性別歧視在職場上最容易發生，而且對受到歧視的員工在情緒上和生理上，都會造成傷害，同時也會減低生產力和工作滿意。電腦與電傳的進步，使得各種不同的員工有機會在家工作。電傳工作與高的生產力、低的缺席率，以及工作空間的節省有關。

關鍵字

- 環境心理學　　　　　environmental psychology
- 彈性工作時間　　　　flextime
- 工作簡易化　　　　　job simplification
- 規定工作時數　　　　nominal working hours

問題回顧

1. 為什麼不能說物理工作條件的改變能提升生產力？這樣說，有什麼問題嗎？
2. 根據調查顯示，辦公室的員工們最常抱怨的工作環境有哪些？
3. 請解釋辦公室的大小和設計，以及辦公大樓的規模，是如何影響員工生產力，以及員工之間的關係。
4. 請說明開放式辦公室的各種優點與缺點。
5. 什麼是「腳前燈」（foot-candle of light）？為什麼把照明集中在一個工作站，而不均勻分散在整個環境裡頭，會是一個不聰明的點子？
6. 多少分貝以上聲響可能導致永久性的失聰？暴露在高噪音環境之下，還會對生理造成哪些影響？

7. 在工作場所中使用顏色，會有哪些好處？

8. 在高溫底下工作，會有哪些影響？為什麼有些公司會在辦公裡，安裝假的溫度調節裝置？

9. 規定工作時間和實際工作時間之間，有什麼不同？

10. 在二次大戰期間，有些公司調增了規定工作時數，這對實際工作時數產生了怎麼樣的作用？

11. 對雇主與員工之間來說，長期兼職、每週工作四天，以及彈性工作時間等，各有哪些優點？

12. 如果你是一位輪班制下的員工，你會選擇哪一種輪班方式？請對你為什麼做這樣的選擇，加以闡述。

13. 工作簡易化是從什麼時候開始的呢？它牽涉到哪些範圍？對美國的經濟又有哪些助益？

14. 工作簡易化與無趣、單調之間，有些什麼關係？如果有，請說明之。

15. 請區分種族歧視、性騷擾，以及性別歧視。

16. 性騷擾對於女性員工有些什麼樣的影響？對男性員工呢？

17. 哪些型態的工作出現性騷擾的頻率最高呢？

18. 為什麼有很多的性騷擾事件被隱瞞不報？哪些因素可以降低工作中性騷擾發生的可能性？

19. 哪些是造成員工不喜歡電傳工作的原因？那麼，這種工作型態對勞資雙方又有哪些好處？

第十一章 工作環境中的安全、暴力與健康問題

本章摘要

　　有些工作可能致人於死、有些可能使人罹患疾病，有些則可能會導致相當高比例的意外事故。商店、辦公室或工廠，都可能存在著一些危險的因素。在工作中的意外死亡事故，每年都超過 5,000 起以上。雖然檔案庫裡沒有因事故而導致傷殘的明確數目，但是據估計，每年都大約超過了 400 萬個案例。美國勞工統計局所主持的研究指出，相對於每一件造成失能的工作傷害，大概有 10 件以上因為公司想隱藏危安紀錄，而沒有被報告出來的案例。這些工作傷害影響的層面相當廣泛，不單影響員工們跟他們的公司，甚至影響了整個國家；由於工作時間、員工薪資方面的損失，再加上醫療福利跟相關賠償，這些工作傷害恐怕造成了無數金錢的損失。

　　某些類型的工作會讓員工們暴露在有毒的化學環境之下，員工們因而不自覺地受到了傷害。一般來說，這些傷殘或者疾病未必都會立即致死，或者使他們突遭變故，而是造成員工們在情緒上或經濟上的耗損，進而縮短了數以千計的員工的壽命。

　　意外是工作死亡的主要原因之一，其次則是謀殺；甚至對女性員工來說，謀殺其實是最重要的因素，占了女性因工作致死的 42%；蓄意的暴力行為所造成的傷害，已經愈來愈廣泛。

　　在這一章中，我們將會檢視這些層面，以及職場健康與安全的其他面向。然後，我們會討論 I/O 心理學家從這些事故與暴力中，到底學到了哪些經驗，以及組織在面對這些問題的時候，到底可以做些什麼。我們將會處理酒精和藥物濫用的問題，因為這兩者對於員工的健康、安全與工作成果，都會造成非常不利的影響。我們也會討論像是電腦使用、員工的愛滋病等，在職場中其他相關的健康問題。

第一節　與工作相關的健康問題

　　因為工作相關的疾病所造成的損失，與意外事故發生的比例一樣可觀。這些潛在的疾病比那些突然且明顯的意外要多得多，因為這些疾病發生過程大多相當的緩慢，甚至要過好幾年之後，員工們才會感受到身體上的不適。舉例而言，煤礦工就有一種獨特的呼吸性疾病，稱為「黑肺病」（black lung disease），這種逐漸演變而成、卻有極大傷害的疾病，是長

時間吸入煤灰而造成的。化學工業亦會帶給員工們健康方面的威脅，即使我們還不完全知道它們可能造成哪些危險；超過上千萬的員工們，每天都暴露在未達安全標準的化學環境之中。聯邦政府環保局（EPA）指出，超過了 16,000 種以上的有毒化學物質，充斥在職場之中；其中的 150 種屬於神經毒素，換言之，它們可能對人類的大腦與神經系統造成某種程度的損傷。

礦工、廠工、船塢工人們的工作，都暴露在石綿的環境中，他們罹患肺癌的比例，比起一般人要多了七倍；紡織工人因為吸入棉灰，也提高了他們得到肺部疾患的機會；醫事技術人員則有暴露在輻射環境的危險。辦公室內的工作者，也面對著室內汙染所造成的各種有害影響。

在國際太空站工作的太空人，報告了許多不同的症狀，包括噁心、頭痛；而經過追蹤調查的結果，原來是化學的煙害，以及致命的二氧化碳累積所造成的作用。在美國伊利諾州的芝加哥附近，有一個 BP Amoco 研究中心，裡面的化學家們得到一種罕見腦癌的比例是一般國際水準的八倍。經過追查，原來是因為他們每天都會使用到的兩種化學藥劑所引起的。美國氣喘學會評估，在美國有近乎 15% 的氣喘受害者，都是因為職場中存在了一些化學藥劑所造成的，包括乳膠、鎳、鉻，以及水銀等。另外，職業性氣喘已經變成一種獨特的、與工作緊密關聯的呼吸疾患。

在紡織工廠跟乾洗店裡的女性，罹患與工作有關癌症的比例，正不斷地增加。那些處理 X 光、化療的護士與醫事技術人員們罹患乳癌的比例，也正在增加之中；腫瘤科的護士與那些在化工廠裡上班的女性，流產的比例比一般人都要來得高。表 11-1 列出一些常見的危害健康的物質，以及相關的工作類型，其中的人們正遭遇與職業有關的威脅。

我們先前曾經提到，每年因為工作意外致死的人數高達 5,000 人，受傷的人，則超過了上百萬。這些估計並沒有包括那些與職場有關，或者因為職場經驗而造成的各種死亡與傷害。雖然在全部的就業人口當中，男性只占了一半再多一些，但是在工作中傷亡的人口當中，他們卻占了 90%。一個明顯的原因是：相較於女性，男性在各種工地、重工業區中上班的人數更多，而這些地方所造成的意外事故，結果通常都相當的嚴重。男性也比女性有更多的機會擔任長程貨車司機，而這個工作的傷亡占了每年工作傷亡中的 20%。顯然地，某些工作比其他工作更危險，而在其中

❀表11-1 有毒的物質和職業疾病

潛在的危險因子	潛在的疾病	接觸的工作者
砷	肺癌、淋巴瘤	精煉廠、化工廠、煉油廠的工人、殺蟲劑的製造者和噴灑者
石棉	白肺病（石棉沉滯）、肺癌與肺頁症、其他器官的癌症	礦工、銑工、紡織廠、橡膠廠、碼頭工人
苯	白血病（俗稱血癌）、紅血球發育不良	石化廠與煉油廠工人、染整工、蒸餾廠工、油漆工、製鞋工
二氯甲基醚	肺癌	工業化學原料工
煤塵	黑肺病	煤礦工人
棉絮	棕肺病（棉絮沉著）、慢性支氣管炎、肺氣腫	紡織廠的工人
鉛	腎臟病、貧血、中央神經系統損傷、不孕、畸形兒	金屬研磨工、練鉛場的工人、鉛電池廠工
輻射	甲狀腺癌、肺癌、骨癌、血癌、生育障礙（自然流產、基因損傷）	製藥技工、鈾礦工、核能方面的工人
氯化乙烯	肝癌、腦癌	塑膠廠工人

的工作者也更容易面對傷害和死亡的威脅。

美國國會在 1970 年通過了「職業安全與健康法」，並且在勞工部底下設置「職業安全與健康局」（OSHA）。設置 OSHA 的目的，是要透過建立並執行各種國家的安全標準，贊助職場意外與疾病的原因與預防的研究，來確保各種工作條件的安全。儘管各方面都有些進展，但是 OSHA 因為缺乏贊助，以至於至今仍然無法有效的執行法令，以確保職場上的安全。在 OSHA 設置了三十五年之後的今日，它的安全檢查員仍然少得可憐，平均而言，一家公司可能要經過八十四年，才可能被抽查到一次。

第二節　事故環境

在第二章我們已經說明了，統計數據不會騙人，但是有些時候，人們會因為個人的利益而利用統計來扭曲事實，借用數據來支持自己的詮釋。意外事故統計的情況，看起來就是這個樣子。主要的問題在於，我們用以

定義一個意外事故的那些理由，聽起來實在非常的荒謬。

　　一個事故得要多嚴重，才會被組織把它算在意外事故的統計之內？假設一個麵包師傅掉下了一包 100 磅的糖袋，這樣算是一個意外嗎？技術上來說，這應該算是。然而，公司不會根據法令的標準做決定，而是根據事故的結果。如果這袋糖沒有打破、沒有灑落在設備上，或者，並沒有人員因此而受傷，這個事故就只會被當成一段小插曲，而不會被當作意外。假如這個糖袋掉到工人腳上，或是傷到骨頭了呢？這樣會被認為是意外事故嗎？實際上也不完全是。即使工人受了傷或是需要治療，許多公司仍然不會把這種情況列入意外；他可能會有一陣子不能走路，但是公司可能安排他到辦公室工作，一直到他痊癒之時，因而，這個工人並沒有真的放下工作。從這裡我們就可以看到，即使員工們受了傷，這個事故仍然未必出現在統計裡；這樣，公司的安全紀錄也不會留下一個汙點。這證明了意外的定義，並不是員工們有沒有受傷，事實上，他們恐怕得傷到不能工作，事故才會被當成一件意外。

　　幾年以前，美國某大型肉品包裝公司因為漏報了超過 1,000 名員工的受傷紀錄，而被罰款 300 萬美元。政府對於事故意外的統計數據，因華盛頓特區一個鍥而不捨的獨立記者的求證而推翻，他發現了美國鐵路公司呈報 25 個火車事故、494 人受傷，但是真正受傷的案例，其實共有 1,338 人。假如我們想知道工作傷害的情況，卻只能記錄那些因為工作傷害而離開職場的部分，這種疏失就不可能避免；事實上，這種情況讓美國的勞動統計局推論，被報告的事故數量肯定比實際的要來得低。

　　職災事故彙報方面的不完整，使得意外事故的起因與預防的研究變得更為困難，因為由工業界、商業界所提供的數據，只能呈現一小部分的事實，並且在事故的原因方面，所提供的訊息實在少得可憐。我們的資料只能局限於因為意外而無法工作的部分，因而根本無法提供一個關於職場安全型態的整體圖像。

　　公司們都喜歡吹噓自己的工安紀錄，因為這表示老闆很有愛心，他願意為了員工們能享有一個安全的環境，做出許多的努力。為了維持良好的安全紀錄以及公眾認同的形象，公司可能會藉由內部的作業或者片面的報告，徹底地扭曲事實。然而有些時候，員工們也會扭曲這些實情，有些是因為害怕自己當成了粗心的、或是容易出事的員工，有些則是害怕自己被

處罰，因爲事故或許可能出於員工個人的錯誤，不論是沒有按照標準的作業程序，或者沒有啓動相關的安全設備。

其他國家也都會發生沒有呈報、或者是經過掩飾的工作意外。在日本，員工們會因爲覺得羞恥，而隱藏工作傷害的證據；即使是頗爲嚴重的傷害（例如骨頭破裂），他們也甚至不願意讓人家發現全部的詳情；有些人則堅持，這些意外其實是在家裡發生的。另外，管理階層也是隱藏工作傷害的共謀，因爲他們害怕爲自己的疏失承擔相關的責任。

第三節　意外的起因

無論是職場上的、搭乘地鐵時，甚或與家人在一起，大部分意外事故的起因，其實都是人爲的疏失；然而，工作條件與工作性質，也是意外發生的重要原因。

• 工作環境因子

影響員工們安全的工作環境，包括產業類型、工作時數、光線明暗、溫度、機械設計、安全設施，以及社會壓力等因素。

1.**產業類型**：產業類型與意外發生的頻率和嚴重性，有高度的相關；鋼鐵工廠就比銀行具有更高的危險性。對工作者的體能要求愈高，出現意外的頻率也就愈高。同樣的，高度壓力與費力的工作，亦比較容易導致意外的發生。

某些產業比較容易發生意外事故，例如建築業、地鐵運輸業、農場、礦工等。而像家庭用品、飛機、自動化製造，以及通訊業等，出現意外的情況就比較不那麼頻繁，也比較不那麼嚴重。水泥與鋼鐵公司報告的傷亡事故，相對而言並不算多，但是一旦有任何的事故，通常都相當的嚴重。電力公司報告的意外事件也一樣，數目不多，但是頗爲嚴重，而且通常來自高電壓。批發業與零售商的意外則相當的多，但是因爲意外事故而導致失能的例子，卻相當的少。高危險工作的相關資料，請見表 11-2。

● 表11-2　各行各業的危險水準

行　業	每10萬個全職工作者的傷害率
礦業	23.5
農業	22.7
建築業	12.2
運輸交通業	11.3
貿易業	4.0
製造業	3.1
政府部門	2.7
零售業	2.1
服務業	1.7
金融業	1.0

資料來源：美國勞動統計局 2004 年，http：//www.stats.bls.gov/IIF/home.htm

2. 工作時數：儘管我們認為，工時愈長則愈容易引發意外事故，但是到目前為止，並沒有確切的證據支持這個看法。然而，為了縮短工時而採行的輪班制度，倒是與意外事故的發生有關。一般來說，夜班發生意外的機會比日班要低，但是嚴重程度通常會比較高；這或許與照明程度有關，因為夜班的照明通常比日班的自然光線要來得更好。

3. 照明：良好的照明可以減少意外的發生。保險公司認為，燈光是相當重要的肇事原因。意外通常都發生在黃昏，因為這個時候夜燈還沒有開；黃昏的汽車事故率也相當地高。在工業場域中，我們已經確定了照明程度與工作意外之間的關係；而管理階層只要稍微具有一些**警覺性**，就可以輕易的調整照明程度不足的問題。

4. 溫度：一份研究報告指出，工廠工人在 20°C～21°C 的環境下，最不容易發生意外。當溫度變化太大（不論是過冷或過熱）的時候，意外發生的機會也會增加。研究也指出，煤礦工人在高溫（29°C）下，是低溫（16.7°C）情況下發生意外機率的三倍之多。工人在溫度高、不舒服的環境之下，注意力也會減弱；而中高齡的工人比年輕工人更容易因為氣候的大幅變化或是高溫的工作環境，而發生事故。

5. **機械設備的設計**：有些身體方面的工作傷害，與工作上所使用的各

種工具、機械及設備有關。比方說，假如員工需要停止機器，卻摸不到開關，他們就無法立即地採取行動。控制開關擺錯了地方、系統失靈的燈號不當、不容易辨認的刻度等，都會造成意外事故。

　　工程心理學致力於操作員與機械設備之間的充分協調（參見第十三章）。他們對職場跟設備安全的努力，成效相當卓著，尤其是那些累積性的創傷跟反覆性動作傷害，例如腕管炎之類的。這些起因於反覆性手部、腕部動作的傷害，也可能會影響到肩膀與背部。

　　反覆性動作傷害普遍地發生在使用電腦的辦公室員工，以及某些工廠工人的身上。事實上，只要重新設計鍵盤、提供能配合姿勢的座椅與腕墊，以及容許短暫的休息時間等，就可以有效地降低一些反覆性動作的傷害。累積性創傷也可能發生在雜貨店的店員身上，因為他們必須持續使用手腕去操作電子掃描器，他們得用掃描器去刷條碼，才會知道每一件商品的價格。工作站的設計假如能考慮到這一點，讓店員們能輪流使用雙手來刷條碼，就會比只使用一隻手要來得更為安全。下次你結帳的時候，可以注意一下店員到底是用一隻手還是用兩隻手來刷條碼。

　　6. 安全設施：設計安全設施以及其他預防傷害的物件，對工廠安全而言，是相當重要的。安全設施必須能讓員工的手部盡量遠離鋒利危險的部分，當緊急情況發生的時候，也必須能自動斷電，同時不妨礙機械的正常運作。個人的安全設備—像是口罩、防碎安全鏡片、鋼頭鞋、護耳，以及護墊手套等—可以保護員工們避免若干危險，但是通常員工們卻不太肯用。有時候，原因其實很實際，因為這些用具會妨礙他們工作。口罩會妨礙溝通，而厚厚的鏡片則是使工人們在操作開關或控制鈕的時候，根本就看不清楚。

　　其他的原因還包括，這些用具用起來並不舒適。在高溫環境下戴口罩，會讓工人的臉部皮膚受到刺激。一個自動化玻璃廠的員工表示，穿著防護衣工作而能感到舒適的人，不會超過 30%。這種態度明顯地影響了員工們，決定自己要不要使用這些可以防止意外、但用起來卻相當不舒服的各種設備。

　　7. 社會壓力：維持進度或趕上期限的壓力，也可能導致意外。員工們常在可能無法如期完工的時候，感受到某種懲罰或訓斥的威脅。假若因為害怕危險而關掉機器，或暫停整個生產線，很可能會花掉工廠大量的金

錢；而假如員工或經理得爲這種事情負責任，他們就會擔心自己因而受到懲罰。

因爲天候不佳或機翼結冰而拒飛的飛機駕駛員，很可能導致乘客無法順利轉乘；同樣的，他們也要爲公司不能準點的表現負責任，當他們看見同事們無視危險因素而照常起降的時候，即使天候眞的很差，他們還是會感受到相當大的壓力。

• 個人因素

注意機械設備的設計、工作環境的物理與社會條件，可以降低發生意外事故的頻率與嚴重程度。然而大致上，個人的因素仍然是更爲重要的原因。I/O 心理學家研究了一些相關的個人因素，包括了：酒精與藥物的使用、智力、健康、疲倦、工作不安全感、年齡，以及個人特質等。

1. **酒精與藥物的使用**：許多員工會在工作的時候服用酒精與藥物。一個有喝酒與服藥習慣的員工發生意外的機率，比沒有這些習慣的要來得更高；即使是工作之餘喝酒，也可能導致工作中的意外。一項針對超過 38 萬名飛行員的研究指出，那些有酒駕紀錄的飛行員在飛行的時候發生酒精問題的機會，比沒有酒駕紀錄的飛行員，要高出三倍之多[1]。

2. **智力**：一般認爲，智商較低的員工發生意外事故的機率，可能比智商高的人要更高，但是研究證據並未完全支持這個看法。有些研究發現，只有在某些需要判斷與決策的工作，智力才會與不發生意外之間有所關聯；在那些重複性勞務的工作中，則沒有這種關係。

3. **健康**：I/O 心理學家已經證明了健康與意外之間的關係。身體差的、容易生病的員工們，發生意外事故的機會也比較高。那些相信自己的健康狀況不錯，並且工作也與自己的健康狀況相符的殘障員工們，並不會因爲殘障而有更高的意外事故。殘障者通常在安全與適當的工作方面，有相當高昂的動機。與意外事故有關的健康因素之一，是個人的視力；一般來說，比起視力較差的，視力較好的員工比較不容易發生意外。

---

[1]　McFadden (2002)

4. **疲倦**：疲倦會減少產量，也會增加意外發生的機會。在一般每天工作八小時的情況下，產量的提升常常會提高意外的發生率；而每天必須工作十小時的重工業，輪班前兩小時的意外機率會急速上升，推測就是疲倦所致。

在公路意外中，疲倦也是一個主要的因素。I/O 心理學家研究發現，因為公路是巴士與貨車工作的場所，疲倦的巴士與貨車駕駛可能會在車內打瞌睡，如此一來，會有 10% 的機會與其他車子發生碰撞。疲倦是各類交通意外的主要原因之一。

5. **工作經驗**：工作的資歷愈短，愈容易造成事故的發生。在工作幾個月之後，意外發生率通常會隨著工作經驗的增加而下降。一項針對 171 位消防隊員長達十二年的研究發現，有經驗的消防隊員，比起沒有經驗的，所受的傷害比較少[2]。然而，意外的發生與工作資歷之間的關係，其實還不是很清楚；儘管大部分的研究都說，經驗豐富的員工受傷的機率比較低，但是，這可能是個人自我選擇的誤差。比如，一個容易發生意外的員工會辭職或調職，轉到其他比較安全的工作中。因此，我們不能完全推論工作經驗多寡本身，就能減少意外事故發生的機會。在某些案例中，有經驗的員工發生意外的機會的確比較少，但實際的情況其實是，他們早就遇過許多的意外了。

6. **工作投入、授權與自主**：一項調查超過 2,000 家公司、14,466 名員工的研究指出，員工的工作投入分數愈高，意味著他們在工作中有好的自主性與責任感，也有比較高的工作滿意（這個結果我們曾經在第八章討論過）。研究結果也顯示，對工作的滿意與對安全的覺察之間，是有關係的；因此推論，工作投入的提升有助於降低事故發生的機率[3]。

一項針對某家化學公司 24 個工作團隊、531 位員工的研究發現，授權程度較大（享有工作上完整的權力與權威）的員工比授權程度較低的，在安全紀錄上要更好；而授權團體比未授權團體，在安全檢查與其他有關

---

[2] Liao, Arvey, Butler, & Nutting (2001)

[3] Barling, Kelloway, & Iverson (2003)

安全的行為上都來得更多[4]。

一樣的，在澳洲，一份針對 161 個廠工的研究顯示，自主程度高的員工們在整整十八個月的過程中，都比自主程度較低的員工，有明顯地更好的安全紀錄[5]。

7. 工作不安全感：在一家擁有 237 名員工的食品加工廠中，某些員工遭到了解僱。某些對自己的工作與未來感到不安全感的員工們說，他們因此缺乏遵守安全實務以符合安全政策的動機。這種對安全守則缺乏意願的情況，事實上將會提高他們遭遇到職場意外與傷害的機會[6]。

8. 年齡：「年齡與意外的關係」以及「工作經驗與意外的關係」之間頗為相似；很明顯的，年齡大小與資歷長短之間，是有關的。而另外一個與年齡有關的因素，則是身體健康與工作態度。在健康方面，身體的某些能力，像是視力、聽力等，都會隨著年紀變大而退化；然而，年齡較大的員工也可能擁有較多的知識，以及較為純熟的技巧，他們的反應時間、手眼協調可能不太好，但是卻更能了解工作的需求，對工作安全的態度也更為認真。值得注意的是，對他們而言，意外一旦發生，恐怕需要更多的時間才能從傷害中復原。

9. 個人特質：一般相信，若是一個人比其他人更容易遇到工作意外，應該就是個人特質的因素；儘管有些報告指出，某些特質比較容易發生意外，例如神經質、敵意、焦慮、社會不適應，以及宿命論等，然而，目前的研究並不完全支持這個說法。一份包括 219 位平民員工、263 位軍隊技工的研究發現，謹慎性比較低的人，在例行工作中比較容易因為認知錯誤而導致發生意外[7]。但是，在個人變項與意外發生率之間的關係並不強。說經常發生意外的人屬於哪一類的個性，而比較不出事的人又屬於哪一類，其實並沒有一個值得信任的基礎。

暫時性的情緒問題，容易導致意外的發生。一個正在怨懟配偶、老

---

[4] Hechanova-Alampay & Beehr (2001)

[5] Parker, Axtell, & Turner (2001)

[6] Probst & Brubaker (2001)

[7] Wallace & Vodanovich (2003)

闆，或者因為經濟問題而困擾的人，在工作上會比較容易分心，也因而比較容易造成意外。有一個研究證明了這一點。這個研究包括兩群美國士兵，一群有 127 位，他們在過去五年之中曾經發生車禍；另外一群則未發生任何的意外，有 273 名；兩群之間的差異相當清楚，有意外經驗的士兵說，他們在車禍之前都剛好處在情緒問題上，這些情緒上的壓力狀態範圍很大，從離婚、患病、在公車上被吵等，各種情況都有[8]。

　　10. **事故傾向**：事故傾向（accident proneness）理論認為，有些人特別可能發生意外，而大部分的意外也都正好有這些人的涉入。這個理論也認為，具有這種事故傾向的人，不論情境到底如何，都比較可能會遭遇各種意外事故。要檢驗這個理論的有效方法，就是去對照不同的兩個時期卻發生了相同意外的個人之紀錄。研究顯示，這兩者之間的關係相當的低，第一次意外的發生，對於未來是否發生意外並不具預測力。

　　在一個經典的研究中，一位心理學家重新去查核那些原本用來支持這個理論觀點的事故紀錄[9]。他分析了 3 萬人的駕駛紀錄發現，低於 4% 的人在六年的事故總數中占了 36%；這個數據支持少部分人占了大部分事故的觀點，如果這些人不開車，意外就會少得多。然而，當他把前三年的意外事故與後三年的相比較時，發現兩個不同時期所發生的意外，駕駛人員並不相同，在第一階段沒有發生意外的駕駛占了第二階段的 96%；這個結果不利於事故傾向的理論觀點。近來許多人想要測量並且驗證這個理論，但是並不成功[10]。

　　儘管證據顯示，在特定的工作類別中，某些員工發生意外的機會的確比其他人多得多，但是這個理論已經失去了以往的可信度。或許，事故傾向在某些特定工作情境中的確是存在的，但是這個觀點顯然不能適用於一般的情況。

---

[8]　Legree, Heffner, Psotka, Medsker, & Martin, 2003)

[9]　DeReamer (1980)

[10]　參考 Haight (2001)

第四節　意外事故的預防

組織可以採取某些步驟來保護他們的員工，而減少職場中的意外事故。這些步驟包括了適切的事故報告、注意職場的設計、安全訓練、管理階層的支持，以及安全宣傳的活動等等。

意外預防計畫的品質，不會比意外事故報告的品質更好。所有的意外事故，不論其後果如何，都該進行調查且詳細報告。一份完整的意外事故報告，應該包括下列各項：

1. 意外事故發生的確切時間與地點。
2. 工作類型，以及這類工作員工的人數。
3. 意外受害者的個人特質。
4. 意外的性質，以及所知的可能起因。
5. 意外的結果，像是個人的傷害，或是對工廠、設備、補給的危害。

• 工作空間設計

雖然大部分意外的起因，主要是人為的疏失，但是工作環境也是意外的潛在來源。工作環境的燈光應該滿足工作所需，溫度應該讓人覺得舒適，工作區域也該乾淨、整齊。許多意外都是因為雜務工作未妥善處理所致，像是地板上的油漬、地板下的電線、供應設備的走廊或樓梯等，都是許多嚴重意外的起因，但其實並不難預防。急救工具、滅火器，以及其他的安全設備等，要放在方便取用的地方，而且應該塗上明顯且有助於識別的顏色。

一個難以觸及或者費力才能操作，而且很容易搞錯的儀器、讀表，常常是意外事故的來源之一。緊急操作裝置也應該要方便取用、容易操作才對。

人因工程心理學家建議了兩種安全裝置在設計上的原則：(1) 只要安全裝置沒有發揮功能，機械設備就不該運作（例如護具沒有戴好之前，就打不開電源）；(2) 安全裝置的設置不能妨礙生產，或是促使員工必須另外費力，才能維持生產。

‧安全訓練

大部分機構的安全訓練，都聚焦在意外事故的預防。首先，是指出職場中的種種危險以及危害物質；其次，則是提供一些關於過去意外事故事件的起因與結果的資訊。它們會教導安全操作過程的規則，同時告知急救中心的位置以及急救設備的所在。定期訓練能幫助員工們保持警覺心，養成安全的工作習慣。當公司的意外事故增加，就有必要再重新進行相關的訓練；經驗豐富的員工也會變得粗心，需要重新提醒並鼓勵學習工作安全的習慣。一般來說，假如公司系統性地實施安全訓練，意外事故的發生就會減少，各種損失也會因而降低；簡而言之，安全訓練絕對是物超所值的東西。

假如你想多知道些與職場有關的健康與安全議題，可以上 OSHA 職業安全與健康的官網（www.osha.gov），以及職業安全與健康協會官網（www.cdc.gov/niosh/homepage.html）。

‧管理階層的支持

督導者在任何關於安全訓練與覺察方面的問題，都是一個關鍵性的角色。因為他是最接近基層員工的人，必須留心那些不安全的工作條件與實務。督導者在提醒員工建立安全的工作習慣、整理與保養工作的設備與環境，以及培養安全氣候方面，都是最好的職位。他們也可以推薦合適的訓練方案。如果督導者不堅持安全原則，那麼，再多的安全訓練都不會起太大的作用。透過示範與教導，督導者可以讓員工們維持工作安全、預防意外的高度動機。

一個在以色列針對了保養與修理中心的 381 名員工、36 名督導的研究顯示，訓練領導者來增進工作中的安全實務，是相當可行的；受訓的督導者接受了在過去八週之內的安全相關事件的報告，而這明顯地提高他們的安全覺察、減少了員工意外發生的機率，同時提升員工們對於安全相關設備的使用情況[11]。

---

[11] Zohar (2002)

　　另外有些研究，則證實了督導者在建立適切的安全氣候上，有相當重要的位置。一個針對美國軍中 127 個運輸團隊的研究顯示，高品質的 LMXs（主管部屬交換關係）能提升團體中安全工作行為的氣候；低品質的 LMXs，則將導致安全警覺的降低 [12]。

　　加拿大一份針對 174 位餐廳員工，與 164 位各行各業、小於二十五歲年輕員工的研究，也強調了工作安全實務中督導者的重要性；結果顯示，轉化型領導能提升職場上工作安全的氣候，進而降低工作中的傷害 [13]。然而重要的是，不要期待督導們自己會提高對安全工作的覺察，除非他們的上級對這件事情相當關注。如果他們的主管們容忍了草率的意外報告，或僅僅保持中性態度，這對於他們聚焦在安全問題上，可是一點幫助也沒有。高階主管是安全氣候的發展上相當關鍵的族群；所有階層的經理們都必須了解，安全是每一個人共同的責任。

　　在澳洲，一份針對 10 家製造業、煤礦業的 1,590 位員工的研究顯示，注重安全工作態度的製造業，在工作安全方面表現比較好 [14]。在以色列，一項針對 53 個團隊、534 位員工的調查發現，由督導者直接發起的工作安全氣候，會影響到工作傷亡的比率；組織愈清楚地意識到本身的安全氣候，意外發生的機率就會愈低 [15]。

　　一份針對 136 名生產線員工的研究表示，一個高度的、全公司的安全氣候，可以明顯地降低因為不遵守安全實務所造成的負面結果；研究者建議，組織除了關注生產之外，也要關注安全議題，讓員工們知道，安全生產是最好的工作模式。換言之，組織必須建立安全的工作環境，且讓員工們明白，假如他不想失去工作，他就得完全地遵從這些安全實務 [16]。在今日，中肯的 I/O 研究已經證明，各階層的管理都該積極建立、強化工作安全的氣候，以藉此將工作的意外傷害降到最低的程度。

---

[12] Hofmann, Morgeson, & Gerras (2003)

[13] Barling, Loughlin, & Kelloway (2002)

[14] Griffin & Neal (2000)

[15] Zohar (2000)

[16] Probst (2004)

•安全宣傳活動

為了激發員工建立安全的工作習慣，許多組織會使用海報、小冊子、工作安全日數的圖表，或是獎品豐富的比賽，來進行宣傳。

1. 海報與小冊子：海報是最常用的宣傳方式，但是效果得視海報的內容與設計而定。負面的主題，像是「別這樣，否則下場就是這樣」，然後再加上一張支離破碎肢體的噁心負面照片，特別的無效；這種訊息只會引起害怕與恐懼。事實上，正面畫面的海報往往有比較好的效果，例如「在這裡，你得戴上暖一點的帽子」，或是「緊握你的欄杆喔！」之類的。

警語標誌與海報，都要放在員工們容易看見的地方。研究顯示，最有效的符號訊息是粗體印刷的，並且要跟背景有高度的對比。用色、邊界、符號是否容易辨識、有沒有閃爍的燈光等，都可以引起員工們的注意[17]。I/O 心理學家建議，海報與標誌應該遵從以下的標準：

(1) 訊號文字：警語應該要有適切的符號與文字，像是「危險！」、「注意！」。

(2) 警告語句：警語必須清楚地指出危險何在。

(3) 危險結果：警語應該要告知，若是不願聽從，可能會有哪些負面後果。

(4) 具體指示：警語應該要告訴員工們，假如要避開危險，應該做些什麼，另外，又有什麼是不能做的？請見圖 11-1，這個典型的例子滿足了這些標準。

警　告	（訊息標語）
地下瓦斯管線	（危險的告知）
可能爆炸起火	（嚴重後果）
請勿挖掘	（指示）

❀圖11-1　一個有效的警示海報

---

[17] Wogalter, Conzola, & Smith-Jackson (2002)

寫著安全指導與規則的小冊子，不論散布得有多麼廣泛，在推動安全工作訓練上，是比較無用的。事實上，我們很容易看到員工們收到了這類的小冊子，但是到底有多少人會真的打開它們來看呢？答案是相當令人沮喪的。

2. **安全競賽**：安全競賽在工作意外的預防上，是相當有效的。有些比賽是讓員工們在特定期間內，看看誰能不發生任何意外；有些比賽是團體性的，藉由團隊的獎勵或表揚，來比一比誰發生的意外最少。這樣的競賽讓工作者更意識到安全操作的重要性，也可以減少意外發生的機率，不過，這種競賽不能持續太久，反則效果就可能會遞減。一個不斷比賽的解決之道，就是經常更改酬賞的內容，來維持員工的高度興趣；不過這樣做也會有一個缺點，就是讓員工們、督導們和經理們，可能會刻意隱藏完整的意外報告。

3. **居家辦公室的安全**：現在，在家使用電腦工作的員工數量，正在持續增加；居家辦公室的安全問題，已經受到國際的關心。他們報告了許多與電腦有關的不適與傷害經驗，例如頸部、背部、肩膀、手臂等部位，這些都與設計不良的椅子或是位置不當的鍵盤或螢幕有關。居家工作還有一些其他的危險，包括電源插座的電力超載、照明不良，以及腳下可能有小孩子的玩具或者電源線等。

安全專家表示，許多居家工作的安全意外，因為員工們不想失去在家裡工作的機會，而沒有呈現出來。OSHA 已經開始注意到居家工作環境安全性的各種議題了。在家工作比較容易遇到哪些傷害呢？或是，當員工選擇在家工作的時候，他是不是該負起自己安全工作的責任呢？

第五節　工作場所的暴力

謀殺是工作死亡原因排行榜的第二名，甚至是女性工作死亡的最主要原因。此外，每年有超過 200 萬名員工在工作中被襲擊或恐嚇。辦公室、商店，以及工廠，都已經變成相當危險的地方。

你常常看到這樣的新聞：一個因為被開除而不爽的員工，回到他的辦公室、商店或工廠，然後拿起槍開始掃射，而通常，他殺掉了開除他的同

事或是主管。因為郵局曾經發生過這類事件，因而，「上郵局去」變成了這個現象的黑話。事實上，比起其他的工作而言，郵務工作發生傷害事件的機會是比較小的。

對這些事件有某種洞察力，是相當重要的。當你隔壁桌的人似乎不懷好意看著你的時候，你並不需要害怕；雖然看起來心神不寧的員工的確具有謀殺的危險性，但是在四分之三的致死案件中，其實並不是胡亂殺人或洩憤，而是蓄意的強盜。

職場上的暴力受害，典型地發生在計程車司機、超商店員、外送披薩，以及比較小的內陸城市裡的雜貨店或者酒館。前任員工或者同事占了職場凶殺的三分之一；女性特別容易遭受到職場的暴力。許多預謀的男友或者丈夫，會選擇女性工作的地點犯案。許多公司提供女性員工保全服務，以避免她們受到夥伴們的惡待。如果你想多了解職場上的危險因素以及預防策略，請上 www.osha.gov/SLTC/workplaceviolence/。

I/O 心理學家把職場暴力劃分成不同的等級。首先，是個人或團體對另一個個人或團體有不禮貌的態度；其次，則是表現出輕蔑與高傲，或是故意讓你丟臉，這雖然不是身體上的暴力行為，但是會讓工作環境變得相當不友善，也具有壓力。一份關於 1,180 個公務員的研究報告發現，71% 的人在五年期間內至少遇到一個無禮的人；組織中，有三分之一的人屬於煽動者的角色；女性成為這種惡劣態度的目標之機會，比男性要來得高；而對全部員工們來說，這種情況都會引起更低的工作滿意，在心理上覺得苦惱，以及對工作感到失落[18]。

再高一個等級，則是職場上那些難以控制的暴力事件，包含了侵犯與暴力行為，如下列所示：

1. 威脅或是欺負其他的員工。
2. 因某事而憤怒的做出丟、推、踢的動作。
3. 大聲、刺耳的叫罵。
4. 在挫折的時候出現情緒化、不理性的行為。
5. 損毀或是破壞公司的財產。

---

[18] Cortina, Magley, Williams, & Langhout (2003)

你有注意到嗎？這些行為線索看起來跟凶殺或傷人行為沒有什麼關係，而是某種不可控制的狀態促成了暴力的氛圍，我們發現，這些才是暴力行為所以發生的前兆。

進一步的研究描繪出某種人格特質的剖面，我們相信，這些特質扮演了一種破壞性的角色；請見表 11-3。一項以電話調查 300 位成年員工的研究發現，酒精濫用與參與暴力行為有相當正面的關係；有趣的是，喝太多的人也會變成暴力行為的受害者[19]。

另一個職場暴力的發生因素，是工作地點的地理位置。一份針對 250 個不同地點工廠的調查發現，高犯罪率區域的工廠出現暴力意外的機率也會比較高；相反的，低犯罪率區域的暴力意外的機率則比較低[20]。

❀表11-3

職場中暴力員工的特徵
□ 30～50 歲的男性
□酗酒或者藥物的濫用
□過去曾有傷害行為的歷史，有嚴重的精神疾患，以及強迫性的行為
□有創傷、虐待、遺棄的歷史
□缺乏社會聯繫的孤獨者
□對工作有強烈的認同
□曾經表達有羞恥感或者受侮辱的感覺

另一個因素，則是仿效。一份針對 149 組健康產業的團體員工的研究指出，當他們發現同事有侵略的行為，或自己正是被攻擊對象的時候，他們也比較會發生職場上的攻擊行為[21]。

一份針對來自各種產業、489 名三十幾歲的員工的研究發現，把自己當成了受害者的人們很可能會有職場上的攻擊行為；而這種受害者知覺所

---

[19] McFarlin, Fals-Stewart, Major, & Justice (2000)

[20] Dietz, Robinson, Folger, Baron, & Schulz (2003)

[21] Glomb & Liao (2003)

帶來的效應，則常見於那些有酒精濫用的問題，或是曾經在別處有反社會行為問題的人[22]。和這個有關的、另一個包括141位政府員工的研究發現，對那些具有受害者知覺的人而言，當加害者的職位更高的時候，他們以暴力相向的報復念頭會比較少[23]。

另一個關於職場攻擊的預測指標的研究，把焦點放在個人的個別差異上。一個包括了兩家公司、115 名員工的研究發現，個人的憤怒性，也就是穩定地在各種情境中都具有的某種憤怒水準，與職場攻擊行為之間有相當大的關聯[24]。一項針對幾個組織中 213 名員工的研究，確認了憤怒性在職場攻擊行為中的重要性；這個研究也指出了，自制力比較差的員工，憤怒性會比較高。

在加拿大，另外一個針對 71 份工作的 254 名員工的研究，探討了職場上攻擊與暴力行為的各種效應。那些同事暴力行為的受害者們，在生理與情緒的安適，以及對組織的情感性承諾等方面的分數，都會比較低；研究者也認為，這很可能會降低他們之後的工作滿意與績效表現[25]。

• 保護員工遠離暴力

理想上，公司最好不要僱用任何有暴力傾向的人，但是員工甄選方面，還沒有辦法準確地完成這個目標。兩位心理學家為了面對這個問題，曾經編製一份有七個題目的量表，來測量所謂「人際偏態」，也就是傷害工作中的其他人的行為[26]。這個量表在研究上是有用的，但是在員工甄選上的效度則還沒有確立。進一步來說，具有反社會性的求職者會不會誠實回答這些問題，其實是相當可疑的。請看看以下的題目，你覺得你所僱用的人可能承認他們會有這些行為嗎？

---

[22] Jockin, Arvey, & NcGue (2001)

[23] Aquino, Tripp, & Bies (2001)

[24] Douglas & Martinko (2001)

[25] LeBlank & Kelloway (2002)

[26] Bennett & Robinson (2000)

1. 你會在工作中捉弄別人嗎？

2. 你會在工作中用言語來傷害別人嗎？

3. 你會在工作中談論種族、宗教、風俗的問題嗎？

4. 你會在工作中詛咒別人嗎？

5. 你會在工作中對別人惡作劇嗎？

6. 你會在工作中對別人粗魯無禮嗎？

7. 你會在工作中公開地讓人難看嗎？

即使人力資源主管或是人事經理們能使用一些甄選工具，來找出求職者中具有這些傾向的人，然而，這並不意味著他們會有暴力行為。事實上，除非他們突然遇到了一些糟糕的情境，例如不好的績效評價、刺耳的責罵，或者被開除，否則他們可能永遠都不會發生這類行為，甚至一些輕微的無理態度都不會有。

I/O 心理學家建議了一些處理職場暴力的步驟。經理們應該受訓，以學習辨認出具有潛在暴力因子的員工。對於遇到困難的員工們，應該提供諮商服務。督導們應該學習如何跟員工溝通像是懲罰或解僱之類的壞消息。OSHA 發展了許多具體的建議，以減少職場中的暴力行為，包括了安裝金屬探測器、警報系統、額外的照明設備、監視錄影機，或是防彈護欄。官方則建議，應該僱用更多的保全人員。

一般來說，從組織而來的支持是相當有利的。加拿大一項針對 225 個健康照護員工的研究，探討了兩類組織支持：工具性支持，這是只直接滿足員工的需求；另一個則是資訊性支持，這是指提供員工們資訊，協助他們自己來處理這些問題。結果顯示，兩類支持都可以有效地減少受到職場攻擊的員工們，在心理健康上的負面後果；工具性支持比資訊性支持更為有用，因為它還可以降低員工們的身體傷害，以及因而產生的、工作上的負面感受[27]。

---

[27] Schat & Kelloway (2003)

第六節　工作場所中的酗酒

在美國有超過 1,400 萬個人，是已知的酗酒者，而實際的數字，可能比這個還要高。美國衛生部認為，酒精和心臟病、癌症一樣，都是健康的主要威脅。酗酒所以造成傷害，是因為酒精會讓飲用者喝醉，而且無法控制體內酒精的分解；醫學上，酒精是會成癮的，而在病理學上，一旦酒精成癮，便可能嚴重地影響身體健康，阻礙身體機能的正常運作。

在美國的職場中，估計大約有 10% 的人酗酒，而他們會花掉雇主超過 10 億美金。這些花費主要來自曠工、怠工、意外事故、產量減少、缺乏效率；那些還有價值的離職員工則更是浪費了訓練的時間和金錢。儘管美國的商業界都同意，酗酒是一個嚴重的問題；但是並非每個人都同意問題的嚴重程度，事實上，這個問題可能被某些人過度誇大了，這些人包括像是治療師、諮商員、矯治機構的主管，或是某些方案的執行者，因為他們個人的生計很可能正依賴這個觀念：酒精問題非常的嚴重、而我們的計畫方案剛好很有用。

組織生態的各個階層都有酒精問題。根據國家酒精濫用與酗酒研究所（NIAAA）的說法，有超過 70% 的酗酒者是專業人士、半專業人士，或是管理階層；超過一半的酗酒者讀過大學；而酗酒最嚴重的族群，則在三十五到五十五歲之間。

1988 年的職場禁藥法案（The Drug Free Workplace Act），讓與聯邦政府有超過 25,000 美元合約事項的雇主們，都必須參與預防物質濫用的防治工作。這個法律要求雇主們必須告知員工們，假如他們在工作中擁有、販售或使用酒精與藥物，必須接受僱主們頗為嚴厲的處分，像是強制治療、停薪、停職或離職。

• 工作表現的影響

酗酒者都傾向於相信，飲酒並不影響自己的工作，即使有些影響，別人也不會發現。的確，酒真的喝多了，樣子是很清楚的；然而，如果只是起初的階段，非受過訓練的某些觀察員，是很難偵測到這些變化的。

雖然行為上的改變相當緩慢，但是酗酒持續數年的話，工作表現會有明顯的退化，也會被主管與同事們注意到。酒精所造成的退化曲線，描繪在圖 11-2。在工作上最明顯的改變，包括曠工、休息時間過長、說謊、生產量變差；在中期的變化最明顯的就是，根本無法注意細節。到了這個時候，通常主管們已經不會對他提出任何警告，他們也不再被認為有任何升職的機會。

根據這個曲線圖所呈現的，包括職業、家庭生活、個人聲名、收入穩定性等等，一切的一切，都正在下滑。諷刺的是，過度酗酒所造成的退化本身，也是持續酗酒的主要原因之一。除非個人意識到這問題，並且願意向外求助，否則，陷入某種失敗、禁錮、住院治療、然後早死的惡性循環，似乎是不可逃避的。主管們常常因為心太軟，而忽略了酗酒的問題，然而，這樣只是拖延時間而已，我們得在一開始的階段就介入，才能夠幫助他妥善復原。

• 酗酒的高階主管

酗酒員工的遭遇，是一個悲劇，但酗酒的人如果剛好是執行長，那麼，公司的損失恐怕會奇大無比。當公司的高階主管沉迷在酒精當中的時候，表示他將失去能耐、高薪、福利待遇、所承擔的責任、一個透過決策而為公司成敗負責任的位置。

酗酒的高階主管通常比低階員工更能隱瞞他們的問題；高階主管們也比較有機會在退休之前保住他們的工作。他們常常有部屬的掩飾與協助，他們的工作行為也不像會計、倉管，或是裝配線的人員那麼明顯；另外，他們因為屬於高階，並不會被較低階的員工開除；因而，他們常常可以拖住工作，直到退休。事實上，管理階層並非不知道這個問題，只是他們寧願指出基層員工的酗酒，也不願意面對自己的問題。

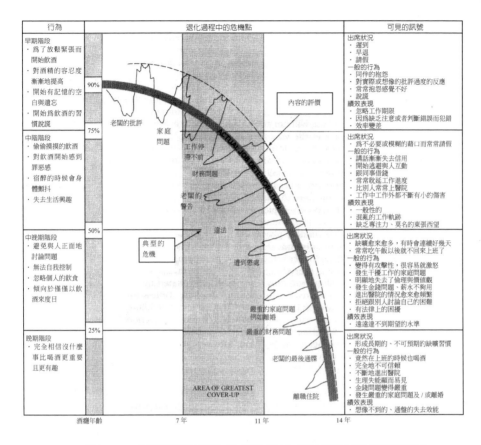

◈圖11-2　因酒精而導致的行為惡化與工作表現的時間圖

（取材自 A. Carding, ""Booze and business," *Administrative Management*, 1967, 30, 21. 經授權使用，版權所有：Doyle Lindley, Bechtel Corporation.）

　　有談判過程的實驗研究指出，在經理與高階主管之間有許多的談判技巧，但是這些技巧很可能因為酗酒問題而出錯，進而影響公司。在談判的時候有喝酒的人（血液酒精含量超過 0.05%）比沒有喝酒的，更容易失去耐性；那些喝酒的人容易出現羞辱、欺騙、威脅談判對手的行為；此外，他們也容易出現認知受損的情況，以至於容易出錯、聚焦在不相干資訊，而且對於所關注的問題很容易就產生誤解，或者忽略了真正的重點[28]。

---

[28] Schweitzer & Kerr (2000)

• 復健的問題

許多聯邦政府的局處，以及超過一半以上的美國大型公司，都支持酗酒復健的方案。這些努力稱為員工協助方案（Employee Assistance Programs, EAPs）；它們能減少員工們的缺曠時數、減少健康開支、提高生產力，每花 1 美元，可以有 20 美元的回收。大部分的 EAPs 都會提供諮詢服務，給各種不同類型問題的員工，但其中最主要的，還是酒精與藥物濫用的問題。

老闆們都有強烈的動機，企圖讓酗酒的員工們進入治療所，因為他們已經不再適任自己的工作。治療酗酒者的心理學家與醫師都同意，害怕失去工作比提早失去配偶的威脅還要嚴重；於是，繼續保有工作可能是逼迫他們承認酗酒問題的最後一招。一旦這一招亮了出來，尋求並且接受幫助的慾望，通常就會相當強烈。

大部分酒精濫用的防治方案，都包括了國家酗酒委員會所建議的三個步驟：

1. **對督導與經理的教育**：其目的在於說服經理們知道，酗酒並不是道德或倫理上的議題，而是醫學上的問題、一種必須治療的疾患。

2. **早期發現酗酒的員工**：經理們應該要學習如何發現酗酒者的症狀、行為，以及績效表現變化。早期發現有助於提升康復的機會。

3. **轉介酗酒者到助人單位**：有些公司會透過內部的心理學家或醫生，來處理酗酒員工們的復元過程，其他的公司則會要求他們到外面的診所。大部分組織都容許他們在上班時間出外就診，治療期間也會繼續給薪。

一個尤其有效的方法是，同事中有人參加匿名戒酒協會（Alcoholics Anonymous）。這個協會在助人戒酒方面的成功機率相當高，因為他們的成員都有第一手的經驗。另外有一些證據（儘管不多）說，康復後的員工會變得比以前更好，他們的行為表現不再受酒精影響，而且他們知道，這已經是最後的機會，得更認真工作才行。即使員工們並沒有因為康復而變得更好，至少他們能找回這些員工，而不是在酒精中失去了他們。

有關酗酒者各方面的資訊，請見美國人事行政局官網：www.opm.gov/ehs/alcohol.asp；此外，也可以查閱美國國民健康局的酒精濫用與酒癮研究所的官網：www.niaaa.nih.gov；其他的，亦可查閱：www.

alcoholismhelp.com。

第七節　工作場所的藥物使用問題

　　在工作中使用非法藥物，是一個相當嚴重的問題。大麻是主要的藥物之一，另外，安非他命、鴉片等，也是職場上常見的興奮劑。此外，處方籤中的鎮定劑、止痛劑、興奮劑等，常常被過度使用。資料顯示，每 10 個人當中就有一個人現在或者以後可能使用藥物。國家藥物濫用研究所指出，不合法藥物的使用廣泛地發生在十八到二十五歲之間的族群。

　　目前我們已經知道，在工作中使用藥物的人數愈來愈多[29]：

1. 有 1,480 萬的美國人使用非法藥物。
2. 有 11% 的十二到十七歲青少年，使用非法藥物。
3. 十八到二十五歲的族群使用非法藥物的機率最高，尤其是二十一歲的人占 17.4%。
4. 男性（8.7%）比女性（4.9%）的藥物濫用更為常見。
5. 有 77% 的藥物濫用者正在工作。
6. 工作中能夠取得非法藥物（主要是大麻），會明顯地影響藥物濫用的機率；愈方便取得，使用率就會愈高。

　　雖然藥物濫用在組織的各階層都被禁止，然而，在熟手、半熟手之間的流行率其實最高，而管理階層與專業人員身上，則比較少見。過度使用處方籤上的藥物，在中、高齡員工身上的比例相當高。藥物濫用者在各類型態的工作上都有。一個核能電廠曾經抓到保全人員濫用藥物；美國海軍也發現一位運輸機駕駛有吸食大麻的習慣；一家石油公司則知道，船員們老在墨西哥灣跳海，其實常常是受到非法藥物的影響。

　　一個藥物依賴的工作者，比酗酒者在生產力與效率上，有更為嚴重的問題。藥物濫用者有更多的潛在危險因素，因為他們不僅自己用藥，也會賣非法藥物給其他同事，以維持他們自己的藥癮。

---

[29] Frone (2003)

• 工作表現的效率

藥物濫用所導致的行為，與所使用的藥物種類之間有很大的關聯。一般來說，剛開始濫用藥物的人，在行為上就會有明顯的改變，像是細心、個人衛生習慣，以及衣著等，有些人則會開始戴墨鏡。情緒暴躁是常有的事情，也會常常跟人借錢。藥物也會導致判斷與思考上的失能，以及動作遲鈍、瞳孔漲大或收縮、眼睛充血，使用者的手腕與其他的身體部位會有小小的針刺痕跡。這些行為上的改變，都會影響工作的效率。

此外，藥物濫用者有超過四倍的意外機會、三倍的缺席率、三倍的醫護津貼，以及五倍的保險賠償金。他們很可能常常遲到，對工作的滿意程度也大幅滑落。

以問卷追蹤調查 470 位成人，在他們二十多歲與三十出頭的時候各做一次測量，發現早期使用藥物的人，後來很容易變成了藥物濫用；換句話說，就是二十多歲的時候開始使用藥物，持續到了三十出頭，便成為了藥物濫用。持續性使用藥物會導致工作的不穩定、工作滿意低落，而且對一般社會規範的適應力也會降低。然而，在早期得到社會支持並且戒掉藥癮的人，第二次調查的時候，就減少了很多，而且他們對工作的滿意程度，也比沒有在早期接受社會支持的人要更高 [30]。

在組織的偷竊事件當中，藥物使用會讓員工的偷竊行為增加。如此，藥物使用者會成為邊緣人物，而這將增加主管們的負擔，也威脅到同事們的士氣與安全。在一些比較危險的行業，比如建築、運輸業當中，藥物使用者（正如酒精濫用一樣）可能威脅到公眾的安全。藥物使用篩檢主張，公眾安全是這類強制測驗的正當理由。一樣的，大眾有權利要求公車、火車，以及飛機駕駛員，不能因為使用藥物而導致判斷或反應時間上的受損。

美國勞工部的報告指出，小型企業（大約 24 人或者更少的員工）比大型企業（約 500 人或者更多），還要更容易受到員工們的藥物使用的影響。在已經是藥物濫用者當中，在大型企業中工作的只有 13%，44% 的人都在小型企業。比較具體的解釋是，小型企業對工作中藥物使用問題的

---

[30] Galaif, Newcomb, & Carmona (2001)

偵測與防治措施比較少，如此一來，藥物使用者在小公司裡頭就會比較抓不到。此外，一個因藥物使用而受傷的員工，在小企業（以25人爲標準）裡所造成的經濟損失以及潛在危險，比在大型公司（1,000人以上）裡頭還要更大[31]。

• 藥物檢測計畫

當你下一次要去應徵工作的時候，接受藥物檢測的機會相當高；大部分公司都會拒絕僱用藥物反應呈現陽性的人。藥物檢測已經成爲篩選員工的過程之一，而你的檢測結果將會影響你被錄取的機會。

心理學家建議了下列幾件事，盡量讓藥物檢測具有公平性：

1. 組織應該要公告，讓員工明白藥物濫用的防治與檢測是公司的政策方針之一。
2. 若是員工隸屬於工會，公司在藥物檢測之前，必須先在團體合約得到同意。雇主如果拒絕與工會協商，可能會因爲勞動實務的不公平而必須另外付費。
3. 藥物檢測的程序必須使用在所有的員工身上，沒有哪個團體可以因爲特權而不用受檢。
4. 在職員工應該只有在某些條文明定的情況下才能進行檢測，比如說工作傷害的案例，或是有其他可見的徵兆等。
5. 雇主必須事先告知員工整個檢測的過程，包括檢測哪一種藥物、如何檢測，以及拒絕檢測的可能後果等。
6. 假如結果呈現陽性，則必須再做一次檢測。
7. 藥物檢測的結果，必須保持機密。

一份以電話調查1,484個全職、兼職員工的研究發現，過去幾個月內曾使用大麻的人比起沒有使用的人，更不相信老闆所實施的藥物檢測是公平的；第二個觀察結果則是，他們相信在高安全敏感的工作，就是假如績效不彰可能會引起公衆、同事與員工傷害的情況下，藥物檢測可能相對而

---

[31] Report: Alcohol and drug abuse in America today (2004)

言更爲公正 [32]。

藥物檢測是有爭議性的。這類檢測常被抱怨說，觸及了員工們正當的隱私、祕密，或者不合理的搜查過程，亦造成了某些不安全感。這些爭議的原因在於某些組織強迫員工們去進行許多的藥物檢測，如果被公司知道你使用了藥物，或許某些比較危險的工作就會由別人來替代你。

藥物檢測的效度，也是一個重要議題。疾病控制中心的預防報告指出，許多的藥物檢測，特別是便宜又簡單的那些，在某些案例中竟然有三分之二的錯誤率；這麼高的錯誤率代表著許多的求職者或員工，被錯誤地貼上了藥物使用者的標籤。

這些準確性有問題的檢驗，可能導因於判讀的失誤、實驗室的錯誤，或者員工的欺騙行爲。尿液與血液中的某些物質，可能造成與藥物反應極爲相似的結果，像是罌粟科種子可能造成鴉片的誤判；而大麻的檢測數值則與某些藥品相似，像是感冒藥（Contac）或是某些止痛劑（Advil及 Nuprin）。在美國南方有一種相當普遍的草本茶，但是飲用的人很可能被驗成了古柯鹼。實驗室的技術人員有時候會不小心，把樣本給搞混。多年以前，美軍在一次 6 萬名士兵的尿液檢查中，有二分之一的樣本因爲實驗室的粗心而導致了錯誤的檢驗結果。

使用藥物的人也會嘗試用一些方法來欺騙檢測系統，比如說找另一個健康的人的尿液，或者添加一些摻雜物，這就有一點像在洗衣店把身上的藥物漂白一樣。因爲這類的原因，某些雇主會要求員工在做尿液檢查時必須有觀察員在旁監督採樣，不過，這會讓很多人覺得自己被冒犯。

許多公司在處理工作中藥物使用的第一步，是先對員工或者應徵者直接說明公司的政策方針，比如說藥物使用的內容、藥物檢驗，以及違反這些政策的結果。

第二步則是對應徵者進行全方位的檢視，而非藥物檢驗，通常這包括了過去職業歷史的闕漏、犯罪紀錄、退伍的不光彩事蹟，以及生理上與成癮有關的前兆。

第三步，也是最困難的一步，則是防治員工在工作中使用以及販賣毒

---

[32] Paronto, Truxillo, Bauer, & Leo (2002)

品。有一間公司僱用了一個在有吸毒者的多個工廠中待過，但卻不曾使用毒品的人；另外一間公司則僱用了一個私家偵探來喬裝員工。有些老闆會請緝毒犬，來確定工作場所與員工停車的地方是否藏有毒品。

　　大部分的組織會區分偶爾使用比較輕微藥物的人，以及重度藥物成癮的員工。如果前者過去的工作紀錄相當良好，也願意接受幫助，公司會安排較爲妥善的對待；如果藥物使用者拒絕接受幫助，便很容易遭到開除。毒品販賣者，則可能被移送法辦。

　　藥物濫用者若是受到妥善的治療，成功地克服藥物問題，並且重新回到工作崗位上，這便表示缺曠的減少，以及意外、病假與健康賠償機會的減少。EAPs 顯示，假若能成功地維持一年不使用藥物，也對工作表現保持高度的滿意，那麼，整個從藥物濫用中康復的機會可能高達 80% 以上。若是藥物使用者因此失去了工作，那麼康復的機率很可能只有 50%。對藥物使用者而言，有沒有繼續工作或者妥善的治療，將是影響其能否康復的重大關鍵。

　　一項包括了 260 位城市的公務員之研究顯示，對接納、信任 EAPs 的團體訓練做藥物濫用的防治是有用的；這個針對藥物濫用問題者的團體訓練，能讓有這些問題的員工增加求助的機會，尤其是在訓練結束後的六個月之內 [33]。

　　你想知道職場藥物濫用的資訊嗎？請上藥物濫用研究所的官網：www.nida.nih.gov，以及美國勞工部網站：www.dol.gov/workingpartners/-57k。

第八節　電腦與身體健康的議題

　　有些對工作中經常使用電腦員工的研究指出，他們常常會有背痛、身體疲倦，以及視覺障礙上的問題。這些問題很容易受到工作環境的不良設計，以及工作場所中的昏暗燈光所影響。加州舊金山的政府通過了工作環

---

[33] Bennett & Lehman (2000)

境中電腦安全使用的相關法令，為的就是減少眼睛與身體的疲勞，以及重複性動作的傷害。這個法令是依據人因工程心理學家針對員工需求所建議的指南，例如提供適合的座位、燈光，以及員工在使用電腦的時候，必須有合適的鍵盤與設計良好的螢幕；此外，員工在工作中每隔兩小時，必須休息十五分鐘。

腕管炎（carpal tunnel syndrome）是一種因為重複性動作而引起的病症，可能讓員工在工作中疼痛長達十年之久。許多重複的或者相似動作的工作，可能引發這種病痛，進而損傷身體的神經。一份主要針對藍領員工所做的研究顯示，這類疾患常常發生在某些員工身上，例如切割肉類、汽車修理、電鑽工，以及裝配線上的員工。

電腦出現之後，有些白領階級—像是報社記者或是作家—亦開始感覺，在手與前臂之間發生特有的突發疼痛，同時伴隨著手指的刺痛與麻木。當腕管炎開始變得有名，有一半的人開始有這類疼痛，便有人開始報導這種新型的疾病。心理學家與醫學研究人員開始研究這類疼痛的起因，OSHA 也對這種疾患開始戒備。想知道更多腕管炎的相關資訊，請見國家神經性疾患與腦中風研究所的官網：www.ninds.nih.gov/health_and_medical/disorders/carpal_doc.htm_19k。

在美國，有 200 萬人在工作中受到重複性動作的傷害，許多遇到此類危險的人，需要經由外科手術來減輕受壓迫的神經所造成的疼痛。這種情況在舊金山通常能因為法令而事先預防，並且注意到人因工程學家的各種建議。

對製造電腦晶片的人而言，健康情況是更堪憂的，因為他們潛在的危險因子更高；員工們暴露在有砷、氰、酸性，以及有毒溶劑的環境之中。有些員工表示，工作會引起頭痛和失去注意力，而且他們相當擔心長期工作所累積的影響。雖然研究資料顯示，兩者之間的關係尚未證實，但是並沒有反對賠償。有些公司，例如 AT&T，就會採取預防措施，把在電腦晶片製造區中的懷孕女性，轉到其他的工作站。其他的公司則會告知員工們這類的危險，並且給予調任的機會。

研究指出，與其他地方的孕婦比起來，在電腦前每個禮拜工作超過二十小時的孕婦，有比較高的流產率。研究指出，會導致動物流產以及胎兒缺陷的，主要與低頻率、脈衝，由影音播放顯示器所傳出的電磁輻射能

有關。然而，人類實驗上的證據仍相當的薄弱。

心理學家推測，問題的來源可能是由於電腦裝配線上的工作氣氛，而非顯示螢幕所發出的輻射波。一個關於不同職業的孕婦調查指出，辦事員們比花很多時間在電腦上的管理階層或專業工作的女性，有更高的流產率。也許管理階層與專業工作的孕婦，在工作壓力上比較少，也有比較高度的工作滿意。在不同國家所進行的孕婦研究發現，並沒有明顯的證據顯示，使用電腦工作會導致流產或者胎兒的缺陷。

接來下的議題，是有關歧視的問題。有些公司會實施一種稱為保護隔離（protective exclusion）的政策，把懷孕預備分娩的女性，從某種工作中隔離出來，像是電腦晶片生產之類的，如此便可避免她們在發生流產、胎兒缺陷，或是其他健康問題的時候，提出與工作有關的訴訟。有些公司會不經應徵者的了解或同意，就隨意要求女性應徵者必須提供尿液樣本，以探知她是否懷孕。在某些情況下，女性們沒有被錄取，並不是因為公司的人事政策，而是因為性別的歧視。

1991 年美國最高法院認為，保護隔離是一種性別歧視，並且規定老闆不能禁止女性工作，即使這些工作可能讓她們因為暴露在有毒物質之下而讓胎兒受到傷害。這個案例出現在之前的 Johnson Control 的電池工廠；他們不讓孕婦在高薪水的裝配線上工作（除非她們能提出不能生育的證明），而這個工作得暴露在有潛在危險因子的環境之中。有些女性寧願動手術讓自己不能生育，也不願做低薪的工作。而有趣的是，公司的保護政策並沒有應用在男性身上，即使男性的精子也會在這種危險之中產生變異，而且同樣可能導致胎兒的發育不良。

電腦會放射出其他種類的輻射線，例如 X 光、紅外線、磁場，或者靜電場；然而，長期在這種輻射之下是否會受到什麼樣影響，目前還沒有辦法確定。

第九節　工作場域中的愛滋患者

在一個工作團體發現愛滋病患，會對績效表現與工作士氣，有相當深遠的影響，也會讓同事們恐慌，自己是否可能也會遭受感染。在新英格

蘭的一家電信公司，獲知一位同事被診斷為愛滋病患之後，竟然有 30 個員工離職。很多人都有一種錯誤的觀念，認為罹患愛滋病的人不是同性戀、就是藥物濫用者。某一個研究讓新加坡的 160 位人力資源主管，充分地了解歐美關於愛滋病患的最新資訊，之後，這些人就不再對職場上的愛滋病患這麼害怕；不正確的知識與資訊，可能讓人們誇大了在職場中感染的危險，而這樣一來，如果有人被診斷為愛滋病時，人們的恐懼就會被擴大[34]。另外一個接著挑戰公司的問題，就是公司必須增加更多健康保險的給付，尤其是高額的醫療費用。在美國，自從老闆付健康保險變成了標準的員工福利之後，AIDS 就成了第一個大規模的健康危機。保險業者被法律禁止，不得把 HIV 列入拒保的項目中。在 1991 年調查 HIV/AIDS 病人發現，害怕失去健康福利，與擔心在工作上受到歧視，是病人們在治療之後不肯重回工作的主因；而員工重回職場的另一些問題，則是老闆的調適，例如容許員工請假去看醫生，或是給予較少的工作責任[35]。

老闆不能以某人有 AIDS，就影響僱用或是工作上的評價，也不能因為怕被感染而開除他。疾病管制中心已經認定，這種疾病並不會因為工作或是接觸就感染。不過，只有四分之一的美國公司有處理愛滋病患者的政策與方案。某些公司會用一些包含正確知識的時事報導、小冊子或者錄影帶來教育員工；邀請醫學專家面對面的問答，也會有些幫助。有些公司發起的教育方案，可以讓員工們修正自己的行為與看法，也可以減少他們感染或傳染這種疾病的危險。

·························· 摘　要 ··························

OSHA 的目標，就是建立國家的產業安全標準，以預防員工在工作中遭遇意外或是健康問題。其中一個問題就是，在意外事故的研究中，許多公司會扭曲意外發生的資料，或是提供不完整的報告，以維持公司的安全紀錄。影響工作意外發生的原因，包括了產業的類型、工作排程、燈光、

---

[34] Lim (2003)

[35] Martin, Brooks, Ortiz, & Veniegas (2003)

溫度，以及機械設備的設計。意外發生的個人因素，包括了酒精與藥物使用的問題、健康、疲倦、工作經驗、工作不安全感、年齡、工作投入，以及個人的人格特質，例如謹慎性。事故傾向的理論觀點，還尚未有確切的證據。

　　預防意外的發生，組織應該要力行完整的報告，並且進行分析，考慮工作與工作環境的設計是否完善、對工作安全實務提供管理的支持、提供工作安全訓練與安全氣候，並且要舉辦有關安全的宣傳競賽。

　　職場暴力正逐漸增加，非理性的、憤怒的、敵意的行為對各個階層的員工，都會產生威脅。與職場暴力相關的因素，包括社區的暴力水準、是否為一具體目標或受害者，以及心理上的憤怒性。而最可能施暴的人，是三十到五十歲服用毒品、或是有精神疾患的男性。

　　在工作中的酗酒者，會發生反應遲鈍、缺曠、低生產力，以及情緒上的問題。試圖協助酗酒者的組織，會透過員工協助方案（EAPs），以及訓練經理們來察覺酗酒員工的種種特徵來努力。各行各業都有員工非法使用藥物的問題。一般來說，組織對藥物濫用看得比酗酒問題還要嚴肅。公司對員工做藥物檢測的情形相當普遍，但是檢驗有時候並不是那麼準確，而且常常會侵犯員工的隱私。員工長期使用電腦會有一些負面影響，像是腕管炎，就已經被證實會影響員工的健康。

　　愛滋病患者的存在，會對其他同事的士氣與生產力有所影響。然而，若是能提供大量的正確資訊給員工，員工們害怕被感染的恐懼就會減少。

關鍵字

- 事故傾向　　　　　　accident proneness
- 員工協助方案　　　　Employee Assistance Programs, EAPs
- 腕管炎　　　　　　　carpal tunnel syndrome
- 保護隔離　　　　　　protective exclusion

·················· 問題回顧 ··················

1. 工作會怎樣影響你的健康？請舉一些例子來說明。

2. 請說明致病建築症候群（sick building syndrome）的某些症狀與起因。

3. 爲什麼要定義一個職場意外事故會這麼困難呢？

4. 哪些職場中的物理條件，會促使意外事故的發生？

5. 怎樣的機械設計與安全措施，可以減少意外事故的發生？

6. 下列因素會如何促使工作意外的發生？酒精與藥物濫用、健康、年齡、工作經驗、工作不安全感。

7. 個人特質與工作投入，在職場意外的發生中扮演什麼樣的角色？

8. 請討論工作安全訓練與經理們的支持，對於意外事故的降低有什麼樣的作用。

9. 請說明你會怎樣設計一張海報來警告員工們，關於離高壓電太近的可能危險。

10. 請說明職場暴力的不同水準；指出一些具體的案例，以及整體的效應。

11. 哪些因素與工作中的暴力行爲有關？

12. 請定義何謂個人的憤怒性，並說明它與職場暴力之間有何關係。

13. 爲什麼酗酒的高階主管比低階的員工更容易逃避相關的偵測？

14. 請說明國家酒癮委員會所建議、防治職場酒精濫用問題的三個步驟。

15. 哪些因素會影響到職場中的藥物濫用？員工中有人使用非法藥物，會有哪些效應？

16. 請討論在職場中實施藥物檢測的爭議。你認爲對雇主而言，要求一個像你一樣的在職員工進行藥物檢測，是公平的嗎？

17. 雇主對於酗酒者以及對藥物濫用者的對待，有什麼差別？爲什麼會有這些差別？

18. 長期使用電腦，與哪些身體健康的問題有關？

19. 假如你是一個經理，而你知道員工之中有人罹患了愛滋病，你會對其他的員工做些什麼？你會怎樣處理這個情境？

第十二章 職場的壓力

本章摘要

　　或許，許多的人並不那麼在意工作安全的議題，但是這其實相當的重要。假如你在工作中受傷，造成了不可回復的傷害，你的一生可能從此改變，甚至可能再也不能從事你所喜愛的工作，這樣，你怎麼能不關注工作安全的事情呢？我們能輕易地看見各種職場的傷害，例如：工作意外與傷害、暴露在化學藥物或有毒氣體中、密閉大樓可能的火災傷害與死亡等。

　　另外一個危機，則是工作壓力（stress）。你也許看不見工作壓力的長相，但是它卻用更深沉、更狡猾的方式，影響了上百萬的員工，其中可能包括了你與你身邊的人。聰明的你當然知道工作環境可能是我們健康、生產力、士氣的殺手，但是壓力這個心理性的因素，很可能更嚴重地影響著我們生理、情緒的安適感，以及我們的工作表現。

　　你能想像嗎？全球的員工，可能都受到了壓力相關的疾病所苦。一份對國際人壽保險公司的研究發現，接近半數的成年員工覺得自己的工作充滿壓力；事實上，壓力的問題使三分之一的美國人曾嚴肅地考慮離職的問題。

　　壓力的確讓人覺得沉重，可是更嚴重的是，有半數的人因為壓力的影響而就醫，例如因為壓力而來的高血壓、潰瘍、大腸炎、心臟疾患、關節炎、皮膚疾病、過敏症、頭痛、頸部和背部疼痛、癌症，另外，壓力也造成了免疫系統失調，並且提升傳染病的感染危險。

　　或許我們應該換個角度，事實上，職場的壓力也是僱用上的重大成本。工作壓力太大，不只會讓人想離職，而且可能會導致生產力降低、工作動機降低、工作錯誤與意外事故增加，甚至於偷竊、藥物濫用與酗酒等行為。這些因為工作壓力所帶來的影響顯然得讓個人付出頗大的代價。然而，可別以為只有個人需要付出代價，因為工作壓力使得健康情況下降、醫療成本增加，據估計，與壓力有關的兩類疾病——心臟疾患與消化道潰瘍——的醫療給付，每年大約 450 億美元；組織在這方面的醫療成本，遠高於工作上的意外事件。在美國與瑞典，一個包括 96 萬名員工的研究指出，高工作壓力下員工罹患心臟疾病的比率，高於在低度工作壓力下的。

　　在英國，一項針對超過 100 萬名員工的研究發現，超過一半的人有因為不尋常的超時工作導致的身體健康問題；英國的心理學家們報告說，超

過 60% 的工作意外，是由於工作壓力所造成的[1]。

其他研究顯示，說自己工作壓力很大的員工，比起壓力感較小的員工們，明顯地用掉了雇主更多的醫療照顧開銷。有一份包括 14 位大學教職員工的研究，他們每天填寫日記，以記錄工作中的壓力事件，超過了一整個學期的時間；結果發現，他們在研究期間內的壓力都逐漸增加；個別壓力源所帶來的壓力，相對而言比較小，然而，當這些壓力事件漸漸累積起來，整體的效應就相當嚇人了；並且，當壓力水準升高的時候，工作滿意和工作士氣都會跟著降低[2]。

工作壓力的影響，真的是讓人光是用想的，就不寒而慄了。然而，每一個階層跟類型的工作都會有工作壓力，你逃也逃不掉，尤其是離開學校之後，工作壓力更是如影隨形；而一旦壓力達到某種程度，就可能會影響你的工作生活品質，以及日常生活的其他層面。

第一節　職場健康心理學

對工作壓力的持續關注，引發了一個特別的學科，就是「職場健康心理學」（occupational health psychology）。對於職場健康與員工幸福的關注，可以遠溯自早期工業心理學的實務。德國心理學家 Hugo Münsterberg 在哈佛大學執教的期間，協助建立了工業心理學領域，並且特別關心工作意外與工作滿意的議題。在一次大戰期間（1914 ～ 1918），英國政府設立了工業疲乏研究委員會，研究勞務工作的失能與疲乏的議題。

1990 年代，心理學家 Jonathan Raymond 使用「職場健康」（occupational health psychology）這個詞，來指稱相關的議題。美國心理學會（APA）和國家職場安全與健康研究所（National Institute for Occupational Safety and Health, NIOSH）也共同發起了發展職場健康心理學的計畫。大家開始舉辦國際研討會，在主要的大學設置相關的研究所課

---

[1]　Cartwright (2000)

[2]　Fuller et al.(2003)

程，《職場健康心理學報》（*Journal of Occupational Health Psychology*）也開始發行。

職場健康心理學的宗旨，在於了解壓力並且防治工作壓力對於員工健康與安全的危害。本章所討論的許多研究，正是這些努力的成果。倘若你有興趣了解更多職場健康的相關資訊，請查閱 NIOSH 官網：www.cdc.gov/nisoh/ohp.html-27k；一般壓力的相關資訊則請查美國壓力研究所（American Instituteof Stress）的官網：www.stress.org，或是社會知識中心工作壓力網的官網：www.workhealth.org。

第二節　壓力對生理的影響

請你回想一下，每當考試的時候、每當車子闖越號誌燈而差點撞到人的時候，或是在黑暗的街道上有黑影正在追著人跑的時候，我們之中的某些人就會感覺到特別的壓力。其實，讓我們覺得有壓力的事情到處都是，當這些事真的發生時，我們就會變得焦慮、緊張、害怕。壓力包括了對環境中那些過於令人不悅的刺激，以及威脅事件的生理與心理反應。

壓力會讓生理狀態產生一些戲劇性的變化。腎上腺會分泌腎上腺素，以加速身體所有的機能，血壓升高、心跳加快，血液中的血糖濃度開始提高；血液循環加速為大腦與肌肉帶來豐沛的能量，讓人變得強壯有力，警戒提高；這些個人爆發的能量，超過了原本的極限，或者面對威脅，或者迅速逃避，以利回應那些具威脅、有壓力的情境；這個過程一般稱為「幹架或逃跑反應」（fight-or-flight response）。

大多數對於「幹架或逃跑」現象的研究，都是用男性受試所進行的。近年來，我們開始蒐集女性的資料，注意到女性對於壓力其實有相當不同的反應。研究者發現女性對於壓力的回應，屬於某種「關注與友愛」的行為。關注是指，在壓力情境中以滋養與照顧來保護自己與子代免於壓力的傷害；友愛是發展一些社會或者人際網絡，而這亦能幫助她們對抗壓力[3]。

---

[3]　Taylor et al.(2000)

儘管兩性對壓力的回應行為有性別差異，但是正如前一段所說的，男女雙方都會感受到壓力所帶來的身體改變。

　　雖然我們的工作需要經常處在威脅情境中，像警察、消防隊員，或是軍人那樣，但是我們在工作中所面臨的壓力，並不亞於他們。像是碰到老闆生氣、不公平待遇、與人有些爭執，或是被冒犯，就已經足以讓我們常常處在高度的激動狀態；而即使是低度的壓力，也可能因為漸漸累積，而帶來身體的衝擊。壓力會造成身體與心理的變化；職場上經常出現壓力，我們就會老是處在高度的生理激動與長期的警戒狀態之下；假如我們不能順利的消解或者回復到正常的狀態，這些一點一滴的壓力就會漸漸累積，最終造成我們身體與心理的傷害。

　　也許你會很懷疑身心症的存在，然而，這種問題並不是想像的，而是在組織與器官上真的造成了損傷。更仔細的來說，壓力的累積會造成精神上的沮喪與失調，進而讓生理狀況一直下滑、抵抗力也變得更差；這些狀況也讓績效表現下滑、工作滿意度急速地下降。一項包括 300 個以上壓力研究的後設分析發現，慢性的壓力源，像是擔心失業或者害怕找不到工作之類的，會降低身體免疫系統的功能，讓人們更為脆弱，而更糟糕的是，生病之後的身體狀況面對壓力，顯得更為無力 [4]。

　　並非所有的人對於壓力都有相同的感受與反應。飛航管制員們必須聚精會神，以追蹤不同飛機的速度與高度，一小時接著一小時，他們得在同一件事情上，集中並且分配精神；他們的工作是刺激的、困難的，並且得為每天上千架飛機負責任，這可真是個壓力超大的工作。一項針對航管員生理機能的研究顯示，他們的身體狀態的確反映了這種高度的壓力，當飛機航班愈多，也就是工作量變得更大的時候，他們的脈搏就會變得脈壓更大、血壓更高。事實上，航管員高血壓的比率，是同年紀其他團體的三倍。

　　你心裡大概想，這可算是一個典型的、容易因為壓力致死的工作吧！我們或許猜想，航管員發生心臟病變或者其他壓力相關疾患的機會，大概是最大的吧？但研究結果並非如此。事實上，某些研究顯示，航管員

---

[4]　Segerstrom & Miller (2004)

甚至比一般的團體更健康些。儘管某些航管員會有這類疾病型態、甚而早逝，但其他的航管員並沒有受到影響。

• 工作滿意和控制感

為什麼會這樣呢？有什麼差別嗎？問題恐怕在航管員從工作中所獲得的滿意程度。那些對工作感到非常滿意的航管員，就比較不受到壓力的危害；而對工作非常不滿的，則呈現許多相關的效應。

美國一項包括 1,886 位經理人的研究，確認了兩類日常工作壓力[5]：

1. **與挑戰有關的壓力**：包括了時間壓力，以及可能帶來滿足感、成就感的高度責任感。

2. **與阻礙有關的壓力**：包含了過多的工作要求，以及達成目標的各種限制，像是繁文縟節、缺乏高階主管的支持、工作不安全感等。

並非所有的壓力都是有害的。與挑戰有關的工作壓力能引發動機，並且與工作滿意有正向的關聯；與阻礙有關的工作壓力，則與工作挫折或是低度的工作滿意有關。

高度的工作滿意對於健康、長壽都有幫助。有趣的是，儘管兩類型態的壓力都引發了相同的生理變化，然而，只有與阻礙有關的工作壓力，才會導致健康的損傷。而這正好說明了，為什麼某些高度壓力的工作，例如航管員，也能保持良好的健康狀態。

我們來看看另外一種高壓的職業：公司的執行長。我們一般都假定，高階主管經驗到巨大的工作壓力，結果導致了比一般族群更高的心臟病比率。然而，研究結果並不支持這種看法。事實上，高階主管罹患心臟病的比率，比中階經理還要低 40%，而後者通常被認為，壓力比前者低得多。

高階主管所以比中階經理受到了較少的壓力作用，主要原因在於，他們有比較多的工作自主性。研究顯示，對工作事件的掌握，能夠有效減低工作壓力知覺。工作控制感比較低的人們，比那些較能掌握工作中的要求與責任的人，更容易罹患心臟疾病。

---

[5] Cavanaugh, Boswell, Roehling, & Boudreau (2000)

對英國 97 位公務員的研究發現，重組工作以提供對工作更多的選擇與控制，能夠在自陳式心理健康量表、績效表現、病假方面，促成相當明顯的改善[6]。另外在新加坡，一份針對118位警察的研究顯示，只要工作控制的程度變得比較低，每 30 分鐘抽測一次的心跳和血壓，就會明顯地升高[7]。

第三節　壓力反應的個別差異

如果要徹底地檢視工作壓力的原因，我們就得考量個人因素，因為我們知道，並不是每個壓力源都會對人有相同的作用。某種壓力可能對某人造成了嚴重的傷害，卻對他的同事一點作用都沒有。

我們已經提過，有兩個因素可以使人降低對於壓力的敏感性：一個是高度的工作滿意，一個則是對於工作的控制感。另外一些變項，也跟我們是不是容易受到壓力的傷害有關。一個有助於因應壓力的因素，是社會支持。具有良好的家庭、朋友，與同事支持的人，會比生活孤獨或總是與人疏離的人，更能夠對抗壓力；家庭支持可以幫助彌補對工作的負面感受，也能提升自尊、自我接納、價值感等；工作中的支持，例如團體凝聚力、與上司的友好，也可以減少壓力作用。在英國一項針對 61 位護士、32 位會計的研究發現，低度的同事和上司的社會支持，與心跳頻率高有關，並且不僅工作的時候這樣，下班之後的時間也照樣如此[8]。

缺少社會支持，會提高心臟疾病的風險。一項針對血壓與社會支持之間關係的研究顯示，當社會支持度比較低的時候，血壓會升高；而當社會支持較高的時候，血壓也會降低。

生理健康的水準，也會影響壓力對我們的傷害。人們的身體狀況比較好的時候，知覺的工作壓力水準也比較低；換言之，良好的生理功能對於

---

[6]　Bond & Bunce (2001)

[7]　Bishop, et al.(2003)

[8]　Evans & Steptoe (2003)

改善員工的心理安適，是相當重要的。因而許多公司會提供運動器材，以幫助員工舒緩壓力。

我們的工作能力，也會使我們更能、或者比較不能面對壓力。技術精熟的員工，比起那些生手，比較不會感受到工作上的壓力；你也許會在大學同學當中發現這樣的情況，那些功課比較趕不上的人，常常對於考試會有比較多的焦慮。

• A 型性格

性格因素會影響我們對於壓力的容忍度。A 型性格與 B 型性格（Type A/Type B personalities）這兩種性格與心臟疾患，也就是壓力的主要後果之間的關係，尤其明顯[9]。儘管某些像是吸菸、肥胖、缺乏運動等特定的生理因素，也可能會造成心臟疾患，然而，他們可能只占 25%，另外的部分，則可能都跟 A 型性格有關。B 型性格的人則很少罹患心臟疾病，不管他們的工作性質或是個人習慣如何。

A 型性格的人主要的特性，就是高度的競爭性，以及時間上的緊迫感。他們常常被描述成有企圖心的、積極進取的、努力於目標的、與時間賽跑的、急於把個人的期限加在別人身上的。他們常常被高度壓力的、競爭的、高要求的工作所吸引。在加拿大，一項針對 175 名醫院員工、110 名電信員工的研究，證實了 A 型性格的行為與高度的工作壓力，以及身體健康問題之間的關係[10]。

一般認為，A 型性格者處在一種持續不斷的緊張狀態中，彷彿永遠在壓力之下。事實上，即使他們的工作環境相對而言壓力並不大，他們還是帶著壓力、當作個人底層性格的一部分。A 型性格者傾向於外向、高自尊，他們常常在高階工作，成就需求、權力需求都很高。表 12-1 顯示了 A 型性格的行為。

---

[9] Friedman & Rosenman (1974)

[10] Jamal & Baba (2003)

❀表12-1

你是A型性格的人嗎？
你做任何事都是非常急促的嗎？A型性格的人吃得快、動得快、走得快、說得快。他們說話的時候會特別強調某些字，而且語句後半段的速度會比前半段來得更快。
你會對完成事情的速度感到非常沒有耐心嗎？A型性格的人會一直說「嗯哼」、「嗯嗯」、「是，是」，不論他們正在跟誰說話，甚至有時候還會幫別人把話給說完。他們會因為前面的車開得太慢、或是戲院或餐廳排隊的人前進得太慢而容易生氣。他們閱讀的時候很容易就會跳過內容，而急著去看全書摘要或是簡介。
你總是想在同一個時間去進行或完成兩件、甚或更多的事情嗎？舉例而言，A型性格的人可能會在跟人談話的同時，想著要如何處理另外一件事，或者是邊開車、邊吃飯，總之，他們在一段時間投入一份心力，卻希望完成更多的事情。
當你在度假、或者嘗試讓自己放鬆幾個小時的時候，會感到某種罪惡感嗎？
你會不會對有趣的、或者是美麗的事物，完全視而不見呢？A型性格的人對美麗的夕陽、或者才剛綻放的花朵，也沒有太多的感觸。如果你問他們，恐怕他們真的想不起來剛剛離開的辦公室或者房間裡，到底有哪些漂亮的裝飾、或是任何的細節。
你總是嘗試安排比所能參加的活動更多的事，到你自己的行事曆裡面去嗎？這是A型性格的人會耽溺在時間的緊迫性的另外一種表現。
你會有一些姿勢或者手勢，像是緊握著拳頭、或是在桌面上敲打，以強調你正在談話的重點嗎？這些姿勢指出A型性格的人，具有某種根本性的持續緊張的狀態。
你會一直去評價自己到底值多少錢嗎？對A型性格的人來說，只有數字能夠定義成就感或者重要性。A型性格的執行長會吹噓個人年薪或者企業獲利，A型性格的外科醫師老愛說他們動過多少手術，A型性格的學生則愛講在學校得到了幾個A。基本上，他們關注生活中數量的層面，更甚於品質的層面。

　　B型性格者與A型性格者一樣的有企圖心，但是除此之外，他們並沒有A型性格者的其他特質。B型性格者比較沒有壓力、比較悠閒。同樣處在高度壓力的情境下，他們會有截然不同的反應；A型性格者傾向於努力地面對困難的情境，倘若沒有成功，他們也比較容易變得失落、想要放棄；B型性格者則否，他們會試其他不同的方式，比較不會考慮放棄。

　　A型、B型性格的人格向度，在1960～1970年代就已經開始研究了。當時的研究顯示，A型性格者與心血管疾病之間有明顯的關聯。近年來，相關的研究更多了，但卻反而不能證明以前的研究結果；而且，也有一些新的發現，例如一項包括87個相關研究的後設分析指出，A型性格行為與心血管疾病之間的關係，只是在於性格變成了負向情緒的條件，因而，憤怒、情緒、焦慮、敵意，以及沮喪等負向情緒，與心血管疾病之間

的關係，才更清楚並且接近[11]。

• 耐受力因素

另一個與抗壓有關的個人變項，是耐受力（hardiness）。具有高度耐受力的人，會具有更能對抗壓力的態度；他們也比較相信自己，可以掌握或是影響生活事件；他們能克制對其他事情的興趣，同時更將變化視為某種刺激與挑戰，而非威脅。

耐受力可以用一份包含 20 題的量表來測，其中有三個成分，包括控制性、承諾性與挑戰性[12]。根據這份測驗的研究顯示，耐受力性格較高的人，在面對高壓力情境的時候，比較不會有身體上的不適，例如：一項包括 88 位失業者的研究發現，那些耐受力分數高於其他人的人，在高度壓力的時候，會使用比較多樣化的因應技術。

因而，我們可以知道，透過對人們評價與解釋生活事件方式的作用，耐受力的高低可能扮演了壓力影響的中介變項。

• 自我效能感

自我效能感，是指相信自己有能力完成工作的一種信念。這是某種我們因為對生活事件的因應而感受到的適切感、效能感，以及勝任感。具有高度自我效能感的人，對於壓力比較不會感到煩惱，例如一個針對 2,293 名美軍的研究，他們因為工時太長、要求太高而面對生理與心理壓力，然而，那些自我效能感比較高的，對工作也會有比較正向的反應[13]。

一個針對 226 名美國銀行行員的研究發現，高自我效能感的員工，也就是覺得自己對工作的控制性比較高的，比效能感低的人，更能夠對抗心理壓力[14]。低自我效能感的人，即使具有高度的工作控制性知覺，依然會

---

[11] Booth-Kewley & Friedman (1987)

[12] Kobasa (1979, 1982)

[13] Jex, Bliese, Buzzell, & Primeau (2001)

[14] Schaubroeck, Lam, & Xie (2000)

感覺到重大的壓力。於是，研究者總結說，自我效能感的確是決定壓力耐受性的因素之一。之後的一項針對這個公司的追蹤研究，包括了 217 位員工，也證實了這個看法[15]。

• 內外控性因素

內外控性因素（locus of control）的性格，會影響個人在壓力的反應上，比較傾向於內在控制或者外在控制；前者相信他們能影響自己的生活事件，而後者則相信生活是被他人或外在，例如幸運之類的事件所決定的。在德國，一項針對 361 位護士的研究發現，那些比較偏向外控的人，比較容易在工作中感受到壓力與倦怠[16]。

• 自尊

自尊，與自我效能感有點像，是指我們如何看待自己；在職場中，這個概念是指組織自尊（Organization-Base dself-esteem, OBSE）。組織自尊高的人，有比較高的勝任感，也認為自己是有效能、有價值的員工；研究顯示，組織自尊低的人會受到工作壓力更多的影響；他們比較容易被角色衝突（一個職場上的主要壓力源）所困擾，因為缺乏主管支持而覺得受傷。事實上，他們在壓力因應上也顯得更為消極。

• 負面情感

負面或負向情感（negative affectivity）也會讓當事人容易感受到壓力；它跟神經質（neuroticism）的關係相當地密切，後者是五大性格理論（Big Five personality）中的一個。負向情感比較高的人常用負向的眼光來看待自己的經驗，並且常常只看見自己種種的失敗、軟弱和缺點等，而更容易覺得痛苦和不滿。儘管某些以自陳式量表進行的研究指出，負向情

---

[15] Schaubroeck, Jones, & Xie (2001)

[16] Schmitz, Neumann, & Oppermann (2000)

感比較高的人，壓力感受也會比較高；然而，其他研究的結果也顯示，無法確認這類的效果[17]。顯然的，我們需要做更多的研究。

• 職業類別

壓力水準，其實是跟職業類別有所差別的。NIOSH 根據了工作中所會面對的壓力程度，對 130 種職業進行排序；其中壓力程度最高的，包括了勞工、祕書、臨床實驗技術人員、護士、基層主管、飯店服務生、機器作業員、農夫，以及礦工。其次，則包括了警察、消防員、程式設計師、牙科技師、電機工、鉛管工、社工員、接線員，以及公車司機；大學教授是壓力最小的職業之一；一般來說，辦事員與藍領工人的壓力水準，比管理階層、專業人員要更高，因為他們在自己的工作上，比較沒有自主性。

• 性別差異

女性們一直都說，她們比男性在工作中遭遇了更高程度的壓力。研究顯示，女性員工常常出現了比男性更頻繁的各種症狀，包括頭痛、焦慮、沮喪、睡眠困擾、飲食失序；而由於職場的壓力，女性也出現更多的吸菸、酗酒，以及藥物濫用的情況；高度壓力下的女性，比壓力較低的，有更多自然流產、月經縮短的狀況[18]。家庭主婦們也經驗到了高度的壓力。繁重的家務以及妻子、母親的角色，常常導致了她們的過度工作、不滿、失控感與工作之間的衝突，也讓她們想出去工作。事實上，很多的家庭主婦覺得相當沮喪，認為相較於那些出外工作的女性，她們身上的工作要求實在太重了。

---

[17] Spector, Chen, & O'Connell (2000)

[18] Nelson & Burke (2000)

第四節　工作─家庭的衝突

　　不管男性或女性，都碰到了兼顧家庭、工作雙方面要求的衝突；但女性身上的困難，比男性要來得更多。許多國家都研究了工作─家庭的衝突[19]；然而，不同文化的國家，彼此的差異相當大。有一項針對 15 個國家、2,487 位經理的大規模研究，其中，西方的或英國式文化的國家，包含美國、加拿大、澳洲、英格蘭、紐西蘭；東方文化的，則包含了香港、臺灣、中國；拉丁文化的國家，包括阿根廷、巴西、哥倫比亞、厄瓜多、墨西哥、祕魯，以及烏拉圭。

　　研究結果顯示，相較於比較集體主義的東方與拉丁文化而言，那些西方的、比較個人主義式的文化下的經理們，其用於工作的時數，與工作─家庭兩難強度之間，有比較強烈的關係。研究者認為，英式文化的觀點認為，額外的工作意味著從家庭剝奪了相對的時間，而這會引起罪疚感，以及更大的工作─家庭壓力；其他文化的員工們則較能接受長時間工作，因為一般而言，他們的謀生更不容易[20]。

　　今天，美國的家裡還有六歲以下孩子的女性，超過 60% 都出外工作。這些職業女性等於有兩份全職，一個在公司，另一個則在家裡；配偶或許會幫些忙，但主要的家庭責任仍然在女性身上。這讓女性的家庭─工作壓力更大。

　　在美國，一項對《財星》500 大企業的 513 個員工研究發現，大多數的員工都有因為超時工作而影響家庭的問題，這帶來了高度的壓力；員工們願意超時工作，是因為這與職業生涯緊緊地連在一起，他們相信上班時間不夠他們完成自己的工作，也相信老闆正期待著他們花額外的時間上班[21]。正如你所想像的，女性比男性在工作─家庭的問題上，更感到兩難，主要原因在於許多的女性下班之後，得繼續另外一份工作，就是照顧孩子、配偶，以及管理家庭。一份針對 623 名男性、女性外出工作者的研

---

[19] 例如 Yang, Chen, Choi, & Zou (2000)

[20] Spector et al.(2004), p.135.

[21] Major, Klein, & Ehrart (2002)

究指出，女性平均每週比男性多奉獻七小時給家庭，而令他們爲之氣結的是，男性的個人時間還比他們平均多出了兩小時 [22]。

這樣，女性是外出工作好？或者當全職主婦好呢？一個研究指出，職業女性比起全職主婦更健康、更幸福，而且心血管疾患的風險比較低；另外，高階工作的女性也有比較好的身心狀態 [23]。

• 組織對工作─家庭兩難的解決之道

工作─家庭兩難像是一根蠟燭兩頭燒，靜靜地累積各種潛在的傷害；因而，組織開始注意這些棘手的問題，開始改善工作場所的日間照顧設備，以舒緩孩童照顧的壓力；其他的一些努力，則包括彈性的工作時制、主管的支持、電傳工作，以及提供兼職機會。

研究顯示，彈性時制、上司支持這兩項，是組織中降低工作─家庭兩難相當有效的方法；它們也能提升員工的控制感、工作滿意，進而能有效地減低員工在工作─家庭兩難上的壓力。

組織支持的也包括了懷孕或是育嬰的休假。1993 年，美國家庭與醫療休假法，提供了十二週的育嬰假。然而，某些研究指出，那些高薪的、高地位的專業與管理工作人員，因爲請了太多育嬰假而受到懲罰。休假的時間長短，與比較少的升遷、比較少的加薪、比較低的績效評有關。

那些願意協助員工來降低工作─家庭兩難的公司，從這類的行動中，得到了一些財務上的好處。一項針對 231 家《財星》500 大公司的研究指出，這些提供員工減低工作─家庭兩難計畫的公司，確實有比較好的股價和較多的股東利潤 [24]。較高的股價可能來自於市場或者其他因素，股價表現未必與員工比較能面對兩難問題有必然的關係，正如第二章所說的，相關並不意味著因果。

---

[22] Rothbard & Edward (2003)

[23] Nelson & Burke (2000)

[24] Arthur (2003)

第五節　職場中的壓力因素

　　工作中的許多事情都會帶來壓力，例如：有些時候會工作負荷過量、工作負荷不足，有些時候則是組織中的改變、角色衝突、角色混淆等。接下來，讓我們來看看這些問題。

• 工作負荷過量和工作負荷不足

　　心理學家用工作負荷過量（work overload）一詞，來描述工作量實在太多的情形，並且定義了兩種不同的類型，一個是數量性的工作負荷過量（quantitative overload），一個則是品質上的工作負荷過量（qualitative overload）。

　　數量性的工作負荷過量，是指在有效期間內的必須完成工作量太大；這是一個顯然的壓力源，而且跟因壓力所導致的冠狀動脈疾患有關。然而，關鍵因素似乎不是單純的工作總量，而在於員工關於自己所能與所承擔部分之間的比率的控制感。一般而言，員工們愈覺得自己沒有辦法掌握工作的節奏，就愈感受到強大的壓力。品質上的工作負荷過量則是作業本身太過困難；缺乏足夠的能力來完成工作，當然也是一種壓力；並且，即使是頗有能耐的員工，偶爾也會碰到無法面對工作要求的時刻。

　　在英國，一項針對 94 位會計行業員工的研究顯示，工作負荷過量與員工自陳的心理壓力、工作倦怠，以及工作干擾了家庭生活的認知，有直接的關聯[25]。在加拿大，以問卷調查了 241 名員工的研究則顯示，那些覺得自己所承擔的工作要求比同事更多的，比那些覺得個人的工作要求比較少的人，會更少於參與運動[26]。高度的工作要求與運動的不足，跟前面所述工作壓力與冠狀動脈疾患之間的關係，則一直都相當地一致。

　　剛好相反的情況，也就是工作負荷不足（work underload），工作過於簡單，或者不足以填滿個人的工作時間、挑戰個人的能力時，員工們也

---

[25] Harvey, Kelloway, & Duncan-Leiper (2003)

[26] Payne, Jones, & Harris (2002)

會有壓力。一項針對某管弦樂團 63 名樂手的研究發現，他們有時候會同時面對負荷過度、負荷不足的情況，前者是指他們的工作太難了，後者則是工作負荷不足以表現他們的技巧水準[27]。其他的研究則認為，工作負荷不足與厭煩和單調（這也是壓力因素之一）的升高，以及工作滿意的降低有關。

因此，在職場上，沒有挑戰性其實並不好。適度的工作壓力能刺激、鼓舞，也令人愉悅。我們應該找到能夠正常工作並且保持健當的最佳水準，同時避免工作負荷的過度或不足。

• 組織中的改變

另一個壓力因素，則是改變。將變革當成是某種刺激的、挑戰的員工們，比起把變革視為威脅的人，會比較少受到壓力的傷害。並非改變本身就是壓力源，而是我們對於改變的知覺。很多的人抗拒改變，他們比較偏好那些熟悉的、並且能預期的情境。

稍微想想主管與員工們之間的關係；一旦關係建立了，假定它是正向的，雙方就都會覺得舒服，因為他們知道了，彼此該有哪些期待。這種情境是可預測的、安全的、穩當的。但是當主管離開了，員工們面對一個新的主管，他們就再也不知道自己的哪些行為會被容忍、應該期待會有多少的工作，以及他們的績效會怎樣評估。這些工作環境的改變，可能會帶來壓力；包括了工作流程的改變、必要的訓練過程、新的職場設施。組織的併購則會帶來某些關注，包括了工作保障、新的經理們、不同的政策等。

對許多年長的員工來說，年輕的、多元種族背景的員工們的出現，是一個頗具壓力的改變，因為他們帶來了自己所不熟悉的態度、習慣和文化價值。員工們對於與組織文化有關的決策及其他改變的參與，對於其上的管理階層而言，也是相當有壓力的。

---

[27] Parasuraman & Purohit (2000)

• 角色混淆和角色衝突

角色混淆（role ambiguity）也是一個壓力的來源；當工作範圍跟責任尚未結構化，或是定義不清的時候，就會發生這種情況。員工們會因而無法確定自己該做些什麼、應該怎樣來做，新進員工尤其容易發生，因為他們還不清楚自己的工作指南。適當的工作導向以及社會化歷程方案，能降低新進員工的角色混淆；I/O 心理學家提出了角色混淆的三種成分：

1. **績效效標混淆**：用以評量績效表現的標準並不明確。

2. **工作方法混淆**：對於適當工作的相關程序與方法並不明確。

3. **工作排程混淆**：工作的時間和程序並不明確。你輕易地就能看見，只要主管們能奠定、提倡一致性的標準和程序，大多數的工作要減輕角色混淆，其實並不困難。

角色衝突（role conflict）則是當工作要求與員工個人的價值觀或期待有所歧異時，就會引發的情況，例如：一個主管被要求得容許部屬參與決策的制定，卻又同時在提升生產力方面遭到施壓，這時，他就面臨了一個明顯的兩難。要立即滿足生產目標可能需要某些權威行為，但是要員工參與決策，則需要展現民主的一面。

員工們最可能的角色衝突，是工作要求本身違反了員工的道德規則，就像一個有良心的業務員，被要求販賣劣質的或危險的物品，這時候就會出現角色衝突。員工可能因而想要離職，然而，比起失業的威脅，或許你也只好默默忍受了。

• 其他的壓力源

還有些什麼其他的壓力源呢？對部屬來說，主管很可能是更大的壓力。研究證實，差勁的領導行為，例如缺乏對員工的支持，或是拒絕員工參與決策等，可能給員工們很不好的感受，並且帶給他們工作壓力。

職涯發展的問題，也會導致壓力，例如：當員工沒有獲得事先預期的升遷時，可能會產生強烈的失落、挫折；過度的升遷也會帶來壓力，因為這樣的晉升超出他的能耐，他也知道自己並不合格；績效評估也是一個壓力源，它讓員工面臨了工作可能失敗的恐懼。事實上，不太有人喜歡被評

核，而一個糟糕的評量結果，可能會對職涯帶來重大的衝擊。

主管和經理們得為部屬們承擔責任，而這正是他們的壓力源。為了薪資、晉升或是解僱與否等而進行的工作評價、提供誘因與酬賞、管理他們每天工作產出等，都可能導致壓力。管理階層比某些不需要管人、例如會計之類的員工，要更容易抱怨他們的工作充滿了壓力。

就連使用電腦，也會帶來壓力。在瑞典，一項包括 25 名十八到二十四歲員工的研究顯示，他們對電腦有很大的焦慮，即使電腦能改善工作、生活的品質，但是資訊過量、缺乏與人互動，以及因為電腦而被要求更快速且有效的、在網路上回覆電子信件和網路資訊，都讓人感到壓力[28]。

同樣的，在澳洲，一項針對 26 位網路使用者的研究顯示，在網路進行搜尋的時候，系統方面的干擾、回應時間的延遲，都會帶來一些生理壓力的訊息，包含心跳加快、焦慮、煩躁、透過膚電傳導偵測到的情緒等[29]。

一個本身並沒有壓力感的員工，也可能受到有壓力的主管和同事們（所謂的「帶壓者」）的感染；一個因為壓力而焦慮的員工，可能輕易地影響到工作中其他的人。一項針對 109 位各行各業女性所作的研究指出，工作中的人際衝突是一個壓力源，並且與幸福感有關[30]。

臨時工的壓力，比正職的人員要來得低。在英國，一項針對 458 位員工的調查指出，臨時契約工的壓力較少，因為比較不會遇到壓力情境，例如他們不需要參與制定決策、不會有角色負荷過重、角色衝突等問題[31]。

另外，裝配線的工作則因為單調、重複、嘈雜，以及缺乏挑戰性、控制性，不只容易讓人對工作不滿，也常常感受到壓力。另外，物理性的工作條件，也都是常見的壓力源，像是溫度太高或者太低、光線不足、輪班、室內汙染等，都會帶來壓力。

---

[28] Gustafsson, Dellve, Edlund, & Hagberg (2003)

[29] Trimmel, Meixner-Pendleton, & Haring (2003)

[30] Potter, Smith, Strobel, & Zautra (2002)

[31] Parker, Griffin, Sprigg, & Wall (2002)

　　績效的電腦監控，也會讓人感到壓力。對於電子郵件類別、鍵盤打字輸入的偵測或追蹤，也都會提高員工的工作壓力，而且與缺曠行為、低度的績效表現、肌肉疲勞等現象都有關。

• 911 攻擊事件

　　2001 年的 911 攻擊事件，不僅震驚了世界，也撼動許多人對於工作的想法。在那個事件之後，全美進行了幾天的員工普查，在紐約市和華盛頓特區中擁有投票權的人當中，有 90% 的人反映了一種或者多種的壓力徵候；三個月之後，一項在網路上所進行的、包括 5,860 位員工的調查，發現他們最明顯的反應就是害怕、否認，以及憤怒。這些憤怒並不是指向恐怖份子，而是指向公司並未關注員工們的情緒需求和個人保障。事件之後，員工們開始反映出對於組織、對於直接主管的不信任；另外，相較於其他的人來說，女性、有孩子的、住在世貿大樓 240 公里之內的人們，有高度壓力的反應，並且立即陷入了悲傷之中 [32]。

　　在 911 的時候，剛好有一個跨國公司正在進行每年例行的大規模員工調查，而這剛好提供了一個相當獨特的機會，來測量事件前、後的態度。包含了美國、西歐、亞洲、拉丁美洲、澳洲和南美，總共 7 萬名員工參加這個研究。結果發現，他們對公司、對工作的態度，並沒有明顯的轉變。然而，我們注意到了，他們當中並沒有任何一個人住在發生事件的紐約市或是華盛頓特區 [33]。

第六節　職場的壓力影響

　　我們已經知道了，壓力會對身體健康造成一些影響；而在長期且高度壓力的情境，會引發身心症；事實上，它們會造成各種長期的心理困擾，

---

[32] Mainiero & Gibson (2003)

[33] Ryan, West, & Carr (2003)

包括了緊張、沮喪、易怒、不安、焦慮、低度的自尊、怨恨、心理疲憊，以及神經質。研究也發現了，高度的工作壓力跟家暴、虐童，以及工作上的攻擊行為，像是敵意、侵犯有關。工作壓力還有另外一些影響，包括大量的心因性疾病、職業倦怠，與某種工作狂的問題。

• 集體的心理疾病

在生產線上的員工，會出現一些與壓力相關的疾患，像是群眾型心因性疾患（mass psychogenic illness）；最常見的，就是生產線歇斯底里症（assembly-line hysteria）。這種起因於壓力的病態對女性造成了比男性更大的影響；它會突然來襲，並且快速地蔓延在整個工廠中，甚至造成整條生產線被迫關閉。

俄亥俄州的一家電子工廠，某天早上，有一個生產線的員工抱怨他頭暈、反胃、肌肉痠痛、呼吸困難，不一會兒的工夫，將近有 40 名員工因為相同症狀，走到了公司的保健中心。這個疾病的蔓延使公司必須緊急地關閉廠房。管理階層推測，原因應該是出自空調系統，或許是某些化學藥品、瓦斯、病菌，或是其他傳染源的問題。因此，公司相當慎重地邀請醫生、毒物學者、工業衛生學者，來研究這個問題，但有趣的是，他們找不到問題的原因究竟出在哪裡。後來，原因被認定是群眾型心因性疾患，一種與壓力有關的疾病，而非任何病原或是汙染的散布。

在另外一條生產線上，員工們正在打包冷凍魚，把牠們放進箱子、送到船上去。突然間，有一個員工注意到一股奇怪的氣味，一瞬間，員工們忽然窒息、暈眩、反胃、呼吸不順，於是，這個工廠也被迫關閉。公司方面立刻召集研究人員，開始調查、研究這起事件的起因，但是他們也找不到任何原因，不管是空氣、飲水、漁獲方面，都沒有足以造成員工生病的任何毒物反應，而且員工們也沒有任何生理上致病的原因。

儘管在這些例子裡，沒有找到任何生理上造成疾病的因素，例如空調系統裡頭的病菌、或是飲用水汙染等問題；但是卻都發現了一個原因—工作壓力，而它們可能會觸發群眾型心因性疾患。很多生產線上常見，例如噪音、節奏緊湊、照明不足、溫度不適、臭味、工作過重等因素，都可能造成群眾型心因性疾患。另外，提升產量的壓力也常常會促成這種現象。

這種情況常常是工作明明超時了，但是員工們卻常常不會拒絕；主管與部屬之間如果關係不好、缺乏聯繫，這個情況也會加重。事實上，一個正式而且暢通的申訴機制，有助於員工與主管之間的溝通和回饋，降低可能的衝突、摩擦，也減少這些壓力源造成疾病的情況。

另外一個與群眾型心因性疾患有關的壓力源，是社會孤立感。員工們因為噪音或是工作節奏太快，而無法與他人互動、交流，可能會經驗到一種孤立感，以及缺乏從同事而來的支持。工作一家庭兩難，尤其是女性而言，可能是一種壓力源，或許這正可以解釋，為什麼女性會比男性更容易成為生產線歇斯底里症的受害者。

• 工作倦怠

過度工作所造成的壓力，可能會導致一種狀況，稱為工作倦怠（burnout）。員工從工作倦怠當中所經驗到的，是缺乏精力、對工作失去興趣。事實上，他們是情緒耗竭的（emotionally exhausted）、沒有情緒的、沮喪的、易怒的，和厭煩的。他們只會想到工作中、包括同事的種種缺點，並且對於他們的建議採取負面的反應。他們的產量未必下降，但是工作品質一定變得比較差。

假如你到過一些氣氛低迷的辦公室，你就會知道，有些人對任何人、任何事都提不起勁，只能僵硬的遵照各種規定跟流程，很可能，他們正是工作倦怠的一群。對他們來說，任何有彈性的、或是需要考慮不同方案的事情，都會讓他們感到疲憊、拒絕。同時，倦怠影響了員工的心理健康，以及同事和部屬的效率。進一步來說，工作倦怠也以缺乏活力、低度自尊、低度自我效能，以及在工作情境中各種生理症狀、離職、社會退縮等為特徵。這些人相當需要社會性的支持，而下一次你遇見他們的時候，請不要忘記送他們一個微笑[34]。

---

[34] Corpanzano, Rupp, & Byrne (2003)；de Croon, Sluiter, Blonk, Broersen, & Frings-Dresen (2004)；Vander, Ploeg, Dorresteijn, & Kleber (2003)

工作倦怠症候群有三種成分[35]：

1. **情緒耗竭**（emotionally exhausted）：在心理上、情緒上有某種被耗盡了、掏空了的感覺，經常感受到工作負荷太重，或是工作期待太高。

2. **去個人化**（depersonalization）：傾向鐵石心腸、對他人冷嘲熱諷，也對人冷漠而不關心。

3. **低成就感**（reduced sense of personal accomplishment），或者無效能感（inefficacy）：對於個人的行為和努力，感覺到沒有用、沒有價值。

Maslach的工作倦怠量表，測量了這三個向度[36]，包括情緒耗竭、去個人化、低成就感，及一個稱為個人涉入（personal involvement）的相關因素。研究顯示，量表的信度、效度都相當高。在不同的職業當中，量表上的高分都跟工作過度負荷、情緒耗竭有關。

以下，就是這個量表的幾個題目，你知道誰有這些情況嗎？

- 我感覺情緒上快被工作榨乾了。
- 我感覺每天下班的時候都像被掏空了。
- 我感覺自己像被吊死了。
- 我擔心這個工作正把我搞得很無情。

年齡是工作倦怠一個相當明顯的預測指標。事實上，工作倦怠的現象大多發生在早期的職涯中，年輕的員工比起四十歲以上的，更容易感到倦怠；女性不只是與男性一樣會有工作倦怠，而且與婚姻狀態有關。單身的、離婚的員工，比已婚的要更容易發生情緒耗竭。情緒耗竭則與缺乏升遷機會之間，有所關聯。工作倦怠常常擊倒那些對於工作高度投入、承諾的員工們，他們花了太多時間在工作上，把工作帶回家，甚至到了週末還進辦公室。

其他與工作倦怠有關的因素還相當多，包括：時間上的緊迫感、高度的角色衝突或是角色混淆，以及缺乏主管的社會支持。在德國，一項包

---

[35] Maslach, Schaufeli, & Leiter (2001)

[36] Maslach & Jackson (1986)

括 374 名在工業、服務業（教師、護士）、運輸業（航管員）員工的研究顯示，過度的工作要求與工作能耐不足，顯然與工作的耗竭、疲憊感有關[37]。另外一個在德國進行、包括 591 位空服員、旅遊業務、鞋店店員的研究發現，與顧客的互動也會帶來壓力與倦怠；四種與顧客有關的社會壓力包括了：(1) 顧客過分的期待；(2) 語帶挑釁的顧客；(3) 敵意的、缺乏幽默感的、讓人討厭的顧客；(4) 某些具有角色混淆的不明確要求[38]。

　　一個大型公司的 40 名經理，以及包括文書、管理、專業工作等 125 位員工的研究發現，工作倦怠和參與工作決策之間，有負相關。工作倦怠（尤其是去個人化成分）更容易發生在對自己的工作沒有機會參與決策的人身上；這樣，當個人愈認為自己對於自己的工作沒什麼影響的時候，他就愈可能產生倦怠的感覺[39]。

　　某些人格特質則與倦怠有關。一項包括 296 名醫院護士的研究顯示，在五大性格理論（Big Five Personality）的神經質（neuroticism）得分高的人，比較容易發生倦怠；外向性和親合性高的人，比較不會發生倦怠，而這主要是因為他們的個性讓他們跟人之間發生更為頻繁的互動，像是跟同事們訴苦之類的；通常這類行為能夠帶來一些社會支持[40]。A 型性格的、耐受力低的、高外控的、自尊低的人，都比較容易發生工作倦怠的經驗。

　　儘管到目前為止的證據還不夠充分，但工作倦怠在不同的文化之間似乎也有所差異。某些研究證據指出，歐洲國家的平均倦怠水準，比美國要來得低；而日本跟臺灣的員工，則最容易發生工作倦怠的情況；另外一些研究則顯示，英語系國家的工作倦怠水準，似乎比較高[41]。工作倦怠以各種不同的方式來影響人們。倦怠的受害者很可能覺得不安全，並且生活相當空虛。因為缺乏工作中的自尊以及認可，他們可能因而更投入工作；希望透過對公司的貢獻，來贏得自尊、酬賞，進而感覺到自己的價值。而長

---

[37] Demerouti, Bakker, Nachreiner, & Schaufeli (2001)

[38] Dormann & Zapf (2004)

[39] Posig & Kickul (2003)

[40] Zellars & Perrewe (2001)

[41] Maslach, & Schaufeli, & Leiter (2001)；Savicki (2002)

期過度工作的結果，就是努力過了頭，工作愈來愈超載，壓力漸漸累積出疲憊與無力，於是，就成了工作倦怠的最佳候選人了。

• 工作狂或是工作委身

有些人被描述成「工作狂」（workaholics）。這個字眼的意思是，他們熱中於工作，並且背後其實是受到焦慮、不安全感所驅使。另外有些人，則是真正的、單純的熱愛他們的工作，並且感到滿意；對他們而言，工作不論如何，都不會變成健康的威脅，更不是消磨氣力；他們反而認為，工作提供了健康、豐富，以及生活中的豐富刺激；他們很少休假，因為他們根本就不需要休息；他們常常感到愉悅、適應良好，並且總是享受於工作之中。但是有一些則會因為自己的承諾感，而帶來一些壓力。

心理學家們估計，所有的員工當中，大約有 5% 的人有工作狂；而我們可以區分其中兩者，健康的，以及不健康的工作狂。所謂健康的工作狂，往往有家庭的支持，工作能夠跟自己的專長相符合，工作上相當自主而且作業多樣豐富，他們不僅工作、更享受工作；他們從來不會拒絕作，或是對工作感到不滿；在工作中發揮自己的知識、技術與能力，幾乎是他們生活當中最快樂的事。I/O 心理學家們為這些對於工作充滿真誠熱愛的人發展了一個新的概念，稱他們是「高度工作委身」的人[42]。

工作委身（job engagement）在定義上，與工作倦怠的三種向度相同，情況卻完全相反；他們擁有精力旺盛的、高度的關懷涉入，以及充滿效能感。高度工作委身的人工作充滿狂熱、充滿驕傲，工作是他們生活的核心，以至於他們不願意、也不能夠與工作分開。總的來說，工作本身就是他們的滿足、挑戰與工作滿意的來源。

---

[42] Maslach, Schaufeli, & leiter (2001)

第七節　處理職場壓力

　　組織性的壓力管理之介入，包括了組織氣候的改變、在員工協助方案（Employee Assistance Programs, EAPs）之下提供治療。壓力因應的個人介入方面，則包括了放鬆訓練、生理回饋，以及行為矯治法。

• 組織性的技術

　　1. **控制組織氣候**：我們先前提到，組織的變動是當代組織中的一個壓力源，因而，組織應該提供充足的支持，來協助員工們對於變革能夠調適。透過讓員工們參與組織對於改變的決策，可以預防或者減少壓力；這種參與因為允許他們表達意見和抱怨，因而能夠協助員工們接受變革，並且降低他們的焦慮和不安。

　　2. **提供控制感**：如果我們可以掌握自己的工作，就能夠大量地減少壓力的影響。在美國，一個包括 2,048 名員工的全國性研究發現，員工們在更充分地掌握個人的工作之後，便很少感受到工作的束縛，有更好的策略制定能力，同時有較低的工作壓力[43]。而組織在這個議題上，可以提供工作豐富化、工作擴大化，給予工作更多的責任感、策略制定上的自主權等措施，來協助員工面對壓力。

　　3. **定義員工角色**：為了降低因為角色混淆而來的工作壓力，經理們可以明確地告訴部屬們他有哪些期待、工作職責究竟何在等等。

　　4. **排除工作負荷過量或不足**：適當的員工甄選和訓練方案、避免不當的升遷、公平的工作分配、務求員工的能力與工作之間的適配等，都可以減低工作負荷過量或不足而來的壓力與問題。

　　5. **提供社會支持**：社會支持的網絡可以提供某些力量，來使人能面對壓力。一項包括 211 名交通警察的研究指出，當他們受到主管、家庭的大量社會支持的時候，就很少會有工作倦怠的情況[44]。組織可以在這方面努

---

[43] Ettner & Grzywacz (2001)

[44] Baruch-Feldman, Brondolo, Ben-Dayan, & Schwartz (2002)

力，像是提高工作團隊的凝聚力、訓練主管們展現對部屬的同理心、關懷等，以提供更充足的社會支持。

6. **容許攜帶寵物來工作**：愈來愈多的公司容許員工們帶著自己的寵物（通常是狗）來上班。一項針對 193 個能帶寵物上班的公司的研究顯示，帶著寵物上班的人比起不沒帶或是沒養寵物的人，工作壓力要低得多 [45]。顯然地，寵物是一種解除工作壓力的特效藥。

7. **提供壓力管理方案**：員工協助方案（EAPs）是一種協助、教導員工們進行壓力管理的計畫，內容可以包括某些管理壓力的在家（職外）諮商。很多評價性的研究，探討了 EAPs 中對個人壓力控制或是宣洩的相關課程，像是放鬆技術、生理回饋、認知重建等。研究顯示，這些方案能減少因為高度的壓力所引起的生理反應；那些透過方案而能在行為與認知性的減壓方法有所掌握的人，的確比較不緊張、有比較少的睡眠干擾，對於因應職場中的壓力也有更大的能耐。

在荷蘭，一項包括了 130 位參加團體壓力管理方案的員工調查顯示，這些人明顯的降低了焦慮、不安，降低了心理性的痛苦，改善了個人的肯定感；並且，這些效果前後持續了六個月。事實上，社工人員或其他的員工，若是能接受為期兩天的壓力管理訓練方案，就能夠如同訓練有素的臨床心理師一樣，有效地協助員工們減少壓力 [46]。然而，他們比起臨床心理學家，成本顯然要低廉多了。

8. **提供體適能方案**（Fitness Programs）：超過 80% 的公司，願意提供員工們促進安適或者體適能的方案，以提升他們的職場健康。透過增進身體的、情緒上的安適感，員工們便較能因應壓力衝擊而不受傷害。這類方案的焦點，在於協助員工修正不健康行為，並且促進健康生活型態。儘管公司贊助這類的健康方案，但是健康行為，像是運動、適當的節食、戒菸等責任，還是落在員工們自己的身上。

有些公司的壓力管理方案，則是直接針對 A 型性格的高階主管，盼望減少他們發生心血管疾患的機會；Xerox（全錄影印）評估，損失一名

---

[45] Wells & Perrine (2001)

[46] De Jong & Emmelkamp (2000)

高階主管，成本高達 60 萬美元，再昂貴的協助方案大概都比不上這個開銷。實際上，Ａ型性格行為的改善方法包括：放慢講話的速度、學習不打斷別人的談話；這類的做法對於管理也有幫助，像是分散個人權力、奠定每日目標、設定優先次序，以及避免壓力製造的情境等等。

• 個人性的方法

有些員工協助方案可以使員工們有效地降低壓力的風險，有些人則有特殊需求，像是太肥胖的人需要運動，而這不僅增加力氣、耐受力、降低心血管疾病的風險，也可以消耗過多的力氣和緊張；並且，許多公司也都已經開始提供這些運動設施。而除了組織性的手段之外，也有許多減壓的個人方法，例如放鬆訓練、生理回饋，以及行為矯治。

1. 放鬆訓練：早期在 1930 年代，放鬆訓練（relaxation training）就已經被用來減壓。這是一種教導患者把精神集中在身體上的某一點，透過對局部肌肉的系統性拉緊與再放鬆的動作，來慢慢達到深層放鬆的作用。心理學家們規劃了幾種屬於這類的基本練習，像是試著想像自己的肢體變得溫暖和沉重，然後慢慢放鬆肌肉，藉由冥想、深層專注、規律呼吸，而平靜地使個體更快達到放鬆的狀態。

2. 生理回饋：生理回饋（biofeedback），是一種在壓力處理上相當流行的技術；它主要是透過生理過程的電子檢測，例如心跳、血壓和肌張力等，把這些測量轉換成訊息，例如閃燈或嗶嗶聲，以提供我們關於身體的訊息，並且學習控制自己的生理狀態。

使用這個回饋系統，人們可以學習控制生理內在的狀態。例如放鬆心跳的速率，當你放鬆了，螢幕上的燈號就會亮起來；你可以一直嘗試讓螢幕上的燈號亮著，於是藉由專注，你可以保持放鬆的心跳。事實上，這不僅可以學習放鬆，當訓練的次數夠多時，你甚至可以掌握自己的心跳速率，而且不需要這些燈號的回饋。

生理回饋法也能運用在肌張力、血壓、體溫、腦波和胃痛等，這些都是我們能夠掌握的生理轉變，並且可以藉此來減少因壓力而發生的不適感。當然，這得發生在因為壓力而引起的症狀才行，而不是感冒或是胃病之類的問題。

3. **行為矯治**：行為矯治技術在改善壓力對 A 型性格的傷害方面，相當有用。透過行為矯治技術，緊張感、自定期限、高度活動性等特徵，都可以有所改善。行為矯治技術能幫助人們以正向情緒的反應方式，來連結壓力事件。

⋯⋯⋯⋯⋯⋯⋯⋯⋯⋯⋯ 摘　要 ⋯⋯⋯⋯⋯⋯⋯⋯⋯⋯⋯

職場健康心理學關注職場中壓力的影響。壓力會使產能降低、缺曠增加，同時提高離職率；另外，也會使生理發生變化，事實上，過多的壓力會帶來身心方面的疾患，例如心臟疾患、腸胃疾患、關節炎、皮膚病、過敏症、頭痛，以及癌症等。提高控制感、自主性與權力、社會支持、優秀的技能與正確的個性，都可以減少壓力。

人們已經確認，A 型性格者傾向於比較多的心臟傷害。他們有較高的競爭驅力、時間壓迫感、敵意、攻擊性、憤怒，同時亦缺乏耐心。B 型性格者則沒有這些特質，並且較少受到壓力的影響。耐受力較好的人，比較少受到壓力影響；效能感高、內控、自尊高、負向情感較少的人，都比較不會受到壓力的影響。

所謂的壓力源，也包括了工作─家庭兩難、工作負荷過量、工作負荷不足、組織變革、角色衝突、角色混淆、職涯發展、督導、與帶壓者互動、工作機械化、職場中的物理條件等。壓力所造成的後果，包括了身心的長期失調，以及對健康、行為和績效表現的短期影響。

群眾型心因性疾患對女性的影響，比男性為大；它會快速的傳染給同儕，而且與生理的、心理的壓力源都有關。工作倦怠則是長時間的工作負荷過量、時間緊迫感、高度的角色衝突與混淆、缺乏社會支持等因素所造成的，並且會讓人出現產能降低、精力耗竭、易怒、工作僵化，以及社會退縮等行為。五大性格中高神經質的 A 型性格者，比較可能發生倦怠。工作狂，乃是出於工作的不安全感，以及對生活滿足感的缺欠；然而健康的工作狂，也就是工作委身得分較高的人，能從工作中獲得滿足感，並且不至於造成工作倦怠。

組織對於壓力的因應技術，包括：情緒氣氛的掌握、社會支持、重新

定義員工的角色，以及排除工作負荷過量與不足的情況。個人層次的因應技術，則包括：運動、放鬆訓練、生理回饋、行為矯治技術、休假，或者辭掉壓力太大的工作。

關鍵字

- 壓力　　　　　　　　stress
- 職場健康心理學　　　occupation health psychology
- A 型性格／B 型性格　TypeA／TypeB
- 耐受力　　　　　　　hardiness
- 內外控　　　　　　　locus of control
- 組織中的自尊感　　　organization-basedself-esteem
- 負向的情感　　　　　negative affectivity
- 工作負荷過量　　　　work overload
- 工作量不足　　　　　work underload
- 角色混淆　　　　　　role ambiguity
- 角色衝突　　　　　　role conflict
- 群眾型心因性疾患　　mass psychogenic illness
- 工作倦怠　　　　　　burnout
- 工作狂　　　　　　　workaholics
- 工作委身　　　　　　job engagement
- 放鬆訓練　　　　　　relaxation training
- 生理回饋　　　　　　biofeedback

問題回顧

1. 你有過壓力的經驗嗎？請描述一下你當時的各種身心狀態。
2. 請說明職場健康心理學的歷史與目的。
3. 當壓力出現的時候，身體會出現哪些變化？
4. 每天生活中一些不起眼的爭執或是侮辱，如何累積成對健康的傷

害？

5. 哪些與工作相關的重要因素，能夠預防工作壓力所造成的傷害效應？

6. 請解釋為什麼相較於中階經理，航管員與高階主管比較不受到壓力影響的原因。

7. 請說明 A 型、B 型性格。為什麼其中的一種性格會比另外一種，更容易受到壓力的影響？

8. 以下的各種性格特徵與壓力反應的個別差異有關嗎？耐受力、自我效能感、自我控制感、負向情感。

9. 請定義什麼是組織自尊，並且說明它如何影響人們對工作壓力的反應？

10. 為什麼工作一家庭兩難在女性身上，會比男性有更大的影響？

11. 對於工作一家庭兩難，東方、西方與拉丁文化各有什麼不同的看法？根據你個人的看法，為什麼會有這些不同？

12. 關於工作一家庭兩難，組織可以做些什麼來降低這個問題？

13. 請解釋品質上的工作過度負荷，與數量上的工作過度負荷有何不同。

14. 為什麼工作負荷不足，會與工作負荷過度一樣，成為壓力的來源？

15. 請解釋以下的因素為什麼會成為壓力的來源？組織變革、角色混淆、角色衝突。

16. 關於 911 恐怖攻擊事件，美國勞工的調查顯示了什麼樣的壓力效應？

17. 群眾型心因性疾患與哪些生理的、心理的因素有關？這種疾患在哪些工作中最容易發生？

18. 什麼是工作倦怠所以發生的主要原因？哪些個人特徵與工作倦怠有關？

19. 請定義「工作委身」。這個概念與工作狂有何不同？請描述一個在工作委身比較高的人會有哪些特徵？

20. 組織可以做些什麼樣的努力來克服壓力？你個人又如何在自己的生活中處理壓力的問題？

第五篇

消費者心理學

不是每個人都得進入某個組織工作，但我們肯定都是各種組織的產品和服務的消費者。我們買車、買化妝品、買衣服、買手機。我們投票給政治人物、透過公投表達意見、對慈善或特殊利益的團體表示好感。我們不得不和所有的組織有所溝通，從商業、政府與其他團體而來的訊息呼籲著我們要這樣做、那樣做；成千個在電視上、電腦螢幕上、告示板上、雜誌報紙上的廣告，到處都是。消費心理學家正是一個關心消費者和組織之間如何互動的學科。廣告主們花了上數百萬美金來影響我們的選擇，而其中，很多說服的方法其實是心理學家所建議的。消費者心理學對於一個如你一樣的員工，也是很重要的。如果人們不買你們公司所生產的東西，你們公司就要倒閉了。第十三章處理生產者─消費者互動關係中的幾個層面：消費者行為與偏好的研究方法、廣告的本質、包裝、商標、產品形象，以及電視廣告效果的評估。

第十三章 · 消費心理學

本章摘要

第一節　消費心理學的範圍

消費心理學其實跟你的生活有相當大的關係。當你隨便挑了一本雜誌、轉開廣播或者電視、公路沿路上的廣告看板、電影廣告，大樓樓下告示牌上也有廣告，就連你每個月的手機帳單上，也都是廣告。生活中到處都會受到成千上萬的廣告訊息所轟炸。

銀行會在 ATM（自動提款機）上顯示廣告，而且在你領完錢的時候給你一張贈品券；辦公大樓在電梯門上設置彩色螢幕，放映廣告，以吸引你的目光。連看電視新聞的時候，螢幕下方都有跑馬燈，來呈現新聞頭條、體育成績、天氣，以及交通報告。你隨便想一個地方，像是超市、加油站、郵局、診療室等，都會發現：只要是人們需要等待的地方，廣告就會出現。

你以為廣告都是用看的嗎？事實上，即使我們閉上眼睛，泡了香水的紙張還是能強迫我們聞到一些東西。香水、巧克力、清潔劑、勞斯萊斯（Rolls-Royce）新車皮椅等等的各種味道，瀰漫在雜誌的廣告頁裡頭；每年有超過 100 萬則的香水紙廣告，給那些鼻子過敏的人帶來了不小的麻煩。另外，我們也得感謝米粒大般的晶片科技，讓我們的印刷廣告也能用聽的。幾年以前，某知名伏特加酒商花了 100 萬美元製作了一個聖誕節廣告；當讀者們翻到這一頁的時候，就會自動響起 Jinglebell 的音樂。這個公司說，那個廣告可創造了他們有史以來最佳的假期銷售量。

對我們來說，不可能專注觀看並且回應所有給我們的廣告訊息。假如我們想要保持清醒，這些訊息就不會有意識地出現在我們的經驗之中；然而，即使我們沒有察覺這些廣告的細節，也會注意到這些廣告正持續地出現在我們的生活之中，而且大部分的時候，我們並不喜歡。2004 年美國廣告商協會（American Association of Advertising Agencies）做了一份全國性的大規模調查，結果對廣告代理商來說，顯然並不是一件讓人開心的事。怎麼了呢？我們來看看發生了什麼事[1]：

1. 54% 的人認為，當他們受不了廣告的時候，會選擇避開這個商品。

---

[1] Elliott (2004)

2. 60% 的人指出，和前幾年相比，對於廣告的負面感受已經愈來愈高。

3. 61% 的人認為，大部分的廣告已經到了「失控」的狀態。

4. 69% 的人主動表現對商品和服務的興趣，因為這些可以幫助他們忽視，或者堵住那些廣告。

5. 45% 的人認為，大量的廣告和行銷，會降低每天的生活品質。雖然廣告會造成我們的困擾，但是，它們也提供我們資訊和娛樂。廣告能讓我們知道新的商品、新的流行趨勢、新的商品說明，以及價格、販賣的地方與相關的促銷活動。有些廣告則是吸引人、巧妙而有趣的。廣告是日常生活的一部分，當然也就成為 I/O 心理學家主要的研究議題。事實上，自從消費心理學開始以來，I/O 心理學家就覺得這是個有趣的領域，並且積極地投入這個領域。工業心理學家 Walter DillScott 從二十世紀初，就開始研究廣告與銷售。1921年 John B. Watson 創立了行為主義學院，開始將人類行為的一些觀念應用在商業活動上；他主張，消費者的行為是可以制約的，因而人類行為的預測和控制是可行的；他把實驗法和調查法的概念帶到行銷領域上，而且他堅持，廣告的風格和印象比實體和事實更重要，另外他也開創了「代言人」行銷法。

從那時候開始，廣告就更廣泛地影響了我們。到了 1960 年代，消費者研究學會（Association for Consumer Research）發行了第一本消費者行為的教科書；而消費心理學也在 1960 年成為美國心理學會第 23 分會；除了從心理學來研究消費者心理學之外，也有從社會學、人類學、經濟學以及企業管理等學門的觀點，來研究消費心理學。

第二節　研究方法

在第二章，我們已經提到了多數消費心理學研究常用的研究法，像實驗室實驗、問卷調查法等，以及各種不同的研究場域，像是大學實驗室、市中心、住家、購物中心、製造商辦公室，以及廣告商，或者網路線上等。這裡，則另外介紹在消費者研究中同樣常用的一些方法。

• 調查法及民意調查

如果我們希望能有效地預測多數人對某個商品的消費傾向，最簡單的方式，就是進行調查，讓大多數的人有機會表達他們的感想、反應、意見和期望。不管我們是想了解消費者對某種新的花生醬或是對總統選舉候選人的反應，甚或是超市舉辦的試吃活動，只要我們想了解民眾可能的反應，就只能透過一些調查來預測結果。那麼，我們到底有哪些調查的方法呢？這些方法又有哪些優、缺點？我們來看看表 13-1。

任何調查方式都會遇到某些部分的困難，如人類行為的複雜性，以及情境的變化，都會影響人們的行為。有些人在星期五才剛告訴調查員他們傾向於投給共和黨，但是才到了星期二，他們就會改變心意，說要轉投民主黨；受訪者可能會告訴訪員他們喝昂貴的、濃烈的酒，但是當他們看到展示櫃的酒之後，最後喝的可能還是「淡啤酒」。你知道嗎？他們宣稱自己喝烈酒，很可能只是因為他們想讓人家覺得他們像是歷經世故的人。

你也許突發奇想，想去算算垃圾桶裡面實際被喝掉的到底是什麼酒，藉以了解哪種酒類銷售情況最好；事實上，這也許比起那些訪問消費者的報告更能真實地反映出實際上喝的是哪種酒。受訪者一致地，都少報自己所吃的垃圾食物，而且多報自己食用新鮮水果、溫和飲料的數量；人們傾向於對調查員呈現更好的形象，以至於真實的消費狀況則不得而知，

❀表13-1　不同調查方法的優點與缺點

	郵寄法	電話訪談	個人訪談	線上訪談
成本	低	中等	高	低
速度	慢	即時	慢	快
回應率	低	中等	高	自我選擇
地理上的便利性	優秀	良好	困難	優秀的
訪談者的偏誤	NA	中等	難以克服	NA
訪談者的督核	NA	容易	困難的	NA
問卷的品質	有限	有限	優秀	優秀的

資料來源：L. Schiffman & L. Kanuk (2004), *Consumer Behavior* (8th ed.). Upper Saddle River, NJ: Prentice Hall, p.351.

而這使得調查法的信用幾近破產。

　　一項針對 2,448 位收過郵購目錄的人進行的訪談研究發現，10% 的人曾經郵購，卻說他們沒有買過任何商品，另外，有 40% 說自己沒有參與郵購的人，其實買了些東西。不管什麼原因造成了失真的回答，或者記憶退步、或者錯誤思考，都顯示出調查法有些需要克服的困難[2]。

　　其他的調查方法，例如郵件調查中先以電話接觸受訪者，再寄送明信片給受訪者進行調查，可以提升回應郵件的比率和調查的效度；但值得注意的是，過於簡單的郵件調查不太容易使人提高注意力，或是提升聯絡與回覆訊息的意願[3]。

　　我們在第二章曾經提到，電話調查目前已經變得愈來愈困難了。自從發展了來電辨識（Caller ID）與註冊拒聽號碼（the federal "Do Not Call" registry）之後，電話調查答覆率就顯著地下降。研究顯示，那些電話有來電辨識或是辦了拒接註冊的人當中，有 43% 的人不接受電話訪談；事實上，拒絕電話訪談的人當中，大多是十八至二十九歲、單身、非裔美國人、家有幼子，以及住在大都會與鄰近都會郊區的住戶[4]。因此，很多超市的調查轉而使用網路調查，這使得調查的速度加快，且降低了獲得消費者行為與態度資料所需的費用；網路調查也可以提供獎勵，例如：有機會得到假期招待券或者電視，以提高受訪意願。某個調查網站 www.GreenfieldOnline.com，靠各種網站的廣告，就有 120 萬的受訪者參與了調查。

　　2000 年時，只有 10% 的調查使用網路；到 2003 年，增到 23%；再到 2006 年時，則已經到了 33%。消費者報告組織（Consumer Reports organization）在 2003 年首度實施產品調查的時候，400 萬名首次接受網路調查的瀏覽者當中，有高達 25% 的回覆率，而以往郵件調查回覆率只有 14%；事實上，網路調查的成本也比郵件調查省了將近一半[5]。

---

[2]　Woodside & Wilson (2002)

[3]　McPheters & Kossoff (2003)

[4]　Tuckel & O'Neill (2002)

[5]　Jackson (2003)

• 焦點團體

在調查法中最廣泛使用的，是焦點團體（focus group）。它聚集了約8～12個人的小群樣本。在團體中，消費者可以描述他們對商品、包裝、廣告等等的反應，或是對政治選舉文宣的種種議題和想法。參加焦點團體的成員，通常是因為有好的代價，或是剛好有他需要的商品而來參加；舉例來說，只有飼主才會選擇與狗食試吃有關的焦點團體；有小嬰兒的媽媽，則會願意參與評價新尿布商品。另外，針對焦點團體的成員，可以設定為年齡、所得、教育程度，或是任何和商品有關的變項。

焦點團體需要對不同的族群建構不同的概念，例如：適用於青少年的方法若要廣泛地用在小孩或者年長者身上，就必須在知覺、認知上做某些修改。在英國，一個針對六十歲到八十八歲的焦點團體研究指出，年長者們的討論時間要盡量縮短、簡單，問題要明確、光線要更明亮，印刷品的字體要更大，他們也依賴比較熟悉的環境[6]。

焦點團體的資料，主要是參與者對主題的討論和回應；這些結果需要透過觀察和錄音，然後再進行事後的分析，其品質往往勝過問卷調查所獲得的結果。但是有時候，焦點團體的成員並不會直接討論問題，而是傾向於嘗試使用新商品，例如：在拋棄式刮鬍刀的一場試用活動當中，觀察者發現，很多人在刮臉的時候會割破自己，而問題則出在包裝上的指示相當不清楚。

有些參與者可能會扭曲他們的答案，說出他們認為別人想要聽的，或是他們希望別人聽到的答案，例如：針對脫髮再生廣告有興趣的顧客，所進行焦點團體的討論[7]，發現了團體中的男性都宣稱他們沒有掉髮的困擾，然而在喬治亞州亞特蘭大（Atlanta, Georgia）的大熱天裡，他們竟然全部都戴著帽子。什麼才是真的呢？他們所做的行為，或者他們所說出的話，才更真實地反映他們的真正事實與態度。

使用網路工具的焦點團體，與面對面的焦點團體，其實有頗為相似的地方，但是網路焦點團體更能降低成本、產生更大的經濟效益，他們也能

---

[6] Barrett & Kirk (2000)

[7] Lauro (2000)

接觸到了更多不同社群的人們；這個優勢可能是由於它們不像面對面焦點團體，成員們得為了到達討論會場而花上許多時間，並且克服交通的問題有關。

　　實際的與虛擬的焦點團體中的成員回應，其實有些不同。通常，在面對面的討論裡頭，一次只能有一個人發言，有時候，某個人可能會支配整個團體的運作；而在網路上的討論，則能讓所有的參與者在同一時間都有說話的機會，因而可以減少受到別人意見的左右。當討論到敏感的議題，例如個人的健康、隱私時，網路上的匿名功能就可以使人更大膽的說[8]。

● 動機研究

　　在上述的過程當中，你大概也感受到，人們常常在作答的時候，戴著面具來掩蓋自己真正的傾向和感覺，而這會讓我們無法藉由詢問的方式，來發現他們真實的動機；有些心理學家面對了這個問題，有時候會用深度訪談與投射測驗，來嘗試發現受測者動機。例如動機研究的先驅者 Ernest Dichter（1907-1992），他曾住在心理學家佛洛伊德的對街，後來在 1938 年移居美國；他使用佛洛伊德學派的精神分析，探究在潛意識底層的動機行為，同時也應用這個方法來研究消費者行為，解釋為什麼有些人會購買特定的商品，或者減少購買其他的商品。

　　Dichter 第一個成功的例子，是大約 1940 年間所發展出來的自製蛋糕商品。所有自製蛋糕所需的材料，都在包裝裡，包括了糖、麵粉、起酥油，以及雞蛋；消費者只需要加水混合一下，然後倒在盤子上，放進烤箱，不久，就可以有熱騰騰的麵包了。這個商品帶動了烤蛋糕革命，你想想，簡單、快速，就在自己的家裡做蛋糕，而且香味四溢、絕不失敗；這麼動人的商品，卻面臨了一個問題，就是：消費者拒絕購買。為什麼呢？Dichter 總算為了 General Mills 麵包公司解決了這個問題。

　　他使用心理學技術，去探討消費者真正拒絕的原因。他詢問了一些典型家庭主婦的女性消費者，發現女性們對於根本沒做什麼、就能做個蛋糕

---

[8]　Collins (2000)

給家人，覺得相當愧疚；那麼，你猜他是怎麼解決的呢？他建議該公司給消費者一些事情做，以符合他們真正的需要，例如：要該公司要求消費者必須購買新鮮的雞蛋來混合；果然，僅僅因為如此，便大大地提升了銷售成績，Dichter 也因此變得富有而知名；他的動機研究技術，也成了了解消費者行為頗為重要的工具[9]。

我們在第四章曾經介紹了一些投射測驗：命名測驗、羅夏克墨漬測驗、主題統覺測驗、語句完成測驗等。這些投射測驗背後的理論，也被應用在員工甄選和消費者行為的研究上；這個理論是指，當人們接受了模糊刺激，例如墨漬形狀的時候，會投射出自己內在的需求和價值。一個古典的例子是，用投射測驗來測量南方的低收入女性對於放在小塑膠盤裡的殺蟑劑的購買行為；研究顯示，她們認為放在盤子上的殺蟑劑其實比較有效，但是卻仍然偏好傳統的噴霧殺蟑劑。面對這樣不一致的行為，研究者於是讓女性消費者們畫下蟑螂的照片，並且寫下蟑螂們的故事；然後根據這些素材，來描繪她們可能的動機，例如：

> 結果是很有意義的：所有蟑螂的圖片都是男性、男性符號；這些女性消費者們說，丟棄蟑螂的屍體會讓她們感覺自己可憐和無力。事實上，對女性來說，噴霧的方式能引發她們的敵意，而且有機會眼睜睜的看見牠們死翹翹。

看吧！如果是直接的詢問，大概就無法得到這些寶貴的動機資料了。投射測驗的理論研究，同樣提供了員工甄選，也就是，研究那些個人深度的動機、感覺、渴望的測量的可能性；這些資料無法藉由問卷測量而得。儘管投射測驗的效度和信度不是很高，但是在消費者行為中使用投射測驗，卻似乎相當的成功；然而，你也知道，這很可能只是因為沒有人報告了失敗的例子，而非這種方法就一定很成功。

---

[9] 見 Schiffman & Kanuk (2004)；Smith (2004)；Stern (2002)

• 消費者行為的觀察

　　你一定也發現，消費者調查和各種動機研究的測量技術，都有些共同的缺點，就是：他們只能依照人們所說、他們所相信的，或者他們會做的，但是你也知道，人們的意向相當地複雜，而且未必直接反應在行為的層面上。這些不一致的情況，讓一些消費心理學家傾向於使用觀察法，來做為研究的方式。當人們在採購商品的時候，他們到底做了什麼、買了什麼，以及他們如何選擇自己偏好的品牌。另外，對於廣告的影響以及銷售的成績，通常都以為廣告效果會完全反映在隨後的消費成績上，例如牙膏廣告推出了六個月，而銷售成績也明顯成長了六個月。

　　然而，除非我們控制了所有能影響銷售成績的變項，不然，我們其實並不能明確地推斷，一個新的廣告如何重大地影響了銷售成績。

　　換言之，誰說銷售成績一定跟廣告有關呢？說不定，這只是公司的銷售員在這六個月當中，積極地讓牙膏擺在明顯的位置，而增加了被看到的機會而已；真是這樣，功勞就是銷售員，而非廣告了；另外，這也可能是對手品牌正受到其他品牌的嚴厲攻擊，使消費者對他們牙膏的消費欲望降低，而造就了這個公司的銷售成績提升。因此，銷售成績很可能受到其他因素的影響，我們因為無法完全控制這些可能的變項，因而就無法明確地說出銷售增加或減少的成因究竟如何。

　　那麼，什麼是了解購買行為最直接的方法呢？設置攝影機，或者直接在商店內進行觀察。研究者觀看媽媽和小朋友購買穀類食物和點心的行為；在時間內，超過 65% 的小朋友會要求某個商品，而超過一半的母親會順應小朋友的要求。這個資料寶貴地向我們指出來，銷售成果的關鍵人物是小朋友。不用懷疑，穀類和點心廣告的目標客群，本來就是小朋友；也許媽媽在受訪的時候，還會說是自己選的呢。看吧，連媽媽自己也不知道小朋友的魔力這麼大。

　　觀察購買行為，也可以做為改變商品擺設的參考。例如：我們可以觀察到，在超級市場中隱藏攝影機常常拍到小孩攀爬在架子上拿取狗食，年紀較大的女性則是會觀察盒子上的錫箔包裝，或是拿起熱門商品區快要賣完的品牌；透過這樣的方式，超市移動了狗類商品的位置，讓小孩更容易取得，於是，銷售成績便可能因而很快地有所改善。

雖然實際地觀察購買行為是相當有效的方式，但是也頗為耗費成本和時間；例如觀察的樣本數必須夠大，而對於不同位置的商店（市區或是郊區）消費者，可能會有不同的需要和消費能力；正如你所知的，市區和郊區的消費者，對於商店有不同偏好、不同風格、不同的消費力。

各式各樣的消費者，都可以在同一家商店的不同時間內發現，例如：有些人習慣在週末晚上購物，但是當想要為各種不同的消費者，都提供足夠並且適當的商品位置或者消費時間，則需要增加與研究和改善有關的各種成本。

另外一個採用觀察法來研究消費行為的問題，其實是由於實驗缺乏控制干擾變項的隱憂，而這也是所有觀察法都會有的共同缺點；即使我們觀察比較出了市中心和郊區的消費行為不同，也很難指出這些差異到底是由於社會經濟階層、消費偏好、個人風格所致，還是商品布置或存貨因素；事實上，這些原因都可能影響研究的結果。儘管觀察法有這些限制，但是它們仍然提供了市場上的豐富資訊，而這些是很難從其他的方法中得到的。

消費心理學家對於消費者如何辨識、認可，或回憶起對某特殊品牌的商品感到興趣。很多的研究關注在區辨品牌的能力，當所有能辨識的線索，例如品牌的名稱或者包裝等，都移除之後，消費者還能準確地辨認出這些商品的品牌嗎？對此，某些研究一致地指出，大部分的人都無法明確地區辨出商品的品牌，像軟性飲料、香菸、啤酒，或者人工奶油等。有些研究使用回憶增量法（aided recall），來測量廣告效應，也就是使廣告能被知覺到且能夠持續地被想起的程度。當一個廣告在雜誌、廣播和電視上持續地曝光，消費者們也會在閱讀雜誌、聽到或者看到節目的時候收到這些訊息。當受訪者被問到特定問題的時候，便會回憶起這些廣告；但是請注意，高回憶率並不必然代表消費者有比較高的購買行為。

另外一種測量技術，則是再認法（recognition technique）。在人們已經觀看過某些節目或雜誌的廣告之後，詢問他們：是不是曾經看過這些廣告？記不記得是在哪裡看到的？或者，能不能想起商品的名稱呢？他們記得廣告內容嗎？這就是再認法。然而，不幸的是，即使沒有在媒體上出現過，他們仍然堅持自己曾經看過這些廣告。顯然地，再認法未必能比回憶增量法更準確地測量電視廣告的效果。

• 神經行銷學

消費心理學一個最新的研究趨勢，是神經行銷學，主要涵蓋行銷和廣告方案中，測量大腦的反應型態和功能變化。人們充當受試者，在大腦各個部位連上腦波儀（EEG）、核磁共振掃描（MRI），以及電腦斷層攝影（PET），以偵測他們在接受到刺激時的大腦變化。

神經行銷學被用來測試廣告的效果，以及對於人們新商品或者和新促銷方案的偏好。這不再像之前的回憶增量法或是再測法，而是直接檢查參與者的腦波[10]。就像一個神經行銷學者所說：我們是每秒每秒地測量你的注意力，檢查你的情緒如何投入在所看見的東西上，不論是商業廣告、是電影，或者一個電影秀[11]。

在一個研究中，研究者偵測參與者在觀看電腦螢幕上的不同產品時的腦波變化。經由腦波變化的資料，研究者發現，他們可以精確地預測受試者是否可能採購某一個商品，即使在他們實際看到這些商品之前[12]。

在另外一個研究，參與者觀看66張運動車款、轎車和小汽車的照片。研究發現，呈現運動車款的時候，大腦攝影顯示了大腦中自我回饋的部位的活動大量增加。一般而言，這個部位只有在性、巧克力或者古柯鹼之類的刺激下，才會被激活。換言之，看見運動車時，大腦就跟抽了鴉片一樣，產生了一種和深層愉悅有關的反應。研究者發現，這一類的刺激可以用來吸引觀看者的注意力。[13]。

• 對廣告的測試反應

研究消費者對廣告的心理行動，主要在測試廣告與消費者之間的一連串運作；最直接的研究，是看人們對於廣告的反應。廣告能讓人購買商品嗎？消費者們真的相信廣告嗎？在兩種商品廣告之間，消費者覺得哪個比

---

[10] Fugate (2007)

[11] Elliott (2008)

[12] Knutson, Ricks, Wimmer, Prelec, & Lowenstein (2007)

[13] Britt (2004)

較有趣呢？這正是了解人們對商品、廣告的意向的方式。

1. **生理測量**：電視廣告在於引發人們觀看時的情緒，而生理測量就是藉由情緒所反應的生理現象，來測量廣告的效用，例如：當你在看廣告的時候可能會有些批評，而當研究者使用 EMG 測量你的臉部肌肉反應時，就可以知道你的情緒反應。這些消費者在一段時間之後，可能被問及喜不喜歡某個廣告，或是他們喜歡或不喜歡的程度。而這些生理的測量，可以真的測到個人對於廣告的情緒反應；如果你的反應是他們要的，例如愉悅的，那麼，這個廣告就真的相當有效了。

2. **銷售測試**：有些心理學家質疑廣告的效能，因為最重要的指標其實是銷售成績，然而我們也注意到，廣告的成功與否並不能直接代表銷售的成績。銷售測量技術（sales test technique）的設計，就是為了減少這些問題，因為如果我們可以使用實驗法控制住干擾變項，那麼，廣告效果與銷售成績之間的關係就會更直接。

在銷售測量中，廣告也能做為比較、對照的測試，例如：事先選擇好某個特定的街區、城市、區域，而對照組則隨機選取，或是特別選擇一個相異地點，然後，再來比較這些互相對照的區域。若是出現了廣告效果有任何不一樣的地方，那麼，我們就可以把依變項歸諸於廣告本身的影響。研究者其實並不關心人們是否對廣告有興趣，或者記得什麼樣的內容，我們唯一關心的是，廣告是否確實讓消費者購買了商品，所以，研究者的立場總是控制干擾變項，只想單純的看出廣告與銷售量之間的關係。

但是用銷售成績來看廣告的效用，是有些限制的。首先，你需要很多的時間和確切的計算許多人的消費行為，而這其實頗耗費成本；另外，你也必須選擇一個適合的控制區域，對於部分播放新廣告的市場，公司就得冒險，因為他們可能會損失這些市場，拱手讓給了競爭對手。

3. **禮券回收**：雜誌和報紙廣告的效能，可以藉由禮券回流量來評估。當禮券被用來購買商品或是交換折扣的時候，代表確實發生的購買行為，以及禮券的確能吸引人，例如：西岸郵購商在推銷家庭用品的時候，就在禮券上提供一雙免費的短襪。然而，這個想法有沒有什麼缺點呢？有的，或許人們對於該商品沒有什麼興趣，他們的購買行為只是反映了他們想要得到免費的東西，或者只是喜歡郵購的行為，而這很難說，到底有多少禮券的回流是來自習慣集禮券的人、有多少是來自對商品有興趣的人。

　　禮券回收指出了廣告具有獲得注意的效果，但是它們無法說明廣告是如何影響銷售效果的。當禮券使商品的售價變低時，人們購買品牌的習慣（至少是暫時的）就會改變，而這比起將商品價格降低，更為有效。一項針對在不同商店裡 900 名以上的消費者研究中顯示，常用禮券的人認為，自己是聰明的消費者，他們能有意識地使用禮券，對價格敏銳、傾向於省錢；而比起那些不常使用禮券的人而言，他們也認為自己比較喜歡逛街[14]。

第三節　廣告的種類和範圍

　　銷售商品和服務顧客，其實是相當需要技術的，例如：如何鼓勵、說服、激勵，以及影響消費者的購買行為；另外，還有最常使用的直銷模式，這是讓消費者立即就能進行回應，而這些方式其實都各有不同的目的，以下，我們一起來看看吧！

　　1. 消費者覺察：這種方式是讓消費者對於新商品、促銷商品、包裝上或者價格改變方面的覺察；這種類型的廣告嘗試增強品牌的名稱，因為很多的購買行為，其實是直接連結到品牌名稱。公司花費大量的金錢，來創造並且維持消費大眾對於品牌的察覺和知覺。

　　2. 商品形象：有些廣告試圖建立某種商品品牌的形象，常常，你往商品架上望過去，很多商品都無法讓你順利地區辨出它跟別的商品有什麼不同之處，所以，很多廣告圖創造不同的形象、符號和感覺，以使消費者能順利辨識，例如：汽車基本上都是提供運輸的交通工具，口紅則提供了更多的顏色；這些都必須透過形象，使消費者感受到年輕、運動、更為迷人，或者提升了他們的威望和經濟地位。一家專門製作男、女性香水的公司總裁說：「在工廠，我們創造化妝品；在商店，我們販賣希望。」

　　3. 慈善廣告：有些慈善廣告的目標，是在說服大眾該公司是一個好鄰居和社福贊助者，例如：某個石油公司發起宣傳高速公路的安全活動，

---

[14] Garretson & Burton (2003)

他們不僅銷售石油品牌，也在訴求他們的商品對環境是有益的，並且貢獻他們的收益給慈善機構，或者支持小聯盟球隊。慈善廣告可以建立大眾商譽、提高銷售、幫助吸收新員工、激勵員工的士氣，並且能驅使公司資本額的提升。

4. **資訊廣告**：有些廣告則在提供一些訊息，他們希望消費者能擁有更多的知識，以決定購買某些商品；這種類型的廣告提供了價格、量、功能資料、成分或內容、可利用性、營養的資訊、保用單，以及使用期限等。在過去的十年之間，資訊類型的廣告從 20% 增加到 65%，雜誌比電視更常使用資訊廣告，而有線電視又比網路電視使用更多。

5. **廣告安排**：各行各業的廣告經銷商在過去的幾年，都有些改變，舉例來說，麥當勞投入三分之一的成本在電視廣告，但是才在五年之前而已，這個比例曾經高達三分之二；很多公司也減少廣告用途的經費，反而利用其他的媒體將廣告傳達給所設定的消費者，像麥當勞出現在球賽中給青少年們三十秒的廣告。或者是將廣告設在以拉丁裔為主的酒吧、商店內錄影帶的儲物櫃，甚至利用將廣告設置在流行的網站，如雅虎奇摩網站上，因為很多消費者在電腦前的時間比看電視還多，即使他們看電視，也很有可能忽視廣告或快速轉換頻道。表 13-2 顯示出消費者忽略電視廣告的比率逐漸提升。

❀表13-2　不同類型電視廣告的有趣程度

產　品	忽略這類廣告的觀眾百分比	以遙控器跳過廣告的觀眾百分比
啤酒	5	32
飲料	22	83
速食	45	96
汽車	53	69
信用卡	63	94
節目預告	75	94

資料來源：Business Week, July 12, 2004.

• 廣告吸引的類型

廣告的重要性，在於吸引消費者購買商品。因此廣告會注意到人們的哪些需求或動機，可以讓商品為你帶來滿足呢？心理學也研究人類的需求：先天的或基本的需求，如食物、水、安居和性等需求；學習或第二需求如權力、地位、成就、自尊、歸屬和關係等需求，這些動機來自個人的經驗和一些不同文化養成的需求。

因此廣告就將這些需求與商品連結在一起，吸引消費者來購買，這樣一來，首先我們就需要定義這些需求，使商品能為我們帶來需求的滿足。

大部分的廣告，傾向滿足更多的需求，例如：一個重要的啤酒廣告，可以滿足解渴的生理需求（基本的需求），也可以滿足地位和人際間的對親密關係的渴望（第二需求）；漱口水和除臭劑的廣告，幫助人們避免尷尬的狀況和更讓人喜歡；而香水的廣告，則是讓人被他人喜歡和滿足自我實現、自尊和社會支持的需求；汽車廣告則可以顯示權力、聲望、成就，成為吸引人的條件。廣告公司使用這些需求的連結，引發人們的購買行為。

1. **名人代言**：商品的宣傳也可以靠演員或成功球星的代言，尋求聽眾的認同，名人宣傳的策略，很常使用在商品的行銷手法上，雖然有一些公開的證據顯示，只有當消費者認為該名人具有代言這項商品資格時，才會引發人們實際購買的行為。針對大學生調查名人的影響：地位、吸引力、可靠，和在廣告中傳達他們購買商品的經驗等種種訊息看來，只有當名人傳達出專業知識時，才會正向的與購買意圖連結在一起，例如職業網球選手所選擇的球拍、好看的電影明星推薦的男性古龍水、模特兒代言的牛仔褲。

有些名人所製造的話題性，更勝過該商品的注目度。研究顯示，大量藉由名人宣傳的商品，其實會增加名人的聲譽，但減少了對廣告、商品的注意度，甚至使人們對於廣告的態度轉成負向！

2. **正向和負向暗示**：廣告的暗示，常常可以分成正向和負向的力量來看。廣告常常暗示，如果你使用這個商品可能會有好的事情發生，如果沒使用這個商品，可能會發生不開心的事情，例如除臭泡沫廣告，讓使用了這個商品的小朋友變成充滿快樂的人，另外也在廣告中讓沒有使用該商品的小朋友，垂頭喪氣的呆坐在家，這使媽媽們覺得沒有購買這項商品會使

得小朋友有不一樣的生活，而心生愧疚去購買這項商品。

　　負向的暗示或是呼籲，對於某些類型商品是有效的，但是如果暗示得太過不愉悅時，就會產生反向效果，例如：可怕的汽車意外照片，常常是爲了宣傳安全駕駛，但是你也發現這種廣告是無效的吧！因爲太過讓人害怕的訊息，使人轉移了對訊息的注意。有研究顯示，當廣告引起過於強烈的愧疚感時，更容易引起對該商品的憤怒，因此，廣告在使用這類手法時，往往會結合雙向的力量，剛一開始顯示不使用某商品會得到負向結果後，會再顯示使用商品後得到的正向結果。

　　儘管引發負向的力量，對廣告不一定有效，但是引發驚訝的感覺（蓄意使觀眾嚇一跳）卻可能發揮作用。在這類廣告中有一組模式，例如：一個平常的事件訊息、一個逐漸培養害怕、一個給予驚嚇。例如一個給 105 名大學生觀看的廣告，宣導使用保險套以防止愛滋病，就使用了驚嚇的手法，廣告顯示一對裸體的擁抱，並給予訊息「別成了一個 fing 的蠢貨（don't be a fing idiot）」，然後再引用死亡資料，讓人知道「如果你現在得到愛滋病毒，你就可能失去性愛」。資訊廣告顯示縮寫的 AIDS 及全名。

　　結果顯示，引發驚嚇的商品得到很好的回憶、再認，並得到更多的注意。此外，很多人在驚嚇廣告團體和害怕廣告團體中，使用與 AIDS 的聯結取代實驗威脅房間的表格。

　　3. **優越訊息**：廣告普遍暗示該商品是最優越的訊息，例如：如果所有的頭痛藥品在一段時間後都可以緩和頭痛，而其中一項商品可能宣稱，沒有其他競爭者，比它更快能減緩症狀，而它傳達給消費者時，讓人們自己推斷這個品牌優於其他，是因爲聽起來它的效用最快。你一定常看到廣告上使用科學實驗來傳達這些訊息，那就是這類方式的廣告。

• 商標

　　商標，促使商品能讓人更快速的辨識、記憶，也將人們對它的印象符號連結到商品上（見圖 13-1），很多的品牌就是商標名稱，如可口可樂、舒潔衛生紙、全錄影印，當該商標在市場上建立好的形象，就不會有其他訊息能干擾消費者回憶這項商品。

❀圖13-1　商標的舉例

（授權使用：Wal-Mart Stores, Inc.; AT&T Corporation; and Toyota Motor Sales USA, Inc.）

　　有一個商標的調查，一種是讓管理人員去評估某商標或是品牌在名聲、管理延伸和投資潛力的能力，另一種是隨機抽樣超過 1 萬人以上，來評估商標名稱的品質、公司的願景和領導。調查後的排名，顯示在表13-3，歡迎程度由上而下排列，只有三個名稱——可口可樂、華特迪士尼和嬌生——在兩項調查裡都出現，你也可以從中發現，管理人員和一般消費者所選的很不一樣。

　　公司花很多的時間和金錢，為的就是建立商品的商標、品牌名稱，例如：California Airlines 改名為 Air Cal，在焦點團體訪談的結果顯示，這個新的名稱造成更大的消費影響。但是 Allegheny 改成 US Air（現在是US Airway）卻聽起來更像是國家企業，而非地方的運輸公司。

　　這些研究也讓廠商們覺得，讓消費者能再認出他們的商品名稱是有意義的，特別是某國公司要行銷商品到另一個國家去時，更有好的辨識能力。但是有時候商標、品牌名稱在不同語言和文化中卻呈現出不同的意涵，這也鬧出了一些有趣的事情！像是美國通用汽車出了一款車名為

●表13-3　根據企業聲望與品牌知名度來排序的美國公司

根據高階主管	根據隨機樣本
Coca-Cola（可口可樂）	**Johnson & Johnson**（嬌生公司）
Microsoft（微軟）	**Coca-Cola**（可口可樂）
Walt Disney（迪士尼）	Hewlett-Packard
Campbell Soup（康寶濃湯）	Intel（英特爾）
Johnson & Johnson（嬌生公司）	Ben & Jerry's
General Electric（奇異）	Wal-Mart（沃爾瑪）
FedEx（聯邦快遞）	Xerox（全錄）
Procter & Gamble	Home Depot
Hershey Foods	Gateway
Harley-Davidson（哈雷）	**Walt Disney**（迪士尼）

Chevrolet Nova，象徵著色彩和強大的力量，但是這名字到了西班牙變成「nova」，意思是「跑不動」，這感覺就差很多吧！聯合航空吹噓座位皮革的拉丁語，翻成英文之後意思變成「請裸坐」；北歐的真空吸塵器公司（Electrolux）推出的廣告「nothing sucks like an Electrolux」，當訊息傳到美國，這個形象並未連結到他們希望的形象（譯按：suck 在美語中的意思就是爛透了）！另外，可口可樂也在中國碰到了類似的問題，當公司發現在中國這個名字被隱譯為「咬顆嚼蠟」，馬上就改名字了；而百事可樂的廣告標語「一起活在百事世代」，到中國轉譯為「百事會帶你死去的祖先回來」；記得肯德基炸雞的「finger-lickin good」嗎？哎喲！在中國，這變成「把你的指頭吃光光」。商標的意思可以有效的建立商品印象，當這些有趣的錯誤發生時，會讓消費者認同和失去專有市場，因此公司會極力維護自己商標和品牌的意涵，以保有某一市場的辨識度，例如：舒潔就是衛生紙的意思，全錄指任何的影印機，聯邦快遞則指寄送任何的快遞郵件。

即使是一個成功、有效的商標，過了幾年，或許也得跟著市場的改變而有些調整。General Mill 食品公司使用一個虛構女性 Betty Crocker，做為許多產品的商標；到了 1996 年，為了更貼切地反映美國社會中多元種

族的事實，他們以 75 個眞實的美國女性爲基礎，用電腦合成技術給了這個女性一張全新的面孔。

　　你一定發現這些說法都很令人感到興奮，但是最困難的問題在於，商品形象要能引起購買的意圖。一項針對技術人員購買行爲的研究，使用了團體訪談討論商品印象與購買行爲之間的關係，他們被問到如何知覺到各式商品，以及關於商品的正向和負向印象感覺等。

　　另外，在標語上加入形容詞，讓消費者可以根據描述的形容詞，引發商品的特徵和想要買的商品欲望。

• 商品包裝

　　廣告的重要性，我們已經討論過了，但是再好的廣告，也需要在商品上有相稱的包裝！甚至是因爲太多的競爭品牌廣告，讓你不記得電視上廣告的樣子，就你自己的購物經驗看來，你是不是會依照商品的外觀，來決定購買與否？例如：在超市貨架上的薄片餅乾有好多種，有時候記不起來廣告的訴求，只好依靠它的包裝決定購買與否，所以，包裝也許是決定的因素。

　　諺語裡頭有一句「佛要金裝，人要衣裝」，不可否認，有時候我們判斷的標準就是外觀。我們常藉由某人的穿著或是他們的車子，來評估他是怎麼樣的人，而我們也用同樣的方式來判斷要購買什麼商品。

　　最有名的例子是，早期的消費者研究中，提到有兩組人試喝咖啡，有一組的咖啡是從一個普通的咖啡機中倒出來，另一組的咖啡是從華麗的古董銀製咖啡壺裡倒出來，但事實上，咖啡都是來自同樣的產地。你猜猜看，哪一個試喝率比較高？你答對了！後者比前者高。你看，容器和包裝造成了多麼不同的知覺。

　　還有很多類似的研究，例如：兩種大小不同的藥片，分別給病人和醫師，並告訴他們藥片的效用，讓病人和醫生使用過後，他們都相信大的藥片比較有效，但事實上，大的藥片比小的藥片少了一半的藥效。

　　綜合上述，除了廣告之後，包裝可以增強廣告中的商品形象或特質，例如：男性的髮膠就不會使用粉紅色罐子做包裝，而會使用較結實的罐子呈現線條和顏色！有趣的問題是，那麼該如何知道什麼樣的包裝才適

合該商品呢？關於這個問題，消費者研究提供一些方法，例如調查法和投射測驗，可以讓消費者使用自由聯想，去說出對於商品的建議或是包裝型態，告訴產品研究師，引發出的正向或負向的形象。

包裝是在製造和行銷歷程上昂貴的部分，大約超過成本的三分之一，意思是你每花 1 元美元所買的食物、藥、化妝品、衣服和電器品，大概有 35 分美元是花在包裝和容器，而非裡面的東西！

•廣告中的性意味

你一定很常看到這樣的廣告，性感的、裸露的模特兒，傳達出性意味的廣告！針對性形象的廣告進行實徵研究證實，性意味的廣告能引起高度注意和得到價值。另有使用眼睛追蹤儀器的研究指出，雖然大多數以女性消費者為主的雜誌，都會出現大量的性意味照片，但是當性意味是女性照片時，會投注較多注意力的大多是男性，因為女性大多閱讀文字。但是別忘了，它可是設計要給女性閱讀的雜誌啊，男性讀者相對來說是少數！這代表廣告要傳達的對象出了錯。事實上，男性雜誌也一樣，讀者大多是男性，卻放了一堆女性比較愛看的帥哥照片。

很灰心嗎？還有更令人灰心的呢！研究證實，人們對於性意味資訊的回憶比率，是非常低的！一個公司兩版的雜誌廣告，版面上都有禮券，一版有穿著比基尼的年輕女性，另一版則沒有。結果顯示，沒有模特兒那一版的禮券回流量更高。

即使是實驗室研究，也支持這樣的結果。在一個研究中，男性受試者觀看一些廣告，有些廣告內含性圖片，有些則否；之後，將這些圖片再次呈現給受試者，但是刪去了品牌名稱，然後請他們回答商品跟廠商。另外，二十四小時之後，請他們再回答一次。結果發現，兩組之間的回憶率並沒有差別，不論是立刻回憶，或者是稍後回憶。而數日之後，我們發現，性意味廣告的遺忘程度，竟然比沒有性意味的廣告更高。

一項針對 324 名成年男性和女性研究觀看的電視節目，有直接性意味或是普通節目的調查發現，那些觀看有關性意味節目的回憶和再認分數，明顯低於看普通節目的人；另一個研究觀看暴力節目的反應，相似於觀看性節目的結果，針對這些節目的回憶率和再認，都低於普通的節目。

可見，性意味的廣告被誤以為對於大眾有很大的影響。雖然有些人是享受著性意味的廣告，但他們並不會記得這些廣告所要強調的商品；即使廣告商仍然依賴這些令人驚訝的作用，但這些作用並不會對商品有正向的影響，特別是對香水、內衣和牛仔褲等的這類廣告。

·廣告活動的有效性

廣告最重要的意義，就在於廣告活動是否有效增加商品的銷售和服務。先前我們曾經提到廣告的效益，很難明確說清楚，這連廣告商和企業主自己也不清楚，而且他們向來不願意公開失敗的例子，也傾向誇大他們的成功。

對於電視廣告的研究中，一致指出，大多數人並不喜歡廣告呢！收看電視的觀眾常常在廣告時間選擇離開房間、關掉聲音或切換頻道、清除或跳過廣告轉到錄影節目，總之，就是想避開廣告。你可知道有研究指出，香港的 360 位電視觀眾中，發現有 81% 的人避免收看廣告。

但是廣告商認為大多數人都是坐在沙發上等廣告結束或是注意電視廣告，他們形容觀眾是「游牧民族」，因為他們喜歡一個頻道、一個頻道的漫遊或瀏覽，而對此，消費心理學家描述了三種類型：

1. **頻道游牧民族**：人們一個頻道切換到另一個頻道不停的瀏覽，尋找有趣的節目；在紐約，觀眾平均每三分二十六秒換一個頻道。

2. **注意力游牧民族**：他們總是關注其他的事情，像是準備晚餐、講電話、陪小孩玩，對於電視他們只是稍微瞄一下，或是開著電視只聽聲音而已。

3. **身體游牧民族**：他們忙碌著家事，只有當他們經過電視前才會瞄一眼。

有一個實驗室研究，讓人們在觀看電視廣告時。不能關掉、轉臺，或離開房間做其他事情。當看完廣告後，立即問他們看到哪些東西，受試者通常會誤解原來的電視廣告或是節目內容，或約有三分之一都忘記了；一天之後，受試者又忘記了四分之三。這個結果也同樣在雜誌廣告上出現。當然，不是每一個人都會避免全部的廣告。有一個廣告研究顯示，電影臺的廣告總收益超過 40%，時間甚至超過電影播放的長度呢！你也許注意

到現在的電影院，在電影播放前，會出現很多你必須要看的廣告！一項研究 14,400 個在南非的電影院和電視上觀看廣告，和另一項研究 1,291,800 個觀看電影院的廣告的結果都發現，出現在電影院中的廣告的回憶率，高於收看電視的；而這個結果對於青年人（基本的電影觀眾）和中年人也是一樣。研究者認為可能在電影院的情境中，我們較容易注意到廣告，因為我們幾乎沒機會去迴避廣告[15]。除了針對電視、電影上出現廣告以外，很多研究也著重在雜誌廣告的效益上！蓋洛普調查中心調查一個有爭議、但廣告手法普遍的藥品廣告。他們研究了經常性閱讀雜誌的 1,475 名十八歲以上的女性，當雜誌上廣告宣稱藥物有療效，而女性本身又出現廣告上所描述的症狀時，她們會傾向相信這個廣告；有 50% 的人會根據廣告的症狀，而購買這個藥品服用；有 43% 的人會再去問醫生關於這個藥物的療效；即使是年紀較大的受試者，對於廣告的內容也有較高的回憶率；62% 的人在這些調查中，不論是什麼年紀，都相信藥物廣告提供重要的資訊[16]。

你一定想到，廣告有很多因素會影響我們去回憶！是的，也許喜歡或是不喜歡這個廣告是個重要的因素，一項研究使用電話調查了 418 位成年人，很明顯的發現他們只記得喜歡的廣告，多於不喜歡的；有 65% 的人會描述他們不喜歡的廣告（廣告本身是相當好的），超過 90% 會描述他們喜歡的廣告[17]。

我們對廣告的感覺，通常會影響我們怎麼記得它。針對 1,914 名成年人測量他們對於廣告的態度，發現有 45% 的人相信廣告可以提供有用的資訊，77% 的人則相信廣告是種騷擾、會擺布人，而且只推銷令人失望的商品。

這些結果告訴我們和廣告商，即使人們認為廣告是有用的，也可能是抱持著負面的態度。當這些受試者觀看一系列的雜誌廣告，一天之後，要求他們回憶這些廣告，對廣告較喜歡的人回憶率，就比對廣告較不喜歡的

---

[15] Ewing, DuPlessis, & Foster (2001)

[16] Mehta & Purvis (2003)

[17] Stone, Besser, & Lewis (2000)

人高[18]。

種族認同也會對廣告有影響的因素喔！一項針對 160 位成年黑人觀看廣告的研究指出，播映的廣告有些是由白人女性拿著的手提包，有些則是黑人女性拿著相同的手提包，研究結果反映出黑人們對於自己族群文化的認同度；那些有高度認同的族群，比較喜歡來自黑人模特兒的廣告，低認同黑人文化者，則沒有特別偏好哪一邊的模特兒[19]。大眾市場式（mass-market）的廣告，在中國快速成長，在那裡，使用電話調查來研究廣告效益，一項針對 825 位年齡在十八到六十四歲之間的成年人，發現他們比起美國人，對廣告抱持更正向的態度！大部分的受訪者（69%）陳述他們能發現廣告所傳達的資訊，56% 的人說他們常依賴廣告決定購買的行為；這在年輕人身上發現了更正向的態度，年輕人認為廣告有娛樂和提供有用資訊的功能，在正式的教育中，也對於廣告抱持較正向的態度[20]。

• 網路上的廣告

網際網路提供了新的媒體平臺，讓廣告可以散播出去，即使它的效益依然是不明確的，但它是有潛力可以成長的媒體！一個調查報告中指出，有 40% 的人使用網路在購物，即使消費者並不真的在網路上購買商品，但網路也提供了許多好的資訊給消費者，例如：流行商品包括電腦、書、花、音樂、旅行服務和投資商品。但是這些成功的商店在聖誕節的購物時刻，應該更是獲益多多，但是買氣卻不如預期！看來需要對於這個媒體平臺做更多的研究，也需要找出網路消費的特徵，想辦法找出最好的方法來吸引人。

在紐西蘭，一個研究 149 名大學生在一段時間中，觀看網站上不同的廣告（約二十到六十秒就換一個頁面），在回憶和再認測驗中，發現當廣

---

[18] Mehta (2000)

[19] Whittler & Spira (2002)

[20] Zhou, Zhang, & Vertinsky (2002)

告頁面可以和廣告相互連結起來的廣告，容易喚起回想和再認[21]。

一個調查發現，網路消費者有 85% 的人，對消費的服務品質感到沮喪，還有 68% 的人希望能夠透過信件或電話接觸到銷售員，但是卻有 40% 的消費網站並不提供這些功能。有 51% 的人表示本來要購買商品了，可是卻因為需要填寫太多個人資料，因而取消購物的欲望[22]。另外一個調查提到，更有些原因，造成有些人拒絕網上購物（見表 13-4）。

● 表13-4　拒絕線上購物的理由

理由敘述	反應百分比
運費的負擔	51
無法事先鑑賞商品	44
無法輕易退貨	32
對線上刷卡安全性的考慮	24
無法詢問商品的相關問題	23
在線上下載畫面要花的時間太多	16
擔心運送的時間太長	15
與人一起買東西比較好玩	10

資料來源：W. Wells, J. Burnett, & S. Moriarty (2003). *Advertising: Principles and Practice* (6th ed.). Upper Saddle River, NJ: Prentice-Hall, p.489.

一份針對五家不同公司的消費者廣告研究中指出，這些廣告商使用傳統的方式，只用一個網頁，將所有廣告像清單式的全部列在上面，最多也只能給 2,000 位貿易商、油漆匠、設計師，而且只有少數人把這些廣告清單看完，但是現在可以只要在最大曝光機率的入口網站上設置廣告，就可以發揮最大的效果，這些廣告的設計看起來就像網頁一樣，並將網址放在上面，只要點擊一下就可以回應廣告了，這大大提升了回應效率[23]。

一個針對成年員工和大學生的兩個團體進行調查，發現複雜的網頁會

---

[21] Danaher & Mullarkey (2003)

[22] Wells, Burnett, & Moriarty (2003)

[23] Bellizzi (2000)

引起他們對於廣告有負向的感受，而簡單的網頁，例如：只專注在陳列商品，較能引起他們對於商品和廣告有更多喜歡的態度[24]。

另一項針對 311 位成人比較四個旅館網站的調查，發現其中有一個網站是能夠讓人有高度互動性的，還有能虛擬式參觀旅館設備和線上預約的系統，這讓人對這個網站有高度正向的態度，而缺乏這種特色的網站，則沒有太多正向的回應[25]。

針對十六到四十歲的 307 名網路使用者，進行網路購物的調查，顯示比起不常使用網路的人，這些經常使用網路的人，更常在網路上購買書、CD 和其他音樂商品、電器商品及娛樂和旅行服務等商品。

一份跨國研究了歐洲和南美等 12 個國家中的 299 名網路使用者，除了美國之外，其他地區的消費者都認為，網站是決定購買商品的決定性因素，被認為有較高信賴度的網站特色，擁有消費者服務保證、商品介紹、之前的顧客推薦，而且有商品來源證明[26]。網路購物行為的研究發現，年齡並不是一個影響因素，較年長的人比起年輕人更常在網路上購物，男性比女性更是積極的購買者，收入較高的人也傾向較常在網路上購買商品[27]。

男性比女性更常在網路上購物！是的，這個發現是在一份針對 227 名十八歲以上的成年人，且至少有一次線上購物經驗者進行問卷調查，顯示出這些女性較不常在網路上購物，因為她們覺得在網路上購物得到較少的情緒滿足和較少的便利性，女性也傾向懷疑網站上的廣告宣稱[28]。

網站廣告有效性的證據，正漸漸地被出版出來。在 13 個網站上，有超過 13,000 個人為了登入購買各種商品，而填寫一份彈出式的網頁問卷。研究者以瀏覽的時間和點入率做為捲軸廣告效果的測量指標，以蒐集進一步的訊息。結果發現，所謂的高涉入商品，例如高級轎車的會有比較

---

[24] Bruner & Kumar (2000)；Stevenson, Bruner, & Kumar (2000)

[25] McMillan, Hwang, & Lee (2003)

[26] Lynch, Kent, & Srinivasan (2001)

[27] Kwak, Fox, & Zinkhan (2002)

[28] Rodgers & Harris (2003)

好的廣告效果（人們花了比較多的時間在網站上，也點閱了更為深入的訊息），至於那些低涉入商品，像是嬰兒尿布或是日用品之類的東西，則沒有明顯的效果[29]。顯然地，人們會花更多的時間來瀏覽、追蹤那些重要的、吸引力、高欲望的商品資訊，遠勝於那些僅做功能用途的東西。

這引發了一個問題，那些花了更多時間來瀏覽的網站廣告、或是其他媒體的廣告，會不會比時間花得比較少的，要能夠記得更多的廣告內容。一項在紐西蘭所進行的研究，正面證實了這個看法。有 149 位大學生被安排觀賞不同長度的廣告，每頁時間從二十秒到六十秒，然後以增量法與再測法來檢查他們才剛看過的廣告記憶效果。結果發現，在包含廣告的網站上停的愈久，其回憶率與再認率都會更高[30]。面談韓國首爾 105 位每週至少上網一小時的居民，發現他們花在高涉入商品上的網上時間，比低涉入商品要多得多；這個結果跟先前提過的一樣。然而，整體而言，網路並沒有比電視更能增進消費者對於高級商品的購買考慮。電視在四類商品的廣告上，仍然更為有效：高級房車、貴重手錶、速食以及洗髮精。而報紙、雜誌和廣播，在慫恿人們購買新產品方面，也相當有效[31]。

在韓國的首爾，針對 105 名一個禮拜至少上網一個小時的人進行訪談，結果顯示瀏覽高涉入商品的時間比低涉入商品多出許多。這個結果和早期的研究相似。整體來說，雖然研究者並不能發現網路廣告的效益，如同電視廣告一樣，引發人們仔細考慮是否購買奢華的商品（如奢華的車、昂貴手錶、素食、洗髮精。這些商品在電視平臺上引發很好購買行為），報紙、雜誌和廣播通常也可以達到效果，使人們去購買新商品[32]。

---

[29] Dahlen, Rasch, & Rosengren (2003)

[30] Danaher & Mullarkey (2003)

[31] Yoon & Kim (2001)

[32] Yoon & Kim (2001)

●表13-5　線上購物者的六種類型

類型	大概占線上購物族群的比例	說明
1. 網路購物的二流新手	5%	這群人是網際網路的新生，他們大多有了點年紀，是最不喜歡線上購物的，他們也是線上購物上花最少錢的一群。
2. 對時間敏感的購物狂	17%	這群人對於便利性和節省時間最有興趣，他們也比較不會去閱讀商品介紹、去比較價錢，或者是使用折價券。
3. 迂迴的點閱高手	23%	這群人傾向於在線上廣泛瀏覽，但實際的消費則往往到店裡去。他們最可能是家庭主婦；假如他們在線上購物，也會特別表達對隱於私和安全的關注；他們也比其他群的人更愛逛購物商場。
4. 單身的網路迷	16%	這群人很可能是年輕、高收入的單身男性。他們平均使用網路的時間最長，喜歡玩線上遊戲、下載軟體，不僅在線上進行投資交易，也傾向於經常在網路上購物消費。
5. 獵犬型蒐集者	20%	這群人的典型大概是三十到五十歲，兩個小孩，而且最經常逛那些提供了商品分析和價格比較的網站。
6. 品牌愛用者	19%	這群人最可能每次上網購物，就直接連到他們所知道的公司，他們對線上購物有最大的滿意度，也在這方面花了最多的錢。

資料來源：Adapted from L.Schiffman & L. Kanuk (2004), *Consumer Behavior* (8th ed.). Upper Saddle River, NJ: Prentice Hall, p.70, after www.harrisinteractive.com.

　　整體來說，網站廣告確實讓很多人開始在線上購物，雖然網路購物比起實體商店或目錄，對於商品較少有說明，但是網路購物的人正逐漸增加中。現在的網路購物，有一大半是從辦公室電腦，大約有三分之一則是在家裡。美國網站上的買家，大概有 15% 是其他國家的人，這顯示美國的商品和服務，在網路上有廣大的吸引力和市場 [33]。

　　便利性和價格，是在網路購物上最常被提及的優點，調查 147 名二十二到四十四歲的成人，習慣在網上購物的主要原因，是因為他們喜歡「瀏覽式」的商品，可以搜尋他們要的商品和資訊，再進行比較之後，才購買，像是書或音樂。較少購買需要「經驗式」購買的商品，例如衣服，

---

[33] Cappo (2003)

需要看感覺或試穿[34]。

最後，表 13-6 顯示最常使用的廣告媒體的優點和缺點，例如：直接郵件、電視、廣播、期刊、報紙和網站，如你所見，網站真的是很有發展潛力的媒體平臺喔！

✿表13-6　在不同媒體上廣告的優點與缺點

行銷品質	網際網路	廣播	報紙	雜誌週刊	電視	廣告DM
全國性的閱聽受眾	是	或許	或許	或許	或許	是
國際性的曝光	是	否	否	或許	或許	否
可以針對特定的閱聽者	是	否	否	或許	否	是
閱聽者可以輕易地就閱聽這些廣告	是	否	是	是	否	是
相對的金錢花費	低	中度	中度	高	高	高
與消費者之間即時互動	是	否	否	否	否	否

資料來源：T. Kuegler (2000), *Advertising and marketing* (3rd ed.). Rocklin, CA: Prima Publishing.

第四節　消費者行為和動機

你是不是發現當人們決定購物時，往往市場因素比起廣告因素，更讓消費者容易決定購買？就像一個商店的氣氛、清潔、容易停車、走道的動線規劃、長度……等等，這些事，都會影響人們購買的行為，當然陳列在最顯而易見的商品，也容易引起人們購買。除此之外，研究在超市的購買行為，還發現人們會不喜歡短的走道，他們比較喜歡走在長的走道，長的走道也較容易造成衝動性購買，而且在走道的盡頭或是收銀臺旁的衝動性商品，容易使人一時衝動就購買了。

影響消費行為的因素，還包括人口統計學的變項，如年齡、性別、教育層次、社經地位和種族；除了認知變項外，也包含了個人變項，含有消費的目的和消費者的心情、特質，逛街的時間感、購物的態度，例如：在

---

[34] Chiang & Dholakia (2003)

公眾場合比較不自然的人（會過分注意他人對自己的印象和別人怎麼想他們）傾向注意商品的品牌，也許他們相信購買國際品牌商品，會讓自己看起來比較高貴。

　　心理學家感興趣的其他影響消費行為的因素，還有品牌置入、消費習慣、品牌忠誠和銷售價格等因素。

置入性行銷

　　最近你仔細注意電視或是電影的情節，會發現許多品牌出現在其中，這是一種品牌的暗示和行銷，例如在電影情節中出現的商品品牌，容易讓人對於商品喚起電影情節，而使人購買商品，這效果勝過廣告的效用。回顧電視節目黃金時間一百一十二個小時，平均每一個小時出現了30個品牌置入[35]，廣告商喜歡將品牌置入在電影、電視秀和電子遊戲中，因為他們知道觀眾不會忽略他們，如消音、迅速跳過、離開房間和轉換頻道。除此之外，置入性行銷，通常也依靠大眾明星來發揮功能，還可以產生名人支持效應。

　　研究顯示，當商品在電影中被展現使用、駕駛、飲食時，觀眾對於商品或是該品牌的回憶率會增加，而且當知名演員使用該商品時，觀眾對於商品傾向正向的評價。觀眾也指出，品牌置入增強他們的觀看經驗，因為這會使電影或電視節目看起來更真實[36]！

　　針對 105 名六到十二歲的小孩，讓一半的人觀看電影情節裡的百事可樂溢出在桌上，另一半的人也觀看相同的影片，但商品不是百事可樂，換成使用未標示的食物和牛奶，之後讓他們形容電影片段，也讓他們選擇要喝的飲料，如可口可樂或是百事可樂，明顯的，有很多小孩接受了品牌置入，他們選擇百事可樂勝過可口可樂。

　　研究指出，少數的年幼小孩比較年長的小孩會回想起品牌，但即使小朋友說他們並不記得在電影裡看過百事可樂，他們還是會傾向選擇百事可

---

[35] Avery & Ferraro (2000)

[36] Yang, Roskos-Ewoldson, Roskos-Ewoldson (2004)

樂，可見置入性行銷是很有效的喔 [37]！

• 消費習慣和品牌忠誠

你也許發現有許多人在購物時會表現出既有的習慣，當他們發現他們喜歡的商品類型時，就會持續購買，而不是買新的商品！真的有這種堅強的消費習慣嗎？一間超市重新排列罐裝湯品的展示位置，排列的次序，從原本按品牌字母順序擺放，轉變為湯的種類，因此，架子上所有品牌全都混在一起。雖然超商早已寄郵件給顧客，解釋新的排放方式，但超過60% 的消費者，因為消費習慣，使他們還是走到之前習慣買湯品的位置，拿了商品，他們以為會拿到和以往同樣的商品，回神後才驚訝的發現拿到其他品牌的商品！當人們到新的商店去購物時，還沒有建立起消費習慣，讓他們自動走到固定的位置上拿商品，這時他們會傾向購買很多不同的品牌。

看來消費習慣果然是很堅強！如果要利用廣告活動去改變消費習慣，那可是一個挑戰呢！研究顯示，消費者對主要商品的忠誠度，可以維持八年不改變。從 1923 年開始的 16 個頂尖品牌，在六十年後，消費者對他們都還有忠誠度呢！這些品牌包括康寶濃湯、立頓茶、柯達相機和箭牌口香糖。消費者容易傾向對於他們從小就習慣的品牌，一直持續保有忠誠，這項發現，讓廣告商從人們的童年時期，就開始培養人們品牌的偏好。

你是不是也正在疑惑，該如何區分消費習慣和品牌忠誠的概念呢！這對研究者來說也是困難的，因為兩者都可以被定義是重複的購買行為，消費者也不太受其他品牌的廣告影響！有些公司，特別是航空公司、旅館、租車公司，需要藉由好的酬賞給予再次消費的顧客，以培養有效品牌忠誠度，例如航空公司對於常客會提供免費搭乘、升級頭等艙、VIP 通關道、提早登機、會員休息室等回饋。這些措施，很明顯的是要成功的誘導出顧客的忠誠度。這讓許多顧客特意選擇較長的或繞遠路的飛行路程，只是為

---

[37] Auty & Lewis (2004)

了要累積他們的里程數，而消費這項品牌商品。

　　一份對 643 名成年人所做的調查顯示，一種商品的回饋由低到中的策略，比高回饋策略，在建立品牌忠誠度上更具成本效益性。這個發現和另一份對 300 名品牌經理進行調查有所不同，這些經理們相信，高回饋策略比較容易並有效的讓消費者建立品牌忠誠度[38]。

• 商品價格

　　除了在廣告和商品品質之外，商品的價格可以是一個影響消費習慣的重要因素。消費者常常把價錢當作品質好壞的指標！會假定商品定價多少錢，就表示商品品質有多好。有些製造商卻利用這種想法，然後在相同品質的商品上，訂定更高的價錢，以誘導消費者相信自己的商品更好。較貴的商品，真的有較高的品質嗎？考慮一下吧！

　　然而有些消費者在購買某些商品時，卻不會去考慮價格。一份對超市消費者的調查報告顯示，大部分人在購買日常用品如早餐麥片、咖啡和飲料時，不會注意價錢的訊息，也無法精準的描述最近的價錢。因為這些商品有不同的包裝重量和尺寸，消費者也不會常常估算在這些品牌中，哪一個是最好的！有時候部分消費者在決定購買商品時會利用價錢訊息。例如當超市提供某一項服務或是某一個商品的價錢消息時。

　　你一定也常常看到許多新商品或新包裝，在剛推出時，最常使用的銷售策略，就是舉辦試用期的低價策略！但是有效嗎？這個概念是來自於消費者一旦持續購買這項商品後，將會因為消費習慣而持續進行購買，即使當價錢提高成與競爭商品一樣的價錢，消費者也會持續進行購買。但是研究並不支持這個概念！當價錢一直維持如同試用時的低價時，銷售額常常是很高的；但是當價格一提高，銷售額便降低了。而且沒有把價錢降低到如同試用期價格的新品牌，基本銷售額仍是維持一定的數量！在做為誘導購買的減價手段裡，使用折價券策略，是更加有效的方式。折扣形式的減價，通常比起降低銷售的方式，有更高的銷售額！

---

[38] Wansink (2003)

• 廣告與種族團體

研究發現在消費行為上，不同的種族團體也有不同的價值、態度和消費習慣。在白人、黑人、拉丁裔美人和華裔美人等種族調查上，證明了不同種族對於不同商品的偏愛。在黑人和拉丁裔居民占多數的大城市裡，也會有規模可觀的購買力，可以支撐市場。

2002 年，拉丁裔成為美國最大的少數民族，推測到 2010 年時，人口會成長 30%。非拉丁裔的白人人口預測只會成長 6%，而黑人人口會低於 12%。美國人口調查處預估，到了 2050 年時，拉丁裔的人口會達到將近美國人口總數的三分之一。

股份公司如卡夫食品（Kraft）、通用食品（General Foods）和百事可樂，都建立了針對拉丁裔的廣告設計部門。研究顯示，只有這樣的廣告設計，才能使他們對廣告有正面態度，並且依賴廣告從事消費行為等活動[39]。寶鹼集團（Procter & Gamble）也在 2003 年花了 9,000 萬美元，設立 65 人的雙語公司，專門針對拉丁裔特別設計的十幾種商品，包括牙膏和洗衣粉的廣告，目的就是要迎合拉丁裔消費者的需要和想望，這公司的市場調查的結果，還發現拉丁裔消費族群喜歡去聞家用類商品的氣味，例如化妝用品和洗衣粉，他們也為此在產品上增加新的香味[40]。有關拉丁裔消費者的其他人格特質，請見表 13-8。全美兩大拉丁裔頻道塔拉曼達（Telemundo，NBC 所擁有）和聯合電視網（Univision）是擁有最大宗的拉丁裔聽眾，而且聯合電視網還擁有 15% 的收看率。廣告商必須了解拉丁裔的人，即使他們能流利的說英文，但更喜歡看西班牙語的電視節目。不只是電視已經有這些改變，連西班牙文雜誌也成為很熱門的廣告平臺，如雷特納（Latna）、爾班拉丁諾（Urban Latino）和葛拉默艾斯班諾（Glamouren Español）。大部分的汽車商，每年至少在這類型的雜誌上花 700 萬美元的廣告費用；克瑪（Kmart）也開始在娛樂和生活型態雜誌上使用西班牙文；《生命雜誌》（LaVida）在 10 個重要的市場通貨量也超過 100 萬美元，如洛杉磯、聖地牙哥和加州。

---

[39] Torres & Gelb (2002)

[40] Grow (2004)

　　另外，拉丁裔人的生活中很重要的是電信工具，他們每個月的家庭預算在手機和長途電話服務上花費很多，是因為他們擁有許多住在其他國家的家庭成員，因此電信業者也將西班牙語類型的廣告當作重要的市場[41]。

❀表13-8　拉丁裔美國籍的購物者特徵

喜歡知名的或熟悉的品牌
購買那些被認為高貴的品牌
對時尚趨勢頗為敏銳
喜歡在小型的個人化商店裡購物
購買自己族裔團體所經營的公司品牌
不喜歡自己變成衝動型購物者
傾向於殺價和使用折價券
喜歡購買自己的父母所愛用或購買的品牌
喜歡生鮮食品，更甚於冷凍食品

資料來源：Adapted from L. Schiffman & L. Kanuk (2004), *Consumer Behavior* (8th ed.).Upper Saddle River, NJ: Prentice Hall, p.441.

　　而黑人的人口組成率，約占全美的 13%，隨著他們逐漸增加的購買力，黑人市場也成為值得開發的市場，1990 年到現在的十多年間，黑人消費者的購買力成長 73%，愈來愈多的黑人擁有美國中產階級和上層階級的收入；而黑人消費者社群與其他團體相比較，也呈現了較高的品牌忠誠度，即使對於品牌有所選擇，他們也非常不願意換別的品牌。

　　黑人家庭相較於其他團體，更傾向在食物、衣服、娛樂和健康上，投入大量的支出，他們也比較喜歡每個禮拜單獨去雜貨店消費。大致上，黑人消費者更樂意對他們認為是高品質的商品有所付出，這包括高流行的商品、知名品牌商品，也會接受一些主流思想，你可以從媒體、電影、電視節目和廣告上發現這個線索，例如：文化、服飾、珠寶等[42]。

　　比較黑人和拉丁裔消費者研究，顯示這兩個團體在購物時，會受到高收入的想像、商品屬性和商店的影響。黑人消費者在購買決策時，和拉丁

---

[41] Noguchi (2004)

[42] Schiffman & Kanuk (2004)

裔不一樣，黑人消費者容易接受口耳相傳的影響，表示家庭和朋友對某些商品廣告的印象，是很重要的購買關鍵因素和訊息來源[43]。

你一定注意到這表示大部分的黑人不相信廣告，因為他們傾向認為廣告是設計給白人觀眾看的，黑人消費者比較相信黑人區的媒體、廉價經銷店所提供的商品資訊，因此，許多廣告商開始針對主要是黑人收看的媒體、廣播和電視節目，投入百萬以上的廣告金額，去吸引黑人消費者。這如同拉丁裔的市場一樣，廣告商學習到，一個廣告不能適合全部地區的人，而針對白人消費者能成功的廣告，很可能在其他團體中並不會成功。

亞裔美國人約占全美 4% 的人口，但是也正快速的成長中，傳統上，亞洲人的形象是勤勞、紀律、努力工作、渴望達到中產階級的生活方式，因此，對廣告商來說，他們是很值得開發的市場。他們大多接受過較好的教育和較好的電腦能力，這個族群大約有 60% 的人年收入高於 6 萬美元，有近一半的人，從事專業工作。

而且亞洲人傾向高品質價值商品，購買知名的品牌，也是會保持品牌忠誠的消費者。亞洲人在美國有 15 種不同的民族，他們有多元的購買和消費習慣，因此對廣告商來說，他們會受不同的廣告所吸引，例如：接近 80% 的越南人和略低於 33% 的日本人，住在美國，但不是在美國出生。許多越南人喜歡使用他們的母語，也很願意維持他們的傳統文化，他們不喜歡使用信用卡購物，因為在他們的文化中，拖欠金錢是不贊成的。但是韓國和中國人則能夠高度接受使用信用卡，並且使用美國人的方式購買商品[44]。

• 給兒童和青少年的廣告及其作用

在美國四至十二歲間的人，約有 3,500 萬以上的人口，每年約有 150 億的收入，而這樣龐大的一群人所消費的商品，包含有鞋子、衣服、燕麥早餐、糖果、汽水和其他小點心。一位心理學家提出一個忠告，小孩的高

---

[43] Kim & Kang (2001)

[44] Schffman & Kanuk (2004)

度購買力，是父母親的過錯！消費心理學家顯示，單親的家庭和父母親雙方都外出工作的兒童，或是父母親對小孩的關係緊密的兒童，還可能一直到 30 歲還不分離的（延緩分娩的），這些小孩容易沉溺在更多的金錢花用，也更能影響家庭中的消費決定。

為了針對兒童商品的消費，店家們改變了一些商品陳列的方式，像是將商品放在較矮的貨架上，還有在提供給兒童收看的節目中，開始播放商業卡通；在兒童的生活用品，如鉛筆、雜誌、書本上，印上商品名稱或品牌！但是，基本上將商品傳達到兒童的行銷方式，最大宗的還是透過電子媒體喔！

平均而言，2 到 11 歲的兒童每年會觀看 25,000 次電視廣告。調查兒童觀看電視習慣的研究者們報告了以下的發現：

- 2～7 歲的兒童每年平均觀看了 13900 次的電視廣告。
- 8～12 歲的兒童每年平均觀看了 30000 次的電視廣告。
- 13～18 歲的青少年每年平均觀看了 29000 次的電視廣告。

在播送給兒童視電視商業廣告中，至少有一半是食品（34% 是糖果和餅乾，38% 是玉米片，10% 是速食），很多專家都相信，對增長可觀的兒童肥胖症來說，這至少是背後的部分成因[45]。

一項對 3-5 歲兒童的研究發現，他們喜歡放在麥當勞包裝紙上的那一些。研究者提供了炸薯條、雞塊、牛奶、漢堡，以及小胡蘿蔔等等的選項，但是超過 3/4 的兒童們說，在麥當勞包裝紙上的─即使是小胡蘿蔔─吃起來比在普通包裝紙上的更美味。

在這些研究當中，1/3 的兒童每周至少一次在麥當勞用餐，而且 3/4 以上家裡有麥當勞玩具。那些更常上速食餐廳用餐以及更常在家看電視的，對放在麥當勞包裝紙裡的食物有更強烈的偏好。麥當勞每年開銷 10 億以上的美金，針對兒童做廣告；這顯然有效，而且從消費者很小的時候就建立了品牌忠誠度[46]。

一項蒐集約 200 個研究的後設研究指出，有一半以上的人，一天會花

---

[45] Ganz, Schwartz, Angelini,& Rideout(2007)

[46] Reinberg(2007)；Robinson, Borzekowski, Matheson, & Kraemer(2007)

超過 3 個小時在看電視：有三分之一的人，花三個小時在聽廣播[47]。青少年愈來愈常使用網際網路和在網路上搜尋商品，有太多的鞋子、褲子、手機、汽車等重要的流行品牌，使用網路廣告就是針對給青少年看的，這會改變他們看待自己的方式，和對同儕或是成年人的興趣。一個兒童心理學家注意到，這些兒童到十幾歲的時候，到了尋求安全感和自我認同的發展階段，他們早已被教導成用商品來定義自己，不管如何都要擁有商品。事實上商品中代表的身分意味，卻常常是受到他們所觀看的電影或是電視節目的影響。

一份對十八至二十四歲大學生的研究中問到，他們如何看待在不同媒體上得到的廣告訊息？他們認為電視廣告、報紙和雜誌有較高價值的訊息。而且他們認為在所有的媒體廣告中，給予女性的廣告訊息比起男性的要高很多[48]。

• 給中高齡者的廣告及其作用

在人口統計學上，注意到人口高齡化的問題正持續的成長和擴大，而這也影響了廣告的行銷策略！預估到 2020 年，五十歲以上的工作者和老年人，約占了大眾的三分之一，有超過 50 歲以上的人成為新的育嬰成員，而這個社群的成員，約有 7,600 萬的人口，有可隨意花用的錢，能夠自由的使用！你可知道在美國，超過五十歲的人，可是有一半可任意花用的金額呢！而六十五歲以上的人，光是能賺錢的年數，就是二十五至三十四歲的人的兩倍，那又該有多少金錢可用呢？你算一算吧！

五十歲以上的人，擁有數億美元的商品市場商機，廣告商也注意到這個商機了，所以修改、排除了在廣告中對老年人的刻板印象，甚至刻意在廣告特性上使用吸引老年人的模特兒，來推銷化妝品、護髮商品、奢華的旅行、汽車、衣服、首飾、健康俱樂部和投資。

超過六十五歲、退休的人士，漸漸成為龐大的服裝、家具、旅遊、娛

---

[47] LaFerle, Edwards, & Lee (2000)

[48] Wolburg & Pokyrwczynski (2001)

樂和健康商品等的市場消費者，他們傾向看更多的報紙和雜誌，他們偏愛的電視節目是新聞和運動節目，然而，他們會依靠大眾媒體的廣告推銷，也使用網際網路購物消費，愈來愈多超過五十歲以上的人，比起五十歲以下的人更常在網路上購買書籍、股票和電腦設備等，而愈來愈多六十五歲以上的人也開始在網路商店購買東西。現在，老年人更是廣告宣傳的重點對象，而這正顯示，年輕人在網路上就只是逛逛，為了好玩而已。

• 給殘障者廣告及其作用

差不多五分之一的美國人，也就是大概 5,000 萬人，有某些生理或心理上的失能。據估計，到 2020 年的時候也許會達到四分之一。殘障率跟著年齡也會上升。65 歲以上的人群有 40% 可能有某些障礙，相對而言，而 16-64 歲的人群則只有 19%。

愈來愈多的廣告主，包括 Ford, Netflix, McDonald's, Verizon, Wireless, Sears, Honda 等等，都在他們的廣告當中特別鎖定了殘障者，且為他們製播廣告；因為不論殘障與否，他們都能花錢。調查顯示，這些具殘障身分的人群當中，75% 的人每週至少一次上餐館用餐，69% 的人會有基於商務或休閒的旅行，很多的人會買輪椅或助聽器，而另外一些未必殘障的人群也會購買這些東西。這樣，這個區隔出來的消費市場，就完全不該被忽略了。如果你想知道更多這類的廣告，請查網：www.disaboom.com[49]。

• 給同性戀者的廣告及其作用

同性戀者，現在已經能夠逐漸展露聲音了！他們是一群怎麼樣的人呢？在芝加哥，一份約有 2 萬名同性戀的調查指出，約有近 60% 的同性戀男性與女性擁有大學畢業學位，相較於全美的人口，只有 20% 是大學畢業者，他們比起一般大眾有更好的教育。

另外一個針對 372 名同性戀者的研究上指出，他們有更好的教育地位，在大眾中也是屬於較富裕的，這也讓廣告業者逐漸增加對他們的重

---

[49] Newman (2007)

視。但是這些特性其實更適用說明男性多於女性，這份調查指出，這些男同性戀者，較常閱讀《華爾街期刊》、《商業週刊》、《財生雜誌》、《紐約人》、運動書籍和《國家地理雜誌》，他們較少閱讀《電視指南》或是《讀者文摘》，電視的偏好包括新聞網節目，如美國有線電視網（CNN）、《大衛賴特曼（David Letterman）的深夜節目》、《60分鐘》，他們很少看遊戲節目、肥皂劇和脫口秀。研究也指出，雖然他們的生活習慣也告訴廣告商，如何將廣告訊息傳達到他們身上，但是他們傾向不相信廣告，很少使用廣告來決定要不要購買商品，也認為廣告帶著優越感來看待同性戀者[50]。

在加拿大，一項針對 44 名男同性戀所做的訪談指出，他們偏愛向那些被認為受「同性戀示好」的公司購買商品。這些公司會在同性戀媒體上支持男、女同性戀的員工，和提供一些優惠給同性戀者，這些公司也很支持同性戀團體的擴大，例如：成立對 AIDS 有貢獻的慈善組織。另外，研究顯示，這些同性戀消費者拒絕讓他們感覺到討厭同性戀的商品廣告、公司，和討厭在工作上遭到歧視[51]。

・給穆斯林美國人的廣告及其作用

直到晚近，廣告主還是因為沒有看見潛在的消費力，而徹底地忽略了這個族群。另外，他們也害怕所製播的廣告，可能會對團體有所冒犯。現在，穆斯林美國人的市場已經再現江湖，而且比之前所估計的大得多，不僅快速成長，而且愈來愈為富裕。這大約六百萬的穆斯林美國人，平均而言比一般人更富有、擁有更好的教育。超過半數的人，年收入超過 50,000 美金，每季則超過 10,000 美金。他們的家庭通常有更多的孩子，並且每年在消費性商品上花費了超過 1.7 億美金。這絕對是一個萬萬不能忽略的消費市場。

很多公司正想辦法讓他們的商品能配合穆斯林法律，通過所謂的

---

[50] Burnett (2000)

[51] Kates (2000)

halal 認證；這個拉伯字意味著，哪些可以接受，那些則必須拒絕；它涵蓋了全部範圍的事物，從食品所包含的成份，一直到女人的裙子應該要多長。

最早想打進穆斯林美國人市場的先驅者，出現在密西根州 (Michigan) 的底特律 (Detroit)。底特律的一個麥當勞首先提供經過 halal 認證的雞肉堡；一個大型藥妝店 Walgreen's 在走道上設置阿拉伯文的指示牌。Ikea 則提供依照伊斯蘭律法所準備的餐點、以阿拉伯文出版的目錄，並且提供穆斯林女性員工用以罩頂的頭紗。

一個新創公司開始做伊斯蘭版本的芭比娃娃。這娃娃有著黑髮、棕眼和白色的頭巾，她的名字叫做 Fulla。Fulla 沒有工作，也沒有男朋友，整天都在做飯、讀書，以及禱告。Bridges TV 是一個開始於 2004 年的衛星和有線電視台，算是一個穆斯林電視網；他們標榜自己要成為連接東西方文化文化隔閡的橋梁，並且因而獲得了廣大的收視群眾。主流的美國公司開始在雜誌上標定了穆斯林讀者，像是 Azizah 或者 Muslim Girl Magazine；然而，出版商首先也必須先確認，他們在穆斯林市場所發行的刊物，在本質上不會過於激進或者政治化。不論消費者在哪裡，不論他們特定的需求是什麼，廣告商都已證明了他們無役不與，而且想盡辦法攻城掠地。

我們討論了許多的議題，讓我們做個結論吧！製造商和廣告業主會調整市場的策略或是根本就轉變市場，聰明的你一定要會察覺到廣告的多樣性——有時候是有價值和有訊息性，但有時候卻只是手法巧妙和迷惑人的訊息。當一個消費者，你必須記得古老的法則，貨物售出門，概不退還，你要買東西——不管是觀念、政策哲學、價值、理論、研究發現，即使是心理學的教科書——請你一定要當心！

········· 摘　要 ·························

　　消費心理學研究研究消費者的行為，包括了焦點團體、動機研究、行為觀察、大腦認知研究，以及偏好研究等。廣告效應的研究則可以直接透過測量、回憶，以及再認、生理測量、銷售測驗、禮券回應等等來進行。廣告的類型包括了直接銷售、商品形象、消費者知覺，以及消費習慣。廣告訴求包括了正向、負向、混合的，同時亦包括了名人代言的方式；廣告商品也隱含了優越主張，以使消費者傾向於相信，假使能擁有它，我也會變得一樣的優越。

　　品牌可以為廣告帶來效益，製造長久的印象以供消費者記憶，並且能驅使消費者購買；包裝則可以影響購買的意願。與性意味有關的印象，是廣告常誤以為有用的，然而事實上，它只讓人們被廣告吸引，卻未必讓人對廣告的商品有清楚的記憶。

　　廣告並不總是讓人喜歡，許多人並不喜歡電視的商業廣告，並且避免看他們。即使讓他們看廣告，他們也只能記得 3 ～ 4 個而已。網際網路的廣告正在慢慢的增加，簡單的網頁設計能有效地讓人記得廣告中的商品。雖然有些消費者會抗拒網路購物，例如有關於購物的付費、信用卡的安全、不能實際看到或摸到商品等；相較之下，男性比起女性更常在網路上購物。信用是網路消費的要素。人們花了更多的時間在看網路廣告，更甚於回應訊息和認識商品。

　　品牌的定位（例如：透過廣告情節而使商品有某種情節特性與氣氛），能有效影響消費者對於商品的意見。品牌忠誠可以使消費者排除掉競爭商品的廣告作用。人們容易以商品的價格，來認定商品的品質。

　　在美國，拉丁裔、黑人、亞洲人等種族的差異，隱含著獨特的文化需求和價值，廣告商必須對這些差異有所反應，我們可以在雜誌、電視商業廣告上看見這些演進的過程。其他的廣告目標群體如兒童與青少年、中高齡者、同性戀團體，乃至於穆斯林美國人，即或是男人或女人，也都各自有其特色與屬於自己的影響力。

關鍵字

- 焦點團體　　　　　　　focus group
- 回憶增量　　　　　　　aided recall technique
- 再認法　　　　　　　　recognition technique
- 銷售測驗法　　　　　　sales test technique

問題回顧

1. John B. Watson 對於消費者行為研究有什麼貢獻？

2. 請描述全美廣告者協會對於廣告效益的研究結果。

3. 對個人來說，網路消費有什麼好處？

4. 請說明焦點團體如何歸結結論？請比較焦點團體研究的好處和限制。

5. 在消費研究上，Ernest Dichter 如何研究包裝的混合效益？

6. 如果你的工作是在城市裡進行超級市場蛋糕的消費者行為研究，你要如何設計一個研究計畫？你準備在這個研究中解決什麼樣的問題？

7. 請說明消費心理學家可能使用什麼樣的技術，來測驗廣告的效用？

8. 請針對報紙和雜誌上的折扣券，說明其研究有什麼結果？什麼是在網路上所獲得的禮券，它們比起報紙上剪下的禮券，有什麼好處？

9. 廣告中哪一種訴求的方式能讓消費成績更有效？是正向的或是負向的訴求？有衝擊的或是令人害怕的訴求？請各舉一個例子。

10. 請描述商品的包裝、商品的價格、在廣告中使用性意味等，對於消費者行為會有哪些效果？

11. 哪些因素能幫助我們記得曾經看過的廣告？那麼，醫藥廣告又該如何產生效果？

12. 什麼是網路廣告的好處和壞處？

13. 喜歡在網路上購物的人，與不喜歡在網路上購物的人，有什麼不同？

14. 人們喜歡在網路上購買什麼樣的商品？網路上又有哪些商品，是他們至少會喜歡購買的？

15. 什麼是品牌定位？對成人、對小孩的品牌定位，會如何產生效果？

16. 如果廣告對象是拉丁裔，你如何設計一個高級家具的廣告活動，以使他們願意接受？你會使用什麼媒體來行銷你自己的廣告？

17. 請描述拉丁裔和黑人族群，在消費行為上彼此有什麼不同？

18. 在美國的消費市場上，美籍華人的特色是什麼？

19. 你有沒有想過，針對未滿八歲的小孩的廣告行銷，可能觸及哪些倫理議題？

20. 中高齡消費者偏好什麼樣的廣告呢？如果你要接近銀髮族市場，在電視和網路之間，和者會更為有效呢？

21. 在消費者行為上，同性戀者與非同性戀者有什麼不同？

22. 在對穆斯民美國人的廣告上，有哪些可能的困難和機會呢？

第六篇

工程心理學

工程心理學家致力於設計舒適的、安全的，以及有效率的職場環境。從辦公椅的調整、電腦螢幕的亮度，乃至於你車內的各種控制系統，心理學家研究工作生活中的層面，以期工作能少點壓力、多點效率。第十四章說明工程心理學家如何透過工具、設備，以及工作現場的設計，來確保這些物理設施與員工的需求和能力之間能彼此更為相容。

第十四章　人因工程心理學

本章摘要

第一節　工程心理學的歷史與範圍

　　我們已經討論 I/O 心理學的許多層面，像是如何協助提高員工的生產力、生產效率，以及工作滿意等議題；我們也知道了應該如何挑選、訓練、管理，並且有效地督導與激勵；另外，我們也描述了如何改善工作條件、工作環境，以提升工作生活品質。只有一件事情，我們或許說得太少了，現在值得多說一些，那就是：如何設計員工們在工作與場域中所使用的機械與設備。

　　工具、設備，以及工作站等，都必須跟使用它們的員工們相容。我們或許可以把這個當成一個團隊運作來看待，個人與機器之間，都沒有辦法各自獨力完成工作。如果人及其工作雙方想要在「人與機器的系統」內順利合作的話，他們必須彼此相容，以至於彼此都能順利地彼此截長補短，而且各自發揮長才、不會互相干擾。

　　這種人與機器之間的搭配，就是工程心理學（engineering psychology）的範圍；這個學科也稱為人因學、人因工程學；英國心理學界則有一個術語，即「ergonomics」，即「工效學」。這個術語來自希臘文，字首 ergon 代表「工作」，而 nomos 則是指「自然法則」（natural laws），也就是說，人因工程是人類工作的自然法；這是一門依據人類自然行為的律則，透過系統化的歸納，以設計出效能更高、更易於操作的機械之科學。

　　在 1940 年代之前，機械設備都只有由工程師們自行設計。而在設計的時候，他們通常只考慮到機械功能、電力供給與體積大小，幾乎不曾顧及到員工們如何使用，或者如何易於使用、適應這些機器。此外，他們認為，不能為了配合人類的生理條件，就想辦法改變這些機械；換言之，不論這些設備讓你多麼不舒服、多麼疲倦或是暴露在什麼樣的危險之下，你只能想辦法來適應。最初，機器設備被當成工作中一個穩定不變的因素，而且是比較重要的部分，人類則是去適應、去調適，並且改變自己的動作或者狀態，來滿足機器的要求。因此，工程心理學主要用來分析複雜工作，使其簡單化；研究者透過時間—動作的研究，想辦法讓機械能較為適合人的操作，以謀求機器運作與生產的效率。這多少忽略了人在操作機械

時的生理條件。然後，機械變得太過複雜，機械的控制變得需要高度的技巧、速度以及專注力，而這也都漸漸地超出了人的負荷。

不過在第二次世界大戰的時候，因武器的使用而有了相當大的突破與發展，因為這些武器得配合人類的能力，才能夠被有效地利用。我們不僅要考慮人的肌耐力，還要考慮人在即時情況下進行決策所遭遇的感受、知覺與判斷。讓我們看看一些例子，戰機飛行員必須在危險的環境下、千鈞一髮之際，決定如何反應、行動；雷達與聲納的操控員也必須具備相當高難度的技巧，才能適當判讀或者反應；然而，戰場上的真實情況是：機械設備都運作得很好，但是出錯率卻實在太過頻繁。大部分的炸彈沒有落在正確的位置上，友船與友機常常被誤認而遭到攻擊；就連鯨魚，也使潛水艇的偵測發生了錯誤。這樣看來，即使機械功能再怎麼完善，人與機械的共同運作過程假若不能相互配合，實際上也沒有用。後來，與在第一次世界大戰中，為了篩選官兵而發展心理測驗一樣，工程心理學也有飛快的發展。政府當局開始認為，在設計機械的時候必須考慮到人類的能力與極限，這種顧全了人類因素與機器因素的整全系統，才能夠發揮最大的效用。心理學家、生理學家與物理學家，都加入了工程設計，使得飛機座艙、潛艇與坦克車的士兵位置、軍人服裝的成分與材質等，都漸漸地改善。

事實上，有些飛行員是因為工程心理學的推動，才活下來的。在那之前，不同型號飛機駕駛艙的儀表板和操作方式完全不同，沒有標準化。你想想，若是一個飛行員習慣了某種型號的飛機，突然被分配到另外一種型號，他就得面對完全不一樣的儀表板與操作方式。很可能老飛機的機翼控制器的位置，剛好是新飛機控制輪子的地方。稍微想像一下那個畫面，在你開車的時候油門與煞車剛好位置顛倒，會是個什麼樣子；正在緊急情況下，你得踩煞車，但是你踩到了什麼呢？

即使是同一個駕駛艙，某個開關往上推是開啟，但是另一個開關要開啟卻是往下拉；甚至某些操作裝置長得幾乎一模一樣，還在同一區，這肯定會讓你分神而無法順利區辨。這些都是真實的問題，而且已經有許多的飛行員因為這樣的設計而喪命；工程心理學家的使命之一，正是面對這些問題並且重新設計。

飛機上的不良設計使得 66% 的意外事故，根本就是駕駛艙的問題。

國家運輸安全委員會（National Transportation Safety Board）爲了這個問題，找工程心理學家來幫忙。他們的工作就是修正駕駛艙，以減少駕駛的疲累；重新設計儀表板，以打造健康而沒有壓力的環境。這些努力都對防止意外的發生有一定的貢獻。其他意外也常常是因爲設計不良所導致。1979 年，美國賓州的三哩島發生了一個重大的災難。工廠的電源儀表室和中央控制室距離實在太遠，當員工發現了儀表板出現危險訊號的時候，來不及跑到控制室去處理故障的機器。雖說這部分也由於員工在半夜輪班的時候缺乏警覺心，但另外一部分，則是由於設計上忽略了人的需求。爲了防止這類意外再次發生，原子能委員會規定，核能的電源控制室必須符合人性化操作的相關規定。

另外，工程心理學的研究成果，也讓人們搭乘交通工具的時候，更爲安全。相關的研究報告包括汽車照明度、機車車頭燈與煞車燈的位置、顏色與亮度，或是汽車儀表板的顯示與操控等。這些成果是由於一份工程心理學的報告指出，在 8,000 部車輛的研究當中發現，高裝的煞車燈可能會降低高達 50% 比例的車禍。

工程心理學家也研究，如何在晚間讓交通號誌與馬路標誌看得更清楚。事實上，他們還調查酒精對駕駛行爲的影響、人在駕駛的時候如何知覺，以及駕駛在遇到事故的時候會怎樣作出判斷、需要多少反應時間等。

還有，連汽車窗戶的色彩能見度與遮陽效果，也是工程心理學家的研究興趣。研究發現：透過有色的後車窗觀看一個移動的物體，像是行人或車輛之類的，可能會減少人們的覺察度。儘管如此，很多人還是想使用遮光膜，甚或研究證實了有色車窗的遮陽效果只有所預期的一半；而且，年紀大的駕駛更爲容易受暗色系後車窗的影響，有一個研究發現，六十到六十九歲駕駛的光線對比性的知覺，比二十到二十九歲的人要低得多[1]。還有研究發現，開車時使用行動電話，會減低駕駛人在反應時間上的表現，使他們更來不及反應。不論什麼年齡層，這都讓危險就在身邊；更何況研究指出，中高齡的駕駛們在這方面肇事的危險更爲明顯。相關的研究於是讓政府得開始限制開車時不得使用手機。

---

[1] Lamotte, Ridder, Yeung, &DeLand (2000)

　　工程心理學家還能設計各種不同的產品，包括牙齒、外科手術的器具、攝影機、牙刷，以及汽車裡的杯座等等。在過去，他們甚至重新設計了郵差攜帶信件用的袋子。你一定很好奇，這為什麼要重新設計呢？那是因為約有 20% 的郵差因為背負寄件袋，而導致由下背一直延伸到肩膀的肌肉傷害。新的寄件袋增加了一個腰部的支撐帶，設計上也改成雙肩背帶，以減少肌肉的疲勞和傷害。

　　在美國、歐洲，以及亞洲地區，工程心理學在汽車、電子，以及食品業的生產環境規劃方面，都有相當不錯的發展。某些居領導地位的公司充分地運用工程心理學，包括了 General Motors、Daimler Chrysler、SAAB、Volvo、IBM，以及其他的電腦製造商[2]。

　　研究顯示，那些引用工作法學、也就是工程心理學概念的公司，增加了 1% 到 12% 的獲利。例如在汽車上加裝高裝煞車燈，也就是第三煞車燈，雖然只需要 10 美元，但是這項投資可能由於減少 50% 的追撞，而節省了約 4 億 3,400 萬美元的汽車修理費[3]。

　　工程心理學融合了各種不同學科的協助；其成員主要是心理學家、工程學家，但也包含了從醫藥、社會學、物理動力學、人類學、電腦科技，以及其他行為和物理科學的專業，並且發展各類的專業組織。

第二節　時間—動作研究

　　早期的時間—動作研究（time-and-motionstudy），主要是嘗試重新設計工作所需的工具與設備，以及重新形塑工作的程序與方式。主要有三位先驅者致力於此，而他們的焦點在於如何使勞動更有效率。

　　第一個對特定工作的系統性研究，始於 1898 年，Frederick W. Taylor，也就是科學化管理的倡議者。當時，他在一家大型鋼鐵工廠的委託之下，進行了一項關於「鏟煤」工作的研究。他觀察工人們如何使用各

---

[2]　參閱 Hagg (2003)

[3]　Stanton & Baber (2003)

種大小與形狀的鏟子，發現男性們每次抬舉的負荷量大約從 3.5 ～ 38 磅之間；而經由實驗，他明確地決定了最合適、最有效率的單次負荷重量，是每鏟 21.5 磅：一次鏟舉太多或者太少，都會加速消耗工人的力氣。他更進一步地主張，應該依據鏟子的長度來決定不同的材質、握把，如比較重的、鐵製的鏟子應該比較短；而比較輕的、木頭製的鏟子，則可以比較長。

即使變更鏟子的設計，可能會增加成本支出，但是 Taylor 的研究結果卻替該公司省下了每年 78,000 美元，這在當時可是一筆頗為可觀的數目。新製的鏟子能夠讓 140 人完成 500 個人才能完成的工作；更好的是，公司得以調漲 60% 的工資，而這實際地增加了員工的利益[4]。

Taylor 的研究最早呈現了工具和工作效率之間的關係。下一位在這個領域的先驅則是工程師 Frank Gilbreth 與心理學家 Lillian Gilbreth。他們比其他的人更暢議一種新的研究類型：時間—動作研究。當 Taylor 正專注於工具設計、誘因酬賞系統的時候，他們兩位則將興趣放在工作表現的機制上。他們的研究目標，在於減少多餘的、不必要的動作[5]。

他們為什麼會有這個構想呢？原來 Frank Gilbreth 在十七歲的時候擔任一個水泥工的學徒。他注意到某些工人在工作的時候，會有一些多餘的、不必要的動作；於是他自己設計了一套快速、敏捷而且有力的動作，僅僅一年，他就成為整個團隊中速度最快的水泥匠。有一次，他說服了其他人使用他的方法，結果整個團隊達到比以往更高水準的效率，甚至高出許多。

Frank Gilbreth 分析塗抹水泥時手部與手臂的動作，並且從效率的角度重新設計這些動作，這樣可以減少一些多餘的動作；於是，泥水匠每小時可以抹上 350 次，遠勝過先前的 120 次；請注意，這些效率的提升並沒有強迫員工們更賣力，而是根據動作與時間的分析，將每次抹平的動作從 18 個減成了 5 個。

Frank Gilbreth 與 Lillian Gilbreth 也開始將時間—動作經濟學的概念，

---

[4] Taylor (1911)

[5] Gilbreth (1911)

應用在家人和自己的日常生活上。例如：Frank Gilbreth 在扣背心鈕子的時候，一定由下往上扣，因為這樣比起由上往下扣少了四秒鐘；刮鬍子的時候，他會左右各用一支刮鬍刀，而這比只拿一支還要快上十七秒。Gilbreth 對自己的 12 個小孩的行程排表，拍成了電影《Cheaper by the Dozen》。如果想知道更多 Taylor 的生活與工作，請查網：www.netmba.com/mgmt/scientific；至於 Frank Gilbreth 與 Lillian Gilbreth，請查網：www.gilbrethnetwork.tripod.com。

　　Gilbreth 所發現的技巧，也讓時間—動作工程師（有時也稱為效率專家）得以協助各種工作減少一些多餘動作的發現；像是外科醫師在動手術的時候，可以根據工作的需要與習慣來擺設工具，以節省取用工具的時間。

　　下一次你看見 United Parcel Service（全美快遞）的貨車，可以特別注意一下司機的動作。他們的每個動作都是依照時間—動作分析的結果而設計的：駕駛員會用左手臂夾住包裹、用右腳踏出第一步，而他們走路大約是一秒三步的速度，並且會用牙齒咬住車鑰匙；所有不必要的動作都被省略了，而這讓司機能工作得更快、更有效率，也更節省自己的力氣。

　　時間—動作研究的重要結果，大多運用在生活中那些規律而重複的行為。一個典型的研究程序，是用攝影機記錄全部的行為動作、加以分析，然後盡量減少多餘的動作（運動心理學家與教練們，也常常利用這個方法，來分析運動過程中的肢體活動）。

　　經過多年的研究，心理學家成功地發展出使工作變得更有效率的一些方針。這些方針可以讓需要付出勞力的工作變得更為容易、更為快速，也更為精確：

1. 盡量減少員工拿到工具、零件和補給，或者是移動到機械設備的距離。
2. 盡量讓雙手的動作能夠對稱進行，並且，使用右手來控制右方的操作，左手來控制左方的操作。
3. 除了正式的休息時間之外，雙手盡量都不休息。
4. 如果能用到身體的其他部位，就盡量不要讓手做太多的事，尤其是多多利用雙腿和雙腳。我們可以使用腳步控制裝置，一樣可以讓手去忙別的事情。

5. 只要可行,都盡量利用器械來操作物件,例如能用老虎鉗,就盡量不徒手。

6. 工作椅或者工作桌的高度,都要盡量足夠,好使工作能夠在坐著或站著的情況之下,都妥善的進行。變換工作位置,往往也能減輕疲勞的程度。

你或許以為,這些簡化工作的指導方針,會受到所有人的熱情響應。畢竟這能讓公司增加產量,同時讓員工更輕易上手。對管理階層而言,時間—動作研究的確是一個討喜的好研究,但是對員工或是工會而言,卻未必這樣想,他們對此多所懷疑,甚至可能懷有敵意。他們說,動作—時間研究唯一的理由,就是要員工做得更快;而這將會使得薪水變少,甚至裁員,因為不需要原先的員工,也可以維持相同的產能。這些考慮在某些程度而言,並不是沒有道理。另外一些員工們則抱怨,工作簡化了之後,變得很無聊,一點挑戰性跟責任感也沒有,最終則變得缺乏工作動機,而這便很容易導致低度的產能。

時至今天,時間—動作的分析已經更為廣泛地運用在例行化作業,像是生產線之類的情境;當操作程序、機器設備與機械功能都日益複雜,而人與機器的整體關係更顯要緊的時候,我們就會需要一個人與機械之間更為繁複配合的思考取向。

第三節　人機系統

人機系統(person-machinesystems)是將人和機械視為必須共同完成一項作業的一組關係,缺一不可。如果其中一個元素不能運作,整個系統就都會受到影響。例如:一個人推著一部割草機,就是一組人機系統;小至駕駛汽車、玩電動玩具,大到繁複地駕駛一架巨型飛機,都是一組人機系統。

在所有的人機系統當中,人員都需要關於機械各種條件的顯示器,並且根據機器所提供的資訊,來調整個人的操作(見圖 14-1)。例如:當你開車上高速公路的時候,想要定速巡航,你會先看看儀表板上的時速表,檢查自己到底開得多快。只要簡單的把油門踩鬆一點,你就可以減少

進入引擎的汽油量，以完成減速的動作；並且，你到底減了多少的速度，也會透過時速表來得知；然後，你才繼續開車。

　　你會看外在的情況，像是有沒有遇到限速標誌或是塞車，來判斷加速或減速；而汽車時速表則反映你調整之後的速度，讓你知道車子是否按照你要的速度運作。這就是複雜的人機系統原理，並且這個概念使工程心理學有了更新的發展。

　　人機系統的應用，使人類在操作機械的時候更為靈活、順暢。在駕駛飛機或是開車遇到壅塞的時候，都需要人員來操作，甚至飛機在自動駕駛狀態的時候，駕駛員也必須掌握各種可能發生的緊急狀況。不過像有些工廠生產線的人機系統，已經不需要人們太多的操作，例如油量控制、零組件組裝等動作，都可以由機械自動化來完成。

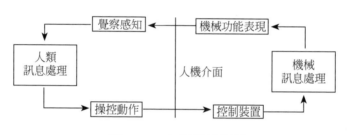

⊛圖14-1　人機系統圖示

（取材自 "Human Factorsinthe Workplace" by W. C. Howell, 1991. In M. D. Dunnette and L. M. Hough (Eds.), *Handbook of Industrial and Organizational Psychology*. 2nd ed. ,Vol.2, p.214. Palo Alto, CA: Consulting Psychologists Press.）

　　即使自動化設備能自行運作，但它們並不能自己設計、建造、維修，或者自行更換燈泡；直到目前為止，還沒有人發展出可以自行設計、重製，或者修復其他機械的人工智慧。不論是人員或是機械涉入這個系統的程度是多是少，人員還是這個系統中最為關鍵的核心；尤其是在自動化機械無法判斷或者繼續操作的時候。對此，工程心理學家也必須設計出一種監控設備，以協助人員能隨時警覺、注意到錯誤或故障的發生，並且能立即做出適當的反應。工程心理學家也開始注意到要讓工作豐富化的議題，以期能進一步確保人員不會疲憊或者無聊。

• 功能配置

設計人機系統的起初步驟，就是決定人員與機械到底要如何分工。為了這個分工能夠適當，整個系統各個功能的步驟或程序，都必須進行嚴密的分析，以決定系統的種種特徵：速度、精準度、動作頻率，以及動作時的壓力水準。一旦這些訊息都有了評估，工程心理學家就能進行人員功能與機器功能的配對，並且根據人員與機器雙方可能的缺點與限制，來設計機械設備。

心理學家、生理學家與醫生們的研究，提供了關於人類的各種優點與缺點頗為可觀的資訊，以呈現人類如何優於機械，或者某些遜於機械的功能。一般來說，機械在下列的範疇當中，比人類的能力為優：

1. 機械比人類有更高的偵測敏感度，比如說機械可以偵測雷達波，以及紫外線。
2. 機械可以進行長時間的監控，以了解計畫是否出錯，並且更細緻地了解狀況。
3. 機械可以精密地大量計算各種數值。
4. 機械可以準確地儲存或是回收大量的資訊。
5. 機械擁有比人類更強大的力量與速度。
6. 機械只需要適度的保養，就可以持續操作。

但是機械並不是完美無缺的，它們也有些限制與缺陷：

1. 當環境中的情況有所改變的時候，機械往往無法靈活地運用，因而處於一種不利的狀態之下。即使最複雜的電腦，也只能按照所設計的程序進行動作。
2. 到目前為止，機械還無法從錯誤中學習，以修改自己的動作。因此，仍然得靠人為的操作，才能夠修改既定的動作。
3. 機械沒有智慧，不能找出原因，或是發現不在標準步驟中的各種創新機會。

有時候，全自動化系統的後果，並非全然美好，甚至可能有些災禍。想想看，一般而言，大眾運輸系統在正常運作的時候，駕駛員只需要操作監控系統而已。可是當機械系統發生失誤的時候呢？在佛羅里達州邁阿密的捷運系統，一份關於列車靠站失誤的報告指出，當列車系統發生

失誤的時候，有 10% 的情況是駕駛員立即按下緊急強制停駛的按鈕，然而，列車依然會超過月臺位置；倘若這時候駕駛員沒有及時介入，列車將會過站不停，直往下一站開去。然而，駕駛們表示，因為他們需要操作的動作實在太少，因而時常會失去警覺心；事實上，他們並不常使用到在駕駛訓練的時候所學習的各種技術或者動作，於是，工作不但變得無聊，還缺乏挑戰性與反應空間。尤其，當駕駛員們養成了過度依賴自動控制設備的習慣時，也正漸漸地失去處理危機的能力。

　　層出不窮的問題，也發生在飛機上。過去，歐洲製造的客機空中巴士，都是由大型電腦控制，在飛行的時候幾乎都是自動控制的，機長只需要注意電腦的狀況就好了；而美國製造的波音 777 則有不同的原理，它能將自動駕駛轉移成為手動駕駛。而現在，所有大型客機都有高性能的電腦，都具備飛行設備與自動駕駛；大部分的時間中，機長都在監控由電腦提供的各種飛行資訊，而非自己操作駕駛。當然，在這樣的狀況下，機長很容易由於無聊而失去注意力；美國聯邦航空協會（FAA）也發現到，駕駛員常常因為過度依賴自動駕駛，而造成本身技術的退步。或許我們可以說：在這些飛機的人機系統之中，人與機械的功能配置不均，使得飛機本身具備了太多的機械功能，反而忽略了人員的能力。

　　一項研究曾經清楚地描繪這個現象。他們觀察了 27 架商務飛機的飛行員，發現有一半的飛行員會因為失去警覺而讓機翼結冰。一般來說，一旦有雪花降到機翼上，顯示器會提醒駕駛必須處理積雪的問題，但是駕駛們卻一直等到結冰的時候才發現。這表示駕駛員們對於自己判斷力的信心，高於依賴電腦所顯示的資訊。

　　在美國，一項針對 30 位飛行員的調查發現，自動化飛行系統只能和飛機部分的機械彼此聯繫，卻不能和人類有所互動。在飛行實驗中，駕駛員往往會在自動飛行系統出現失誤的時候，來不及反應，因而危害到飛行的安全。這樣看來，對人機系統而言，只有在緊急情況出現，需要做出判斷和反應的時候，人員才會成為主要的操作者[6]。

---

[6]　Olson & Sarter (2001)

第四節　工作空間的設計

　　由於工作空間設計不良而肇致傷害的例子，可見於美國 M-1Abrams 型坦克車。坦克車內部是人員的工作空間，其設計可能影響人員的工作表現，像是戰鬥效率等。這款坦克車因為缺乏工程心理學的協助，而沒有考慮到人員的需求與能力；當坦克車進行試驗的時候，29 位駕駛員當中有 27 位發生嚴重的頸痛與背痛，甚至需要就醫治療。另外，駕駛員也看不見眼前 9 碼的地面狀況，以至於無法順利地避免障礙物或是跨過壕溝。當駕駛員在駕駛坦克車的時候，有一半的砲手、駕駛與指揮官，都覺得引擎與炮塔風扇運作的聲音太大，甚至大到他們聽不見彼此談話聲音的程度；同時，也因為能見度太差，裡面根本看不清車外的種種問題。

　　駕駛們與指揮官們都表示，這款坦克車的擋泥板設計太差，根本無法保護士兵不被履帶所帶起的泥漿弄髒。顯然地，在設計 M-1 坦克車的時候，幾乎完全沒有工程心理學的幾個考慮，甚至沒有考慮到人員要如何操作機械，或是人員如何與坦克車配合、擺出戰鬥隊形的問題。

　　不論是在電子零件裝配臺、報紙廣告企劃的螢幕，或是機車的座墊，一個讓人機操作便利的空間設計，都應該包含以下的條件，這些條件也是根據之前說過的時間—動作研究所建立的：

1. 所有工作中的材料、工具，以及各式的補充品，在空間設計時，都應該要遵循這個前提：必須讓使用者在工作時的動作，能保持連續且順暢。

2. 工具必須放在隨手可得的位置上。像是工作上會反覆使用到的螺絲起子，可以使用彈簧捲掛在工作臺上，如此一來，員工要用的時候不必費心去找，用完之後也可以方便放回去，以備下次使用。

3. 所有的材料與工具，都應該放在隨手可及的範圍之內（大約 28 英吋）。因為在工作的時候，如果得讓員工不停地移動才能取用工具，就會增加疲勞的程度。

　　請見圖 14-2，這就是一個工作空間規劃良好的例子。這個圖顯示了一個雷達操作員或電子監控員的工作空間。這個工作包括了監控與操作複雜設備的情境，而圖中的工作者坐在有著柔和的光線，以及有著刻度表、

❀圖14-2　監控型的電腦桌安排

（取材自 K. Kroemer, H. Kroemer, & K. Kroemer-Elbert, *Ergonomics: How to design for ease and efficiency*, 2nd ed., Upper Saddle River, NJ: Prentice Hall, 2000, p.384.）

開關等設備的控制臺。這個設計看起來相當不錯，足以使工作者看見並拿到所需要的東西，也沒有操作不易觸及的設備而導致不良坐姿的問題，事實上，他甚至不用離開座位，就能完成全部的工作。

　　將工程心理學應用在個人重複運作的工具大小與形狀上，就能增進工具使用的簡易性、安全性，以及減少使用者的疲累。例如在拿榔頭的時候，手腕應該保持挺直，才比較不會受傷。根據工程心理學所發展、設計良好的鉗子，其設計圖可見圖 14-3。

❀圖14-3　利用人因工程設計出的鉗子

（取材自 "Ergonomics", 1986, *Personnel Journal*, 65(6), p.99.）

如果在使用榔頭的時候，你的手腕是彎曲著的，就很容易傷到手腕神經和肌肉；腕管症候群就是因為手腕不斷地反覆同樣的動作，所造成的傷害。這種併發症普遍發生在長時間演奏鋼琴、編織、打電動玩具等類似活動上。如此可見，一個適合手部使用的的工具，不僅會影響身體健康，也會影響生產力以及物品使用的滿意度。

一個針對市政廳 87 位文員所做的研究指出，研究者提取四個人因相關因素，包括座位、鍵盤、電腦位置與螢幕，運用工程心理學原理來重新設計工作環境；大部分的修改像是新椅子、椅墊、腕墊，以及螢幕護屏等，成本都相當低廉，卻能夠改善員工的背痛，提升員工對工作環境的滿意度[7]。

工程心理學中有一個分支，稱為人體測量學（human anthropometry），針對人體的各個構造進行測量，以決定如何設計出適當的工作空間。他們從各種日常生活的行為動作當中，抽取大量簡單化且具代表性的訊息，例如站姿與坐姿高度、肩膀寬度、胸膛厚度、腳與手的長度，以及膝蓋角度等。然後，將這些訊息實際應用出來，像是設備或者書桌的長度、正常或最大觸及距離、座位大小與形狀、螢幕最佳視角等。如果要將工程心理學推展到全球各地，我們就需要針對不同種族的人體進行測量，並且取得一些平均數值。舉例而言，中國人（或亞洲人）與德國人（白種人）的人體測量，可以獲得某些重要的訊息；例如中國人的身材較小、手與手臂較短、腿也比較短，你發現了嗎？我們所量測的各種數值，正影響我們在不同種族中的工作空間與工具的設計。

全球每天都有數百萬人在辦公桌前，或者在銀行工作，假如我們所坐的椅子設計不良，很容易就會引起背痛、頸痛，並且容易感到疲憊，接著，就影響到生產效率；而這件事情可能發生在我們想得到的各個有椅子的地方。事實上，目前大部分用品的設計都已經開始採用工程心理學的成果，而且它們的製造原則，必須來自各種不同工作環境中的相關資訊。如果你需要例子，那可到處都是呢。你有沒有注意到，我們的椅子現在變得比較寬大了，為什麼呢？因為我們要用呀。很多地方的座椅已經變得比較

---

[7] May, Reed, & Schwoerer (2004)

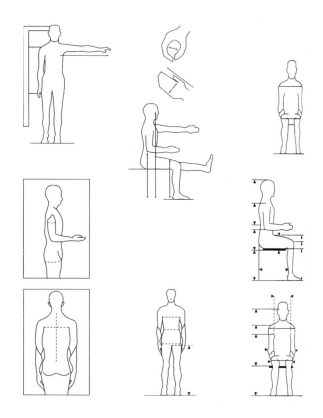

⊛圖14-4　一般日常生活中的人體姿勢測量

（取材自 R. S. Bridger, *Introduction to ergonomics*, 2nd ed., London & New York: Taylor & Francis, 2003, p.64.）

寬了，例如飛機、體育場、電影院、地鐵等。跨越華盛頓州 Puget Sound 大河的渡輪，原本搭乘 250 人、座位 18 英吋寬；現在因為裝了比較大的椅子，只能坐上 230 人。

第五節　訊息顯示：資訊的呈現

在人機系統當中，人們運用身體來操作機械，但是他必須先接收來自機械的訊息，以便掌握機械的相關狀況。例如開車的時候，你需要視覺訊

息（時速表、溫度表及油表）或聽覺訊息（在你發動引擎時指示繫上安全帶的警告訊號）。在日常生活中，你甚至需要觸覺的例子，例如引擎發動之後的震動感。

那麼，我們該如何設計這些訊息的呈現方式呢？我們必須讓人和機械之間，能夠以最有效，同時最具意義的方法來溝通。在下列的狀況中，視覺顯示的方式最為適當：

1. 在資訊很長、難懂，而且相當抽象的時候。
2. 當環境太吵而不適合使用聽覺刺激來顯示的時候。
3. 當訊息來自不同的資料組合而成，而我們必須清楚地接收訊息的時候。

而在以下的情況當中，聽覺呈現會是更有效的設計：

1. 在資訊頗短、簡單而且直接的時候。
2. 訊息為緊急信號時，聽覺會比視覺更容易受到刺激。
3. 當環境太暗，而不適合使用視覺的時候。
4. 操作員常常需要移動位置，而不在定點工作的時候；因為耳朵可以接收或遠或近，且不同方向的訊息，不像視覺訊息，你必須聚焦才能看見。

• 視覺呈現

視覺呈現上一個常犯的錯誤，就是加入了多餘的訊息。比如說，大部分的駕駛並不需要儀表板上的轉速計，來告知引擎的轉速。這個情況在一般載客的汽車，不會帶來太大的影響，但是如果發生在飛機身上呢？飛機上已經有大量的資訊必須顯示了，若是還要再加上這些根本多餘的訊息，駕駛員要出錯就會變得更容易。於是，在這類的情況下，工程心理學家就必須問：這個資訊在這個系統當中有沒有必要？如果這個訊息不是必要的，我們得減少駕駛員忙中有錯的機會；然而，如果這個訊息是必要的，我們的問題也許就應該是：我們如何加強它的顯示效果呢？

對人機系統而言，有三種最為典型的視覺顯示方式：量化顯示（quantitative）、質化顯示（qualitative），以及檢核顯示（checkreading）。

1.量化顯示：量化的視覺顯示（quantitative visual displays），在於呈現精準的數量。在人員面對速度、高度或是溫度的時候，需要知道機械系統的情況；這時候，精準的數值可以有效地幫助人員。例如飛行員在駕駛飛機的時候，必須知道飛行的高度（比如說 10,500 英尺）來比對他的飛行計畫；如果這個數值不夠精確，只是一個大概的近似值的話，很可能會讓在霧中飛行的飛機撞山。

量化訊息有五種方式可以呈現，包括直立式的、水平式的、圓形的、半圓形的，以及開放窗格。其閱讀方便性和準確性如何呢？我們把這些儀器放在實驗室裡進行測試，看看哪一個儀器更能讓受試者正確地閱讀訊息；結果呢？你在中間所看見的那一個開放窗格（open-window），比其他的要少出錯。直立式讀表的讀錯率，則比其他的要高三分之一。

唯一比開放視窗更容易讀取訊息的量化顯示方式，就是數字顯示，因為數值能夠直接顯示相關狀況，不需要其他的知覺判斷。你所熟悉的例子包括時鐘、手錶、DVD 播放器、微波爐，以及許多的電子產品。

數值顯示的方式雖然比其他方式容易讀、出錯少，但是，如果這些訊息的產生相當快速而且容易變動的話，人員在操作上就容易一時反應不過來，換言之，它仍然有某些不太適用的情況；重型機械的溫度計就是一個例子，我們在意的不只是機器的溫度上升或下降的幅度，有時候，我們更在意上升或下降的速度，而數值顯示的方式，在這方面並不出色。

2.質化顯示：質化視覺顯示（qualitative visual displays）。有些時候，我們並不需要知道精準的數值，只需要知道安全與否，或者有沒有在適當範圍內；這時候，我們就可以使用質化顯示，例如：我們在開車的時候，不需要知道引擎的溫度，只需要知道溫度有沒有在安全範圍之內就可以了。

典型的質化顯示，可見圖 14-5。我們在操作機器的時候，通常會使用顏色來進行編碼。紅色代表過熱或是危險，綠色則代表安全。這種顯示方式既快速又準確，也能減少我們用在理解訊息的時間與心力。當我們必須同時確認好幾個質化顯示的時候，標準方式是把它們並排在一起，讓它們看起來都一樣，並且在可操作的範圍之內，以利我們容易準確地讀取、發現異常，並且採取反應（見圖 14-6）。不論在飛機駕駛艙、電腦控制室，或是自動化的製造廠等等，你都可以看見這類的裝置。

451

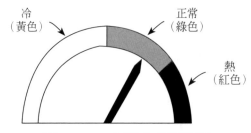

✤圖14-5　一個質化視覺顯示

（取材自 *Human Factors in Engineering and Design* (p.76) by E. J. McCormick, 1976, New York: McGraw-Hill.）

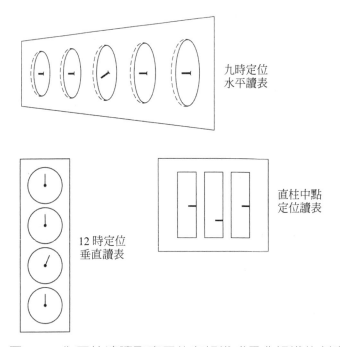

九時定位
水平讀表

直柱中點
定位讀表

12 時定位
垂直讀表

✤圖14-6　為了快速讀取實用的有組織或是非組織的刻度

（取材自 K. Kroemer, H. Kroemer , & K. Kroemer-Elbert, *Ergonomics: How to design for ease and efficiency*, 2nd ed., Upper Saddle River, NJ: PrenticeHall, 2000, p.491.）

3. 檢核確認顯示：檢核確認顯示（check reading visual displays）是一種簡單而明瞭的視覺顯示；主要在於顯示系統狀態能否繼續運作，換言之，是一種關於「行動或者不行動」的提示。例如「開或者關」、「安全或者不安全」、「操作正常或者異常」等，車輛的引擎溫度標示，只需要

顯示正常或者過熱，以決定繼續開或者停下來。

　　大部分的檢核確認顯示，幾乎都是採取警示燈的形式。當燈號沒亮，就代表系統正常運作，一旦燈亮，就代表系統發生故障，以利即時採取緊急措施。

　　我們常見的儀表板都會有數個作用不同的警示燈，因而，在考慮如何設計警示燈的時候，得讓閃爍的警示燈號比持續的亮燈更容易引起注意。另外，警示燈的位置也相當重要，它們得在操作員的視線中心，因為操作員很容易由於注意螢幕上的其他工作，而忽略了位處偏遠的警示燈。

　　現今的視覺顯示方式，實在是包羅萬象，不只燈號、刻度表或測量儀器，許多的資訊開始用視訊、文字、符號，以及圖形來顯示。例如電子飛行資訊系統、航空雷達螢幕等，就集合了線條、數字、圖形及符號，來提供精確的飛行資訊。在駕駛艙的顯示器上也使用了不同顏色的燈號，以減少誤解訊息，同時減少反應時間。

　　現在，你是不是以為視覺顯示應該都是高科技產物？其實不然。百貨公司、商店、工廠或者辦公大樓的大門，都有寫上「推」（Push）或「拉」（Pull）的貼牌，那些也是視覺顯示喔。有一個工程心理學研究，在實驗室使用 11 種不同的標誌符號進行測試，以 60 個方案、1,100 個真實的案例來證明，最能讓人快速明白或者確認的標誌，其實是將手形與箭頭放在一起，以及使用水平的文字來指示或推或拉的行動，見圖 14-7。什麼是最好的標誌呢？讓人一看就懂的最棒。

• 聽覺顯示

　　聽覺顯示（auditory displays）比視覺顯示更具強制性，理由包括：(1) 聽覺，也就是耳朵，隨時都開放著，而眼睛並不是；(2) 耳朵接收來自四面八方的訊息；(3) 我們的眼睛常常負荷過大，它們要看的東西實在太多了。表 14-1 呈現了主要的視覺警報。

　　即使警報聲有多大聲或者多有效，若是操作員的反應不能跟上警報，這些即時訊息也幫不上什麼忙。這一點，可以從之前所說過的俄國客機機長的案例來了解：這位機長聽到了警報聲，然而，他選擇單單相信航管員的指示。

最有效標誌（文字加符號）

最無用標誌（純符號）

⊛圖14-7　最有效以及最沒用的推門標誌

（取材自 T. J. B. Kline & G. A. Beitel, "Assessmen to push/pull door signs: A laboratory and a field study." *Human Factors*, 1994, 36, 688.）

　　事實上，我們也常常忽略這類的警報聲。舉例來說，在加拿大，有一項長期研究測試了一些不熟悉電源設備的操作員，發現對他們而言，50% 以上的警報聲並沒有提供有用的資訊，這些警報成了「多餘警報」（nuisance alarms），只增加了操作員的麻煩，把人都搞糊塗了，而且耽誤了工作[8]。一項調查24位領有執照、受過高度訓練的麻醉師的研究發現，他們會忽略一半以上的聽覺警報，原因是有些動作根本沒辦法等警報聲響起才來修正；外科團隊已經從經驗中得知了這些警報，並且把它們當成「多餘警報」[9]。

---

[8]　Mumaw, Roth, Vicente, & Burns (2000)

[9]　Seagull & Sanderson (2001)

⚘表14-1　聽覺訊號的特徵

警告號聲	警示強度	吸引注意的程度
蛙鳴聲	非常高	好
喇叭聲	高	好
口哨聲	高	如果間歇而連續時效果好
汽笛聲	高	如果有高低起伏時效果極好
鈴聲	中等	好
蜂鳴聲	低至中等	好
人聲	低至中等	尚可

資料來源："Auditory and Other Sensory Forms of Information Presentation" by B. H. Deatherage, 1972. *Human Engineering Guide to Equipment Design, Washington*, DC.: U. S. Government Printing Office.

　　在某些情況之下，操作員並不根據機械所提供的資訊運作。1987年5月17日的深夜，波斯灣一艘海軍驅逐艦上的雷達員正在操作監視系統，以追蹤附近的飛機或者船艦的信號。這個系統使用視覺與聽覺的警報，以使操作員能夠察覺敵方的位置。當時的設計者認為，並用視覺與聽覺顯示，可以讓操作員更注意到這些警示，例如操作員的視線離開顯示螢幕的時候，聽覺信號（快速的警笛聲）可以提醒他注意螢幕。

　　但是他們發現，警報系統重複地提醒同一件事情，真的很讓人懊惱，因為這些訊號根本就是多餘的。螢幕上出現了顯示敵方船艦的符號，同時警報器一直響個不停。那天晚上，悲劇終於發生了。或者是那個操作員，或者是前一位操作員，受不了聽覺警報器的干擾，於是轉身切斷聽覺警報器，然而，當雷達正在螢幕上顯示敵方的時候，操作員卻剛好轉移了他的視線。

　　當聽覺警報失去了功能，人員又沒有看見螢幕上的警示記號時，一架伊拉克的戰機對著他們投擲了反艦飛彈，當場造成37位美國海軍的喪生。在這起案例當中我們學到了，即使人機系統設計得再完美，人為疏失仍然存在。

　　聲音訊號也可以用來傳遞複雜的資訊。例如在古老的戰爭電影當中，我們會看見用來探測潛艦的聲納。當我們想要探測水面下的物體時，可以用高頻的聲音來產生水的波動，而水波會反射回到船上來，並且然後

發出「碰」的聲音。若是偵測到的物體正在往遠方移動，反射回來的聲音會比一般聽到的聲頻還要低；相反地，一個正在靠近船艦的物體，則會反射回來較高的聲頻。

要解讀、區辨水中聲頻的訊息，並不容易；若非經過嚴格的訓練，根本做不到。但是有一些聲音，我們可就有十足的能力去分辨了，像是一些正規聲號（警笛、哨子或者蜂鳴器），或是一些非正規的聲音（像是車子發不動的引擎聲、壞掉錄音帶的雜音，或者是電腦遊戲裡頭的警示聲）。

第六節　操控裝置：採取動作

在人機系統當中，操作員會透過機械顯示而接收到訊息，同時在心裡進行某種訊息處理歷程，進而透過某些設備或者工具（比如開關、按鈕、操控桿、扭柄、滾輪、滑鼠、軌跡球，或者腳踏板）傳遞他們的判斷，以對機械進行某些調整。工程心理學家根據這些操作員的工作流程，來分析、決定人機系統應該涵蓋哪些設備；比如說，當某個控制裝置出現問題的時候，應該快速重新調整，或者進行一個簡單設定就夠了呢？如果某個裝置必須在極低溫的環境中才能運作，那麼操作員戴著防寒手套，會不會影響作業呢？如果某種裝置必須在低亮度的環境中運作，只憑形狀如何能輕易地確認零件呢？

1. 操控裝置的基本原則（guildlines for controls）：當運作儀器是用兩個像「開」或「關」來控制的時候，一個手按或腳壓的按鈕，是最適合的。但是如果有四個或四個以上的控制選項的話，用手指來選按四個開關，或是使用旋轉式開關會比較好？如果我們要使用把手來控制，球型的或者曲柄的，顯然會比較好。到底我們應該如何去選擇適合的操作設計呢？圖 14-8 提供了許多的範例。這些控制設計應該符合什麼原則？以下有兩個基本的原則：

(1) 操控與身體的配合（control-body matching）：雖然某些操控設計使用了手肘或者臂部，但是大部分仍然是以手或腳為主。手部有比較好的操作準確度，而腳則比較有力量。重要的是，四肢當中的任何一肢，都不該承擔太多的工作。

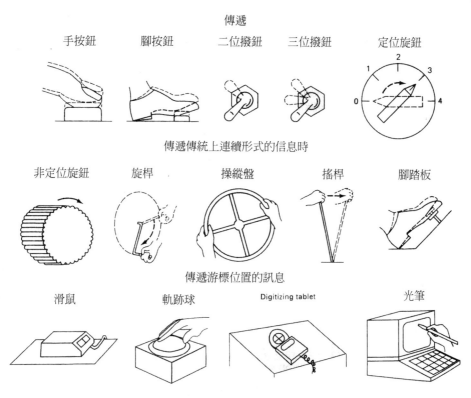

傳遞

手按鈕　　　腳按鈕　　　二位撥鈕　　　三位撥鈕　　　定位旋鈕

傳遞傳統上連續形式的信息時

非定位旋鈕　　旋桿　　　操縱盤　　　搖桿　　　腳踏板

傳遞游標位置的訊息

滑鼠　　　軌跡球　　Digitizing tablet　　　光筆

⊛圖14-8　操控設備及其最佳傳遞訊息的類型

（取材自 M. S. Sanders & E. J. McCormick, *Human factors in engineering and design*, 6th ed., p.261. New York: McGraw-Hill, 1987. Copyright 1987, McGraw-Hill Book Co. Used with permission.）

(2) 操控及任務的相容性（control-task compatibility）：控制動作本身，必須能和習慣動作彼此配合。例如操控飛機，控制桿向右移，就該讓飛機往右飛；在飛機要降下阻力板，或者是降落的時候，方向桿就應該要向下。一般來說，球型的把手向右轉，就是打開機械或者開門；用左轉來開動，實在太奇怪了。

2. 結合相關的操控裝置（combining related controls）：為了提高效率，應該盡可能把相似而單純的功能開關合併起來。舉例而言，簡單的收音機有三種控制功能：開關、音量，以及頻道搜尋。這三種功能其實只需要兩個開關。功能相關的音量與開關可以合併，這不但可以減少操控的動作，也能省下操控的空間與按鈕。

3. 操控裝置的辨認（identification of controls）：操控的指示或者編號，都要易於明瞭，而且要能快速確認。例如汽車上的雨刷縮圖，就能代表雨刷開關，不僅可以清楚辨識，更可以減少使用上的出錯率。

形狀編碼（shape coding）是使用不同的造型，來代表它的功能，以使操控平臺上的開關或者控制器更容易進行識別。請見圖14-9，每一個控制器都有其獨特的形狀，好讓我們在亮度不足或者視線轉移時，可以瞥一眼，或者用摸的，就可以確認它的功能與位置。設計良好的控制桿，可以學得快、用得順，不僅操作上方便標準化，更可以減少出錯率。美國飛機上的阻力板操控器，看起來就像阻力板；而降落用的輪子操作器，看起來可就真像是個輪子呢。

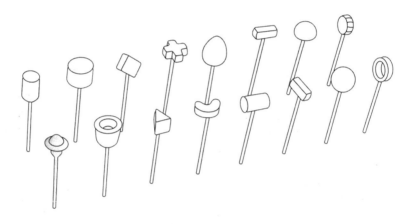

⊛圖14-9　如何處理形狀編碼的示範

（取材自 W. Woodson, B. Tillman, & P. Tillman, *Human factors design handbook*, 2nd ed., New York: McGraw-Hill, 1992, p.439.）

4. 操控裝置的位置（placement of controls）：除了操控裝置的形狀之外，位置也相當重要。工程心理學家認為，控制裝置的位置應該與功能位置盡可能地在一起，務求一致，而且應該統一。

舉例而言，汽車的油門都在煞車的右邊，而且鑰匙孔也都在右邊。最成功的操作控制標準化，就是可以讓人們在不同款式的車子、飛機上，都能在同樣的位置找到功能相同的控制裝置，操作方式也是一樣，這樣不僅一致，也比較安全。現在聽起來，這些彷彿都是常識，但是工程心理學家

得花上好多年的努力，才能把飛機的油門統統設計在同樣的地方。

　　這些基本的設計原則，在許多的消費性商品當中，依然常常被忽略。儘管這些產品不像飛機操作這麼嚴重，但是它仍然可能導致一些事故。例如美規的廚房爐灶，一般都有四個爐子，因而，也就該有四個控制爐火的旋鈕。但電磁爐未必與瓦斯爐相同。一項包括了 49 種電磁爐與瓦斯爐的研究發現，點火的方法總共有六種之多；使用瓦斯爐的時候，只要我們打開旋鈕，就能立刻看到有沒有火；但是電磁爐沒辦法，它沒有火，我們只能確認熱了沒有，因而比較容易引起火災與意外。

　　在全球化市場中，某個國家製造的產品也會賣到其他的國家；因而，工程師們必須知道，文化差異也會帶來物品使用習慣的不同，比如顯示幕的閱讀，有些民族習慣直向閱讀，有些則習慣橫向閱讀；閱讀與使用操控裝置，就會有文化差異。

　　有些設備會設有緊急操作鍵，它們必須設置在容易看見的地方，並且與其他的操控按鍵有不同的位置；如此，操作員才可以很快地找到並且按下緊急操控鍵。當然，這種按鍵應該設計包覆蓋或者門閥，以避免不小心按到。

　　顯示螢幕與操作按鍵兩者，位置愈近愈好。最好是把這些彼此有關聯的功能操作系統，都放在同一區域。像是飛機駕駛艙的顯示螢幕、控制系統、引擎性能表等，都在同一區；只要操控的方式一致，顯示系統、控制系統之間就可以連續作業。

第七節　每日生活中的人因工程

　　其實，我們在各個地方都可以發現人因工程的研究與應用，從開車，一直到使用手機的聲音選單。人因工程的應用不再只是坦克、飛機，以及工作場所。現在，你的身邊就有許多例子了，比如數位科技、衛星收音機、智慧型手機、E-mail、網路、藍芽系統，以及 PDA（個人數位助理）。但是有些設備，例如 GPS（全球定位偵測系統），則可能使駕駛人因為分心而導致意外。工程心理學家在設計的時候，也必須測量可能的分心程度，以使裝置的操作能更符合你的需求，同時盡量保護你的安全。

在行車的時候使用手機，被認為是發生交通事故的主要原因。雖然這個推論還沒有獲得充足的證實，但是許多研究指出，使用手機比起未使用手機，發生事故的機率的確比較大。

日本的交通事故資料顯示，最容易發生意外事故的原因，正是在開車的時候接聽電話；其次，則是在開車的時候放置手機；第三，則是一邊開車、一邊談話，並且，直用手機與免持聽筒之間的差異並不大。看起來，不論是在哪種情形之下使用手機，都會讓人分心[10]。

關於在都市中使用 GPS 的初步報告顯示，以觸控方式進入系統平均要花 3.4 秒；瞥一眼來確定方位則要花 1.32 秒；這個研究指出，使用語音操作比手動操作，更能讓駕駛動作簡單化，也可以減少駕駛分心來注意螢幕的時間[11]。

實路測試與實驗式模擬的結果都顯示，在與前車過近的時候使用警示聲系統，可以幫助後車順利地拉開車距，而這可以減少 50% 的追撞意外[12]。

人因工程研究也應用在電話的聲音選單系統。一項包括 114 個十八到六十歲的使用者的研究顯示，年紀大的人在使用語音選單的時候比較困難；然而，如果能在語音操控當中加上圖案，會幫助他們更容易使用語音選單[13]。

你可能不知道，教室的課桌椅也是人因工程的研究成果。在希臘，一項針對 180 位小學生（約七至十二歲）的人體測量學研究發現，對他們來說，椅子太高而桌子太低，坐起來不但不舒服、桌椅也不好用；這種情況導致學生的不適與錯誤坐姿，同時對背部與脊椎下側造成了壓力[14]。美國的密西根州也有相關的研究報告。有 80% 大約十一到十四歲的學生們，

---

[10] Green (2003)

[11] Chiang, Brooks, & Weir (2004)

[12] Ben-Yaacov, Maltz, & Shinar (2002)；Lee, McGehee, Brown, & Reyers (2002)

[13] Sharit, Czaja, & Lee (2003)

[14] Panagiotopoulou, Christoulas, Papanckolaou, & Mandroukas (2004)

也因為椅子太高、桌子太低而困擾；只要運用一些人體測量學的原理，就可以防止這些不必要的不適與傷害。

　　你注意到了嗎？飛機駕駛的座位皮革製的，而乘客的座位則是布織的。你羨慕駕駛坐在皮椅上嗎？其實並不需要。一份德國的研究發現，根據受試者的報告，布織座位比皮革要舒服多了，一般人坐在皮革座位上其實很容易出汗[15]。

　　在廚房裡頭，你認為，冰淇淋該用杓子，還是像奶油一樣，用抹刀呢？這也是工程心理學家的研究課題。我們發現，在攝氏零下 14 度以上，冰淇淋店員使用冰杓的力氣，要比用刮刀來得省力；他們也比較能夠順利取出，利於食用的大小；另外要緊的是，不論是杓子挖出來的，或者留在桶子裡的，都比用刀刮的，要容易保持冰凍；此外，若是在冰淇淋裡加入防凍劑，杓子挖起來會更省力，不過，還好他們沒有找到怎樣把防凍劑與冰淇淋混在一起，否則，應該會沒有人敢吃吧[16]。

　　在中國，工程心理學家也研究廚房炒菜所用的鍋鏟。他們發現，用鍋鏟炒菜，很容易導致腕管症候群，也容易讓手臂發生外傷。於是他們測量炒菜的時候，鍋鏟與鍋柄之間不同長度、不同角度的關係。從工程心理學的角度來看，手腕保持筆直才不容易肌肉緊繃，而最適宜的設計則是讓手腕保持筆直：長 25 公分，且鏟柄之間為 25 度角。使用這種尺寸鍋鏟的餐廳，不但可以炒更多，也可以減少員工們在生理上的各種疼痛與傷害[17]。工程心理學家持續地在運輸業、家具設計、廚具、家庭空間、消費產品等領域當中努力，好讓使用者更為舒適、更有效率，減少長期使用上的不方便與不舒適。

---

[15] Bartels (2003)

[16] Dempsey, McGorry, Cotnam, & Braun (2000)

[17] Wu & Hsieh (2002)

第八節　人因與電腦

你天天都使用電腦嗎？你知道，全球每天有數百萬人正和你一樣。若是電腦的相關設備設計不良的話，該會造成多廣泛的生理不適與疲憊呢？1970 年代起，工程心理學就開始對電腦的相關設備進行研究。兩位工程師在紐約的時代雜誌上提出了白內障報告，他們發現，這些疾患極有可能是電腦造成的；許多人抱怨電腦螢幕會模糊，而這很容易造成眼睛的疲勞，他們也說，螢幕的顏色會跳動等。然而，美國國家科學院則認為，目前沒有足夠的證據證明，電腦會造成眼睛方面的危險。

工程心理學家表示，大多數電腦工程師對視覺上的抱怨，並非源自電腦主機，而是周邊的設備與工作的環境。周邊設備的危險因素包括了真空管裡磷光劑的顏色、螢幕的大小、螢幕的材質和閃爍的程度，以及打字的顯示速度。

此外，工作環境的亮度與照明，也會影響眼睛的疲勞程度。使用護目鏡與護罩來調整亮度，是一種可行的辦法。工作環境方面，在牆壁上塗暗色系的顏色，能減少螢幕的反光；刺眼的照明燈則可以換成間接照明。這些改變都可以提高電腦設備使用上的舒適度。

你發現了嗎？我們看報紙的速度，比看電腦螢幕還要快。有些研究已經開始關注這種人與顯示物件之間的關係，像是看電腦螢幕的時間之類的；有一項包括 113 位大學生的研究，參與者被分成了兩組：一組閱讀書面文章；另一組閱讀電腦螢幕文章。結果發現：閱讀紙本的人不僅對於文章更感興趣，同時也更能理解內容、更容易被文章所說服[18]。I/O 心理學家表示，閱讀的速率變慢，與螢幕、影像的品質有關（例如字體大小、型態、清晰度與螢幕的對比）。

你一定也抱怨過，使用電腦或者滑鼠太久，會讓身體的某些部位（例如腕、手、肩、頸等）容易感到疲勞與疼痛，甚而影響你的注意力。我們來看看，工程心理學能幫些什麼忙呢？例如：用來擺放電腦設備的桌椅，通常都設計不良而且不適合長時間使用；而椅子，最好也可以讓人自行調

---

[18] Greenman (2000)

整到適合的高度、重力與姿勢。另外，常常轉變自己的位置，也能減少疲累；椅子也應該更容易調整；至於螢幕，最好放在可調整高度並且分離式的桌子上，以提升使用的舒適感。鍵盤，不管是分離式且可調整的鍵盤，或者是一般鍵盤，其實在設計上都差不多，引起肌肉、骨骼疼痛的程度也都不大，然而，若是能配合使用軟墊來襯墊手腕，手肘與前臂部位就比較不會有疼痛感。

　　工程心理學的研究，已經有良好的電腦與工作環境的設計了。圖14-10 就闡述了某些良好的方針，例如下斜 15 度的鍵盤，能減少脖子與肩膀的不適，太高或太低的螢幕，則會使脖子與後背部感到疼痛；視覺角度會影響姿勢，大約向下 17 度的視角可以讓背部、脖子與肩膀，都調整

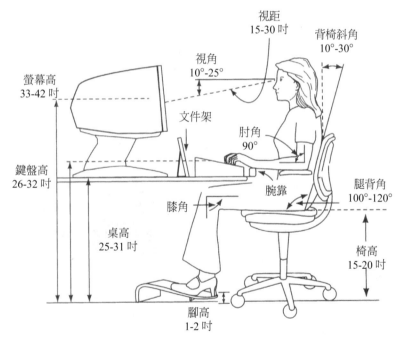

⊛圖14-10　擺放電腦和工作環境的指導方針

（取材自 M. S. Sanders & E. J. McCormick, *Human factors in engineering and design*, 6th ed., p.358. New York: McGraw-Hill, 1987. Copyright 1987, McGraw-Hill Book Co. Used with permission.）

到最好的姿勢[19]。

研究指出，比起其他周邊設備，滑鼠更需要使用手腕與前臂的活動。一份瑞典的研究指出，使用滑鼠並不舒適，效果也差，反而打電動的操縱桿還好用一些[20]。使用操縱桿的時候，手部要用握的，而且與手腕保持垂直，然後用大拇指來按按鈕；如此一來，就可以減少手腕與前臂肌肉的緊繃程度。

柯達公司的工程心理學團隊發展了一份問卷，詢問有關工程師平常與電腦互動時所發生的情況；目的在於蒐集有關工程師的資訊，以利設計良好的工作環境，減少他們的疲憊、壓力，以及在神經、骨骼、肌肉方面的各種疾病或者傷害。

第九節　人因與機器人

機器人的使用為很多工作環境帶來了顯著的改變。只是，電腦幾乎影響了組織的全部階層，機器人則巨幅地改變了製造的本質。影響最鉅的工作者包括了技工、裝配工、組裝工、塗裝工、裝配線作業員，以及其他半技術性和非技術性的工人。美國的公司在像是組裝、塗料這類的自動化工廠中廣泛地使用機器人。工業機器人的另一個應用，則是像電冰箱、洗碗機之類的消費性商品。機器人在含括化學和毒害的職場也是很有價值的，像是為助推火箭噴塗一些可能對人體有害的塗裝。機器人也可以執行一些細瑣的、重複的工作，像是組裝電子元件，或是在核能電廠裡維護日常的運作。微型機器人在電力公司的纜線內爬進爬出，好偵測可能的缺損、破壞，或者做必要的維修。

機器人在例行的、重複的作業上，可以持續地表現地比常人更為優越。只要程式設計妥當，機器人可以在更短時間內生產比常人製造更多的

---

[19] 參閱 Psihogios, Sommerich, Mirka, & Moon (2001)，Simoneau & Marklin (2001)；Sommerich, Joines, & Psihogios (2001)

[20] Gustafsson & Hagberg (2003)

產品。一個機車裝配廠報告說，8 位非技術性工人以及機器人每天的生產規模，之前得要有 68 位技能純熟的工人、連續作業 16 天，才能完成。

　　工業機器人在品管、查錯方面的表現，也比常人要好，尤其是組件或產品在裝配線或輸送帶上快速移動的時候。某些機器人被設計用來檢查水果，可以準確地辨認顏色、形狀，以及表皮是否破損。某些機器人則可以毫無錯誤地檢查鋼片、鋁片的表面和厚度。機器人也可以在高溫、或者噪音等艱苦情況下，毫無妨礙地表現效能。機器人的成本一般而言，是工業人工的 1/3，但它們可以一天 24 小時、每週 7 天地工作，全年無休卻不會疲勞或失誤。

　　除了讓作業人員可以遠離危險和不舒適的工作環境，工業機器人的主要利益其實是在管理的層面上。很多人害怕自己的工作可能被機器人取代，或者必須配合機器人來重建自己的工作習慣。讓我們來看看通用汽車 (General Moters) 在紐澤西州 (New Jersey) 的自動裝配廠。為了生產設備的現代化，管理階層在廠區配置了 200 個用於裝配、塗裝和封裝車窗的機器人。這節省了 26% 的作業人力和 42% 的基層領班。但另外，他們也必須增加 80% 的電工、技工和木工，來維修機器人。對這些精熟技工的訪談顯示，他們感受到在技能提升方面更大的挑戰、責任和機會。而那些留任現場的生產工人則說，他們感受不到個人的責任，工作不再需要技能，甚至覺得自己變成了機器人的部屬。

　　這樣，當機器人進入工作環境，員工們的工作便需要相應的改變。在一個導入機器人的工廠，員工們可能分隔了更大的距離，而這可能減少他們的社會互動和團體向心力。有些工作者已經感受到威脅，以至於採取某些破壞的行動。在俄羅斯的一個工廠，管理階層甚至設置路障，來讓憤怒的工人離機器人遠一點。

　　機器人並不僅僅是機器，而更像是一個人機系統。一旦設計、設置、運作和維護，他們就可以以些微的人力和干預，來執行現場的工作。但顯然的，我們還是需要有人來設計、製造和監控這些機器。

　　工程心理學家參與了工業機器人在硬體和軟體上的設計。硬體上包括控制平台、工作環境功能、操作員座椅、照明，以及人機系統的其他物理特徵。軟體上則包括電腦程式、語言，以及訊息顯示系統。工程心理學家的關鍵議題之一，是機器人與操作者之間的分工和整合。以下這些因素

會影響他們在這方面的決策：發展成本、作業複雜度、安全議題、空間限制，以及所要求的精確性。

　　機器人在服務產業也正快速地登場。保全機器人為大樓進行夜間的守護，並且在偵測到侵擾的時候通知保全人員。掃地機器人清理辦公室，或許還能巧妙的閃躲，避免干犯到保全機器人。醫院機器人輸送藥物、醫檢圖表，或是引導病人順利地通過長廊，抵達正確的 X 光室或者醫檢室。在速食店，機器人可以協助殘障工作者製作 pizza；它們被設計由語音來控制，以回應像是「加起司」或是「加胡椒」等等的指令。在日本，機器人可以扮演辦公室的接待員，用以歡迎賓客、倒茶，以及提供導覽。日本在機器人開發方面，是高度創新的。他們的管理階層估計，一個機器人最多可能取代 10 個人力；這些發展的主要考慮之一，是勞動力的下滑；日本有 20% 的人口超過 65 歲，且生育率正節節下滑 (Tabuchi,2008)。

　　你也許對美國最受歡迎的機器人 Roomba 有點熟悉。這是一個自我推進、電腦控制的掃地機器人，可以巡行地板並且打掃清潔。它們目前已經賣了 200 萬臺，有些使用者還在心理上黏上了這款機器人，給它們起了像是寵物的名字。

　　最令人驚奇和樂觀的機器人應用，是 ASIMO(Advanced Step In Innovative Mobility)，一個由 Honda 製造、四呎三吋的機器人。在 2008 年 5 月 15 日，一場音樂會的票售罄一空，這個機器人指揮底特律交響樂團 (Detroit Symphony Orchestra)，演出曲目〈不可能的夢想 (The Impoossible Dream)〉，這是音樂劇 Man of La Mancha 的一個選曲，該部音樂劇取材自唐吉軻德的英雄故事。機器人在拿起指揮棒之前，跟在場的觀眾們問候：「Hello, everyone.」演出完成之後，觀眾們報以熱烈非凡的掌聲。ASIMO 鞠躬並且說，在這樣宏偉的建築裡裡跟交響樂團一起演出，讓他感到誠惶誠恐；只是，它並沒有演出安可曲。

　　你想多了解機器人的訊息嗎？請查網：www.sciencedaily.com/news/computers_math/robotics/

•••••••••••••••••••••••••••• 摘　要 ••••••••••••••••••••••••••

　　工程心理學在於設計適合員工能力的工具、設備與工作環境。人機系統（person-machinesystem）根據身體的限制與設備的特徵，來設計適當的機械設備，以使工作有好的產能，人員有舒適的感受。工程心理學始於 Frederick Taylor，以及 Frank Gilbreth 與 Lillian Gilbreth 等人；前者重新設計薪酬誘因系統（wage-incentive），並且與後者共同致力於時間—動作研究（time-and-motionstudy），以減少工作中多餘的動作。雖然時間—動作研究較常應用於日常生活，但是繼之而起的工程心理學，則朝向了更高難度的領域。

　　人機系統，起初是根據能力與功能，來分配人員與機械之間的工作。人對事情應變的能力較高，可以從混亂的背景中感覺、認知到不尋常與不可預測的事情，然後依據相關的資訊與過去的經驗，找出原因、務求改善，進而解決問題。然而，機械能夠察覺到超出人類感官之外的變化，也能長時間監控並保持穩定、一致的工作水準，且能迅速而準確的進行計算、儲存並蒐集大量的數據資料。

　　工作場所的設計包括了動作經濟學的原則，以及人體測量學（humanan thropometry）的原理。三種典型的視覺顯示是：量化、質化，以及檢核確認。量化顯示（quantitative displays）提供精準數值，質化顯示（qualitative displays）則提供相對性狀態顯示，檢核確認顯示（check reading）則主要告知系統操作狀態的正常與否、運作與否等。聽覺顯示（auditory displays）比視覺顯示更能吸引人員的注意，因為聽覺可以隨時接收各方向的聲音。引導動作的控制裝置，必須與作業內容、人員能力都彼此相容。操作裝置則應該要將性質相似、相關的置放在同區，以容易識別。操縱裝置可以利用圖形、符號，或是形狀編碼（shape coding）等。而文化、習慣上的差異，在操作裝置的設計上，也必須考慮且據以修正。生活中，處處都有工程心理學的應用，從汽車通訊系統（telematics）到教室裡的課桌椅，甚至冰淇淋杓子的形狀、炒菜工具，都是工程心理學的應用。

　　工程心理學的研究經由一些維生科技的發展，已經抵達了健康照護的

領域，像是外科手術機器人、虛擬病人等。我們日常生活中的很多層面，都因為工程心理學而所有增進。

電腦是一個人機系統，對電腦操作者可能造成一些問題。使用電腦可能造成人類技能的低落、工作滿意的下滑、讓人感到無聊，同時還造成肌肉緊繃與相關疾患。這其中，有很多是在電腦工作站的設計上加上對人因的考慮和設計，就可以避免的。機器人則被發展用以取代那些在工廠中無聊和危險環境中的工作，在辦公室或其他的工作環境當中，也是一樣。你在使用電腦的時候，要更注意與工程心理學有關的這些問題。

關鍵字

· 聽覺顯示	auditory displays
· 質化視覺顯示	qualitative visual displays
· 檢核確認顯示	check reading visual displays
· 量化視覺顯示	quantitative visual displays
· 工程心理學	engineering psychology
· 形狀編碼	shape coding
· 人體測量學	human anthropometry
· 時間－動作研究	time-and-motion study
· 人機系統	person-machine system

問題回顧

1. 定義「工效學」，並描述它在工作場所中的角色與功能。
2. 人因工程這個領域是什麼時候開始的？早期，它如何有效地防止了軍中駕駛無辜喪命的問題？
3. 請舉例說明，人因工程學的研究如何減少了車禍發生的機率？
4. Frederick Taylor 是誰？他為什麼要研究工作用的鏟子？
5. Frank Gilbreth 與 Lillian Gilbreth 如何改變人類工作的方法？

6. 前一題中的兩位，如何在日常生活中運用時間—動作（time-and-motion）研究？

7. 哪些是根據時間—動作研究的發展，實際用在提升舒適、速度與人工操控準確度的相關規則？

8. 在人機系統（person-machine system）中，操控裝置與操作員的關係如何？請舉一個例子說明之。

9. 人類比機械為優的地方何在？而在哪些地方，機械又優於人類？

10. 你會怎樣設計一個較為理想的情境，以幫助裝配員迅速且安全的裝配並測試手機？

11. 何謂人體測量學（human anthropometry）？它在工作空間的設計上如何應用？

12. 在哪些情況之下，視覺訊息比聽覺訊息更適合？請舉例說明之。

13. 請描述出三種視覺顯示的方式，並且說明這三種方式各自適用於哪些情況。

14. 使用聽覺警報系統會有哪些問題？你如何修正這些問題？

15. 哪些領域會使用無線數據通訊網路（telematics）？為什麼這種技術在工程心理學中那麼重要？

16. 工程心理學的研究對以下三種情形有什麼說明？(1) 在行車時使用手機；(2) 皮革座椅與布織座位的優缺點；(3) 課堂使用的桌椅。

17. 你會如何設計一個研究，來證明冰淇淋杓能夠使肌肉的負擔降到最低？

18. 在設計電腦工作站的時候，需要考慮哪些因素？

19. 電腦使用者最常抱怨的是什麼？

20. 你會比較喜歡在電腦上讀雜誌，勝過書面的閱讀嗎？哪一種形式比較能夠快速的閱讀，並且比較容易理解？

21. 請舉例說明機器人的應用如何改變人類的工作與生活。

22. 對你而言，新科技的是否降低了人機系統當中人類的角色和重要性呢？你認為，自動化系統的持續發展，至終會對人類帶來利益還是傷害呢？

國家圖書館出版品預行編目資料

工商心理學導論/Duane Schultz, Sydney
Ellen Schultz著；李志鴻譯. ——三
版.——臺北市：五南圖書出版股份有限公
司, 2023.10
面；　公分
譯自：Psychology.
ISBN 978-626-366-604-7 (平裝)

1.CST: 管理心理學　2.CST: 工作心理學

494.014　　　　　　　　　112015123

1BVJ

工商心理學導論

作　　者 ─ Duane Schultz & Sydney Ellen Schultz

譯　　者 ─ 李志鴻

編輯主編 ─ 王俐文

責任編輯 ─ 金明芬

封面設計 ─ 姚孝慈

出 版 者 ─ 五南圖書出版股份有限公司

發 行 人 ─ 楊榮川

總 經 理 ─ 楊士清

總 編 輯 ─ 楊秀麗

地　　址：106臺北市大安區和平東路二段339號4樓

電　　話：(02)2705-5066　　傳　　真：(02)2706-6100

網　　址：https://www.wunan.com.tw

電子郵件：wunan@wunan.com.tw

劃撥帳號：01068953

戶　　名：五南圖書出版股份有限公司

法律顧問　林勝安律師

出版日期：2009年9月初版一刷
　　　　　2019年2月二版一刷（共二刷）
　　　　　2023年10月三版一刷
　　　　　2025年3月三版二刷

定　　價：新臺幣680元

經典永恆・名著常在

五十週年的獻禮——經典名著文庫

五南，五十年了，半個世紀，人生旅程的一大半，走過來了。

思索著，邁向百年的未來歷程，能為知識界、文化學術界作些什麼？

在速食文化的生態下，有什麼值得讓人雋永品味的？

歷代經典・當今名著，經過時間的洗禮，千錘百鍊，流傳至今，光芒耀人；

不僅使我們能領悟前人的智慧，同時也增深加廣我們思考的深度與視野。

我們決心投入巨資，有計畫的系統梳選，成立「經典名著文庫」，

希望收入古今中外思想性的、充滿睿智與獨見的經典、名著。

這是一項理想性的、永續性的巨大出版工程。

不在意讀者的眾寡，只考慮它的學術價值，力求完整展現先哲思想的軌跡；

為知識界開啟一片智慧之窗，營造一座百花綻放的世界文明公園，

任君遨遊、取菁吸蜜、嘉惠學子！